高职高专园林类专业系列教材

园林工程施工技术

（第二版）

主　编　陈科东
副主编　卜卫东

U0298514

科学出版社

北京

内 容 简 介

本书根据当前生态文明建设及乡村振兴战略的需要，结合园林工程建设中各类施工要素的施工特点，在突出园林工程施工图识图、判读的基础上，以项目的形式全面阐述现代园林景观工程中土方工程、给水排水工程、供电照明工程、建筑小品工程、水景工程、园路铺装工程、假山工程、种植工程施工流程、施工技术及质量检测的方法与步骤。全书着力于各项目施工技术组织和方法，流程清晰、施工节点突出、施工方法实用、工程切入点到位、质量检测规范科学、检测方法可行。本书在各项目相关技术内容中以"工程链接""特别提示"等方式将施工中实用之处列出，并在书后以附录形式增加了常见园林工程施工出现的问题及解决方法，还增加了园林工程施工技术、实训项目指导，使本书更为适用。

本书可作为高职高专园林工程技术、环境艺术（景观设计）、城市规划、园艺等专业教材，也可以作为园林工程施工员高级工职业技能考核培训教材或相关从业人员用书。

图书在版编目(CIP)数据

园林工程施工技术/陈科东主编. —2版. —北京：科学出版社，2022.3
（高职高专园林类专业系列教材）
ISBN 978-7-03-067692-4

Ⅰ.①园… Ⅱ.①陈… Ⅲ.①园林－工程施工－高等学校－教材
Ⅳ.①TU986.3

中国版本图书馆 CIP 数据核字(2020)第 270302 号

责任编辑：万瑞达 李 雪/责任校对：王 颖
责任印制：吕春珉/封面设计：美光制版有限公司

科学出版社 出版
北京东黄城根北街 16 号
邮政编码：100717
http://www.sciencep.com

三河市中晟雅豪印务有限公司印刷
科学出版社发行 各地新华书店经销
*

2013 年 1 月第 一 版 开本：787×1092 1/16
2022 年 3 月第 二 版 印张：23
2022 年 3 月第十三次印刷 字数：528 000

定价：69.00 元
（如有印装质量问题，我社负责调换〈中晟雅豪〉）
销售部电话 010-62134988 编辑部电话 010-62130874（VA03）

序

随着生产力的发展和人民生活水平的提高，人们对生活的追求将从数量型转为质量型，从物质型转为精神型，从户内型转为户外型，生态休闲正在成为人们日益增长的生活需求的重要组成部分。就一个城市来说，生态环境好，就能更好地吸引人才、资金和物资，处于竞争的有利地位。因此，建设生态城市已成为城市竞争的焦点和经济社会可持续发展的重要基础。许多城市提出了建设"生态城市""花园城市""森林城市"的目标，城市园林建设越来越受到重视，促进了园林行业的蓬勃发展；与此同时，社会主义新农村建设、规模村镇建设与改造，都促使社会对园林类专业人才需求日益增加。从事园林工作岗位的高技能人才和生产一线的技术管理型人才的培养，特别是与园林景观设计、园林工程招投标文件编制、工程预决算、园林工程施工组织管理、苗木生产经营与管理、园林植物租摆、园林植物造型与装饰、园林工程养护管理等职业岗位相适应的高技能人才的培养，自然就成为园林类高等职业教育关注和着力的重点。

2007年12月，我们组织了9所高职院校，在上海召开了预备会议。与会人员在如何进行园林专业的教学改革和课程改革，以及教材建设等方面交换了意见，并决定以宁波城市职业技术学院环境学院的研究工作为基础，结合国家社会科学基金"十一五"规划（教育科学）"以就业为导向的职业教育教学理论与实践研究"课题（BJA060049）的子课题"以就业为导向的高等职业教育园林类专业教学整体解决方案设计与实践研究"，组织全国相关院校，对园林类专业的教学整体解决方案设计及教材建设进行系统研究。为了有效地开展这项工作，组建了以卓丽环（上海农林职业技术学院）为课题组长，祝志勇（宁波城市职业技术学院环境学院）、成海钟（苏州农业职业技术学院）、关继东（辽宁林业职业技术学院）、周兴元（江苏农林职业技术学院）、周业生（广西生态工程职业技术学院）、朱迎迎（上海城市管理职业技术学院）、贺建伟（国家林业局职业教育研究中心）、何舒民（科学出版社职教技术出版中心）为副组长的课题研究领导团队。

2008年5月，课题组在上海农林职业技术学院和宁波城市职业技术学院环境学院召开了第二次会议；2009年1月在北京召开了第三次会议。会议在深刻理解本专业人才培养目标、就业岗位群、人才培养规格的基础上，构建了课程体系，并认真剖析每门课程的性质、任务、课程类型、教学目标、知识能力结构、工作项目构成、学习情境等，制订了每门课程的教学标准，确定了教材编写大纲，并决定开发立体化教材。全国有 23 所高等职业院校的 50 多位园林技术与园林工程技术专业的教师、企业人员和行业代表参加了课题研究。

三次会议后，在课程推进的过程中，课题组成员以课题研究的成果为基础，对园林类专业系列教材的特色、定位、编写思路、课程标准和编写大纲进行了充分讨论与反复修改，确定了首批启动 23 本（园林技术专业 12 本、园林工程技术专业 11 本）教材的编写，并计划 2010 年年底完成。主编、副主编和参编由全国具有该门课程丰富教学经验的专家学者、一线教师和部分企业人员担任。

本套教材是该课题成果的重要组成部分。教材的开发与编写宗旨是按照教育部对高等职业教育教材建设的要求，以职业能力培养为核心，集中体现专业教学过程与相关职业岗位工作过程的一致性。

本套教材的特点是紧密结合生产实际，体现园林类专业"以就业为导向，能力为本位"的课程体系和教学内容改革成果，理论基础突出专业技能所需要的知识结构，并与实训项目配合；实践操作则大多选材于实际工作任务，采用任务驱动与案例分析结合的方式，旨在培养实际工作能力。在内容上对单元或项目有总结和归纳，尽量结合生产或工作实际进行编写，做到整套教材编写内容上的衔接有序，图文并茂，其内容能满足高职高专相关专业教学和职业岗位培训的应用。

希望我们的这些工作能够对园林类专业的教学和课程改革有所帮助，更希望有更多的同仁对我们的工作提出意见和建议，为推动和实现园林类专业教学改革与发展做出我们应有的贡献。

卓丽环

2009 年 8 月

第二版前言

园林工程施工技术是园林工程施工员、园林工程假山工、园林工程资料员和园林工程监理员必须掌握的职业技术之一。

"园林工程施工技术"是园林类专业的一门专业课，其目标是培养学生园林工程施工阶段的图纸阅读、施工准备、施工工艺流程、施工操作技术和工程施工质量检测的基本职业技能。学习本课程前，应已修完园林工程制图与识图、园林测量、园林硬质景观设计、园林植物景观设计、景观工程构造与材料等课程，已具备园林制图与识图、测量放线、园林设计、工程构造与材料等相关理论知识和操作技能。

本书是根据高职高专园林工程技术专业职业岗位能力的需要，以工程项目为载体，以培养学生具有园林工程施工员、园林工程监理员、园林工程资料员岗位所必需的职业能力为目的而编写的教材。

本书有如下特点。

1) 以职业能力为目标导向，构建基于工作任务和工作过程的课程内容体系。本书是在调研相关工作岗位能力要求的基础上，对岗位工作任务进行分析，以岗位工作任务过程为主线，以实训项目为导向的编写方法编写而成。

2) 体现以学生为主体的职业教育初心。在突出实践教学的同时，融入理论教学，体现理实一体化。本书以实际工作中园林工程岗位的工作任务为驱动，学生通过真实工作场景的体验、实际施工任务的操作，达到实际岗位的要求；从而实现教师引导学生实践，以学生为主体的"教、学、做"一体化的学习模式。

3) 结构合理、整体性强。本书主要围绕园林工程常见施工项目确立教学内容，每个项目以一个独立的施工项目形式来讲授施工流程、施工方法等，项目之间又有机联系形成一个整体。

4) 内容充实，图文并茂。对每个项目的工作任务分解、施工流程、施工技术准备、施工实际操作、施工质量检测等均有详细描述。施工操作过程模拟园林施工实际工作岗位，使学生在工作情境中完成技能训练。

5) 精心构思、附件出彩。书后增加了附录，所增内容均为实际工程之经验，有助于学生对工程项目的认识。十大实训项目，能更好地引导专业实践教学。

　　本书共分十个项目，由广西生态工程职业技术学院陈科东任主编。项目1～项目4及项目6的任务6.1由广东生态工程职业学院吴德编写；项目9的任务9.1和任务9.2由宁波城市职业技术学院彭怀贞编写；项目5、项目6的任务6.2和任务6.3、项目9的任务9.3由吉林省林业勘察设计研究院曹志勇、张雪莹和广西生态工程职业技术学院冯光澍编写；项目7、项目8由大兴安岭职业学院王纯华、冯慧敏、孙冬青编写；项目10由黑龙江生态工程职业学院郑永莉编写；附录中增加的内容由广西生态工程职业技术学院陈科东、卜卫东编写。陈科东教授统稿全书，对各项目内容进行了重新编排与优化，并重新编写了部分内容。

　　本书是在第一版的基础上进行全面修订，导入了许多新的工程理念。特别感谢高职高专园林类专业系列教材编写指导委员会编写团队的信任与支持，感谢广东生态工程职业学院、宁波城市职业技术学院、广西生态工程职业技术学院、吉林省林业勘察设计研究院、大兴安岭职业学院、黑龙江生态工程职业学院等院校领导和科学出版社的大力支持。本书在编写过程中还参考了大量的文献资料，在此向相关作者表示诚挚的谢意。

　　由于编者水平有限，书中难免有不足之处，恳请广大读者批评指正并提出宝贵意见。

编　者

2021 年 12 月于广西柳州

第一版前言

园林工程施工技术是园林工程施工员、园林工程质量员、园林工程资料员和园林工程监理员必须掌握的职业技术之一。

"园林工程施工技术"是园林专业的一门专业课,其目标是培养学生园林工程施工阶段的图纸阅读、施工准备、施工工艺流程、施工操作技术和工程施工质量检测的基本职业技能。学习本课程前,应已修完园林工程制图与识图、园林测量、园林硬质景观设计、园林植物景观设计、景观工程构造与材料等课程,已具备园林制图与识图、测量放线、园林设计、工程构造与材料等相关理论知识和操作技能。

本书是根据高职高专园林工程技术专业职业岗位教育的需要,以工程项目为载体,以培养学生具有园林工程施工员、园林工程监理员、园林工程资料员岗位所必需的职业能力为目的而编写的教材。

本书有如下特点:

1)以职业能力为目标导向,构建基于工作任务和工作过程的课程内容体系。在调研相关工作岗位能力要求的基础上,对岗位工作任务进行分析,以岗位工作任务过程为主线,以岗位相关理论为副线,突破以理论系统为导向的编写方法。

2)体现以学生为主体的职业教育思想。在突出实践教学的同时,注重理论教学,在施工操作过程中渗透理论知识,使做与学融为一体。教材以真实的施工员岗位工作场景中完成的工作任务为驱动,学生通过与实际施工任务的操作、真实工作场景的体验,达到企业实际岗位的要求;从而实现教师引导学生实践,以学生为主体的教学做一体化的学习模式。

3)结构合理、整体性强。教材主要围绕园林工程的专业项目确立教学项目,项目之间有机联系形成一个整体,每个项目又是一个独立的施工项目。课程的学习成果就是一项园林工程项目的施工方案。

4)内容充实,图文并茂。对每个项目工作任务分解、施工流程、施工技术准备、施工实际操作、施工质量检测等均有详细描述。施工操作过程模拟园林施工企业实际工作岗位,使学生在工作情境中完成技能训练,磨炼了独立完成实际工作任务的能力,为就业打下良好的基础。

本书共分十个项目,由上海城市管理职业技术学院邓宝忠、广西生态工程职业技术学院陈科东任主编。项目1~项目4及项目6（任务6.1）、项目9（任务9.1、任务9.2）由邓宝忠编写；项目5、项目6（任务6.2）、项目9（任务9.3）由吉林省林业勘察设计院曹志勇、张雪莹、广西生态工程职业技术学院冯光澍编写；项目7、项目8由大兴安岭职业学院王纯华、冯慧敏、孙冬青编写；项目10由黑龙江生态工程职业学院郑永莉编写。全书由陈科东教授统稿，对各项目内容进行了重新编排与优化，并重新编写了部分内容。

本书在出版之际，特别感谢高职高专园林类专业系列教材编写指导委员会编写团队的信任与支持，感谢上海城市管理职业技术学院、广西生态工程职业技术学院、吉林省林业勘察设计研究院、大兴安岭职业学院、黑龙江生态工程职业技术学院等院校领导和科学出版社的大力支持。本书在编写过程中还参考了大量的文献资料，在此向相关作者表示诚挚的谢意。

由于编者水平有限，书中难免有不足之处，恳请广大读者批评指正并提出宝贵意见。

编　者

2011年8月于上海

目 录

项目 *10* 园林种植工程施工

项目 1

园林工程施工图识读

教学目标 ☞

　　落地目标：能够完成园林工程施工图阅读并确定施工工序。

　　基础目标：

　　1. 学会阅读园林工程施工图。

　　2. 学会按图序和索引查找施工详图和大样图。

　　3. 学会按图纸要求确定施工顺序。

技能要求 ☞

　　1. 能熟练阅读分析园林工程施工图并按图序和索引查找施工详图和大样图。

　　2. 能按图纸要求确定园林工程施工顺序。

任务分解 ☞

　　当园林工程项目进入实施阶段，首要的任务就是看懂图纸，并根据图纸给出的信息和标准图集、施工工艺规范阅读和理解工程的施工图设计，准确把握设计意图，掌握施工的要求。

　　1. 熟悉园林工程施工图识读技巧，找准知识点和技能点。

　　2. 学会现场施工图判读的方法、步骤。

　　3. 能对施工图判读提出意见并如实做好判读记录。

任务 1.1 园林工程施工图识读技巧

1.1.1 园林工程项目内容与划分

根据园林工程项目施工类型，尤其是特定园林工程项目的实际情况，细分施工项目是熟悉施工图的基础。

1. 园林工程项目内容

园林工程施工项目的主要内容如下。

（1）园林土方工程施工

园林土方工程是园林工程施工的主要组成部分，主要依据竖向设计进行土方工程计算及土方施工、塑造、整理园林建设场地，以使建设场地达到设计要求。土方工程按照施工方法又可分为人工土方工程施工和机械土方工程施工两大类。土方施工有挖、运、填、压等工序。

（2）园林给水工程施工

园林给水大多通过城市给水管网供水，但在一些远郊或风景区，则需建立一套自己的给水系统。根据水源和用途不同，园林给水工程施工内容如下。

地表水源给水工程施工　主要是江、河、湖、水库等，这类水源的水量充沛，是风景园林中的主要水源。给水系统一般由取水构筑物、泵站、净水构筑物、输水管道、水塔及高位水池、配水管网等组成。

地下水源给水工程施工　主要是泉水、承压水等。给水系统一般由井、泵房、净水构筑物、输水管道、水塔及高位水池、配水管网等组成。

城市给水管网系统水源给水工程施工　主要是配水管网的选线及安装施工。

喷灌系统工程施工　主要是动力系统安装，主管、支管安装，立管、喷头安装，以及管线的试水和检测。

（3）园林排水工程施工

园林排水工程施工主要是污水和雨水排水系统的施工。污水排水系统由室内卫生设备和污水管道系统、室外污水管道系统、污水泵站及压力管道、污水处理、相关构筑物、排入水体的出水口等组成；雨水排水系统由雨水管渠系统、出水口、雨水口等组成。常用的排水形式如下。

地形排水　通过竖向设计将谷、涧、沟、缓坡、小路按照自然地形，就近排入水体或附近的雨水干管。利用地形排水时地表应种植草皮，最小坡度为5‰。

明沟排水　主要指利用土明沟来排水，也可在一些地段根据需要砌砖、石、混凝土明沟，其坡度不小于4‰。

管道排水　将管道埋于地下，使其有一定的坡度，通过排水构筑物将水排出。

在我国，园林绿地的排水主要以地形排水和明沟排水为主，局部地区采用管道排水。园林污水采用管道排水，污水要经过处理。污水处理在风景空间多用生物物理方法处理，要配套化粪池、过滤池等。

（4）园林供电照明工程施工

园林照明是室外照明的一种形式，设置时应注意与园林景观相结合，突出园林景观特色。园林供电照明工程施工主要有供电电缆敷设、配电箱安装、灯具安装等项目。

（5）园林建筑小品工程施工

园林建筑、小品多种多样，但施工过程类似。园林建筑工程施工主要有地基与基础工程、主体工程、地面与楼面工程、门窗工程、装饰工程、屋面工程、水电工程施工等内容。园林仿古建筑应由古建筑专业施工人员施工。园林小品工程施工相对简单，一般包括基础工程、主体工程、装饰工程施工等。

（6）园林水景工程施工

水景工程是园林工程中涉及面最广、项目组成最多的专项工程之一。狭义的水景包括湖泊、水池、水塘、溪流、水坡、水道、瀑布、水帘、叠水、水墙和喷泉等。实际上对水景的施工主要是对盛水器及其相关附属设施的施工。水景构筑物，需要修建诸如小型水闸、驳岸、护坡和水池等以及必要的给排水设施和电力设施等，因而涉及土木工程、防水工程、给水排水工程、供电与照明工程、假山工程、种植工程、设备安装工程等一系列相关工程。

（7）园林铺装工程施工

园林铺装是指在园林工程中采用天然或人工铺地材料，如石材、片石、印石、砂石、混凝土、沥青、木材、瓦片、青砖等，按一定的形式或规律铺设于地面上，又称铺地。园林铺装不仅包括路面铺装，还包括广场、庭院、停车场等场地的铺装。园林铺装色彩丰富、图案多样。大多数园林道路承载负荷较低，在材料的选择上多种多样。

园林铺装工程施工主要由路基、垫层、基层、结合层、面层以及附属工程等施工项目组成。

（8）园林假山工程施工

假山按材料可分为土山、石山和土石相间的山；按施工方式可分为筑山（人工筑土山）、掇山（用山石掇合成山）、凿山（开凿自然岩石成山）和塑山（传统的是用石灰浆塑成假山，现代的是用水泥、砖、钢丝网等塑成假山）。假山的组合形态分为山体与水体结合，假山与庭院、驳岸、护坡、挡土墙、自然式花台结合，还有与园林建筑、园路、场地和园林植物组合的形态。假山施工是设计的延续，施工过程是艺术的创造过程，因此假山施工是我国园林工程独特工种，宜由专业人员指导施工。

土山施工主要是利用土方按地形设计施工。假山施工主要有立基、拉底、起脚、掇中层、收顶等过程。

（9）园林种植工程施工

园林种植工程包括乔灌木种植工程、大树移植、草坪工程等。种植工程在很大程度上受当地的小气候、土壤、排水、光照、灌溉等生态因子影响，施工前，施工人员必须通过设计人员的技术交底充分了解设计意图，理解设计要求，熟悉设计图纸，向设计单位和工程甲方了解有关资料，如工程的项目内容及任务量、工程期限、工程投资及设计概（预）算、设计意图，了解施工地段的状况、定点放线的依据、工程材料来源及运输情况，必要时应进行调研。园林种植工程施工的主要施工项目及内容如表1-1所示。

表 1-1　园林种植工程施工主要施工项目及内容

种植项目名称	主要施工内容	备注
乔灌木的栽植	施工现场的准备、定点放线、挖穴、挖苗、运苗、假植、施底肥、修剪、栽植、支撑、围堰、养护等	要求现场放线到位准确，散苗、定植、淋水等技术环节规范，避免二次搬运，宜随到随种
大树移植	挖树穴、挖树、大树土球的包装、吊装、运输、栽植、回填土、安装透气管、吊营养液、养护等	大树是指胸径达 15～20cm，甚至 30cm，处于生长旺盛期的乔木或灌木。大树移植要带球根移植，球根具有一定的规格和重量，常需要专门的机具进行操作。通常最合适大树移植的时间是春季、雨季和秋季。在炎热的夏季，不宜大规模进行大树移植。若特殊工程需要少量移植大树时，要对树木采取适当疏枝和搭盖荫棚等办法以利于大树成活
草坪栽植工程	选草种、准备场地（坪床）、除杂、喷灌及排水系统埋设、平整、翻耕、配土、施肥、灌水后再整平、铺种、养护等	不同地区、不同季节有不同的草坪管理措施、管理方法。常见的管理措施有刈剪、灌溉、病虫害防治、除杂草、施肥等，不同的季节，管理重点不同

2. 园林工程项目划分

在园林工程项目施工过程中，工程量计算、施工预算、质量检验、工程资料管理等工作均需要对园林工程项目进行科学分解和合理划分。一般是将园林工程视为一个单位工程，一个园林单位工程划分为若干个分部工程，每个分部工程又划分为若干分项工程。

　　单项工程　是项目的组成部分，具有独立的设计文件，可以独立施工，竣工建成后，能独立发挥生产能力或使用效益。一个项目一般应由几个单项工程组成，如城市市政建设项目中园林绿地工程、市政道路工程、给水工程、排水工程等都属于单项工程。

　　单位工程　是单项工程的组成部分，是指具有独立的设计、可以独立组织施工，但竣工后不能独立发挥生产能力或使用效益的工程。一个单项工程由几个单位工程组成，如园林绿地建设单项工程中公园、居住小区绿地、古建工程等都属于单位工程。

　　分部工程　是单位工程的组成部分，是单位工程中分解出来的结构更小的工程，如公园建设中土方工程、种植工程、园林建筑小品、假山叠石及水系等都属于分部工程。一般的土建工程，按其工程结构可分为基础、墙体、梁柱、楼板、地面、门窗、屋面、装饰等几个部分。按照所用工种和材料结构的不同，土建工程分为基础、墙体、梁柱、楼板、地面、门窗、屋面、装饰等分部工程。

　　分项工程　是指通过较为简单的施工就能完成，并且要以采用适当的计量单位进行计算的建设及设备安装工程，通常它是确定建设及设备安装工程造价的最基本的工程单位，如每立方米砖基础工程。

　　（1）园林工程项目单项、单位工程划分细则

　　单项工程无论是新建，还是改、扩建的园林绿化工程，均是由一个或几个单位工程组成的。大型园林绿化工程常以一个施工标段划为一个单位工程，具体划分规定如下。

　　• 新建公园视其规模，可视为一个单位工程，也可根据工种划分为几个单位工程。有些景观道路工程视距离、跨距划分为若干个标段，作为若干个单位工程。

- 居住小区园林绿化工程或配套绿地一般都作为一个单位工程，在建设工期和施工范围上有明显的界限的，可分为几个单位工程。
- 古建筑和仿古建筑以殿、堂、楼、阁、榭、舫、台、廊、亭、幢、塔、牌坊等的建筑工程和设备安装工程共同组成各自的单位工程。
- 修缮工程根据内容可由单体建筑或由若干个有关联的单体建筑组成单位工程。

独立的园林绿化单位工程通常由五个分部工程组成，即土方造型工程、绿化种植工程、园林建筑小品工程、假山叠石工程以及园林水系工程。如果有古建筑修、建部分，则有六个分部工程。此外，还有园林排水、照明等分部工程。

土方造型工程　分部工程应按工程的要求或部位划分为竖向工程、堆山工程、水体工程等。

绿化种植工程　分部工程应按工程的分工情况划分为植物材料工程、材料运输工程、种植工程及养护工程。

园林建筑小品工程　分部工程应按园林建筑的部位和内容划分为一般小型建筑的地基与基础工程，主体、地面与楼面工程，门窗工程，装饰工程，屋面工程等。

假山叠石工程　分部工程应按工程的功能、体量划分为石假山工程、叠石置石工程。

园林水系工程　应单独作为一个分部工程进行考虑。

古建筑修、建工程的分部工程　应按部位划分为地基与基础工程、主体工程、地面与楼面工程、木装修工程、装饰工程、屋面工程。

分项工程是指在分部工程中，按不同的施工方法、材料、工序及路段长度等划分的若干子工程。

（2）园林工程项目各分部分项工程划分

园林工程项目各分部分项工程划分见表1-2。

表 1-2　园林工程项目各分部分项工程划分

序号	分部工程	分项工程	工程施工细项
1	土方造型工程	竖向工程	清除垃圾土、进种植土方、造地形
		堆山工程	堆山基础、进种植土方、造地形
		水体工程	水体开挖、水底修整、驳岸、涵管
2	绿化种植工程	植物材料工程	乔木、灌木、地被
		材料运输工程	起挖、运输、假植
		种植工程	大树移植、乔木种植、灌木种植、地被种植、花坛花卉种植、盆景造型树栽植、水生植物种植、行道树种植、运动型草坪种植、竹类植物种植
		养护工程	日常养护、特殊养护
3	园林建筑小品工程	地基与基础工程	土方、砂、砂石和三合土地基、地下连续墙、防水混凝土结构、水泥砂浆防水层、模板、钢筋、混凝土、砌砖、砌石与钢结构焊接、制作、安装、油漆
		主体工程	模板、钢筋、混凝土、构件安装、砌砖、砌石、竹木结构和园林特有的竹木结构与钢结构焊接、制作、安装、油漆

序号	分部工程	分项工程	工程施工细项
3	园林建筑小品工程	地面与楼面工程	基层、整体楼地面、板块（楼）地面、园林路面、室内外木质板楼地面、扶梯栏杆
		门窗工程	木门窗制作，钢门窗、铝合金门窗、塑钢门窗安装
		装饰工程	抹灰、油漆、刷（喷）浆（塑）、玻璃、饰面铺贴、罩面板及钢木骨架、细木制品、花饰安装、竹木结构、各种花式隔断或屏风
		屋面工程	屋面找平层、保温（隔热）层、卷材防水、油膏嵌缝涂料屋面、细石混凝土屋面、平瓦屋面、中筒瓦屋面、波瓦屋面、雨水管
		水电工程	给水管道安装，给水管道附件及卫生器具给水配件安装，排水管道安装，卫生器具安装，架空线路和杆上电气设备安装，电缆线路、配管及管内穿线、低压电器安装，电器照明器具及配电箱安装，避雷针及接地装置安装
4	假山叠石工程	石假山工程	石假山基础、石假山山体、石假山山洞、石假山山路
		叠石置石工程	叠石置石基础、瀑布、溪流、置石、汀步、石驳岸
5	园林水系工程		泵房、水泵安装、水管铺设、集水处理、溢水出水、喷泉、涌泉、喷灌、水下照明
6	古建筑修、建工程	地基与基础工程	挖土，填土，三合土地基，夯实地基，石桩、木桩、砖、石加工，砌砖、砌石、台基、驳岸，混凝土、水泥砂浆防水层，模板、钢筋、钢筋混凝土，构件安装，基础、台基、驳岸局部修缮
		主体工程	大木构架（柱、梁、川、枋、老戗、嫩戗、斗拱、桁条、格栅、椽子、板类等）制作、安装，大木构架修缮，牮直、发平、升高，砖石的加工、安装，砌砖、砌石，砖石墙体的修缮，漏窗制作、安装、修缮，模板、钢筋、钢筋混凝土、构件安装，木楼梯制作、安装修缮
		地面与楼面工程	楼面、地面、游廊、庭院、甬路的基层，砖加工、砖墁地，石料加工、石墁地，木楼地面，仿古地面，各种地面的修缮
		木装修工程	古式木门窗隔扇制作与安装，各种木雕件制作与安装，木隔断、天花、卷棚、藻井制作与安装，博古架隔断、美人靠、坐槛、古式栏杆、挂落、地罩及其他木装饰件制作与安装，各种木装修件的修缮等
		装饰工程	砖细、砖雕、石作装饰、石雕、仿石、仿砖、人造石、琉璃贴件、拉灰条、彩色抹灰刷浆、裱糊、大漆、彩绘、花饰安装、贴金描金、各种装饰工程修缮
		屋面工程	砖料加工、屋面基层、小青瓦屋面、青筒瓦屋面、琉璃瓦屋面，各种屋脊、戗角及饰件，灰塑、陶塑屋面饰件，各种屋面、屋脊、戗角饰件的修缮

1.1.2　园林工程项目施工顺序与施工工艺流程

1. 园林工程项目施工顺序

（1）园林工程项目施工顺序划定一般要求

园林工程项目施工顺序是指一个单位工程中各分部工程、专业工程或施工阶段的先后施工顺序及其制约关系。制定施工总体顺序主要目的是解决时间搭接上的问题。确定单位工程施工顺序必须遵循各施工过程之间的客观规律、各工序间相互制约的关系以及施工组织的要求。施工顺序安排得当，可以加快施工进度，减少人工和机械的停歇时间，并能充分利用工作面，避免施工干扰，均衡、连续地施工，在不增加资源消耗和成本投入的情况下，缩短工期，降低施工成本。

单位园林工程的施工顺序一般应遵循"先地下、后地上，先主体、后局部，先结构、后附属工程"的次序。但是，对于某些特殊工程或随着园林工程新材料和新技术的应用和发展，施工顺序可能会不同。

（2）施工顺序确定的一般方法

1）统筹考虑各分部、分项工程之间的关系，遵循施工工艺及技术规则。在一个单位工程项目中，任何分部、分项工程同相邻的分部、分项工程的施工总先后顺序。

园林工程项目施工要本着"全场性工程的施工→单位工程的施工"的总原则，首先应完成场地平整与测量定位等全场性工程，然后按单位工程的划分逐个或交叉进行园林小品工程、园路铺装工程、种植工程、给排水及喷灌工程、电气安装及灯光照明工程的施工。这样不仅有利于工程施工的相互衔接，减少工种之间时间上的冲突，而且有利于节约工程成本，提高工程文明施工程度。

2）考虑施工方案（或施工组织设计）的整体要求。施工方案编制过程中施工顺序的安排、施工工段的划分以及施工部署的构架要根据实际情况进行编制，增强施工方案的针对性，充分发挥施工方案的指导作用。

3）考虑当地的气候条件和水文要求。在南方施工时，应从雨期考虑施工顺序，因雨期而不能施工的应安排在雨季前进行。如土方工程最好不安排在雨期施工，而种植工程则可。在严寒地区施工时，则应根据冬期施工的特点来安排施工顺序。河岸景观工程应特别注意水文资料，枯水季节宜先对位于河中以及河边沿岸的基础工程等进行施工。

4）安排施工顺序时应考虑经济和节约，降低施工成本。在园林工程项目施工中周转材料的使用要科学合理，一方面可加速材料的周转次数，另一方面可减少配备的数量。如园桥、园建等基础施工顺序安排得好，可加速模板的周转次数，在同样完成任务的情况下可减少相关配备，降低材料成本。

5）必须考虑施工质量要求。如大面积草坪施工，采用播种法时，就要先将草种与细沙掺和，并在场地上划分种植块，编号后才能直播，以保证均匀。

2. 园林工程项目施工工艺及流程

（1）园林工程项目施工工艺及流程概念

施工工艺是指一项工程具体的工序规定和每道工序所要求采用的施工技术、施工方法和施工材料，是施工过程中的工序、流程、操作要点、安全措施、技术指标等较为详

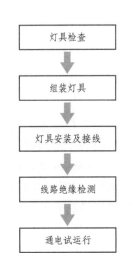

图1-1　灯具安装施工流程

细的指导类说明。同时要注意施工工艺标准规范，保证施工质量。

工程施工流程是指工程产品生产过程中阶段性的固有规律和分部分项工程的先后次序。各项工程在同一场地不同空间，同时交叉、搭接进行，一般情况下，前面的工作没有完成，后面的工作就不能开始，这种前后顺序必须符合建筑施工程序和施工顺序。

施工流程图就是表达施工过程中各项工作的先后次序和逻辑关系的图形。如图1-1所示为灯具安装施工流程。

（2）施工流程编制技巧

图1-2是某公园绿化工程施工总体流程。编制方法是：先整体后局部，先结构后附属，即按公园的工程内容和施工的季节性要求，遵循先地下后地上的原则。

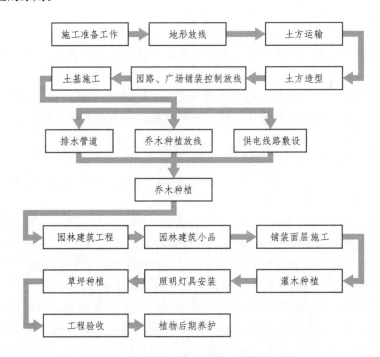

图1-2　某公园绿化工程施工总体流程图

工程链接

施工工艺标准与规范是指某项工程或工程部位或施工工艺必须达到的标准，是硬性或强制性规定。较为常见的有：

《砌体结构工程施工质量验收规范》（GB 50203—2011）；

《给水排水管道工程施工及验收规范》（GB 50268—2008）；

《给水排水构筑物工程施工及验收规范》（GB 50141—2008）；

《地下防水工程质量验收规范》（GB 50208—2011）；

《混凝土结构工程施工质量验收规范》（GB 50204—2015）；

《木结构工程施工质量验收规范》（GB 50206—2012）；

《园林工程质量检验评定标准》（DG/T J08—701—2020）；

《园林绿化工程施工及验收规范》（CJJ 82—2012）；

《假山叠石工程施工规程》（DG/T J08—211—2014）；

《园林绿化养护技术等级标准》（DG/T J08—702—2011）；

《城市道路照明施工及验收规程》（CJJ 89—2012）；

《屋面工程质量验收规范》（GB 50207—2012）；

《电气装置安装工程电缆线路施工及验收标准》（GB 50168—2018）；

《外墙饰面砖工程施工及验收规程》（JGJ 126—2015）；

《喷灌工程技术规范》（GB/T 50085—2007）；

《节水灌溉工程施工质量验收规范》（DB11/T 558—2008）；

《城市道路照明设计标准》（CJJ 45—2015）；

《城乡用地竖向规划规范》（CJJ 83—2016）；

《城市绿地设计规范（2016年版）》（GB 50420—2007）。

1.1.3　园林工程施工图阅读

1. 园林工程施工图组成

园林工程施工图一般由封面、目录、设计说明、总平面图、施工放线图、建筑施工图、地形假山施工图、绿化种植施工图、地面铺装施工图、小品雕塑施工图、给排水施工图、照明电气施工图、材料表及材料附图等组成。当工程规模较大、较复杂时，可以把总平面图分成不同的分区，按分区绘制平面图、放线图、竖向设计施工图等。

2. 园林工程施工图图纸目录的编排及设计说明

（1）图纸目录的编排

图纸目录中应包含以下内容：项目名称、设计时间、图纸序号、图纸名称、图号、图幅及备注等。园林工程施工图一般是按图纸内容的主次关系排列，基本图在前，详图在后；总体图在前，局部图在后；主要部分在前，次要部分在后；布置图在前，构件图在后；先施工的图在前，后施工的图在后。若同一类型图纸有相同的图别，则按照顺序进行顺次编号。

图纸编号时以专业类别为单位，各专业类别各自编排图号；对于大、中型项目，应按以下专业类别进行图纸编号：园林、种植、建筑小品、园林结构、给排水、照明电气、材料表及材料附图等；对于小型项目，可采用以下专业类别进行图纸编号：园林、建筑小品及结构、给排水、照明电气等。

为方便在施工过程中翻阅图纸，工程施工图分两部分，即总图及分部施工图。各部分图纸分别编号，每一专业类别图纸应该对图号统一标示，以方便查找。图纸图号标示方法如下：

总平面施工图缩写为"总施（ZS）"，图纸编号为ZS。

建筑施工图缩写为"建施（JS)"，图纸编号为JS。

地面铺装施工图缩写为"铺施（PS)"，图纸编号为PS。

小品雕塑施工图缩写为"小施（XS)"，图纸编号为XS。

土方地形假山施工图缩写为"土施（TS)"，图纸编号为TS。

绿化种植施工图缩写为"绿施（LS)"，图纸编号为LS。

给排水施工图缩写为"水施（SS)"，图纸编号为SS。

照明电气施工图缩写为"电施（DS)"，图纸编号为DS。

（2）设计说明的内容

1）设计依据及设计要求：应注明采用的标准图及其他设计依据。

2）设计范围。

3）标高及单位：应说明图纸文件中采用的标注单位，坐标为相对坐标还是绝对坐标；如为相对坐标，需说明采用的依据。

4）材料选择及要求：对各部分材料的材质要求及建议，一般应说明的材料包括饰面材料、木材、钢材、防水疏水材料、种植土及铺装材料等。

5）施工要求：强调需注意工种配合及对气候有要求的施工部分。

6）用地指标：应包含总占地面积、绿地面积、道路面积、铺地面积、水体面积、园林建筑面积、绿化率及工程的估算总造价等。

3. 详图索引

（1）详图索引符号的认识

《房屋建筑制图统一标准》（GB/T 50001—2017）规定：图样中的某一局部或构件，如需另见详图，应以索引符号索引。索引符号应由直径为8～10mm的圆和水平直径组成，圆及水平直径线宽宜为0.25b。

索引符号编写应符合下列规定。

1）当索引出的详图与被索引的详图同在一张图纸内，应在索引符号的上半圆中用阿拉伯数字注明该详图的编号，并在下半圆中间画一段水平细实线，如图1-3（a）所示。

2）当索引出的详图与被索引的详图不同在一张图纸内，应在索引符号的上半圆中用阿拉伯数字注明该详图的编号，在索引符号的下半圆中用阿拉伯数字注明该详图所在图纸的编号。数字较多时，可加文字标注，如图1-3（b）所示。

3）当索引出的详图采用标准图时，应在索引符号水平直径的延长线上加注该标准图集的编号，如图1-3（c）所示。

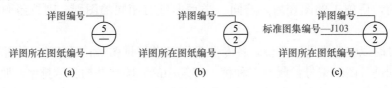

图 1-3　详图索引符号

（2）详图符号及编号的认识

详图的位置和编号应以详图符号表示。详图符号的圆直径应为14mm，线宽为b。详图编号应符合下列规定。

1）当详图与被索引的图样同在一张图纸内时，应在详图符号内用阿拉伯数字注明详图的编号，如图1-4（a）所示。

2）当详图与被索引的图样不在同一张图纸内时，应用细实线在详图符号内画一水平直径，在上半圆中注明详图编号，在下半圆中注明被索引的图纸的编号，如图1-4（b）所示。

图1-4 详图与被索引的图样符号

4. 施工图中的代号

（1）结构图代号

1）名称代号：

@——相等中心距离的代号；

N——工字钢；

D——圆木；

2）数字代号：

ϕ——圆的代号；

L——长度的代号。

d——直径；

g——扁钢、钢板的直径；

b——宽度、钢板厚度；

h——高度；

n——数量。

（2）常用构件代号

建筑结构的各种构件如板、柱等种类繁多，布置复杂，为在示图时把各种构件简明扼要地表示在图纸上，可用构件代号来加以区别。常用构件的代号一般用构件名称汉语拼音第一个字母表示（表1-3）。

表1-3　常用构件代号

序号	名称	代号	序号	名称	代号	序号	名称	代号
1	板	B	14	屋面梁	WL	27	支架	ZJ
2	屋面板	WB	15	吊车梁	DL	28	柱	Z
3	空心板	KB	16	圈梁	QL	29	基础	J
4	槽形板	CB	17	过梁	GL	30	设备基础	SJ
5	折板	ZB	18	连系梁	LL	31	桩	ZH
6	密肋板	MB	19	基础梁	JL	32	柱间支撑	ZC
7	楼梯板	TB	20	楼梯梁	TL	33	垂直支撑	CC
8	盖板或沟盖板	GB	21	檩条	LT	34	水平支撑	SC
9	檐口板	YB	22	屋架	WJ	35	梯	T
10	吊车安全走道板	DB	23	托架	TJ	36	雨篷	YP
11	墙板	QB	24	天窗架	CJ	37	阳台	YT
12	天沟板	TGB	25	刚架	GJ	38	梁垫	LD
13	梁	L	26	框架	KJ	39	预埋件	M—

5. 园林工程施工图的内容

园林工程施工图内容见表1-4。

表1-4 园林工程施工图内容

总内容名称	施工图及部件名称	代号	图纸内容	比例
总平面施工图内容	封面		工程名称、工程地点、工程编号、设计阶段、设计时间、设计公司名称	
	图纸目录		本套施工图的总图纸纲目	
	设计说明		工程概况、设计要求、设计构思、设计内容简介、设计特色、各类材料统计表、苗木统计表	
	总平面图	ZS-××	详细标注方案设计的道路、建筑、水体、花坛、小品、雕塑、设备、植物等在平面中的位置和与其他部分的关系。标注主要经济技术指标、地区风玫瑰图	1：2000，1：1000，1：500
	种植总平面图	ZS-××	在总平面中详细标注各类植物的种植点、品种名、规格、数量，植物配植的简要说明，苗木统计表、指北针	1：2000，1：1000，1：500
	小品雕塑总平面布置图	ZS-××	在总平面中（隐藏种植设计）详细标出雕塑、景观小品的平面位置及其中心点与总平面控制轴线的位置关系，小品雕塑分类统计表，指北针	1：2000，1：1000，1：500
	铺装总平面图	ZS-××	在总平面中（隐藏种植设计）用图例详细标注各区域内硬质铺装材料的材质及其规格，材料设计选用说明、铺装材料图例、铺装材料用量统计表（按面积计），指北针	1：2000，1：1000，1：500
	总平面放线图	ZS-××	详细标注总平面中（隐藏种植设计）各类建筑、构筑物、广场、道路、平台、水体、主题雕塑等的主要定位控制点及相应尺寸标注	1：2000，1：1000，1：500
	总平面分区图	ZS-××	在总平面中（隐藏种植设计）根据图纸内容的需要用特粗虚线将平面分成相对独立的若干区域，并对各区域进行编号；指北针	1：2000，1：1000，1：500
	分区平面图	ZS-××	按总平面分区图将各区域平面放大表示，并补充平面细部；指北针。分区平面图仅当总平面图不能详细表达图纸细部内容时才设置	1：1000，1：500，1：300，1：200，1：100
	分区平面放线图	ZS-××	详细标注各分区平面的控制线及建筑、构筑物、道路、广场、平台、台阶、斜坡、小品雕塑基座、水体的控制尺寸	1：1000，1：500，1：300，1：200，1：100

续表

总内容名称	施工图及部件名称		代号	图纸内容	比例
总平面施工图内容	竖向设计总平面图		ZS-××	在总平面图中（隐藏种植设计）详细标注各主要高程控制点的标高，各区域内的排水坡向及坡度大小、区域内高程控制点的标高及雨水收集口位置，建筑（构筑物）的散水标高、室内地坪标高或顶标高；绘制微地形等高线、等高线及最高点标高、台阶各坡道的方向；标高用绝对坐标系统标注或相对坐标系统标注，在相对坐标系统中标出±0.000标高的绝对坐标值；指北针	1：2000，1：1000，1：500
分部施工图内容		封面		工程名称、工程地点、工程编号、设计阶段、设计时间、设计公司名称	
		图纸目录		扩初图的总图纸纲目	
		设计说明		工程概况、设计要求、设计构思、设计内容简介、设计特色、主要材料表、主要植物品种目录	
	建筑施工图	建筑（构筑物）平面图	JS-××	详细绘制建筑（构筑物）的底层平面图（含指北针）及各楼层平面图。详细标出墙体、柱子、门窗、楼梯、栏杆、装饰物等的平面位置及详细尺寸	1：200，1：100，1：300，1：150，1：50
		建筑（构筑物）立面图	JS-××	详细绘制建筑（构筑物）的主要立面图或立面展开图。详细绘制门窗、栏杆、装饰物的立面形式、位置，洞口、地面标高及相应尺寸标注	1：200，1：100，1：300，1：150，1：50
		建筑（构筑物）剖面图	JS-××	详细绘制建筑（构筑物）的重要剖面图，详细表达其内部构造、工程做法等内容，标注洞口、地面标高及相应尺寸标注	1：200，1：100，1：300，1：150，1：50
		建筑（构筑物）施工详图	JS-××	详尽表达平、立、剖面图中索引到的各部分详图的内容，建筑物的楼梯详图、室内铺装做法详图等	1：25，1：20，1：10，1：5，1：30，1：15，1：3
		建筑（构筑物）基础平面图	JS-××	建筑（构筑物）的基础形式和平面布置	1：200，1：100，1：300，1：150，1：50
		建筑（构筑物）基础详图	JS-××	基础的平、立、剖面详图，配筋，钢筋表	1：25，1：20，1：10，1：5或1：30，1：15，1：3
		建筑（构筑物）结构平面图	JS-××	各层平面墙、梁、柱、板位置，尺寸，楼板、梯板配筋，板、梯钢筋表	1：200，1：100或1：300，1：150，1：50

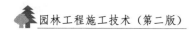

总内容名称	施工图及部件名称		代号	图纸内容	比例
分部施工图内容	建筑施工图	建筑（构筑物）结构详图	JS-××	梁、柱剖面详图，配筋，钢筋表	1：25，1：20，1：10，1：5或1：30，1：15，1：3
		建筑给排水图	JS-××	标明室内的给水管接入位置、给水管线布置、洁具位置、地漏位置、排水管线布置、排水管与外网的连接	1：200，1：100或1：300，1：150，1：50
		建筑照明电路图	JS-××	标明室内电路布线、控制柜、开关、插座、电阻的位置及材料型号等，材料用量统计表	1：200，1：100或1：300，1：150，1：50
	地面铺装施工图	铺装分区平面图	PS-××	详细绘制各分区平面内的硬质铺装花纹，详细标注各铺装花纹的材料材质及规格，重点位置平面索引，指北针	1：500，1：250，1：200，1：100或1：300，1：150
		铺装分区平面放线图	PS-××	在铺装分区平面图的基础上（隐藏材料材质及材料规格的标注）标注铺装花纹的控制尺寸	1：1000，1：500，1：250，1：200，1：100或1：800，1：600，1：300
		局部铺装平面图	PS-××	铺装分区平面图中索引到的重点平面铺装图，详细标注铺装放样尺寸、材料材质规格等	1：250，1：200，1：100或1：300，1：150
		铺装大样图	PS-××	详细绘制铺装花纹的大样图，标注详细尺寸及所用材料的材质、规格	1：50，1：25，1：20，1：10或1：30，1：15
		铺装详图	PS-××	室外各类铺装材料的剖面施工做法详图、台阶做法详图、坡道做法详图等	1：25，1：20，1：10，1：5或1：30，1：15，1：3
	小品雕塑施工图	雕塑详图		雕塑主要立面表现图、雕塑局部大样图、雕塑放样图、雕塑设计说明及材料说明	1：50，1：25，1：20，1：10或1：30，1：15，1：5
		雕塑基座施工图	XS-××	雕塑基座平面图（基座平面形式、详细尺寸），雕塑基座立面图（基座立面形式、装饰花纹、材料标注、详细尺寸），雕塑基座剖面图（基座剖面详细做法、详细尺寸），基座设计说明	1：50，1：25，1：20，1：10或1：30，1：15，1：5
		小品平面图	XS-××	景观小品的平面形式、详细尺寸、材料标注	1：50，1：25，1：20，1：10或1：30，1：15，1：5

续表

总内容名称	施工图及部件名称		代号	图纸内容	比例
分部施工图内容	小品雕塑施工图	小品立面图	XS-××	景观小品的主要立面图、立面材料、详细尺寸	1:50，1:25，1:20，1:10 或 1:30，1:15，1:5
		小品剖面图	XS-××	景观小品的剖面详细做法图	1:50，1:25，1:20，1:10 或 1:30，1:15，1:5
		景观小品做法详图	XS-××	局部索引详图、基座做法详图	1:25，1:20，1:10 或 1:30，1:15，1:5
	土方地形假山施工图	地形假山施工图	TS-××	在各分区平面图中用网格法给地形放线	1:250，1:200，1:100 或 1:300，1:150
		假山平面放线图	TS-××	在各分区平面图中用网格法给假山放线	1:250，1:200，1:100 或 1:300，1:150
		假山立面放样图	TS-××	用网格法为假山立面放样	1:25，1:20，1:10 或 1:30，1:15，1:5
		假山做法详图	TS-××	假山基座平、立、剖面图，山石堆砌做法详图，塑石做法详图	1:25，1:20，1:10 或 1:30，1:15，1:5
	绿化种植施工图	分区种植平面图	LS-××	按区域详细标注各类植物的种植点、品种名、规格、数量，植物配植的简要说明，区域苗木统计表，指北针	1:500，1:250，1:200，1:100 或 1:300，1:150
		种植放线图	LS-××	用网格法对各分区内植物的种植点进行定位，形态复杂区域可放大后再用网格法作详细定位	1:500，1:250，1:200，1:100 或 1:300，1:150
	给排水施工图	给排水设计总平面图	SS-××	在总平面图中（隐藏种植设计）详细标出给水系统与外网给水系统的接入位置、水表位置、检查井位置、闸门井位置，标出排水系统的雨水口位置、排水口位置、排水管网及管径，给排水图例，给水系统材料表、排水系统材料表，指北针	1:2000，1:1000，1:500
		灌溉系统平面图	SS-××	分区域绘制灌溉系统平面图，详细标明管道走向、管径、喷头位置及型号、快速取水器位置、逆止阀位置、泄水阀位置、检查井位置等，材料图例，材料用量统计表，指北针	1:500，1:300，1:200，1:100

续表

总内容名称	施工图及部件名称		代号	图纸内容	比例
分部施工图内容	给排水施工图	灌溉系统放线图	SS-××	用网格法对各分区内的灌溉设备进行定位	1：500，1：300，1：200，1：100
		水体平面图	SS-××	按比例绘制水体的平面形态、标注详细尺寸，旱地喷泉要绘出地面铺装图案及水箅子的位置、形状，标注材料材质及材料规格，指北针	1：500，1：300，1：200，1：100，1：50
		水体剖面图	SS-××	详细表达剖面上的工程构造、做法及高程变化，标注尺寸、常水位、池底标高、池顶标高	1：100，1：50，1：25，1：20
		喷泉设备平面图	SS-××	在水体平面图中详细绘出喷泉设备位置，标注设备型号，详细标注设备布置尺寸，绘制设备图例、材料用量统计表，指北针	1：500，1：300，1：200，1：100，1：50
		喷泉给排水平面图	SS-××	在喷泉设备平面中布置喷泉给排水管网，标注管线走向、管径、材料用量统计表，指北针	1：500，1：300，1：200，1：100，1：50
		水型详图	SS-××	绘制主要水景水型的平、立面图，标注水型类型，水型的宽度、长度、高度及颜色，用文字说明水型设计的意境及水型的变化特征	
	照明电气施工图	电气设计说明及设备表	DS-××	详细的电气设计说明；详细的设备表，标明设备型号、数量、用途	
		电气系统图	DS-××	详细的配电柜电路系统图（室外照明系统、水下照明系统、水景动力系统、室内照明系统、室内动力系统、其他用电系统、备用电路系统），电路系统设计说明，标明各条回路所使用的电缆型号、所使用的控制器型号、安装方法、配电柜尺寸	
		电气平面图	DS-××	在总平面图基础上标明各种照明用、景观用灯具的平面位置及型号、数量，线路布置、线路编号、配电柜位置，图例符号，指北针	1：2000，1：1000，1：500
		动力系统平面图	DS-××	在总平面图基础上标明各种动力系统中的泵、大功率用电设备的名称、型号、数量、平面位置线路布置，线路编号、配电柜位置，图例符号，指北针	1：2000，1：1000，1：500
		水景电力系统平面图	DS-××	在水体平面中标明水下灯、水泵等的位置及型号，标明电路管线的走向及套管、电缆的型号，材料用量统计表，指北针	1：500，1：300，1：200，1：100，1：50

6. 园林工程施工图纸判读方法和步骤

要想熟练识读施工图，除了掌握正投影原理，熟悉国家制图标准，了解图集的常用构造做法，掌握各专业施工图的用途、图示内容和表达方法外，还应经常深入施工现场，对照图纸观察实物，这样才能有效地培养读图能力。

（1）园林工程施工图纸判读方法

在判读整套施工图时，应按照"总体了解、顺序识读、前后对照、重点细读"的读图方法，才能够比较全面而系统地读懂图纸。

总体了解　一般是先看目录、总平面图和施工总说明，以大致了解工程的概况，如工程设计单位、建设单位、新建房屋的位置、周围环境、施工技术要求等。对照目录检查图纸是否齐全，采用了哪些标准图，并准备齐这些标准图。然后看建筑平面、立面、剖面图，大体上想象一下建筑物的立体形象及内部布置。

顺序识读　在总体了解建筑物的情况以后，根据施工的先后顺序，从基础、墙体（或柱）、结构平面布置、建筑构造及装修的顺序，仔细阅读有关图纸。

前后对照　读图时，要注意平面图、剖面图对照着读；建筑施工图和结构施工图对照着读，土建施工图与设备施工图对照着读，做到对整个工程施工情况及技术要求心中有数。

重点细读　根据工种的不同，将有关专业施工图再有重点地仔细读一遍，并将遇到的问题记录下来，及时向设计部门反映。

识读图纸时，应按由外向里看、由大到小看、由粗至细看、图样与说明交替看、有关图纸对照看的方法，重点看轴线及各种尺寸关系。

（2）园林工程施工图纸判读步骤

1）了解园林工程整体概况。

- 看标题栏及图纸目录。了解工程名称、项目内容、设计日期等。
- 看设计总说明。了解有关建设规模、经济技术指标和室内外的装修标准等。
- 看总平面图。熟悉施工项目布局情况及施工现场环境。
- 看立面图。大体了解园林工程整体形象、规模和装饰做法等。
- 看各分部工程平面图。本阶段是了解整体工程的概况，只需了解各分部工程平面布局情况。
- 看剖面图。了解各分部工程的各部分施工标高、总高、各部分之间的关系。

2）深入了解各分部工程平面、剖面、空间、造型、功能等。识读一张图纸时，一般应按由外向里、由大到小、由粗到细的顺序进行，还要注意交替看图样与说明，对照看有关图纸，重点看轴线及各种尺寸关系。

3）深入理解工程做法及构造详图。通过以上两阶段的读图已经完整、详细地了解了该工程，然后要进一步深入了解细部构造，如台阶栏杆的做法、水池的详细做法与防水做法、喷泉的具体造型与做法等，为下一步详细计算工程量、确定工程造价、编制施工组织设计方案、进行材料准备等工作提供信息。

阅读工程构造详图不一定要按照规定的先后顺序进行，可以先通过目录了解本工程图纸包含哪些详图，然后逐一阅读，但应注意同时阅读与该详图有关的图纸。

园林工程施工图判读实际应用

1.2.1 基本要求

1. 理解设计意图

理解设计意图非常重要，施工员对设计意图的把握程度直接影响景观效果。阅读施工图要仔细认真，遇到不明确的问题要列出清单，然后和设计师沟通，不可主观猜测。

2. 读懂施工图设计说明

施工图设计说明主要内容是工程概况、设计标准、构造做法、种植布局、材料选择及要求、施工要求、用地指标等项目。

工程链接

较复杂的园林工程，设计时是分专业工种设计总平面，如总平面放线图、总平面分区图、分区平面图、分区平面放线图、园路铺装总平面图、种植总平面图、园林建筑及小品雕塑总平面布置图、竖向设计总平面图等。分专业工种设计总平面，图面更简单清楚。对于简单的园林工程，一般是绘制一份总平面图，将所有专业工种都表现在上面，工程简单，图面也不会很乱。

1.2.2 基本图面识读

1. 总平面施工图（"ZS"）

总平面施工图是表示园林工程及其周围总体情况的平面图，包括原有建筑物、新建的建筑物、园林附属小品、道路、绿化布局等。通过总平面施工图了解以下信息。

1）熟悉总平面施工图的比例、图例及文字说明。

2）了解工程性质、用地范围、地形地物以及周围环境。

3）了解各工程之间的位置关系及周围尺寸。

4）了解道路、绿化与各园林工程的关系以及室内外高差、道路标高、坡度、地面排水情况，注意古树名木的保护。

5）通过图中的指北针了解建筑物的朝向。

6）了解树木、花卉栽植的总体布局。

2. 土方地形假山施工图（"TS"）

土方地形假山施工图包括竖向设计图、地形放线平面图、土方调配图，主要看地形竖向设计图中地形的标高变化、坡度变化、地形与园林建筑的关系、地形与排水的关系，土方工程量及土方调配图。假山施工图主要看假山的平面位置和轮廓、立面标高、剖面构造，以及材料和做法。

3. 地面铺装施工图（"PS"）

地面铺装施工图包括园路、广场平面图，铺装大样图、剖面构造图详图。主要看铺装的平面范围、布局、园路坡度变化、转弯半径、台阶级数、铺装大样和构造详图以及铺装材料。

4. 建筑施工图（"JS"）

建筑结构施工图包括园林建筑、小品的平、立、剖面图和详图，建筑结构施工图包括结构平面图、构件详图。

（1）园林建筑、小品平面图

园林建筑、小品平面图是施工的基本图样，它反映出园林建筑、小品的平面形状、大小和布置。通过识读掌握以下内容。

- 园林建筑、小品的形状、组成、名称、尺寸、定位轴线和墙厚。
- 楼梯、门窗、台阶、阳台、雨篷、散水的位置及细部尺寸。
- 室内地面的标高。

（2）园林建筑、小品立面图

立面图主要反映园林建筑、小品外貌特征和外形轮廓，还表示门窗的形式，室外台阶、雨篷、水落管的形状和位置等。立面图上一般不标注尺寸，只注主要部位的标高。为加强图面效果，立面图常采用不同的线型来画，以达到外形清晰、重点突出和层次分明的效果。通过识读掌握以下内容。

- 根据平面图上的指北针和定位轴线编号，查看立面图的朝向。
- 与平面图、剖面图对照，核对各部分的标高。
- 查看门窗位置与数量，与平面图及门窗表相核对。
- 注意立面图所注明的选用材料、颜色和施工要求，与工程做法表核对。

（3）园林建筑、小品剖面图

园林建筑、小品剖面图是表示建筑内部结构形式、分层情况和各部位的联系，以及材料做法、高度尺寸等的图样。通过识读掌握以下内容。

- 了解高度尺寸、标高、构造关系及做法。
- 依据平面图上剖切位置线核对剖面图的内容。

（4）园林建筑、小品详图

园林建筑、小品详图是工程细部的施工图，因为平、立、剖面图的比例较小，而许多细部构造无法在上述图纸中表示清楚，根据施工需要，必须另外绘制比例较大的图样才能表达清楚，所以说园林建筑、小品详图是平、立、剖面图的补充和说明。园林建筑、小品详图包括表示局部构造、建筑设备和建筑特殊装修部位的详图。

（5）园林建筑、小品结构施工图

结构施工图是园林建筑、小品工程图纸中的重要组成部分，是表示建筑物各承重构件的布置、构造、连接的图样，是工程施工的依据。

结构施工图一般包括以下内容：结构设计说明、结构平面图（包括基础平面图、基础详图、楼层结构布置平面图等）、构件详图（包括梁、板、柱结构详图，楼梯结构详图，屋架结构详图以及其他详图）。

基础平面图　主要内容如下：图名、比例，纵横定位轴线及其编号、尺寸，基础的平面布置，基础剖切线的位置及编号，施工说明等。通过阅读基础平面图掌握有关材料做法、墙厚、基础宽、基础深、预留洞的位置及尺寸等。

基础详图　主要内容如下：图名或基础代号、比例，基础断面图轴线及其编号，基础断面形状、大小、材料以及配筋，基础断面的详细尺寸和室外地面、基础底面的标高，防潮层的位置及做法，施工说明。阅读基础详图时要注意防潮层位置，大放脚的做法，垫层厚度，基础圈梁的位置、尺寸，以及基础埋深和标高等。

楼层结构布置平面图　用来表示每层楼的梁、板、柱、墙的平面布置和现浇楼板的构造及配筋，以及它们之间的结构关系，楼层上各种梁、板构件，在图上都用规定的代号和编号标记，查看代号、编号和定位轴线就可以了解各种构件的位置和数量。

要了解预制板的铺设方向、数量和代号，楼梯间结构布置要看详图。

现浇楼层或装配式楼盖中的现浇部分，要看结构布置平面图上板的钢筋详图，详图上表示出了受力钢筋、分布钢筋和其他钢筋的配置和弯曲情况，要看编号、规格、直径、间距等。

5. 绿化种植施工图（"LS"）

在绿化种植施工图上主要了解植物的平面布局、植物种类、种植规格、数量和种植要求。

6. 给排水施工图（"SS"）

给排水施工图包括给排水施工平面布局图和灌溉系统平面布局图。主要了解给排水平面布置形式、管线种类、管径大小、附属构筑物位置、施工要求等，以及灌溉系统平面布局、管线种类、管径大小、喷头布置形式、喷头类型、动力设备型号管线走向、埋深等。

7. 照明电气施工图（"DS"）

照明电气施工图包括供电照明的平面图和供电系统设计图，主要了解供电照明的平面布局、供电系统设计、灯具型号和规格要求、线缆规格要求、线路、灯柱距、柱墩、连接口等。

8. 小品雕塑施工图（"XS"）

由于园林小品体量小、构造简单，也可单独分为一类，简称"小施"，代号"XS"，但识读内容与园林建筑相同。

应用实例　施工图阅读实践

按照施工图纸进行判读，做好记录，填写相关表格。施工图由教师准备。具体判读内容可按表 1-5 分项进行。

表 1-5　园林工程施工图判读明细表

序号	判读项目名称	判读主要内容	判读记录	
			重要施工节点	施工质疑点
1	施工图设计说明判读	施工图设计说明由说明和图纸目录组成，可以了解图纸名称及数量； 从施工说明能看出：坐标与标高、各种铺装材料及结构层次情况、建筑小品结构及柱梁墙等做法、水景池岸护坡管路做法、山石假山基础施工方法、绿化种植施工做法、园林配套工程（给排水、供电照明、广播等）做法		

续表

序号	判读项目名称	判读主要内容	判读记录	
			重要施工节点	施工质疑点
2	总图判读	主要熟悉施工总图中标示的施工标高、坐标测定方法、各施工节点所标数值，特别是施工控制点		
3	园林建筑施工图判读	先分类识读图纸，如亭、桥、廊、棚架等，接着要看施工基础平面图，注意尺寸、方向、剖面、立面情况； 要清晰各施工节点施工材料及基本要求，如层厚、质量标准、结构形式等； 要熟悉建筑常用标示方法，如单位（mm）、中距、直径、强度等级（如C20、M7.5）等		
4	地面铺装施工图判读	注意索引符号识别，一般都标示出各种铺装（含塑胶健身场地）的构造、铺装形式、尺寸、材料和做法，因此识读时要关注结构层、各层材料、厚度、标准、特殊做法，或者补充设计说明等		
5	小品雕塑施工图判读	包括树池、花坛、坐凳、景墙、小桥、步石、汀步、栏杆、花架、矮墙基础、雕塑基础、塑凳、塑石的施工做法详图，要一一识别		
6	绿化种植施工图判读	熟悉种植点定位（坐标）、种植距离、种植规格、苗木要求。判读时注意方格网点布设，注意种植带（尤其是流线形花带）放线节点只读		
7	给排水施工图判读	给水、排水方式是判读基础，要从水源、提水方式、管网、用水点及配套设施一一识读，最好以喷灌系统施工作为练习内容； 排水施工图宜选择地面排水与管道排水相结合的图，其中管道、雨水口、窨井做法见《给水排水管道工程施工及验收规范》（GB 50268—2008）和《给水排水构筑物工程施工及验收规范》（GB 50141—2008）； 管材、管道要看图纸说明来判读		
8	电气施工图判读	一般为照明供电设计图，会给出供电线路布置和供电系统、灯具型号和灯具样式； 施工识读注意：线路走向、线路埋深、灯柱间距、灯柱高、灯具类型、接线方式、控制箱安装、电缆规格、套管（PVC）要求等； 照明供电施工要参考国家相关标准，由专业队伍施工		

相关链接 ☞

陈绍宽，唐晓棠，2021. 园林工程施工技术［M］. 北京：中国林业出版社.

邓宝忠，2010. 园林工程（一）［M］. 北京：中国建筑工业出版社.

工标网 http：//www.csres.com/

中国园林网 https：www.yuanlin.com/

筑龙网 https：//www.zhulong.com/

思考与训练 ☞

1. 园林施工图由哪些部分组成？

2. 图纸目录的作用是什么？

3. 设计总说明的内容有哪些？

4. 园林总平面图图示内容有哪些？

5. 园林建筑平、立、剖面图有何作用？图示内容有哪些？

6. 园林建筑施工图有何作用？图示内容有哪些？

7. 怎样安排园林工程施工顺序？

8. 由教师提供某个园林工程项目施工图（如景观花架施工图、冰纹片园路施工图、瀑布施工图、景桥景亭施工图等）进行课程识图实训，要求填写图纸判读表、撰写判读体会。实训方式可以按小组也可单人完成。

项目 2

园林土方工程施工

教学目标 ☞

落地目标：能够完成土方工程施工与质量检验及验收工作。

基础目标：

1. 学会编制园林土方施工流程和工艺要求。
2. 学会土方工程施工准备工作。
3. 学会园林土方施工操作技术。
4. 学会土方施工质量检验工作。

技能要求 ☞

1. 能编制园林土方施工流程和工艺要求。
2. 能完成土方工程施工准备。
3. 能熟练运用园林土方施工操作技术。
4. 能对土方工程进行施工质量检验与验收。

任务分解 ☞

园林工程与其他建设工程一样，都是建设在土地之上，所以园林工程施工，首先是进行土方工程施工。园林土方工程施工涉及土方施工准备、挖、运、填、压、质量验收等工作内容。必须熟悉土方计算方法、土方施工调度操作。

1. 园林土方工程是施工重点项目之一，要熟练掌握施工工艺过程及基本要求。
2. 土方施工需要合理安排施工准备期，即做好土方施工前准备工作。
3. 土方施工方式的选择要依据施工现场情况确定，施工组织除挖、运、填、压、修外，还要注意施工进度，保证施工进度和施工质量，做好施工安全工作。
4. 分析土方施工影响因子，并做好特殊环境和条件下组织施工的准备。

2.1.1 园林土方工程施工工艺流程编制

1. 施工种类及其要求

常见的园林土方工程有场地平整、挖湖堆山、微地形建造、基坑（槽）开挖、管沟开挖、路基开挖、地坪填土、路基填筑以及基坑（槽）回填等。要合理安排施工计划，施工工期尽量不要安排在雨期，同时为了降低土方工程施工费用，要做出土方的合理调配方案，统筹安排。

土方工程根据其使用期限和施工要求，可分为永久性和临时性两种，这两种都要求具有足够的稳定性和密实度，使工程质量和艺术造型符合原设计的要求。同时在施工中还要遵守相关技术规范和原设计的各项要求，以保证工程的稳定和持久。

土方工程施工包括施工准备、开挖、运输、填筑、压（夯）、修整、检验等施工过程，有时还要进行排水、降水和土壁支撑等工作。

2. 土的工程性质及工程分类

（1）土的工程性质

土的工程性质与土方工程的稳定性、施工方法、工程量及工程投资规模有很大关系，也涉及工程设计、施工技术和施工组织的安排。对土方施工影响较大的是土的密度、自然倾斜角、含水量、土的相对密实度和可松性等。

1）土的密度。土的密度是指单位体积内天然状况下的土的质量，单位为 kg/m^3。在同等地质条件下，密度小的，土疏松；密度大的，土坚实。土越坚实，挖掘越难。在土方施工中施工工艺和定额就是根据土的类别确定的。

2）土的自然倾斜角（安息角）。土自然堆积，经沉落稳定后的表面与地面所形成的夹角，就是土的自然倾斜角，以 α 表示（图2-1），$\tan\alpha = h/L$。在土方施工中，挖掘和堆土必须考虑土的自然倾斜角的大小，为使工程稳定安全，边坡坡度应参考相应土的自然倾斜角的数值。另外，土的含水量对土的自然倾斜角影响较大。表2-1列出了不同土的含水量与土的自然倾斜角的关系，施工前应先测定土的含水量，以便确定工程措施。

表2-1 土的自然倾斜角

土的名称	土的含水量			土的颗粒尺寸/mm
	干土	潮土	湿土	
砾石	40°	40°	35°	2～20
卵石	35°	45°	25°	20～200
粗砂	30°	32°	27°	1～2
中砂	28°	35°	25°	0.5～1
细砂	25°	30°	20°	0.05～0.5
黏土	45°	35°	15°	0.001～0.005
壤土	50°	40°	30°	
腐殖土	40°	35°	25°	

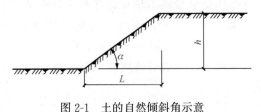

图2-1 土的自然倾斜角示意

对于土方施工，稳定性最重要，所以无论挖方或填方都需要有稳定的边坡。土方工程施工时，应结合工程本身的要求（如填方或挖方、永久性或临时性工程）和当地的具体条件（如土的种类、分层情况及压力情况等）使挖方或填方的坡度符合工程技术规范的要求，如果技术指标不在规定范围之内，则需通过实地勘测来决定。

边坡坡度是指边坡的高度和水平间距的比，习惯用 $1:m$ 表示，m 是坡度系数。$1:m=1:(L/h)$，所以，坡度系数是边坡坡度的倒数。例如，边坡坡度为 $1:2$ 的边坡，也可以叫作坡度系数 m 为2的边坡。

在填方或挖方时，应考虑各层分布的土的性质以及同一土层中土所受压力的变化，根据其压力变化采取相应的边坡坡度。例如，填筑一座高12m的山，设其土壤质地都相同，因各层土所承受的压力不同，可按其高度分层确定边坡坡度（图2-2）。由此可见挖

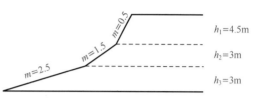

图2-2 分层填方的边坡坡度

方或填方的坡度是否合理，直接影响着土方工程的质量和数量，进而也影响着工程的投资。因此，堆土山时坡度由小到大、由下至上逐层堆筑，既符合工程原理，也体现了山的自然形态。各类土在挖填施工时的边坡坡度规定见表2-2～表2-5。施工中如无支撑和加固措施，边坡坡度不允许突破规定。边坡坡度应根据土质条件、开挖深度、填筑高度、地下水位、施工方法、工期长短、附近堆土因素确定，以确保工程质量和安全。

表2-2 永久性土工结构物挖方的边坡坡度

序号	挖方性质	边坡坡度
1	在天然湿度、层理均匀、不易膨胀的黏土、砂质黏土、黏质砂土和砂类土内挖方深度≤3m者	1:1.25
2	土质同上，挖深3～12m	1:1.50
3	在碎石和泥炭土内挖方，深度为12m及12m以下，根据土的性质、层理特性和边坡高度确定	1:1.5～1:0.50
4	在风化岩石内挖方，根据岩石性质、风化程度、层理特性和挖方深度确定	1:0.50～1:0.20
5	在轻微风化岩石内的挖方，岩石无裂缝且无倾向挖方坡角的岩石	1:0.10
6	在未风化的完整岩石内挖方	直立的

表2-3 深度在5m之内的基坑基槽和管沟边坡的最大坡度（不加支撑）

序号	土的类型	边坡坡度		
		人工挖土，并将土抛于坑、槽或沟的上边	机械施工	
			在坑、槽或沟底挖土	在坑、槽及沟的上边挖土
1	砂土	1:0.7	1:0.67	1:1
2	黏质砂土	1:0.67	1:0.50	1:0.75
3	砂质黏土	1:0.50	1:0.33	1:0.75
4	黏土	1:0.33	1:0.25	1:0.67
5	含砾石卵石土	1:0.67	1:0.50	1:0.75
6	泥灰岩白垩土	1:0.33	1:0.25	1:0.67
7	干黄土	1:0.25	1:0.10	1:0.33

表2-4 永久性填方的边坡坡度

序号	土的类型	填方高度/m	边坡坡度
1	黏土、粉土	6	1：1.5
2	砂质黏土、泥灰岩土	6～7	1：1.5
3	黏质砂土、细砂	6～8	1：1.5
4	中砂和粗砂	10	1：1.5
5	砾石和碎石块	10～12	1：1.5
6	易风化的岩石	12	1：1.5

表2-5 临时性填方的边坡坡度

序号	土的类型	填方高度/m	边坡坡度
1	砾石土和粗砂土	12	1：1.25
2	天然湿度的黏土、砂质黏土和砂土	8	1：1.25
3	大石块	6	1：0.75
4	大石块（平整）	5	1：0.50
5	黄土	3	1：1.50
6	易风化的岩石	12	1：1.50

3）土的含水量。土的含水量是指土的空隙中的水的质量与土的颗粒的质量的比值。土的含水量在5%以内称为干土，5%～30%称为潮土，大于30%的称为湿土。土的含水量的多少直接影响土方施工的难易。如果土的含水量过少，土质过于坚实，就不易挖掘；如果土的含水量过大，土泥泞，也不利于施工，而且会降低人工或机械施工的工效。以黏土为例，当含水量为5%～30%时最容易挖掘，如果含水量过大，土本身的性质就会发生很大的变化，并且会丧失稳定性，此时无论是填方或挖方，土的坡度都会显著下降，因而含水量过大的土不宜做回填土。

4）土的相对密实度。土的相对密实度用来表示土在填筑后的密实程度，可用下列公式表达，即

$$D = (\varepsilon_1 - \varepsilon_2)/(\varepsilon_1 - \varepsilon_3)$$

式中，D——土的相对密实度；

ε_1——填土在最松散状况下的孔隙比；

ε_2——经碾压或夯实后的土的孔隙比；

ε_3——最密实情况下土的孔隙比。

注：孔隙比是指土的孔隙的体积与固体颗粒体积的比值。

在填方工程中，土的相对密实度是检查土施工中密实度的重要指标，为了使土方填筑达到设计要求，施工中采用人工夯实或机械夯实。现多采用机械夯实，其密实度可达到95%，人工夯实的密实度在87%左右。大面积填方（如堆山）时，通常不加以夯实，而是借助于土的自重慢慢沉落，久而久之也可达到一定的密实度。另外，堆山时设计好运土路线，靠运土机械的碾压，也会使土达到一定的密实度。

5）土的可松性。土的可松性是指土经挖掘后，其原有的紧密结构遭到破坏，土体松散导致体积增加的性质。这一性质与土方工程量的计算，以及工程运输都有很大的关系。土

方工程量是用自然状态的体积来计算的，因此在土方调配、计算土方机械生产率及运输工具数量等的时候，必须考虑土的可松性。土的可松性用可松性系数（K_p）来表示。各级土的体积增加的百分比及其可松性系数见表2-6。

表2-6　各级土的体积增加百分比及其可松性系数

土的级别	体积增加百分比/%		可松性系数	
	最初	最后	K_p	K_p'
Ⅰ（植物性土除外）	8～17	1.0～2.5	1.08～1.17	1.01～1.025
Ⅰ（植物性土、泥炭、黑土）	20～30	3.0～4.0	1.20～1.30	1.03～1.04
Ⅱ	14～28	1.5～5.0	1.14～1.28	1.015～1.05
Ⅲ（泥灰岩蛋白石除外）	24～30	4.0～7.0	1.24～1.30	1.04～1.07
Ⅳ（泥灰岩蛋白石）	26～32	6.0～9.0	1.26～1.32	1.06～1.09
Ⅳ	33～37	11.0～15.0	1.33～1.37	1.11～1.15
Ⅴ～Ⅶ	30～45	10.0～20.0	1.30～1.45	1.10～1.20
Ⅷ～ⅩⅥ	45～50	20.0～30.0	1.45～1.50	1.20～1.30

最初可松性系数 K_p＝开挖后土的松散体积 V_2/开挖前土的自然体积 V_1

最后可松性系数 K_p'＝运至填方区夯实后土的松散体积 V_3/开挖前土的自然体积 V_1

根据体积增加的百分比，可用下列公式表示，即

最初体积增加的百分比＝$(V_2-V_1)/V_1×100\%＝(K_p-1)×100\%$

最后体积增加的百分比＝$(V_3-V_1)/V_1×100\%＝(K_p'-1)×100\%$

在土方工程中 K_p 是计算土方施工机械及运土车辆等的重要参数，而 K_p' 是计算场地平整标高及填方时所需挖土量等的重要参数。

（2）土的工程分类

土的分类方法有很多，而在实际工作中，常以园林工程预算定额中的土方工程分部的土方分类为准。在建筑安装工程统一劳动定额中，将土分为八类（表2-7）。按土石坚硬程度和开挖方法及使用工具不同，选择合适的施工机具，确定施工工艺和确定工作量、劳动定额和工程取费。

表2-7　土的工程分类

土的分类	土的级别	土的名称	坚实系数 f	密度/(kg/m³)	开挖方法及工具
一类土（松软土）	Ⅰ	砂土、粉土、冲积砂土层、疏松的种植土、淤泥（泥炭）	0.5～0.6	600～1500	用铁锹、锄头挖掘
二类土（普通土）	Ⅱ	粉质黏土、潮湿的黄土、夹有碎石、卵石的砂、粉土混卵（碎）石、种植土、回填土	0.6～0.8	1100～1600	用铁锹、锄头挖掘，少许用镐翻松
三类土（坚土）	Ⅲ	软及中等密实黏土，重粉质黏土、砾石土，干黄土，含有碎石、卵石的黄土、粉质黏土，压实的填土	0.8～1.0	1750～1900	主要用镐，少许用铁锹、锄头挖掘，部分用撬棍
四类土（砂砾坚土）	Ⅳ	坚硬密实的黏性土或黄土，含碎石、卵石的中等密实的黏性土或黄土，粗卵石，天然级配砂石，软泥灰岩	1.0～1.5	1900	整个先用镐、撬棍，后用锹挖掘，部分用楔子及大锤

土的分类	土的级别	土的名称	坚实系数 f	密度/ (kg/m^3)	开挖方法及工具
五类土（软石）	Ⅴ～Ⅵ	硬质黏土，中密的页岩、泥灰岩、百恶岩，胶结不紧的砾岩，软石类及贝壳石灰石	1.5～4.0	1100～2700	用镐或撬棍、大锤挖掘，部分使用爆破方法
六类土（次坚石）	Ⅶ～Ⅸ	泥岩、砂岩、砾岩，坚实的页岩、泥灰岩，密实的石灰岩，风化花岗岩、片麻岩和正长岩	4.0～10.0	2200～2900	用爆破方法开挖，部分用风镐
七类土（坚石）	Ⅹ～ⅩⅢ	大理岩，辉绿岩，玢岩，粗、中粒花岗岩，坚实的白云岩、砂岩、砾岩、片麻岩、石灰岩、微风化安山岩、玄武岩	10.0～18.0	2500～3100	用爆破方法开挖
八类土（特坚石）	ⅩⅣ～ⅩⅥ	安山岩、玄武岩，花岗岩、片麻岩，坚实的细粒花岗岩、闪长岩、石英岩、辉长岩、辉绿岩、玢岩、角闪岩	18.0 以上	2700～3300	用爆破方法开挖

注：1）土的级别相当于一般 16 级土石分类级别。
　　2）坚实系数 f 相当于普氏岩石强度系数。

3.园林土方工程施工流程

（1）园林土方工程施工一般流程

土方工程施工流程见图 2-3。由于园林工程项目各种施工要素不一样，在编制时应有差异性，表现出施工管理的现场特点。

图 2-3　土方施工流程图

施工流程需根据施工图判读结果，按土方工程施工内容、施工要求和现场条件制定。不同的地质条件和施工图设计不同，其施工流程有很大差别，要认真分析这些情况，安排施工流程，并画出流程图。

（2）不同施工要素土方工程施工流程

1）场地平整施工流程（图 2-4）。

图 2-4　场地平整施工流程

2）地形建造施工流程。园林地形建造分为挖湖堆山和微地形建造两种类型，挖湖堆山主要用于规模较大的公园和绿地，挖湖的土直接用于堆山和地形创造。其施工流程如图 2-5 所示。

微地形创造是在规模较小的空间中，由于地势较平坦、排水不畅，为了给植物的生长、排水创造条件，同时充分利用场地内的挖土而采用的一种地形建造的方式。

图2-5　地形建造施工流程

3）基坑（槽）、管沟开挖施工流程。园林工程中建筑物、构筑物、给排水管道、排水明沟、暗沟、供电电缆的地埋等施工均涉及基坑（槽）、管沟的开挖，是园林工程常见的挖土施工，其施工流程如图2-6所示。

图2-6　基坑（槽）、管沟开挖施工流程

4）路基填筑和施工流程。园路修建遇到低洼地段时要抬高路基，以免水的浸泡使其降低使用寿命。由于路基抬高会导致排水受到阻碍，因此，填筑路基时还要考虑修桥或设置涵洞的施工要求。其施工流程如图2-7所示。

图2-7　路基填筑和施工流程

工程链接

园林工程填土方法有：人工填土——手推车填土；机械填土——推土机填土、铲运机填土、汽车填土三种。压实方法一般有碾压法、夯实法和振动压实法以及利用运土工具压实的方法。对于大面积填土工程，多采用碾压和运土工具压实；较小面积的填土工程，则宜用夯实工具进行压实。

2.1.2　园林土方工程施工准备工作

1. 主要内容

土方工程施工的准备工作主要包括清理场地、排水和定点放线，以便为后续土方工程施工工作提供必要的场地条件和施工依据等。准备工作直接影响着工效和工程质量。

（1）清理场地

在施工场地范围内，凡有碍工程的开展或影响工程稳定的地面物或地下物都应该清理。例如，按设计未予保留的树木、废旧建筑物或地下构筑物等。

伐除树木　凡土方开挖深度不大于50cm或填方高度较小的土方施工，现场及排水沟中的树木必须连根拔除。直径在50cm以上的大树墩可用推土机或用爆破方法清除。建筑物、构筑物基础下土方中不得混有树根、树枝、草及落叶。

建筑物或地下构筑物的拆除　根据建筑物或地下构筑物的结构特点采取适宜的施工方

法，并遵照《建筑施工安全技术统一规范》（GB 50870—2013）的规定进行操作。

地下管线调查 施工前做好施工场地地下管线的清查工作，以免造成管线损伤，发生事故。施工过程中如发现其他管线或异常物体时，应立即请有关部门协同查清。未查清前不可施工，以免发生危险或造成其他损失。

（2）排水

地面水排除 在施工前，根据施工区地形特点在场地内及其周围挖排水沟，并防止场地外的水流入。在低洼处或挖湖施工时，除挖好排水沟外，必要时还应加筑围堰或设防水堤。另外，在施工区域内考虑临时排水设施时，应注意与原排水方式相适应，并尽量与永久性排水设施相结合。为了排水通畅，排水沟的纵坡不应小于 0.2%，沟的边坡值取 1∶1.5，沟底宽及沟深不小于 50cm。

地下水排除 园林土方施工中多用明沟，将水引至集水井，再用水泵抽走。一般按排水面积和地下水位的高低来安排排水系统，先定出主干渠和集水井的位置，再定出支渠的位置和数目，对土的含水量大、要求排水迅速的，支渠分支应密些，其间距按 1.5m，反之可疏些。

在挖湖施工中，排水明沟应深于水体挖深。沟可一次挖到底，也可依施工情况分层下挖，采用哪种方式可根据出土方向决定，见图 2-8 和图 2-9。

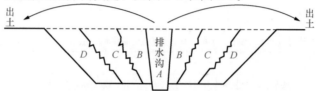

图 2-8 排水沟一次挖到底，双向出土挖湖施工示意图
注：开挖顺序为 A→B→C→D。

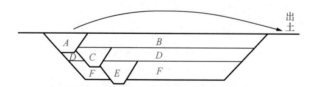

图 2-9 排水沟分层挖掘，单向出土挖湖施工示意图
注：A、C、E 为排水沟，开挖顺序为 A→B→C→D→E→F。

（3）定点放线

清场之后，为了确定施工范围及挖土或填土的标高，应按设计图纸的要求，用测量仪器在施工现场进行定点放线工作，这一步工作很重要。为使施工充分表达设计意图，测设时应尽量精确。

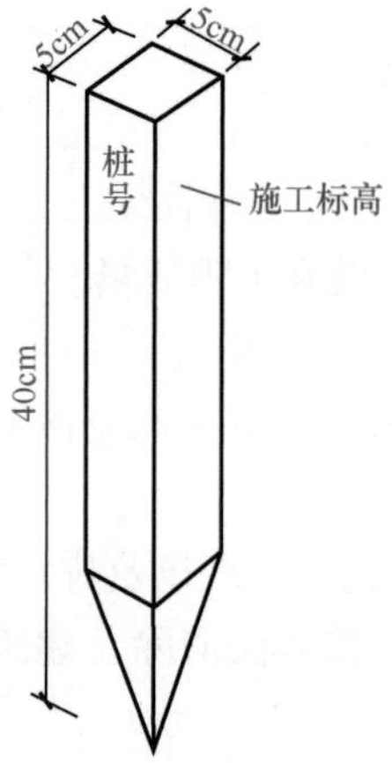

平整场地的放线 用经纬仪或红外线全站仪将图纸上的方格网测设到地面上，并在每个方格网交点处设立木桩，边界木桩的数目和位置依图纸要求设置。木桩上应标记桩号（取施工图纸上方格网交点的编号）和施工标高（挖土用"＋"号，填土用"－"）。木桩规格为 5cm×5cm×40cm，下端砍尖，见图 2-10。

自然地形的放线 如挖湖堆山等，也是将施工图纸上的方格网测设到地面上，然后将堆山或挖湖的边界线以及各条设计

图 2-10 木桩示意图

等高线与方格线的交点，一一标到地面上并打桩（对于等高线的某些弯曲段或设计地形较复杂、要求较高的局部地段，应附加标高桩或者缩小方格网边长而另设方格控制网，以保证施工质量）。木桩上也要标明桩号及施工标高，见图2-11。

堆山时由于土层不断升高，木桩可能被埋没，所以桩的长度应保证每层可用长柯杆做标高桩。在桩上标出每层的标高，不同层用不同颜色标志，以便识别。对于较高的山体，标高桩只能分层设置，见图2-12和图2-13。

　　水体放线　挖湖工程的放线工作与堆山基本相同，但由于水体挖深一般较一致，而且池底常年隐没在水下，放线可以粗放些，岸线和岸坡的定点放线应准确，这不仅是因为它是水上造景部分，还因它与水体岸坡的工程稳定有很大关系。为了精确施工，可以用边坡板控制边坡坡度（图2-14）。

图2-11　自然地形的放线一

图2-12　自然地形的放线二

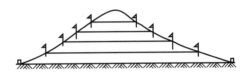

图2-13　自然地形的放线三

　　沟槽开挖放线　开挖沟槽时，若用打桩放线的方法，在施工中木桩易被移动，从而影响了校核工作，所以应使用龙门板（图2-15）。每隔30～100m设龙门板一块，其间距视沟渠纵坡的变化情况而定。板上应标明沟渠中心线位置、沟上口和沟底的宽度等。板上还要设坡度板，用坡度板来控制沟渠纵坡。路槽的放线参看铺装施工有关内容。

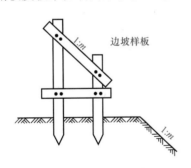

图2-14　边坡样板示意图

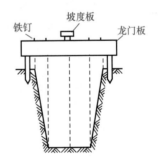

图2-15　龙门板示意图

　　上述各项准备工作以及土方工程施工一般按先后顺序进行，但有时要穿插进行。例如，在土方工程施工过程中，可能会发现新的地下异常物体需要处理；施工时也会碰上新的降水；桩线也可能被破坏或移位等。因此，上述准备工作贯穿土方施工的整个过程，以确保工程施工按质、按量、按期顺利完成。

　　2. 园林土方工程施工准备具体操作技巧

　　（1）人工挖土施工准备工作

　　1）施工机具准备。人工挖土主要机具有尖头或平头铁锹、手锤、手推车、梯子、铁镐、撬棍、钢尺、坡度尺、小线或 20 号铅丝等。

  2）作业条件准备。

- 土方开挖前，应摸清地下管线等障碍物，并应根据施工方案的要求，将施工区域内的地上、地下障碍物清除和处理完毕。
- 建筑物或构筑物的位置或场地的定位控制线（桩）、标准水平桩及基槽的灰线尺寸必须经过检验合格，并办完预检手续。
- 场地表面要清理平整，做好排水坡度，在施工区域内要挖临时性排水沟。
- 夜间施工时，应合理安排工序，防止错挖或超挖。施工场地应根据需要安装照明设施，在危险地段应设置明显标志。
- 开挖低于地下水位的基坑（槽）、管沟时，应根据当地工程地质资料，采取措施降低地下水位，一般要降至低于开挖底面的 50cm，然后开挖。
- 熟悉图纸，做好技术交底。

（2）机械挖土施工准备工作

  1）主要机具准备。挖土机械有挖土机、推土机、铲运机、自卸汽车等。一般机具有铁锹（尖、平头两种）、手推车、白线绳或 20 号铅丝、钢卷尺及坡度尺等。

  2）作业条件准备。

- 土方开挖前，应根据施工方案的要求，将施工区域内的地下、地上障碍物清除和处理完毕。
- 建筑物或构筑物的位置或场地的定位控制线（桩）、标准水平桩及开槽的灰线尺寸，必须检验合格，并办完预检手续。
- 夜间施工时，应有足够的照明设施，在危险地段应设置明显标志，并要合理安排开挖顺序，防止错挖或超挖。
- 开挖有地下水位的基坑槽、管沟时，应根据当地工程地质资料，采取措施降低地下水位。一般要降至开挖面以下 0.5m，然后才能开挖。
- 施工机械进入现场所经过的道路、桥梁和卸车设施等，应事先检查，必要时要进行加固或加宽等准备工作。
- 选择土方机械，应根据施工区域的地形与作业条件、土的类别与厚度、总工程量和工期综合考虑，发挥施工机械的效率，编好施工方案。
- 施工区域运行路线的布置，应根据作业区域工程的大小、机械性能、运距和地形起伏等情况加以确定。
- 在机械施工无法作业的部位和修整边坡坡度、清理槽底等，均应配备人工进行。
- 熟悉图纸，做好技术交底。

（3）人工回填土施工准备工作

  1）材料及主要机具准备。宜优先利用基槽中挖出的土，但不得含有有机杂质。使用前应过筛，其粒径不大于 50mm，含水率应符合规定。主要机具有蛙式或柴油打夯机、手推车、筛子（孔径 40～60mm）、木耙、铁锹（尖头与平头）、2m 靠尺、胶皮管、白线绳和木折尺等。

  2）作业条件准备。

- 施工前应根据工程特点、填方土料种类、密实度要求、施工条件等，合理地确定填方土料含水率控制范围、虚铺厚度和压实遍数等参数。重要回填土方工程，其参数应通过压实试验来确定。

- 回填前应对基础、箱形基础墙或地下防水层、保护层等进行检查验收，并且要办好隐检手续，其基础混凝土强度达到规定的要求，方可进行回填土。
- 房心和管沟的回填，应在完成上下水、煤气的管道安装和管沟墙间加固后再进行，并将沟槽、地坪上的积水和有机物等清理干净。
- 施工前，应做好水平标志，以控制回填土的高度或厚度。如在基坑（槽）或管沟边坡上，每隔 3m 钉上水平板；在室内和散水的边墙上弹上水平线或在地坪上钉上标高控制木桩。

（4）机械回填土施工准备工作

1）材料准备。碎石类土、砂土（使用细砂、粉砂时应取得设计单位同意）和爆破石渣，可用作表层以下填料。其最大粒径不得超过每层铺填厚度的 2/3 或 3/4（使用振动碾时），含水率应符合规定。

凡用黏性土的，黏性土含水率必须达到设计控制范围方可使用。另外，盐渍土一般不可使用。但不含有盐晶、盐块或含盐植物的根茎，并符合《土方与爆破工程施工及验收规范》（GB 50201—2012）规定的盐渍土可以使用。

2）主要机具准备。

- 装运土方机械有铲土机、自卸汽车、推土机、铲运机及翻斗车等。
- 碾压机械有平碾、羊足碾和振动碾、蛙式或柴油打夯机等。
- 一般机具有手推车、铁锹（平头或尖头）、2m 钢尺、20 号铅丝、胶皮管等。

3）作业条件准备。

- 施工前应根据工程特点、填方土料种类、密实度要求、施工条件等，合理地确定填方土料含水量控制范围、虚铺厚度和压实遍数等参数；重要回填土方工程，其参数应通过压实试验来确定。
- 填土前应对填方基底和已完工程进行检查和中间验收，合格后要做好隐蔽检查和验收手续。
- 施工前，应做好水平高程标志布置。如大型基坑或沟边上每隔 1m 钉上水平桩橛或在邻近的固定建筑物上抄上标准高程点。大面积场地或地坪上每隔一定距离钉上水平桩。
- 土方机械、车辆的行走路线，应事先检查，必要时要进行加固加宽等准备工作，同时要编好施工方案。

任务  园林土方工程施工现场组织

2.2.1　土方工程施工技术要点

由任务 2.1 土方工程施工流程得知，土方工程施工包括挖、运、填、压、修五部分内容，施工方法包括人力施工、机械化及机械结合人力施工三种。施工方法的选用要根据场地条件、工程量和当地施工条件决定。在土方规模较大、较集中的工程中，采用机械化施工较经济。但对工程量不大、施工点较分散的工程或受场地限制不便采用机械施工的地段，

应该用人力施工或机械结合人力施工。

1. 施工技术要点

（1）土方开挖

1）人力施工。施工工具主要是锹、镐、条锄、板锄、铁锤、钢钎等，人力施工应组织好劳动力，而且要注意施工安全和保证工程质量。施工过程中应注意以下几方面。

- 施工人员要有足够的工作面，以免互相碰撞，发生危险。一般平均每人应有 $4\sim6m^2$ 的作业面面积。
- 开挖土方附近不得有重物和易坍落物体。
- 随时注意观察土质情况，符合挖方边坡要求。垂直下挖超过规定深度时，必须设支撑板支撑。
- 土壁下不得向里挖土，以防坍塌。
- 在坡上或坡顶施工者，不得随意向坡下滚落重物。
- 按设计要求施工，施工过程中应注意保护定位标准桩、轴线引桩、标准水准点、基桩、龙门板或标高桩。挖运土时不得碰撞，也不得坐在龙门板上休息。经常测量和校核其平面位置、水平标高及边坡坡度是否符合设计要求。定位标准桩和标准水准点，也应定期复测检查是否正确。
- 土方开挖时，应防止邻近已有建筑物或构筑物、道路、管线等发生下沉或变形。必要时，应与设计单位或建设单位协商采取防护措施，并在施工中进行沉降和位移观测。
- 施工中如发现有文物或古墓等，应妥善保护，并立即报请当地有关部门处理，方可继续施工。如发现有测量用的永久性标桩或地质、地震部门设置的长期观测点等，应加以保护。在敷设地上或地下管道、电缆的地段进行土方施工时，应事先取得有关管理部门的书面同意，施工中应采取措施，以防损坏管线。
- 遵守其他施工操作规范和安全技术要求。

2）机械施工。土方施工中推土机应用较广泛。例如，在挖掘水体时，用推土机推挖，将土堆至水体四周，再运走或堆置地形，最后岸坡再用人工修整，见图2-16。用推土机挖湖堆山，效率很高，但必须注意以下几点。

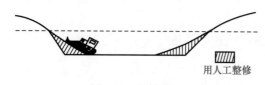

用人工整修

图 2-16　机械施工

- 推土机手应识图或了解施工对象的情况，如施工地段的原地形情况和设计地形特点，最好结合模型了解。另外施工前还要了解实地定点放线情况，如桩位、施工标高等，这样施工时司机心中有数，能得心应手地按设计意图塑造设计地形。这对提高工效有很大帮助，在修饰地形时便可节省许多人力物力。
- 注意保护表土。在挖湖堆山时，先用推土机将施工地段的表层熟土（耕作层）推到施工场地外围，待地形整理停当，再把表土铺回来。这对园林植物的生长有利，人力施工地段有条件的也应当这样做。
- 为防止木桩受到破坏并有效指引推土机手，木桩应加高或作醒目标志，放线也要明显；同时施工人员要经常到现场校核桩点和放线，以免挖错（或堆错）位置。

（2）土方运输

按土方调配方案组织劳力、机械和运输路线，卸土地点要明确。应有专人指挥，避免乱堆乱卸。

（3）土方填筑

填土应满足工程的质量要求，土壤质量需据填方用途和要求加以选择。土方调配方案不能满足实际需要时应予以重新调整。

1）大面积填方应分层填筑，一般每层厚 30~50cm，并应层层压实。

2）斜坡上填土，为防止新填土方滑落，应先将土坡挖成台阶状，然后填土，这样有利于新旧土方的结合，使填方稳定（图2-17）。

3）土山填筑时，土方的运输路线应以设计的山头及山脊走向为依据，并结合来土方向进行安排。一般以环形线为宜，车辆或人挑满载上山，土卸在路两侧，空载的车（人）沿路线继续前行下山，车（人）不走回头路、不交叉穿行［图2-18（a）］。随着不断地卸土，山势逐渐升高，运土路线也随之升高，这样既组织了车（人）流，又使山体分层上升，部分土方边卸边压实，有利于山体稳定，山体表面也较自然。如果土源有几个来向，运土路线可根据地形特点安排几个小环路［图2-18（b）］，小环路的布置安排应互不干扰。

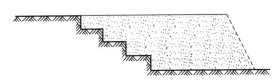

图 2-17 斜坡先挖成台阶状，再行填土

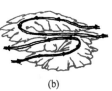

图 2-18 堆山路线组织示意

填筑施工应注意以下问题。

- 施工过程中，填运土时不得碰撞定位标准桩、轴线引桩、标准水准点、龙门板等，也不得在龙门板上休息，并应定期复测和检查这些标准桩点是否正确。
- 夜间施工时，应合理安排施工顺序，设有足够的照明设施，防止铺填超厚，严禁汽车直接倒土入槽。
- 基础或管沟的现浇混凝土应达到一定强度，不致因填土而受损坏时，方可回填。
- 管沟中的管线，基槽内从建筑物伸出的各种管线，均应妥善保护后再按规定回填土料，不得碰坏。

工程链接

填土的含水量对土的压实质量有直接影响。每种土都有其最佳含水量，土在这种含水量条件下，压实后可以获得最大容重效果。为了保证填土在压实过程中处于最佳含水量，当土过湿时，应予翻松晾干，也可掺不同类土或吸水性填料；当土过干时，则应洒水湿润后再行压实。尤其是作为建筑、广场道路、驳岸等基础对压实要求较高的填土场合，更应注意这个问题。

土的最佳含水量：粗砂（8%~10%）、细砂和黏质砂土（10%~15%）、砂质黏土（6%~22%）、黏土质砂质黏土和黏土（20%~30%）、重黏土（30%~35%）。

（4）土方夯压

土方夯压根据工程量的大小，可采用人工夯压或机械碾压。人力夯压可用夯、碾等；机械碾压可用碾压机、振动碾或用拖拉机带动的铁碾，小型夯压机械有内燃夯、蛙式夯等。

压实方法分为碾压、夯实、振动压实三种。对于大面积填方，多采用碾压方法压实；对于较小面积的填土工程则宜用夯实机具进行夯实；振动压实方法主要用于压实非黏性填料如石渣、碎石类土、杂填土或亚黏土等。

另外，在压实过程中还应注意以下几点。

- 压实工作必须分层进行。每层的厚度要根据压实机械、土的性质和含水量来决定。
- 压实工作要注意均匀。
- 松土不宜用重型碾压机械直接滚压，否则土层会有强烈起伏现象，效率不高。如先用轻碾压实，再用重碾压实效果较好。
- 压实工作应自边缘开始逐渐向中间收拢，否则边缘土方易外挤引起坍落。

土方工程施工面较宽、工程量大、工期较长，因此施工组织工作很重要。大规模的工程应根据施工力量、工期要求和条件决定，工程可全面铺开，也可分期进行。施工现场要有专人指挥调度，各项工作要有专人负责，以确保工程按计划完成。

2. 几种施工环境土方工程施工技术要点

（1）园林建筑基坑（槽）的开挖

1）机械施工。土方工程施工机械的种类繁多，有推土机、铲运机、平土机、松土机、单斗挖土机及多斗挖土机和各种碾压、夯实机械等。而在园林建筑工程施工中，尤以推土机、铲运机和单斗挖土机应用最广。

施工原则　开挖基坑（槽）按规定的尺寸合理确定开挖顺序和分层开挖深度，连续施工，尽快完成。因土方开挖施工要求标高、断面准确，土体应有足够的强度和稳定性，所以在开挖过程中要随时注意检查。挖出的土除预留一部分用作回填外，不得在场地内任意堆放，应把多余的土运到弃土地区，以免妨碍施工。为防止坑壁滑坡，根据土质情况及坑（槽）深度，在坑顶两边一定距离（一般为1.0m）内不得堆放弃土，在此距离外堆土高度不得超过1.5m，否则，应验算边坡的稳定性。

在桩基周围、墙基或围墙一侧，不得堆土过高。在坑边放置有动载的机械设备时，也应根据验算结果，离开坑边较远距离，如地质条件不好，还应采取加固措施。为了防止基底土（特别是软土）受到浸水或其他原因的扰动，基坑（槽）挖好后，应立即做垫层或浇筑基础，否则，挖土时应在基底标高以上保留150～300mm厚的土层，待基础施工时再行挖去。

为防止基底土被扰动，结构被破坏，不应直接挖到坑（槽）底，应根据机械种类，在基底标高以上留出200～300mm，待基础施工前用人工铲平修整。挖土不得挖至基坑（槽）的设计标高以下，如个别处超挖，应用与基土相同的土料填补，并夯实到要求的密实度。如用原土填补不能达到要求的密实度时，应用碎石类土填补，并仔细夯实。重要部位如被超挖时，可用低强度等级的混凝土填补。

实践操作　边坡坡度的确定，在天然湿度的土中，开挖基础坑（槽）、管沟时，边坡要求与人工挖土施工相同。深度在5m以内时，当土具有天然湿度、构造均匀、水文地质条件好，且无地下水，不加支撑的基坑（槽）和管沟时，必须放坡。边坡最陡坡度应符合表2-8的规定。

表 2-8　各类土的边坡最陡坡度

序号	土的名称	边坡坡度		
		坡顶无荷载	坡顶有静载	坡顶有动载
1	中密的砂土	1：1.00	1：1.25	1：1.50
2	中密的碎石类土（充填物为砂土）	1：0.75	1：1.00	1：1.25
3	硬塑的轻亚黏土	1：0.67	1：0.75	1：1.00
4	中密的碎石类土（充填物为黏性土）	1：0.50	1：0.67	1：0.75
5	硬塑的亚黏土、黏土	1：0.33	1：0.50	1：0.67
6	老黄土	1：0.10	1：0.25	1：0.33
7	软土（经井点降水后）	1：1.00		

使用时间较长的临时性挖方边坡坡度，应根据工程地质和边坡高度，结合当地同类土体的稳定坡度值确定。地质条件好、土（岩）质较均匀、高度在 10m 以内的临时性挖方边坡坡度应按表 2-9 确定。

挖方经过不同类别土（岩）层或深度超过 10m 时，其边坡可做成折线形或台阶形。

表 2-9　临时性挖方边坡坡度

项次	土的类别	边坡坡度
1	砂土（不包括细砂、粉砂）	1：1.25～1：1.15
2	坚硬	1：0.75～1：1.00
3	硬塑	1：1.0～1：1.25
4	充填坚硬、硬塑性黏土	1：0.5～1：1.00
5	充填砂土	1：1.00～1：1.50

城市挖方因邻近建筑物限制，而采用护坡桩时，可以不放坡，但要有护坡桩的施工方案。

开挖基坑（槽）或管沟时，应合理确定开挖顺序、路线及开挖深度。

特别提示

采用推土机开挖大型基坑（槽）时，一般应从两端或顶端开始（纵向）推土，把土推向中部或顶端，暂时堆积，然后横向将土推离基坑（槽）的两侧。

采用铲运机开挖大型基坑（槽）时，应纵向分行、分层按照坡度线向下铲挖，但每层的中心线地段应比两边稍高一些，以防积水。

采用反铲、拉铲挖土机开挖基坑（槽）或管沟时，其施工方法有两种：一种是端头挖土法，挖土机从基坑（槽）或管沟的端头以倒退行驶的方法进行开挖，自卸汽车配置在挖土机的两侧装运土；另一种是侧向挖土法，挖土机沿着基坑（槽）或管沟的一侧移动，自卸汽车在另一侧装运土。

挖土机沿挖方边缘移动时，机械距离边坡上缘的宽度不得小于基坑（槽）或管沟深度的 1/2。如挖土深度超过 5m 时，应按专业性施工方案来确定。

土方开挖宜从上到下分层分段依次进行。随时做成一定坡势，以利泄水。

在开挖过程中，应随时检查槽壁和边坡的状态。深度大于 1.5m 时，根据土质变化情况，应做好基坑（槽）或管沟的支撑准备，以防坍陷。

开挖基坑（槽）和管沟不得挖至设计标高以下，如不能准确地挖至设计基底标高时，可在设计标高以上暂留一层土不挖，以便在找平后，由人工挖出。

暂留土层厚度：一般铲运机、推土机挖土时，为 20cm 左右为宜；挖土机用反铲、正铲和拉铲挖土时，以 30cm 左右为宜。

机械施工挖不到的土方，应配合人工随时进行挖掘，并用手推车把土运到机械挖到的地方，以便及时用机械挖走。

修帮和清底：在距槽底设计标高 50cm 槽帮处，画出水平线，钉上小木橛，然后用人工将暂留土层挖走。同时由两端轴线（中心线）引桩拉通线（用小线或铅丝），检查距槽边尺寸，确定槽宽标准，以此修整槽边。最后清除槽底土方。

槽底修理铲平后，进行质量检查验收。

开挖基坑（槽）的土方，在场地有条件堆放时，一定留足回填需用的好土；多余的土方应一次运走，避免二次搬运。

工程链接

土方开挖如果在冬期施工，其施工方法应按冬期施工方案进行。采用防止冻结法开挖土方时，可在冻结以前，用保温材料覆盖或将表层土翻耕耙松，其翻耕深度应根据当地气温条件确定。一般不小于 30cm。

开挖基坑（槽）或管沟时，必须防止基础下基土受冻。应在基底标高以上预留适当厚度的松土，或用其他保温材料覆盖。如遇开挖土方引起邻近建筑物或构筑物的地基和基础暴露时，应采取防冻措施，以防产生冻结破坏。

土方开挖一般不宜在雨期进行，若必须在雨期施工则工作面不宜过大，应逐段、逐片分期完成。雨期施工在开挖基坑（槽）或管沟时，应注意边坡稳定。必要时可适当放缓边坡坡度，或设置支撑。同时应在坑（槽）外侧围以土堤或开挖水沟，防止地面水流入。经常对边坡、支撑、土堤进行检查，发现问题要及时处理。

2）人工施工。

坡度的确定　在天然湿度的土中，开挖基坑（槽）和管沟时，当挖土深度不超过下列数值的规定时，可不放坡，不加支撑：密实、中密的砂土和碎石类土（充填物为砂土）1.0m；硬塑、可塑的黏质粉土及粉质黏土 1.25m；硬塑、可塑的黏土和碎石类土（充填物为黏性土）1.5m；坚硬的黏土 2.0m。

根据基础和土质以及现场出土等条件，要合理确定开挖顺序，然后分段分层平均开挖。各类型沟坑（槽）人工挖方施工技术要求如表 2-10 所示。

表 2-10　各类型沟坑（槽）人工挖方施工技术要求

序号	挖方类型名称	技术要求
1	各种浅基础	如不放坡时，应先沿灰线直边切出槽边的轮廓线
2	浅条形基础	一般黏性土可自上而下分层开挖，每层深度以 60cm 为宜，从开挖端都逆向倒退按踏步型挖掘。碎石类土先用镐翻松，正向挖掘，每层深度视翻土厚度而定，每层应清底和出土，然后逐步挖掘
3	浅管沟	与浅的条形基础开挖基本相同，仅沟帮不切直修平。标高按龙门板上平往下返出沟底尺寸，当挖土接近设计标高时，再从两端龙门板下面的沟底标高上返 50cm 作为基准点，拉小线用尺检查沟底标高，最后修整沟底

续表

序号	挖方类型名称	技术要求
4	放坡的坑（槽）和管沟	应先按施工方案规定的坡度，粗略开挖，再分层按坡度要求做出坡度线，每隔 3m 左右做出一条，以此线为准进行铲坡。深管沟挖土时，应在沟帮中间留出宽度 80cm 左右的倒土台
5	大面积线基坑	沿坑三面同时开挖，挖出的土方装入手推车或翻斗车，由未开挖的一面运至弃土地点

值得注意的是，开挖基坑（槽）或管沟，当接近地下水位时，应先完成标高最低处的挖方，以便在该处集中排水。开挖后，在挖到距槽底 50cm 以内时，测量放线人员应配合抄出距槽底 50cm 平线；自每条槽端部 20cm 处每隔 2～3m，在槽帮上钉水平标高小木橛。在挖至接近槽底标高时，用尺或事先量好的 50cm 标准尺杆，随时以小木橛上平校核槽底标高。最后由两端轴线（中心线）引桩拉通线，检查距槽边尺寸，确定槽宽标准，据此修整槽帮，最后清除槽底土方，修底铲平。

基坑（槽）管沟的直立帮和坡度　在开挖过程和敞露期间应防止塌方，必要时应加以保护。在开挖槽边弃土时，应保证边坡和直立帮的稳定。当土质良好时，抛于槽边的土方（或材料）应距槽（沟）边缘 0.8m 以外，高度不宜超过 1.5m。在柱基周围、墙基或围墙一侧，不得堆土过高。

开挖基坑（槽）的土方，在场地有条件堆放时，一定留足回填需用的好土，多余的土方应一次运至弃土处，避免二次搬运。

（2）回填土施工

1）回填土人工施工。填土前应将基坑（槽）底或地坪上的垃圾等杂物清理干净。肥槽回填前，必须清理到基础底面标高，将回落的松散垃圾、砂浆、石子等杂物清除干净。

检验土质　检验回填土中有无杂物，粒径是否符合规定，以及回填土的含水量是否在控制的范围内。如含水量偏高，可采用翻松、晾晒或均匀掺入干土等措施；如遇回填土的含水量偏低，可采用预先洒水润湿等措施。

回填土应分层铺摊　每层铺土厚度应根据土质、密实度要求和机具性能确定。一般蛙式打夯机每层铺土厚度为 200～250mm，人工打夯不大于 200mm。每层铺摊后，随之耙平。

回填土每层至少夯打三遍。打夯应一夯压半夯，穷夯相接，行行相连，纵横交叉，并且严禁采用水浇使土下沉的所谓"水夯"法。

深浅两基坑（槽）相连时，应先填夯深基础，填至浅基坑相同的标高时，再与浅基础一起填夯。如必须分段填夯时，交接处应填成阶梯形，梯形的高宽比一般为 1：2，上下层错缝距离不小于 1.0m。

基坑（槽）回填应在相对两侧或四周同时进行。基础墙两侧标高不可相差太多，以免把墙挤歪；较长的管沟墙，应采用内部加支撑的措施，然后在外侧回填土方。

回填房心及管沟时，为防止管道中心线产生位移或损坏管道，应用人工先在管子两侧填土夯实，并应由管道两侧同时进行，直至管顶 0.5m 以上时，在不损坏管道的情况下，方可采用蛙式打夯机夯实。在抹带接口处、防腐绝缘层或电缆周围，应回填细粒料。

回填土每层填土夯实后，应按规范规定进行环刀取样，测出干土的质量密度，达到要求后，再进行上一层的铺土。

修整找平　填土全部完成后，应进行表面拉线找平，凡超过标准高程的地方，要及时依线铲平；凡低于标准高程的地方，应补土夯实。

特别提示

雨期、冬期施工：雨期施工的填方工程，应连续进行并尽快完成，工作面不宜过大，应分层分段逐片进行。重要或特殊的土方回填，应尽量在雨期前完成。雨期施工时，应有防雨措施或方案，要防止地面水流入基坑和地坪内，以免边坡塌方或基土遭到破坏。

填方工程不宜在冬期施工，如必须在冬期施工时，其施工方法需经过技术经济比较后确定。冬期填方前，应清除基底上的冰雪和保温材料；距离边坡表层 1m 以内不得用冻土填筑；填方上层应用未冻、不冻胀或透水性好的土料填筑，其厚度应符合设计要求。冬期施工室外平均气温在 −5℃ 以上时，填方高度不受限制；平均温度在 −5℃ 以下时，填方高度不宜超过表 2-11 的规定。但用石块和不含冰块的砂土（不包括粉砂）、碎石类土填筑时，可不受表内填方高度的限制。

表 2-11　冬期填方高度限制

平均气温/℃	填方高度/m	平均气温/℃	填方高度/m
−10～−5	4.5	−20～−16	2.5
−15～−11	3.5		

冬期回填土方，每层铺筑厚度应比常温施工时减少 20%～25%，其中冻土块体积不得超过填方总体积的 15%，其粒径不得大于 150mm。铺冻土块要均匀分布，逐层压（夯）实。回填土方的工作应连续进行，防止基土或已填方土层受冻，并且要及时采取防冻措施。

2）回填土机械施工。填土前，应将基土上的洞穴或基底表面上的树根、垃圾等杂物都处理完毕，清除干净。

检验土质　检验回填土料的种类、粒径、有无杂物，是否符合规定，以及土料的含水量是否在控制范围内。如含水量偏高，可采用翻松、晾晒或均匀掺入干土等措施；如遇填料含水量偏低，可采用预先洒水润湿等措施。

填土应分层铺摊　每层铺土的厚度应根据土质、密实度要求和机具性能确定，或按表 2-12 选用。

表 2-12　填土每层的铺土厚度和压实遍数

压实机具	每层铺土厚度/mm	每层压实遍数/遍
平碾	200～300	6～8
羊足碾	200～350	8～16
振动平碾	600～1500	6～8
蛙式或柴油打夯机	200～250	3～4

碾压机械压实填方时，应控制行驶速度，一般不应超过以下规定：平碾 2km/h；羊足碾 3km/h；振动碾 2km/h。

碾压时，轮（夯）迹应相互搭接，防止漏压或漏夯。长宽比较大时，填土应分段进行。每层接缝处应做成斜坡形，碾迹重叠，重叠 0.5～1.0m，上下层错缝距离不应小于 1m。

填方超出基底表面时，应保证边缘部位的压实质量。填土后，如设计不要求边坡修整，宜将填方边缘宽填 0.5m；如设计要求边坡修平拍实，宽填可为 0.2m。

在机械施工碾压不到的填土部位，应配合人工推土填充，用蛙式或柴油打夯机分层夯打密实。

回填土方每层压实后，应按规范规定进行环刀取样，测出干土的密度，达到要求后，再进行上一层的铺土。

填方全部完成后，表面应进行拉线找平，凡超过标准高程的地方，及时依线铲平，凡低于标准高程的地方，应补土找平夯实。

2.2.2　土方工程施工质量检测

1. 质量检测的主要方式和方法

（1）检测方式

自我检测　简称"自检"，即作业组织和作业人员的自我质量检验，包括随做随检和一批作业任务完成后提交验收前的全面自检。随做随检可以使质量偏差得到及时纠正，通过持续改进和调整作业方法，保证工序质量始终处于受控状态。全面自检可以保证验收施工质量的一次交验合格。

相互检测　简称"互检"，即相同工种、相同施工条件的作业组织和作业人员，在实施同一施工任务时相互间的质量检验，对于促进质量水平的提高有积极的作用。

专业检测　简称"专检"，即专职质量管理人员的例行专业查验，也是一种施工企业质量管理部门对现场施工质量的监督检查方式。

交接检测　即前后工序或施工过程中进行施工交接时的质量检查，如桩基工程完工后，地下和上部结构施工前必须进行桩基施工质量的交接检测，墙体砌筑完成后抹灰前必须进行墙体施工质量的交接检测，等等。通过施工质量交接检验，可以控制上道工序的质量隐患，也有利于树立"后道工序是顾客"的质量管理思想，形成层层设防的质量保证链。

（2）检测方法

目测法　即用观察、触摸等感官方式所进行的检查，实践中人们把它归纳为"看、摸、敲、照"。

量测法　即使用测量器具进行具体的量测，获得质量特性数据，分析判断质量状况及其偏差情况的检查方式，实践中人们把它归纳为"量、靠、吊、套"。

2. 施工质量检查种类和内容

（1）检查种类

日常检查　指施工管理人员所进行的施工质量经常性检查。

跟踪检查　指设置施工质量控制点，指定专人所进行的相关施工质量跟踪检查。

专项检查　指对某种特定施工方法、特定材料、特定环境等的施工质量，或对某类质量通病所进行的专项质量检查。

综合检查　指根据施工质量管理的需要，或来自企业职能部门的要求所进行的不定期的或阶段性全面质量检查。

监督检查　指来自业主、监理机构、政府质量监督部门的各类例行检查。

（2）检查的一般内容

检查施工依据　即检查是否严格按质量计划的要求和相关的技术标准进行施工，有无擅自改变施工方法、粗制滥造降低质量标准的情况。

检查施工结果　即检查已完工的成果是否符合规定的质量标准。

检查整改落实　即检查生产组织和人员对质量检查中已被指出的质量问题或需要改进的事项，是否认真执行整改。

3. 挖土施工质量检测要求与程序

（1）检测要求

基底超挖　开挖基坑（槽）或管沟均不得超过基底标高。如个别地方超挖时，其处理方法应取得设计单位的同意，不得私自处理。

软土地区桩基挖土应防止桩基位移　在密集群桩上开挖基坑时，应在打桩完成后，间隔一段时间，再对称挖土；在密集桩附近开挖基坑（槽）时，应事先确定防桩基位移的措施。

基底未保护　基坑（槽）开挖后应尽量减少对基土的扰动。如基础不能及时施工，可在基底标高以上留出 0.3m 厚土层，待做基础时再挖掉。

施工顺序不合理　土方开挖宜先从低处进行，分层分段依次开挖，形成一定坡度，以利排水。

开挖尺寸不足　基坑（槽）或管沟底部的开挖宽度，除结构宽度外，应根据施工需要增加工作面宽度。如排水设施、支撑结构所需的宽度，在开挖前均应考虑。

基坑（槽）或管沟边坡不直不平，基底不平　应加强检查，随挖随修，并认真验收。

施工机械下沉　机械施工时必须了解土质和地下水位情况。推土机、铲运机一般需要在地下水位 0.5m 以上推铲土，挖土机一般需要在地下水位 0.8m 以上挖土，以防机械自重下沉。正铲挖土机挖方的台阶高度，不得超过最大挖掘高度的 1.2 倍。

雨期施工　基槽、坑底应预留 30cm 土层，在打混凝土垫层前再挖至设计标高。

（2）检测程序

1）按上述要求开展检测，保证项目如柱基、基坑、基槽和管沟基底的土质必须符合设计要求，并严禁扰动。

2）将检测数据比照表 2-13，依据允许偏差项目情况，做好观测记录。

3）填写土方开挖工程检测批质量验收记录表。

表 2-13　挖土工程施工质量检测标准

项目	序号	检查项目	允许偏差/mm					检查方法
			柱基、基坑、基槽	人工	场地平整机械	管沟	地（路）面基础层	
主控项目	1	标高	0 −50	±30	±50	0 −50	0 −50	水准测量
	2	长度、宽度（由设计中心线向两边量）	+200 −50	+300 −100	+500 −150	+100 0	设计值	全站仪或用钢尺量
	3	坡度	设计值					目测法或用坡度尺检查
一般项目	1	表面平整度	±20	±20	±50	±20	±20	用 2m 靠尺测量
	2	基底岩（土）性	设计要求					目测法或土样分析

注：地（路）面基础层的偏差只适用于直接在挖、填方上做地（路）面的基层。

4. 回填压实施工质量检测

（1）回填土施工应注意的质量问题

1）未按要求测定土的干土质量密度：回填土每层都应测定夯实后的干土密度，符合设计要求后才能铺摊上层土。试验报告要注明土料种类、试验日期、试验结论，并要求试验人员签字。未达到设计要求部位，应有处理方法和复验结果。

2）回填土下沉：因虚铺土超过规定厚度或冬期施工时有较大的冻土块，或夯实次数不够，甚至漏夯，坑（槽）底有有机杂物或落土清理不干净，以及冬期做散水，施工用水渗入垫层中，受冻膨胀等造成。为避免这些问题，在施工中认真执行规范的各项有关规定，并要严格检查，发现问题及时纠正。

3）管道下部夯填不实：管道下部应按标准要求填夯回填土，如果漏夯不实会造成管道下方空虚，造成管道折断而渗漏。

4）回填土夯压不密：应在夯压时对干土适当洒水加以润湿；如回填土太湿同样夯不密实，呈"橡皮土"现象，出现此现象时，应将"橡皮土"挖出，重新换好土再予夯实。

5）在地形、工程地质复杂地区内的填方，且对填方密实度要求较高时，应采取措施（如排水暗沟、护坡桩等），以防填方土粒流失造成不均匀下沉和坍塌等事故。

6）填方基土为杂填土时，应按设计要求加固地基，并要妥善处理基底下的软硬点、空洞、旧基以及暗塘等。

7）机械回填管沟时，为防止管道中心线位移或损坏管道，应用人工先在管子周围填土夯实，并应从管道两边同时进行，直至管顶 0.5m 以上，在不损坏管道的情况下，方可采用机械回填和压实。在抹带接口处，防腐绝缘层或电缆周围，应使用细粒土料回填。

8）填方应按设计要求预留沉降量，如设计无要求时，可根据工程性质、填方高度、填料种类、密实要求和地基情况等，与建设单位共同确定（沉降量一般不超过填方高度的 3%）。

（2）回填压实施工质量检验方法

采用环刀法取样测定土的实际干密度。取样的方法及数量应符合规定：基坑回填每 $20\sim50m^3$ 取 1 组（每个基坑不小于 1 组）；基槽或管沟回填每层按长度每 $20\sim50m$ 取 1 组；室内填土每层按 $100\sim500m^2$ 取 1 组；场地平整填土每层按 $400\sim900m^2$ 取 1 组。取样部位应在每层压实后的下半部。

填土密实度以设计规定的控制干密度 ρ 作为检验标准，其公式为

$$\rho = \lambda_c \cdot \rho_{dmax}$$

式中，λ_c——填土的压实系数，一般场地平整压实系数为 0.9 左右，地基填土为 $0.91\sim0.97$；

ρ_{dmax}——填土的最大干密度，可由实验室实测，或计算求得，单位为 g/cm^3。

1）回填土工程施工质量检测标准见表 2-14。

表 2-14 回填土工程施工质量检测标准

项目	序号	检查项目	允许偏差/mm					检查方法
			柱基、基坑、基槽	人工	场地平整机械	管沟	地（路）面基础层	
主控项目	1	标高	0 −50	±30	±50	0 −50	0 −50	水准测量
	2	分层压实系数	不小于设计值					环刀法、灌水法、灌砂法
一般项目	1	回填土料	设计要求					取样检查或直接鉴别
	2	分层厚度	设计值					水准测量及抽样检查
		含水量	最优含水量 ±2%	最优含水量±4%		最优含水量±2%		
	3	表面平整度	±20	±20	±30	±20	±20	用 2m 靠尺测量

2）填写土方回填工程检验批质量验收记录表。

工程链接

环刀法需要配备仪器设备：环刀（内径6～8cm，高2～3cm，壁厚1.5～2cm）；天平（称量500g，精确至0.01g）；其他（切土刀、钢丝锯、凡士林等）。

检测步骤：按工程需要取原状土或制备所需状态的扰动土样，整平其两端，将环刀内壁涂一薄层凡士林，刀口向下放在土样上。用切土刀（或钢丝锯）将土样削成略大于环刀直径的土柱，然后将环刀垂直下压，边压边削，至土样伸出环刀为止。将两端余土削去修平，取剩余的代表性土样测定含水量。然后，擦净环刀外壁称质量，若在天平放砝码一端放一等质量环刀可直接称出湿土质量。精确至0.1g。

湿密度及干密度计算方法如下。

湿密度

$$\rho_0 = \frac{m}{V}$$

式中，ρ_0——湿密度，g/cm^3；

m——湿土的质量，g；

V——环刀容积，cm^3。

干密度

$$\rho_d = \frac{\rho_0}{1+\omega_1}$$

式中，ρ_d——干密度，g/cm^3；

ρ_0——湿密度，g/cm^3；

ω_1——含水率，%。密度精确至0.01g/cm^3。

注：本试验需进行二次平行测定，其平行差值不得大于0.03g/cm^3。取其算术平均值。将检测值记于表2-15（样表）中。

表2-15　密度试验（环刀法）表

工程名称：　　　　　　编号：　　　　　　试验日期：

土样说明：　　　　　　试验者：　　　　　　校对者：

试样编号	土样类别	环刀号	湿土质量/g	体积/cm^3	湿密度/(g/cm^3)	干土质量/g	干密度/(g/cm^3)	平均干密度/(g/cm^3)
1	粉质土	106	92.7	64.34	1.44	81.7	1.27	1.275
		33	93.2	64.34	1.49	82.2	1.28	
2	钙质土	186	126.8	64.34	1.97	98.9	1.54	1.535
		151	126.2	64.34	1.96	98.5	1.53	

2.2.3　土方计算及土方施工调配

1. 平整场地土方量计算与土方调配

在建园过程中，地形改造除挖湖堆山外，还有许多大大小小的地坪、缓坡地需要进行平整，平整场地的目的是将原来高低不平、比较破碎的地形按设计要求整理成为平坦的、具有一定坡度的场地，如停车场、集散广场、体育场、露天剧场等。整理这类地形的土方计算最适宜用方格网法。

方格网法是把平整场地的设计工作和土方量计算工作结合在一起进行的，其工作程序如下。

第一步，在附有等高线的施工现场地形图上作方格网，控制施工场地。方格网边长数值，取决于所求的计算精度和地形变化的复杂程度，在园林工程中一般采用 20～40m。

第二步，在地形图上用插入法求出各角点的原地形标高，或把方格网各角点测设到地面上，同时测出各角点的标高，并记录在图上。

第三步，依设计意图，如地面的形状、坡向、坡度值等，确定各角点的设计标高。

第四步，比较原地形标高和设计标高求得施工标高。

第五步，土方计算。我们结合下面的案例加以说明。

工程案例解析

【案例】　某公园为了满足游客游园活动的需要，拟将一块地面平转为三坡向两面坡的 T 形广场，要求广场具有 1‰ 的纵坡，土方就地平衡。试求其设计标高并计算其土方量（图 2-19）。

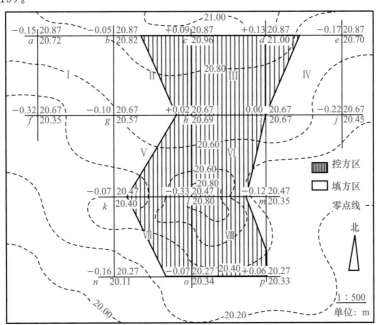

图 2-19　T 形广场土方量计算

1. 求原地形标高

按正南北方向或根据场地具体情况决定，作边长为 20m 的方格控制网。将各角点测

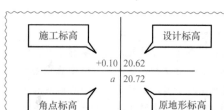

图 2-20　a 点的几种标高表示方法

设到地面上，同时测量各角点的地面标高，并将标高值标记在图纸上，这就是该角点的原地形标高，标法见图 2-20。如果有比较精确的地形图，可用插入法由图上直接求得各角点的原地形标高（插入法求标高的方法前面已介绍），依次将其余各角点一一求出，并标在图上。

2. 求平整标高

平整标高又称计划标高，平整在土方工程中的意义是：把一块高低不平的地面在保证土方平衡的前提下，挖高垫低使地面水平。这个水平地面的高程就是平整标高。设计中通常以原地面高程的平均值（算术平均值或加权平均值）作为平整标高。

设平整标高为 H_0，则

$$H_0 = \left(\sum h_1 + 2\sum h_2 + 3\sum h_3 + 4\sum h_4\right)/4N \tag{2-1}$$

式中，H_0——平整标高，m；

N——方格数；

h_1——计算时使用一次的角点高程，m；

h_2——计算时使用二次的角点高程，m；

h_3——计算时使用三次的角点高程，m；

h_4——计算时使用四次的角点高程，m。

例题中，

$$\sum h_1 = h_a + h_e + h_f + h_j + h_n + h_p$$
$$= 20.72 + 20.70 + 20.35 + 20.45 + 20.11 + 20.33 = 122.66\,(\text{m})$$

$$2\sum h_2 = (h_b + h_c + h_d + h_k + h_m + h_o) \times 2$$
$$= (20.82 + 20.96 + 21.00 + 20.40 + 20.35 + 20.34) \times 2 = 247.74\,(\text{m})$$

$$3\sum h_3 = (h_g + h_i) \times 3 = (20.57 + 20.67) \times 3 = 123.72\,(\text{m})$$

$$4\sum h_4 = (h_h + h_l) \times 4 = (20.69 + 20.80) \times 4 = 165.96\,(\text{m})$$

代入式（2-1），$N=8$，得

$$H_0 = (122.66 + 247.74 + 123.72 + 165.96) \div (4 \times 8) = 20.62\,(\text{m})$$

20.62m 就是所求的平整标高。

3. 确定 H_0 的位置

H_0 的位置确定正确与否，直接影响着土方计算的平衡，虽然通过不断调整设计标高最终也能使挖方填方达到（或接近）平衡，但这样做必然要花费许多时间，也会影响平整场地设计的准确性。确定 H_0 位置的方法有图解法和数学分析法两种。

图解法　适用于形状简单规则的场地，如正方形、长方形、圆形等（表 2-16）。

数学分析法　此法适用于任何形状场地的定位。数学分析法是假设一个和我们所要求的设计地形完全一样的土体（包括坡度、坡向、形状和大小），再从这块土体的假设标高反过来求平整标高的位置。

表 2-16　图解法求简单规则场地的 H_0 位置

坡地类型	平面图式	立体图式	H_0 点(或线)的位置	备注
单坡向一面坡				场地形状为正方形或矩形，$H_A = H_B$，$H_C = H_D$，$H_A > H_D$，$H_B > H_C$
双坡向两面坡				场地形状同上，$H_P = H_Q$，$H_A = H_B = H_C = H_D$，H_P（或 H_Q）$> H_A$ 等
双坡向一面坡				场地形状同上，$H_A > H_B$，$H_A > H_D$，$H_B \geqslant H_D$，$H_B > H_C$，$H_D > H_C$
三坡向两面坡				场地形状同上，$H_P > H_Q$，$H_P > H_A$，$H_P > H_B$，$H_A \geqslant H_Q \geqslant H_B$，$H_A > H_D$，$H_B > H_C$，$H_Q > H_C$（或 H_D）
四坡向四面坡				场地形状同上，$H_A = H_B = H_C = H_D$，$H_P > H_A$
圆锥状				场地形状为底面圆形半径为 R，高度为 h 的圆锥体

注：本表引自《园林工程》（孟兆祯、毛培琳、黄庆喜等主编）。

案例中，若设 a 点的设计标高为 x，依据给定的坡向、坡度和方格边长，根据坡度公式可以算出其他各角点的假定设计标高。b、c、d、e 点的设计标高为 x，f、g、h、i、j 点的设计标高为 $x-0.2\text{m}$，k、l、m 点的设计标高为 $x-0.4\text{m}$，n、o、p 点的设计标高为 $x-0.6\text{m}$。将各角点的假设设计标高代入式（2-1），得

$$\sum h_1 = x + x + x - 0.2 + x - 0.2 + x - 0.6 + x - 0.6 = 6x - 1.6$$

$$2\sum h_2 = (x + x + x + x - 0.4 + x - 0.4 + x - 0.6) \times 2 = 12x - 2.8$$

$$3\sum h_3 = (x - 0.2 + x - 0.2) \times 3 = 6x - 1.2$$

$$4\sum h_4 = (x - 0.2 + x - 0.4) \times 4 = 8x - 2.4$$

$$H_0 = (6x - 1.6 + 12x - 2.8 + 6x - 1.2 + 8x - 2.4) \div (4 \times 8) = x - 0.25(\text{m})$$

4. 求设计标高

由上述计算已知 a 点的设计标高为 x，而 $x - 0.25 = 20.62$，所以 $x = 20.87$，根据坡度公式，可推算出其余各角点的设计标高。

b、c、d、e 点的设计标高为 20.87；f、g、h、i、j 点的设计标高为 20.67；k、l、m 点的设计标高为 20.47；n、o、p 点的设计标高为 20.27。

5. 求施工标高

施工标高＝原地形标高－设计标高。得数为"＋"号的是挖方，得数为"－"号的是填方，见图 2-17。

6. 求零点线

所谓零点就是不挖不填的点，零点的连线就是零点线，它是挖方区和填方区的分界线，因而零点线就是土方计算的重要依据之一。在相邻的二角点之间，如果施工标高一个为"＋"值，一个为"－"值，则它们之间必有零点存在，其位置可由下面的公式求得，即

$$x = ah_u / (h_u + h_v) \tag{2-2}$$

式中，x——零点距 h_u 一端的水平距离，m；

$h_u + h_v$——方格相邻角点施工标高的绝对值之和，m；

a——方格边长，m。

案例中：以方格 b、c、g、h 的 b、c 为例，求其零点。b 点的施工标高为 -0.05m，c 为 $+0.09$m，分别取绝对值，代入式（2-2），即 $x = 20 \times 0.05 \div (0.05 + 0.09) = 7.1$m，所以零点位置大致在距 b 点 7m 处（或距 c 点 13m 处）。同理将其余各零点的位置求出，并依地形的特点，将各点连接成零点线，把挖方区和填方区分开，以便于计算。

7. 土方计算

零点线为计算提供了填方和挖方的面积，而施工标高为计算提供了挖方和填方的高度。依据这些条件，便可用棱柱体的体积公式，求出各方格的土方量。由于零点线切割方格的位置不同，形成各种形状的棱柱体。各种常见的棱柱体及其土方计算公式见表 2-17。

表 2-17　各种常见的棱柱体及其土方计算公式

项目	图形	计算公式
一点填方或挖方（三角形）		$V = \dfrac{1}{2}bc \dfrac{\sum h}{3} = \dfrac{bch_3}{6}$ 当 $b = c = a$ 时，$V = \dfrac{a^2 h_3}{6}$

续表

项目	图形	计算公式
二点填方或挖方 （梯形）		$V = \dfrac{b+c}{2}a\dfrac{\sum h}{4} = \dfrac{a}{8}(b+c)(h_1+h_2)$ $V = \dfrac{d+e}{2}a\dfrac{\sum h}{4} = \dfrac{a}{8}(d+e)(h_2+h_4)$
三点填方或挖方 （五角形）		$V = \left(a^2 - \dfrac{bc}{2}\right)\dfrac{\sum h}{5} = \left(a^2 - \dfrac{bc}{2}\right)\dfrac{(h_1+h_2+h_3)}{5}$
四点填方或挖方 （正方形）		$V = \dfrac{a^2}{4}\sum h = \dfrac{a^2}{4}(h_1+h_2+h_3+h_4)$

8. 绘制土方平衡表或土方调配图

土方调配图是施工组织设计不可缺少的依据，从土方调配图上可以看出土方调配的情况：如土方调配的方向、运距和调配的数量。

提示：土方量的计算是一项烦琐单调的工作，特别是对大面积场地的平整工程，其计算量是很大的，费时费力，而且容易出差错，为了节约时间和减少差错，可采用以下两种简便的计算方法：一种是使用土方工程量计算表，用土方计算表求土方量，既迅速又比较精确，有专门的土方量工程计算表可供参考；另一种是使用土方量计算图表，用图表计算土方量，方法简单便捷，但相对精度较差。

2. 土方平衡与调配

土方平衡与调配的步骤是：在计算出土方的施工标高、填方区和挖方区的面积、土方量的基础上，划分出土方调配区；计算各调配区的土方量、土方的平均运距；确定土方的最优调配方案；绘制出土方调配图。

（1）土方平衡与调配的原则

进行土方平衡与调配，必须考虑工程和现场情况、工程的进度要求和土方施工方法以及分期分批施工工程的土方堆放和调运问题。经过全面研究，确定平衡调配的原则之后，才能着手进行土方的平衡与调配工作。土方平衡与调配的原则如下。

1）挖方与填方基本达到平衡，以减少重复倒运；挖（填）方量与运距的乘积之和尽可能为最小，即总土方运输量或运输费用最小。

2）分区调配与全场调配相协调，避免只顾局部平衡，而破坏全局平衡。好土用在回填质量要求较高的地区，避免出现质量问题。

3）调配应与地下构筑物的施工相结合，有地下设施的填土，应留土后填。要注意选择恰当的调配方向、运输路线、施工顺序，避免土方运输出现对流和乱流现象，同时要便于机具调配和机械化施工。

> **工程链接**
>
> 划分调配区应注意：划分时应考虑开工及分期施工顺序；调配区大小应满足土方施工使用的主导机械的技术要求；调配区范围应和土方工程量计算用的方格网相协调；一般可由若干个方格组成一个调配区；当土方运距较大或场地范围内土方调配不能达到平衡时，可考虑就近借土或弃土。

（2）土方平衡与调配的步骤和方法

土方平衡与调配的步骤如下：

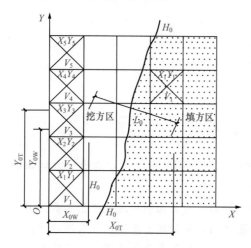

图 2-21 土方调配区间的平均运距

第一步，要划分调配区。在平面图上先划出挖方区和填方区的分界线，并在挖方区和填方区划分出若干调配区，确定调配区的大小和位置。

第二步，计算各调配区土方量。根据已知条件计算出各调配区的土方量，并标注在调配图上。

第三步，计算各调配区之间的平均运距（指挖方区土方重心至填方区土方重心的距离）。取场地或方格网中的纵横两边为坐标轴，以一个角作为坐标原点（图 2-21），按下面的公式求出各挖方或填方调配区土方重心的坐标（X_0，Y_0）以及填方区和挖方区之间的平均运距 L_0，即

$$X_0 = \sum (X_i V_i) / \sum V_i$$

$$Y_0 = \sum (Y_i V_i) / \sum V_i$$

式中，X_i，Y_i——i 块方格的重心坐标；

V_i——i 块方格的土方量。

$$L_0 = [(X_{0T} - X_{0W})^2 + (Y_{0T} - Y_{0W})^2]^{1/2}$$

式中，X_{0T}，Y_{0T}——填方区的重心坐标；

X_{0W}，Y_{0W}——挖方区的重心坐标。

一般情况下，也可以用作图法近似地求出调配区的重心位置，以代替重心坐标。重心求出后，标注在图上，用比例尺量出每对调配区的平均运输距离（L_{11}，L_{12}，L_{13}，…）。所有填挖方调配区之间的平均运距均需一一计算，并将计算结果列于土方平衡与运距表内（表 2-18）。

确定土方最优调配方案用"表上作业法"求解，使总土方运输量为最小值的方案，即为最优调配方案。

最后绘出土方调配图。根据以上计算，标出调配方向、土方数量及运距（平均运距再加上施工机械前进、倒退和转弯必需的最短长度）。

表 2-18　土方平衡与运距表

挖方区	填方区										挖方量/m³
	B_1		B_2		B_3		$\cdots B_j \cdots$		B_n		
A_1	X_{11}	L_{11}	X_{12}	L_{12}	X_{13}	L_{13}	X_{1j}	L_{1j}	X_{1n}	L_{1n}	a_1
A_2	X_{21}	L_{21}	X_{22}	L_{22}	X_{23}	L_{23}	X_{2j}	L_{2j}	X_{2n}	L_{2n}	a_2
A_3	X_{31}	L_{31}	X_{32}	L_{32}	X_{33}	L_{33}	X_{3j}	L_{3j}	X_{3n}	L_{3n}	a_3
$\vdots$ A_i $\vdots$	X_{i1}	L_{i1}	X_{i2}	L_{i2}	X_{i3}	L_{i3}	X_{ij}	L_{ij}	X_{in}	L_{in}	$\vdots$ a_i $\vdots$
A_m	X_{m1}	L_{m1}	X_{m2}	L_{m2}	X_{m3}	L_{m3}	X_{mj}	L_{mj}	X_{mn}	L_{mn}	a_m
填方量/m³	b_1		b_2		b_3		$\cdots b_j \cdots$		b_n		$\sum a_i = \sum b_j$

注：1）L_{11}，L_{12}，L_{13}，$\cdots$——挖填方之间的平均运距；
　　2）X_{11}，X_{12}，X_{13}，$\cdots$——调配土方量。

工程案例解析

【案例】　有一矩形广场，各调配区的土方量和相互之间的平均运距，如图 2-22 所示，试求最优调配方案和土方总运输量及平均运距。

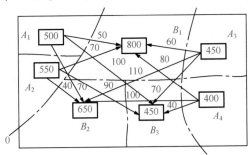

图 2-22　各调配区的土方量和平均运距

1. 将图 2-22 中的数值标注在调配区土方量及运距表（表 2-19）中

表 2-19　调配区土方量及运距表

填方区	填方区			挖方量/m³
	B_1/m	B_2/m	B_3/m	
A_1/m	50	70	100	500
A_2/m	70	40	90	550
A_3/m	60	110	70	450
A_4/m	80	100	40	400
填方量/m³	800	650	450	合计 1900

2. 采用"最小元素法"，编初始调配方案

即根据对应于最小的 L（平均运距）以尽可能最大的 X_{ij} 值的原则进行调配。首先在运距表内的小方格中找一个 L 最小数值，如表 2-20 中的 $L_{22}=L_{43}=40$。任取其中一个，如 L_{22}，先确定 X_{22} 的值，使其尽可能大，即 X_{22} 取 550 和 500 中的最大值，即 550，由于 A_2 挖方区的土方全部调到 B_2 填方区，所以 $X_{21}=X_{23}=0$。将 550 填入 X_{22} 格内，加一个括号，同时在 X_{21}、X_{23} 格内打个"×"号，然后在没有"()"和"×"的方格内重复上面的步骤，依次确定其余的 X_{ij} 数值，最后得出初始调配方案，见表 2-20。

表 2-20　土方初始调配方案

挖方区	填方区						挖方量/m³
	B_1/m		B_2/m		B_3/m		
A_1/m	(500)	50	×	70	×	100	500
		50		100		60	
A_2/m	×	70	(550)	40	×	90	550
		−10		40		0	
A_3/m	(300)	60	(100)	110	(50)	70	450
		60		110		70	
A_4/m	×	80	×	100	400	40	400
		30		80		40	
填方量/m³	800		650		450		合计 1900

3. 用最优方案判别方案是否需要调整

在"表上作业法"中，判别是否为最优方案有许多方法，采用"假想运距法"求检验数较清晰直观。该判别方法的原理是设法求得无调配土方的方格的检验数 λ_{ij}，判别 λ_{ij} 是否非负，如所有 $\lambda_{ij} \geqslant 0$，则方案为最优方案；否则该方案不是最优方案，需要进行方案调整。

要计算 λ_{ij}，首先求出表中各个方格的假想运距 C'_{ij}。其中有调配土方方格的假想运距

$$C'_{ij} = C_{ij} \tag{2-3}$$

无调配土方方格的假想运距

$$C'_{ef} + C'_{pq} = C'_{eq} + C'_{pf} \tag{2-4}$$

公式的意义即构成任一矩形的相邻四个方格内对角线上的假想运距之和相等。

利用已知的假想运距 $C'_{ij} = C_{ij}$，寻找适当的方格构成一个矩形，利用对角线上的假想运距之和相等逐个求解未知的 C'_{ij}，最终求得所有的 C'_{ij}。见表 2-20 上的作业，其中未知的 C'_{ij}（黑底字）通过表 2-21 中的对角线和相等得到。

假想运距求出后，按式（2-5）求出表中无调配土方方格的检验数，即

$$\lambda_{ij} = C_{ij} - C'_{ij} \tag{2-5}$$

在表 2-20 中只要把无调配土方的方格右边两小格的数字上下相减即可。如 $\lambda_{21} = 70-(-10)=80$，将计算结果填入表中无调配土方"×"的右上角，但只写出各检验数的正负号，因为根据前述判别法则，只有检验数的正负号才能判别是否为最优方案。表 2-20 出现了负检验数，说明初始方案不是最优方案，需要进一步调整。

4. 调整方案，找出最优方案

步骤如下。

第一步： 在所有负检验数中选一个（一般可选最小的一个），本例中唯一负的是 C_{12}，把它所对应的变量 X_{12} 作为调整对象。

第二步： 找出 X_{12} 的闭回路。其做法是：从 X_{12} 格出发，沿水平与竖直方向前进，遇到适当的有数字的方格作 90°转弯（也可不转弯），然后继续前进，如果路线恰当，有限步后便能回到出发点，形成一条以有数字的方格为转角点的、用水平和竖直线连起来的闭合回路，见表 2-20。

第三步： 从空格 X_{12}（其转角次数为零）出发，沿着闭合回路（方向任意，转角次数逐次累加）一直前进，在各奇数次转角点的数字中，挑出一个最小的（表 2-20 即 500、100 中选 100），将它由 X_{32} 调到 X_{12} 方格中（即空格中）。

第四步： 将"100"填入 X_{12} 方格中，被挑出的 X_{32} 为 0（该格变为空格）；同时将闭合回路上其他奇数次转角上的数字都减去"100"，偶数转角上数字都增加"100"，使得填挖方区的土方量仍然保持平衡，这样调整后，便可得到表 2-21 的新调配方案。对新调配方案，再进行检验，看其是否已是最优方案。如果检验数中仍有负数出现，那就按上述步骤继续调整，直到找出最优方案为止。表 2-21 中所有检验数均为正号，故该方案即为最优方案。

表 2-21　土方初始调配方案

挖方区	填方区						挖方量/m³
	B_1/m		B_2/m		B_3/m		
A_1/m	(400)	50 50	100	70 70	×	100 60	500
A_2/m	×	70 20	(550)	40 40	×	90 30	550
A_3/m	(400)	60 80	×	110 80	(50)	70 70	450
A_4	×	30 50	×	100 50	400	40 40	400
填方量/m³	800		650		450		合计 1900

将表 2-21 中的土方调配数值绘成土方调配图（图 2-23），图中箭线上的数字为调配区之间的运距，箭线下的数字为最终土方调配量。

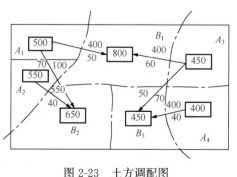

图 2-23　土方调配图

最后比较最佳方案与最初方案的运输量。

初始方案运输总量

$Z_1 = 500 \times 50 + 550 \times 40 + 300 \times 60 + 100 \times 110 + 50 \times 70 + 400 \times 40 = 95\ 500$（$m^3 \cdot m$）

最优方案运输总量

$Z_2 = 400 \times 50 + 100 \times 70 + 550 \times 40 + 400 \times 60 + 50 \times 70 + 400 \times 40 = 92\ 500$（$m^3 \cdot m$）

$$Z_2 - Z_1 = 92\ 500 - 95\ 500 = -3000 （m^3 \cdot m）$$

即调整后总运输量减少了 $3000m^3 \cdot m$。

总的平均运距为

$$L_0 = W/V = 92\ 500 \div 1900 = 48.68 （m）$$

相关链接 ☞

陈科东，2014. 园林工程 [M].2 版. 北京：高等教育出版社.

李本鑫，史春凤，沈珍，2017. 园林工程施工技术 [M].2 版. 重庆：重庆大学出版社.

中国园林网 https：//www. yuanlin. com/

筑龙网 https：//www. zhulong. com/

思考与训练 ☞

1. 园林土方施工有哪些分项工程？分别写出它们的施工流程。

2. 土方施工准备有哪些工作？

3. 土方开挖与回填压实的施工工艺是怎样的？

4. 土方施工质量检验怎样操作？

5. 如图 2-24 所示，设地形图比例尺为 1∶1000。欲将方格范围内的地面平整为挖方与填方基本相等的水平场地，请你计算挖填土方量并进行土方调配。

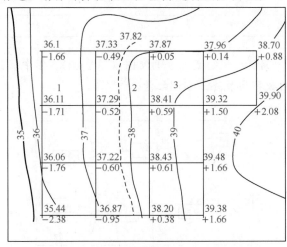

图 2-24　平整为水平面的土方计算图示

6. 请根据图 2-24 草拟该工程土方施工现场组织方案，要求从准备工作起到施工组织、质量检测等施工组织环节撰写。

项目 **3**

园林给水工程施工

教学目标 ☞

落地目标：能够完成给水工程施工与检查验收工作。

基础目标：

1. 学会园林给水工程施工流程。

2. 学会园林给水工程施工准备工作。

3. 学会给水工程施工操作工艺。

4. 学会给水工程施工质量检验工作。

技能要求 ☞

1. 能编制公园、绿地给水工程以及喷灌系统施工流程。

2. 能完成公园、绿地给水工程以及喷灌系统施工准备。

3. 能熟练运用公园、绿地给水工程以及喷灌系统给水工程施工操作工艺。

4. 能对公园、绿地给水工程以及喷灌系统给水工程进行施工质量检验。

任务分解 ☞

园林中餐饮、茶室、办公、养护、水景都需要水的供给，园林给水工程主要是给水管道的安装施工，建筑室内部分由建筑给水工程负责施工。在景观水景、园林喷灌中给水工程有重要作用。

1. 熟悉园林给水工程主要施工内容及流程。

2. 熟悉给水工程施工准备的任务与要求。

3. 掌握园林给水工程施工操作工艺及施工技术方法。

4. 了解园林给水工程施工质量检测基本方法。

园林给水工程施工内容及流程

3.1.1　园林给水工程基本组成

1. 园林给水系统组成要素

（1）园林给水系统的分类

生活给水系统　生活给水系统是供办公、餐饮和生活用水（淋浴、洗涤及冲厕、洗地等用水）使用的供水系统。

生产给水系统　生产给水系统是指园林生产过程中使用的给水系统，供喷灌、温室、动物笼舍清洗、动物饮水所需的生产用水系统。

消防给水系统　消防给水系统是指供以水灭火的各类消防设备用水的供水系统。

（2）园林给水系统的组成

水源园林供水水源　大多利用城市供水系统，根据公园的位置和水资源条件，也可采用江河以及地下水作为水源。

取水工程　一是以自来水为水源，主要工程有阀门井、引入管、闸阀、水表、水泵、逆止阀等。二是以自然水为水源，园林中自然水为水源的取水工程主要是水泵取水构筑物，如泵站。由于自然水在园林中通常不作为饮用水，只用于生产用水或者消防用水，因此无须净化，其取水工程包括给水管、水泵房、水泵。

配水工程　包括输水干管、配水支管、起水器、水龙头、进水管、出水管、消火栓等。

2. 园林给水基本方式

引用式　引用式即从城市供水系统引入，可一点引入，也可多点引入。给水系统很简单，只需要设置园内管网、水塔、蓄水池即可。

自给式　自给式即利用园内的地下水和地表水作为水源。利用地下水作为水源的给水系统比较简单，水质好，不用处理，只设水井（或管井）、泵房、消毒清水池、输配水管道。利用地表水作为水源的给水系统比较复杂，按照取水到用水的顺序应设置取水口、集水井、一级泵房、加矾间与混凝池、沉淀池及排泥阀门、滤池、清水池、二级泵房、输水管网、水塔或高位水池等。

兼用式　在既有城市给水条件，又有地下水、地表水可供采用的地方，接上城市给水系统，作为园林生活用水或游泳池等对水质要求较高的项目用水水源；而园林生产用水、造景用水等，则另设一个以地下水或地表水为水源的独立给水系统。这样做所投入的工程费用稍多一些，但以后的水费可以大大节省。

在地形高差明显的园林绿地，可考虑分区给水方式。分区给水就是将整个给水系统分成几区，不同区的管道中水压不同，区与区之间可有适当的联系以保证供水可靠和调度灵活。

3.1.2 园林给水工程施工主要内容及流程

1. 一般给水管网施工内容与流程

（1）给水管网施工流程（图 3-1）

| 施工准备 | → | 定位放线 | → | 开挖沟槽 | → | 下管 | → | 接口 | → | 覆土 | → | 试压 | → | 冲洗、消毒 | → | 工地清扫 |

图 3-1 给水管网施工流程

（2）园林给水管网施工重点内容

定位放线 按照设计图纸，首先在施工现场定出埋管沟槽位置（坐标）。同时设置高程参考桩。桩位应选择适当，以保证施工过程中高程桩不致被挖去或被泥土、器材等掩盖。

开挖沟槽 按定线用机械或人工破除路面。路面材料可以重复使用的应妥善堆放。沟槽用机械挖掘，要防止损坏地下已有的设施（如各种管线）。给水管埋深一般较浅，埋管沟槽通常无须支撑和排水。当埋深较深或土质较差时，需要支撑。在接口处，槽宽和槽深按接口操作的需要而作调整。给水管道一般不设基础，槽底高程即设计的管底高程。槽底挖土要求不动原土，否则应用砂土填铺。

下管 首先将管材沿沟槽排好，管材下槽前作最后检查，有破损或裂纹的剔除。直径在 200mm 以下管材的移动和下槽，通常不用机械。大直径管道以三脚架和葫芦吊放。排管常从闸阀或配件处开始。管子逐根下槽，顺序做好接口。

接口 接口的做法随管材而异。给水管道管材有铸铁管、球墨铸铁管、钢筋混凝土管或钢管。目前，多用 HDPE、PPR、UPVC 等塑料管。铸铁管、球墨铸铁管和钢筋混凝土管大多采用承插接口，少数和闸阀连接的铸铁管用法兰接口。钢管一般焊接，少数用套管接口。

特别提示

承插接口有两种做法（图 3-2）。钢筋混凝土管常用橡胶承插接口。铸铁管和球墨铸铁管常用填料承插接口，填料最早用青铅，后来用石棉水泥，都需麻辫嵌实接口底部。近年来用橡胶垫圈和膨胀水泥砂浆封口，操作简便，但需要合格的橡胶填圈；青铅接口费用最贵，操作也不便；石棉水泥接口虽然便宜，但分层打实劳动强度很大。橡胶圈接口有弹性，称作柔性接口；填料接口无弹性，称作刚性接口。刚性接口受力时易损坏，柔性接口能适应少量位移，不易损坏。

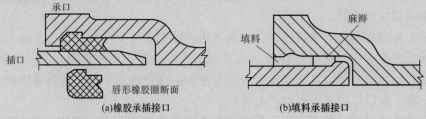

图 3-2 承插接口

法兰接口做法简便，将管材法兰盘（盘状凸缘）的螺孔对齐，在两盘之间插入橡胶填圈，螺孔中穿插螺栓，旋上并旋紧螺帽即成（图 3-3）。法兰接口刚性极强，接口牢固，对管材的定位要求严格。

钢管接口采用焊接。在沟槽中焊接不便，常在地面焊接成长管条后再移入沟槽。因受力能力强，长管的长度应按现场施工条件尽量延伸，以减少槽内接口。槽内接口常用套管接口，一般做成双柔形或人字形柔性接口（图 3-4）。

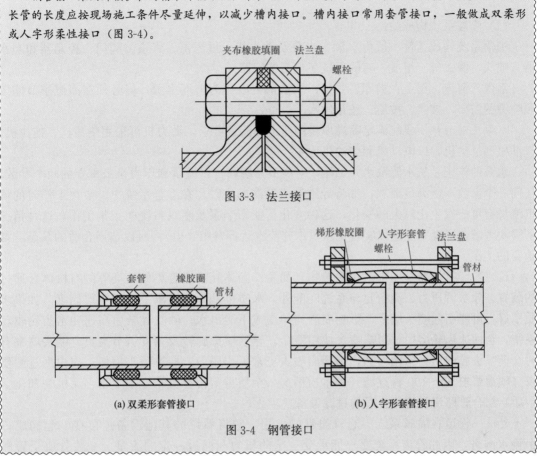

图 3-3　法兰接口

(a) 双柔形套管接口　　　　　　　　　(b) 人字形套管接口

图 3-4　钢管接口

　　覆土和试压　接口做好之后应立即覆土。覆土时留出接口部分，待试压后再填土。覆土要分层夯实，以免施工后地面沉陷。管道敷设 1km 左右时，即应试压。试压前应先检查管线中弯头和三通处的支墩筑造情况，须合格后才能试压，否则弯头和三通处因受力不平衡，可能引起接口松脱。试压时将水缓缓灌入管道，排出管内空气。空气排空后将管内的水加压至规定值，如能维持数分钟即为试压成功。试压结束，完成覆土，打扫工地。

　　冲洗和消毒　放水冲洗管道至出水浊度符合饮用水标准为止。用液氯或次氯酸盐消毒。管道内含氯水停留一昼夜后，余氯应在 20mg/L 以上，然后再次放水冲洗，对出水作常规细菌检验，至合格为止。

工程链接

　　喷灌系统常分普通喷灌和微喷灌两种，前者又分移动式、半固定式和固定式三种。微喷灌比较节约用水，但造价较高。地形复杂之地可用移动式；地形平坦、绿地面积大可用固定式；植物配置层次性强、地形有一定微起伏，可选用半固定式。

　　就功能看，微喷灌可兼施肥、除虫，自动化控制水平高，而普通喷灌可在短时间内完成喷灌，比较高效。

2. 常用园林喷灌系统施工内容与流程

(1) 喷灌系统构成组件

喷灌系统构成组件一般由水源、水泵及动力机、过滤器、管道、阀门、控制器和灌水器（喷头、滴头等）组成，有的系统还包括施肥器。

水源　河流、渠道、塘库、井泉、湖泊都可以作为喷灌水源，但必须在灌溉季节能按照喷灌的需要，按时、按质、按量供水。

水泵及动力机　要能满足喷灌所需的压力和流量要求，动力机可采用柴油机、拖拉机、汽油机和电动机，以电动机和柴油机为主。

水泵的作用是从水源取水并加压，对灌溉系统而言，流量和压力是最重要的两个参数，任何一个参数不能满足要求，都将导致灌溉系统的失败。在综合系统中，泵在工作时的输出流量有可能发生比较大的变化，这种变化可能影响泵及灌溉系统的正常工作，这种情况下需要考虑选择变频装置以实现恒压供水并节省运行费用（电），所以选择合适的泵是非常重要的工作。

过滤器　过滤器是用来阻止颗粒物（如悬浮固体颗粒或者类似藻类等的有机体）通过的装置。除水源压力、流量要与系统匹配外，水质也是影响灌溉系统的重要因素。如果水质不好，可能引起喷头堵塞，影响喷洒均匀度或不能出水；砂石等杂质高速冲击齿轮驱动系统，会加速齿轮磨损，影响喷头使用寿命，导致喷头旋转及角度调节失灵；喷头堵塞有时会使喷头腔内压力急剧增加，远超出喷头正常工作压力，导致喷头损坏。应根据过滤要求（喷灌要求 80～100 目过滤）和水质情况（杂质类型：有机物、微生物、无机物和化学杂质）结合管路流量选择合适的过滤设备。

管道　管道在灌溉系统中起着纽带的作用，它将系统的其他设备连接在一起构成一个输水网络，因此管道系统要求能承受一定的压力和通过一定的流量。一般分成干管和支管两级，干管可地埋也可在灌溉季节固定在地表，常用的地埋管道有塑料管、钢筋混凝土管、铸铁管和钢管；地面固定管道可用塑料管和薄壁铝合金管。支管要方便在地面上移动，常用铝合金管、镀锌薄壁钢管和塑料管。塑料管（如 PVC、PE 和 PP-R）使用越来越广泛。

阀门　阀门是灌溉系统中的开关，是可以用人工或者自动的方式打开，由此引起水流动的控制装置。自动阀门常称作电磁阀，也称为电动阀或者自动阀。灌溉系统中电磁阀一般都是隔膜控制（液压控制）阀，这种阀通常是关闭的，通过向阀上的电磁线圈施加 24V 交流电使其打开。根据用途不同，阀门可以分为主阀、截流阀、隔离阀、安全阀、支管阀、泄水阀等。阀通常安装在阀箱中，以利于保护阀并且便于在以后维修时查找。

控制器　控制器是灌溉系统的大脑，我们一般所说的灌溉控制器是指时序控制器，即按时间顺序进行程序编辑的控制器，它是一个电气仪表面板，用来控制给定站施加 24V 交流电以便按程序规定的时间顺序开闭单个或者多个阀，顺序和时间设置由系统操作员编程确定。灌溉控制器由 110V 或 220V 交流电源供电，但向端子条输出的是 24V 交流电。

灌水器　喷头是灌水器的重要组成部分，是喷灌的专用设备，也是喷灌系统最重要的部件，其作用是把管道中的有压集中水流分散成细小的水滴均匀地散布在绿地上。喷头的种类很多，按其工作压力及控制范围大小可分为低压喷头、中压喷头和高压喷头；按喷头的结构形式与水流形状可分为固定式、孔管式和旋转式。目前，使用得最多的是中压旋转式喷头，其中又以全圆转动和扇形转动的摇臂式喷头最为普遍。

（2）喷灌系统施工基本流程（图 3-5）

图 3-5　喷灌系统施工基本流程

（3）喷灌系统施工重点内容

定位放线　采用经纬仪和水准仪放线，在图上量出各段管线的方位角和距离，确定管线各转折点的标高，然后在现场用经纬仪和水准仪把管线放在地面上，钉立标桩并撒上白灰线。管道系统放线主要是确定管道的轴线位置，弯头、三通、四通及喷点（即竖管）的位置和管槽的深度。

挖基坑和管槽　在便于施工的前提下管槽尽量挖得窄些，只是在接头处挖一较大的坑，这样管子承受的压力较小，土方量也小。管槽的底面就是管子的铺设平面，所以要挖平以减少不均匀沉陷。基坑管槽开挖后最好立即浇筑基础铺设管道，以免长期敞开造成塌方和风化底土，影响施工质量及增加土方工作量。

浇筑水泵、动力机基座　关键在于严格控制基脚螺钉的位置和深度，用一个木框架按水泵、动力机基脚尺寸打孔，按水泵、动力机的安装条件把基脚螺钉穿在孔内进行浇筑。

安装管道　给水管安装按所用管材的安装工艺标准操作，按图纸预留出给水管网的预留、预埋孔洞。

冲洗　管子装好后先不装喷头，开泵冲洗管道，把竖管敞开任冲洗物自由溢流，把管中砂石都冲出来，以免以后堵塞喷头。

试压　将开口部分全部封闭，竖管用堵头封闭，逐段进行试压。试压的压力应比工作压力大一倍，保持这种压力 10～20min，各接头不应当有漏水，如发现漏水应及时修补，直至不漏为止。

回填　经试压证明整个系统施工质量合乎要求，进行回填。如管子埋深较大应分层轻轻夯实。采用塑料管应掌握回填时间，最好在气温等于土壤平均温度时，以减少温度变形。

试喷　装上喷头进行试喷，必要时要检查正常工作条件下各喷点处是否达到喷头的工作压力，用量雨筒测量系统均匀度，看是否达到设计要求，检查水泵和喷头运转是否正常。

 园林给水工程施工配套准备

3.2.1　园林给水管材基本性能

1. 给水管材性能

给水工程中，管网投资占工程费的 50%～80%，而管道工程总投资中，管材费用在1/3以上。因此，管材的性能对给水工程非常重要。

管材会对水质有影响，管材的抗压强度影响管网的使用寿命。管网属于地下永久性隐蔽工程设施，要求很高的安全可靠性，管材的配件包括阀门、接头等均对管网造成影响。

园林给水管道适用的管材主要有铸铁管、镀锌钢管、塑料管（PP-R 管、HDPE 管）等。

铸铁管　铸铁管分为灰铸铁管和球墨铸铁管。灰铸铁管具有经久耐用、耐腐蚀性强，使用寿命长的优点，但质地较脆，不耐震动和弯折，重量大；球墨铸铁管在抗压、抗震上有很大提高。灰铸铁管是以往使用最广的管材，主要用在 DN80～DN1000 的地方，但运用中易发生爆管，不适应城市的发展，在国外已被球墨铸铁管代替。球墨铸铁管节省材料，现已在国内一些城市使用。

钢管　钢管有焊接钢管和无缝钢管两种。焊接钢管又分为镀锌钢管（白铁管）和非镀锌钢管（黑铁管）。钢管有较好的机械强度，耐高压、震动，重量较轻，单管长度长，接口方便，适应性强，但耐腐蚀性差，防腐造价高。镀锌钢管就是防腐处理后的钢管，它防腐、防锈、不使水质变坏，并延长了使用寿命，是室内生活用水的主要给水管材。

钢筋混凝土管　钢筋混凝土管防腐能力强，不需任何防腐处理，有较好的抗渗性和耐久性，但水管重量大，质地脆，装卸和搬运不便。其中自应力钢筋混凝土管会后期膨胀，可使管疏松，不用于主要管道；预应力钢筋混凝土管能承受一定压力，在国内大口径输水管中应用较广，但由于接口问题，易爆管、漏水。为克服这个缺陷现采用预应力钢筒混凝土管（PCCP 管），是利用钢筒和预应力钢筋混凝土管复合而成，具有抗震性好、使用寿命长、耐腐蚀、抗渗漏的特点，是较理想的大水量输水管材。

塑料管　在塑料给水管材中，PP-R 管、HDPE 给水管是常用的管材。

PP-R 管是一种新型的塑料给水管材，在建筑给水工程中使用比较普遍，一般管径范围为 DN15～DN150，采用的连接方式为热熔承插连接，连接需要专用管道配件，管道配件价格较高，热熔承插连接时容易在连接处形成熔瘤，减小水流断面，增大局部水头损失。管长受材质的限制，不宜弯曲，管道接头较多，管材较脆，柔韧性较差，适合短距离的输水，如建筑物卫生间给水。在安装质量可以较好控制的情况下，较小规模的园林给水工程中可以使用 PP-R 管，比较符合园林给水的需求。

HDPE 给水管是采用先进的生产工艺和技术，通过热挤塑而成型，具有耐腐蚀、内壁光滑、流动阻力小、强度高、韧性好、重量轻等特点。HDPE 给水管的管径从 DN15～DN150 均有生产，压力等级为 0.25～1.0MPa，共四个等级。HDPE 管在温度 190～240℃将被熔化，利用这一特性，将管材（或管件）熔化的部分充分接触，并保持适当压力，冷却后两者便可牢固地融为一体。因此，HDPE 管的连接方式与 PP-R 管有所不同，HDPE 管通常采用电热熔连接及热熔对接两种方式，而 PP-R 管是不能热熔对接连接的。按照管径大小情况具体可分为：对焊连接适用管径为 $\phi32～\phi315$ 的管件连接，管径小于 $\phi75$ 可采用手动焊接法，管径在 $\phi40～\phi315$ 采用电焊机焊接，电焊管箍连接件连接法适用管径 $\phi40～\phi315$ 的管件连接，带密封圈的承插短管连接法适用管径 $\phi32～\phi160$ 的管件连接。

2. 管件及阀门性能

管件　给水管的管件种类很多，不同的管材有些差异，但分类差不多，有接头、弯头、三通、四通、管堵以及活性接头等，每类又有很多种，如接头，分内接头、外接头、内外接头、同径或异径接头等。图 3-6 为钢管部分管件图。

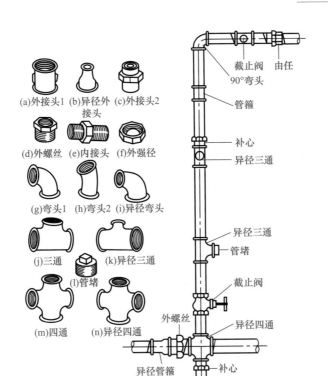

图 3-6 钢管部分管件图

阀门 阀门的种类很多,园林给水工程中常用的阀门按阀体结构形式和功能可分为截止阀、闸阀、蝶阀、球阀、电磁阀等;按照驱动动力分为手动、电动、液动和气动四种方式;按照承受压力分为高压、中压、低压三类。园林中大多为中低压阀门,以手动为主。

3.2.2 园林给水管件选择与配置

1. 常用管材选择

常用管材选择取决于承受的水压、价格、输送的水量、外部荷载、埋管条件、供应情况等,特性可参照表 3-1。

表 3-1 常用管材规格及特性

管径/mm	管材及其特性
≤50	镀锌钢管防腐,防锈硬聚氯乙烯等塑料管,内壁光滑阻力小,不结垢,耐腐蚀
≤200	连续浇铸铸铁管,采用柔性接口;塑料管价低,耐腐蚀,使用可靠,但抗压较差
300~1200	球墨铸铁管较为理想,但目前产量少,规格不多,价高;铸态球墨铸铁管价格较便宜,不易爆管,是当前可选用的管材;质量可靠的预应力和自应力钢筋混凝土管,价格便宜可以选用
>1200	薄型钢筒预应力混凝土管,性能好,价格适中,但目前产量较低;钢管性能可靠,价高,在必要时使用,但要注意内外防腐;质量可靠的预应力钢筋混凝土管是较经济的管材

塑料给水管,特别是 HDPE 给水管和 PP-R 管在管材的性能和使用上都比铸铁管、镀锌钢管、UPVC 给水管更适应园林给水的特点,而 HDPE 给水管又比 PP-R 管更适应园林

给水工程，不仅解决了园林给水中接头数量多、渗漏严重的弊端，而且管道耐腐蚀、耐破损性能大大加强，管道安装简便，材料费和工程的安装费得到了降低。当园林给水工程规模不大时，可以使用PP-R管。

工程链接

管件选择：长距离大水量给水系统，若压力较低，可选用预应力钢筋混凝土管，若压力较高，可采用预应力钢筒混凝土管和玻璃钢管。

城市输配水管道系统，可采用球墨铸铁管和玻璃钢管。室内、小区、绿地等位置，可采用塑料管和镀锌钢管。

---

2. 管网附属设施选择

地下龙头 地下龙头一般用于绿地浇灌，它由阀门、弯头及直管等组成，通常用DN20或DN25。一般把部件放在井中，埋深为300～500mm，周边用砖砌成井，大小根据管件多少而定，以能人为操作为宜，一般内径（或边长）为300mm左右。地下龙头的服务半径在50m左右，在井旁应设出水口，以免附近积水。

阀门井 阀门是用来调节管线中的流量和水压的，主管和支管交接处的阀门常设在支管上。一般把阀门放在阀门井内，其平面尺寸由水管直径及附件种类和数量确定，一般阀门井内径为1000～2800mm（管径为DN75～DN1000时），井口一般为DN600～DN800，井深由水管埋深决定。

排气阀井和排水阀井 排气阀装在管线的高起部位，用以排出管内空气。排水阀设在管线最低处，用以排除管道中沉淀物和检修时放空存水。两种阀门都放在阀门井内，井的内径为1200～2400mm不等，井深由管道埋深确定。

消火栓 消火栓分地上式和地下式，地上式易于寻找，使用方便，但易碰坏。地下式适于气温较低地区，一般安装在阀门井内。在城市中，室外消火栓间距在120m以内，公园或风景区根据建筑情况而定。消火栓距建筑物在5m以上，距离车行道不大于2m，便于与消防车的连接。

其他设备、设施 给水管网附属设施较多，还有水泵站、泵房、水塔、水池等，由于在园林中很少应用，在这里不详细说明。

3. 提水设备选择

提水设备最为常用的是水泵，因此必须重视水泵的选择。选择因子如下。

（1）水泵参数与型号选择

园林工程常用的水泵有：IS型单级单吸清水离心泵；BA型单级单吸离心泵；SH型单级双吸水平中开式离心泵；SA型单级双吸水平中开式离心泵；ISG型管道式离心泵；潜水泵等。

特别提示

水泵选择要识读其型号意义：

如某水泵型号为200QJ20-108/8，则

200——机座型号为200；

QJ——潜水电泵；

20——流量为20m³/h；

108——扬程为108m；

8——级数为8级。

选择什么样的水泵主要是根据喷灌设计及现场的需要。选泵时要考虑水泵参数，水泵的主

要工作参数包括：流量 Q（m^3/h）、扬程 H（m）、转速、功率、效率、吸上真空高度等。购买水泵时常用参数是流量、扬程和功率。其中扬程和流量是选择水泵的两个重要指标。

对于园林中常用的潜水泵来说，额定电流参数（A）非常重要，特别是采用恒压变频水泵时，必须满足要求。

电机的主要参数是电机功率（kW）、转速（r/min）、额定电压（V）、额定电流（A）。

（2）水泵、电机、变频器匹配

水泵应根据设计与现场情况而定，功率越大并不一定越好。功率越大，耗电量越大。因此，水泵应与电机和变频器相匹配。

1）电压匹配，变频器的额定电压与水泵的额定电压相符。

2）电流匹配，对于普通的离心泵，变频器的额定电流与电机的额定电流相符。对于特殊的负载如深水泵等则需要参考电机性能参数，以最大电流确定变频器电流和过载能力。

3）转矩匹配，这种情况在恒转矩负载或有减速装置时有可能发生。

4）在使用变频器驱动高速电机时，由于高速电机的电抗小，高次谐波增加导致输出电流值增大。因此用于高速电机的变频器的选型，其容量要稍大于普通电机的选型。

5）变频器如果需要长电缆运行时，要采取措施抑制长电缆对地耦合电容的影响，避免变频器出力不足，所以在这种情况下，变频器容量要放大一挡或者在变频器的输出端安装输出电抗器。

6）对于一些特殊的应用场合，如高温、高海拔，会引起变频器的降容，变频器容量要放大一挡。

任务 3.3 园林给水工程施工方法

3.3.1 给水管线敷设原则

给水管线敷设应遵循以下原则。

1）水管管顶以上的覆土深度，在不冰冻地区由外部荷载、水管强度、土壤地基与其他管线交叉等情况决定。金属管道一般不小于 0.7m，非金属管道不小于 1.0～1.2m。

2）冰冻地区除考虑以上条件外，还须考虑土壤冰冻深度，一般水管的埋深在冰冻线以下的深度：管径 $d=300～600mm$ 时，为 $0.75d$；$d>600mm$ 时，为 $0.5d$。

3）在土壤耐压力较高和地下水位较低时，水管可直接埋在天然地基上。在岩基上应加垫砂层。对承载力达不到要求的地基土层，应进行基础处理。

4）给水管道相互交叉时，其净距不小于 0.15m，与污水管平行时，间距取 1.5m。与污水管或输送有毒液体的管道交叉时，给水管道应敷设在上面，且不应有接口重叠。当给水管敷设在下面时，应采用钢管或钢套管。

3.3.2 给水管线施工技术要点

1. 基础工作

熟悉设计图纸 熟悉管线的平面布局、管段的节点位置、不同管段的管径、管底标高、阀门井以及其他设施的位置等。

　　清理施工场地　　清除场地内有碍管线施工的设施和建筑垃圾等。

2. 现场施工

　　施工定点放线　　根据管线的平面布局，利用相对坐标和参照物，把管段的节点放在场地上，连接邻近的节点即可。如是曲线可按曲线相关参数或方格网放线。

　　开沟挖槽　　根据给水管的管径确定挖沟的宽度

$$D = d + 2L \qquad (3-1)$$

式中，D——沟底宽度，cm；

　　　　d——水管设计管径，cm；

　　　　L——水管安装工作面，cm（一般为 30～40cm）。

　　沟槽一般为梯形，其深度为管道埋深，如遇岩基和承载力达不到要求的地基土层，应挖得更深一些，以便进行基础处理；沟顶宽度根据沟槽深度和不同土的放坡系数（参考土方工程的有关内容）决定。

　　基础处理　　水管一般可直接埋在天然地基上，不需要作基础处理；遇岩基或承载力达不到要求的地基土层，应作垫砂或基础加固等处理。处理后需要检查基础标高与设计的管底标高是否一致，有差异需要作调整。

　　管道安装　　在管道安装之前，要准备管材、安装工具、管件和附件等，管材和管件根据设计要求，工具主要有管丝针、扳手、钳子、车丝钳和车床等，附件有浸油麻丝和生料带等；如果其接口不是螺纹丝口，而是承插口（如铸铁管、UPVC 管等）和平接口（钢筋混凝土管），则须准备密封圈、密封条和黏结剂等。

　　先准备好材料后，计算相邻节点之间需要管材和各种管件的数量，如果是用镀锌钢管则要进行螺纹丝口的加工，再进行管道安装。安装顺序一般是先干管后支管再立管，在工程量大和工程复杂地域可以分段和分片施工，利用管道井、阀门井和活接头连接。施工中注意接口要密封稳固，防止水管漏水。

　　覆土填埋　　管道安装完毕，通水检验管道渗漏情况再填土，填土前用砂土填实管底和固定管道，不使水管悬空和移动，防止在填埋过程中压坏管道。

　　修筑管网附属设施　　在日常施工中遇到最多的是阀门井和消火栓，要按照设计图纸进行施工。地上消火栓主要是管件的连接，注意管件连接件的密封和稳定，特别是消火栓的稳固更重要，一般在消火栓底部用 C30 混凝土作支墩与钢架一起固定消火栓。地下消火栓和阀门一样都设在阀门井内，阀门井由井底、井壁、井盖和井内的阀门、管件等组成；阀门、管件等的安装与给水管网的水管一样，主要是连接的密封和稳定；阀门井的井底在有地下水的地方用 60～80mm 厚的 C15～C20 素混凝土，在没有地下水的地方可用碎石或卵石垫实；井壁用 MU5 的黏土砖砌筑，表面用 1：3 的水泥砂浆饰面；井盖用预制钢筋混凝土或金属井盖。

3. 试水使用

　　上述施工程序施工结束后，要对所有施工要素进行预检，在此基础上进行试水工作，符合设计要求后才能正式运行。

园林给水工程施工操作实例

本例为园林给水工程施工实际操作案例。

1. 喷灌工程施工操作技术

（1）施工准备

现场条件准备工作的要求是施工场地范围内绿化地坪、大树调整、建（构）筑物的土建工程、水源、电源、临建设施应基本到位。还应掌握喷灌区域埋深范围内的各种地下管线和设施的分布情况。

（2）施工放样

施工放样应尊重设计意图，尊重客观实际。对每一块独立的喷灌区域，放样时应先确定喷头位置，再确定管道位置，注意坐标校正。

对于边界区域，喷头定位时应遵循点、线、面的原则。首先确定边界上拐点的喷头位置，再确定位于拐点之间沿边界的喷头位置，最后确定喷灌区域内部位于非边界的喷头位置。

（3）沟槽开挖

喷灌管道沟槽断面较小，同时也为了防止对地下隐蔽设施的损坏，一般不采用机械方法。沟槽应尽可能挖得窄些，只在各接头处挖成较大的坑。断面形式可取矩形或梯形。沟槽宽度一般可按管道外径加0.4m确定；沟槽深度应满足地埋式喷头安装高度及管网泄水的要求，一般情况下，绿地中管顶埋深为0.5m，普通道路下为1.2m（不足1m时，需在管道外加钢套管或采取其他措施）；冻层深度一般不影响喷灌系统管道的埋深，防冻的关键是做好入冬前的泄水工作。为此，沟槽开挖时应根据设计要求保证槽床至少有0.2%的坡度，坡向指向指定的泄水点。

挖好的管槽底面应平整、压实，具有均匀的密实度。除金属管道和塑料管外，对于其他类型的管道，还需在管槽挖好后立即在槽床上浇注基础（厚100～200mm碎石混凝土），再铺设管道。

（4）管道安装

管道安装是绿地喷灌工程中的主要施工项目。管材供货长度一般为4m或6m，现场安装工作量较大。管道安装用工约占总用工量的一半。

管道连接　管道材质不同，其连接方法也不同。目前，喷灌系统中普遍采用的是硬聚氯乙烯（PVC）管。硬聚氯乙烯管的连接方式有冷接法和热接法。其中冷接法无须加热设备，便于现场操作，故广泛用于绿地喷灌工程。根据密封原理和操作方法的不同，冷接法又分为胶合承插法、弹性密封圈承插法和法兰连接三种。

胶合承插法适用于管径小于160mm管道的连接，是目前绿地喷灌系统中应用最广泛的一种形式［图3-7 (a)］。本方法适用于工厂已先期加工成TS接头的管材和管件的连接，简便、迅速，操作步骤如下。

- 第一步，切割、修口。用专用切割钳或钢锯按照安装尺寸切割管材，保证切割面平整并与管道轴线垂直。然后将插口处倒角锉成破口［图3-7 (b)］，便于插接。
- 第二步，标记。将插口插入承口，用铅笔在插口管端外壁作插入深度标记。插入深度值应符合规定。
- 第三步，涂胶、插接。用毛刷将胶合剂迅速、均匀地涂刷在承口内侧和插口外侧。待部分胶合剂挥发而塑性增强时，即可一面旋转管子一面用力插入（大口径管材不必旋转），同时使管端插入的深度至所画标线并保证插口顺直。

弹性密封圈承插法便于解决管道因温度变化出现的伸缩问题，适用于管径为63～315mm的管道连接［图3-7 (c)］。操作过程中应注意：保证管道工作面及密封圈干净，不得有灰尘和其他杂物；不得在承口密封圈槽内和密封圈上涂抹润滑剂；大、中口径管道应利用拉紧器（如电动葫芦等）插接；两管之间应留适当的间隙（10～25mm）以供伸缩；密封圈不得扭曲［图3-7 (d)］。

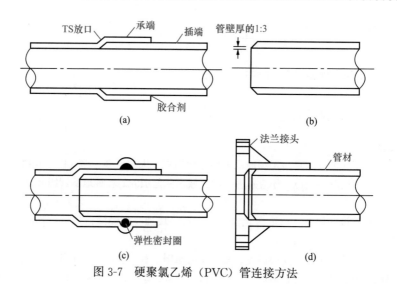

图 3-7　硬聚氯乙烯（PVC）管连接方法

法兰连接　一般用于硬聚氯乙烯管与金属管件和设备等连接。法兰接头与硬聚氯乙烯管之间的连接方法同胶合承插法。

管道加固　指用水泥砂浆或混凝土支墩对管道的某些部位进行压实或支撑固定，以减小喷灌系统在启动、关闭或运行时，产生的水锤和震动作用，增加管网系统的安全性。一般在水压试验和泄水试验合格后实施。对于地埋管道，加固位置通常是：弯头、三通、变径、堵头以及间隔一定距离的直线管段。

（5）水压试验和泄水试验

管道安装完成后，应分别进行水压试验和泄水试验。水压试验的目的在于检验管道及其接口的耐压强度和密实性；泄水试验的目的是检验管网系统是否有合理的坡降，能否满足冬季泄水的要求。

水压试验　水压试验内容包括严密试验和强度试验。其操作要点如下。

• 大型喷灌系统应分区进行，最好与轮灌区的划分相一致。

• 在被测试管道上应安装压力表，选用压力表的最小刻度不大于 0.025MPa。

• 向试压管道中注水要缓慢，同时排出管道内的空气，以防发生水锤或气锤。

• 严密试验：将管道内的水压加到 0.35MPa，保持 2h。检查各部位是否有渗漏或其他不正常现象。在 1h 内压力下降幅度小于 5%，表明管道严密试验合格。

• 强度试验：严密试验合格后再次缓慢加压至强度试验压力（一般为设计工作压力的 1.5 倍，并且不得大于管道的额定工作压力，不得小于 0.5MPa），保持 2h。观察各部位是否有渗漏或其他不正常现象。在 1h 内压力下降幅度小于 5%，且管道无变形，表明管道强度试验合格。

• 水压试验合格后，应立即泄水，进行泄水试验。

泄水试验　泄水时应打开所有的手动泄水阀，截断立管堵头，以免管道中出现负压，影响泄水效果。只要管道中无满管积水现象即为合格。一般采用抽查的方法检验。抽查的位置应选地势较低处，并远离泄水点。检查管道中有无满管积水情况的较好方法是排烟法，即将烟雾从立管排入管道，观察邻近的立管有无烟雾排出，以此判断两根立管之间的横管是否满管积水。

（6）土方回填

管道安装完毕并经水压及泄水试验合格后，可进行管槽回填。分以下两步进行。

部分回填　部分回填是指管道以上约 100mm 范围内的回填。一般采用砂土或筛过的原土回填，管道两侧分层踩实，禁止用石块或砖砾等杂物单侧回填。对于聚乙烯管（软管），填土前应先对管道压力充水至接近其工作压力，以防止回填过程中管道挤压变形。

全部回填　全部回填采用符合要求的原土，分层轻夯或踩实。一次填土 100～150mm，直至高出地面 100mm 左右。填土到位后对整个管槽进行水夯，以免绿化工程完成后出现局部下陷，影响绿化效果。

（7）设备安装

首部安装　水泵和电机设备的安装施工必须严格遵守操作规程，确保施工质量。其主要操作要点如下。

- 安装人员应具备设备安装的必要知识和实际操作能力，了解设备性能和特点。
- 核实预埋螺栓的位置与高程。
- 安装位置、高度必须符合设计要求。
- 对直联机组，电机与水泵必须同轴。对非直联卧式机组，电机与水泵轴线必须平行。
- 电器设备应由具有低压电气安装资格的专业人员按电气接线图的要求进行安装。

喷头安装　喷头安装施工应注意以下几点。

- 喷头安装前，应彻底冲洗管道系统，以免管道中的杂物堵塞喷头。
- 喷头的安装高度以喷头顶部与草坪根部或灌木的修剪高度平齐为宜。
- 在平地或坡度不大的场地，喷头的安装轴线与地面垂直；如果地形坡度大于 2%，喷头的安装轴线应取铅垂线与地面垂线所形成的夹角的平分线方向，以最大限度保证组合喷灌均匀度。

为避免喷头将来自顶部的压力直接传给横管，造成管道断裂或喷头损坏，最好使用铰接杆或 PE 管连接管道和喷头。

（8）工程验收

中间验收　绿地喷灌系统的隐蔽工程必须进行中间验收。中间验收的施工内容主要包括：管道与设备的地基和基础；金属管道的防腐处理和附属构筑物的防水处理；沟槽的位置、断面和坡度；管道及控制电缆的规格与材质；水压试验与泄水试验等。

竣工验收　竣工验收的主要项目有：供水设备工作的稳定性；过滤设备工作的稳定性及反冲洗效果；喷头平面布置与间距；喷灌强度和喷灌均匀度；控制井井壁稳定性、井底泄水能力和井盖标高；控制系统工作稳定性；管网的泄水能力和进、排气能力等。

2. HDPE（高密度聚乙烯管）给水管道施工操作

（1）熟悉施工程序（图 3-8）

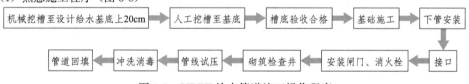

图 3-8　HDPE 给水管道施工操作程序

（2）做好施工前的技术准备工作

1）施工前应熟悉、掌握施工图。

2）准备好相应的施工机具；认真调查了解交叉口的现状管线及其他障碍物，以便开挖时采取妥善加固保护措施；做好定位放线工作，管线的位置和高程，与设计无矛盾时方可进行施工。

3）对操作工人进行上岗培训，培训合格后方可进行施工。

4）按照标准对管材、管件进行验收。

（3）管沟的开挖

管沟的开挖必须严格按照设计图纸或工程监理指导的开挖路线及开挖深度进行施工，而且在没有征得相关部门同意的情况下不得擅自进行改动。

HDPE 管道的柔性好、重量轻，所以可以在地面上预制较长管线，当地形条件允许时，管线的地面焊接可使管沟的开挖宽度减小。狭窄管沟的开挖可以采用旋转开挖机、犁或铲具等开挖机具。一般规定，聚乙烯管道埋设的最小管顶覆土厚度如下。

1）埋设在车行道下管顶埋深不得小于 0.9m。

2）埋设在人行道下或管道支管不得小于 0.75m。

3）绿化带下或居住区支管不得小于 0.6m。

4）在永久性冻土或季节性冻土地层，管顶埋深应在冰冻线以下。

在结实、稳固的沟底，管沟的宽度由施工所需要的操作空间决定，空间大小必须允许能够正常进行管沟底部的正确准备及管沟填埋材料的填埋及夯实等工作，而且还要考虑到管沟开挖费用以及购买填埋材料等费用的经济性。管沟的宽度值一般要考虑到管道的规格及所用的夯实工具。相应的最小宽度值为：管道公称直径（DN）为 75～400mm 时，最小管沟宽度为 DN＋300mm；管道公称直径＞400mm 时，最小管沟宽度为 DN＋500mm。

一般规定，当 PE 管在地面连接时，开沟宽度为 DN＋300mm，当在沟内安装或开沟回填有困难，不能满足回填土密实度要求时，开沟宽度为 DN＋500mm，且总宽度不小于 0.7m。

在砂土或淤泥的管沟内，如果不易做出一个直立的管沟侧壁，则可做一个 45°或能够支撑沟壁材料的坡度。如果管沟较宽，那么为了支撑最终的填埋层重量，初填埋材料必须要夯实。

机械开槽时，槽底预留 20cm，由人工清理槽底，确保槽底原土不受扰动。

（4）管沟底的做法

如果管沟底部相当平直，而且土壤内基本上没有大的石块，那么就没有必要再进行平整。当然，如果是一个没有受到扰动的管沟底层，那就更好。但如果管沟底已经被扰动或在开挖的过程中必须被扰动，那么其密实度至少应该达到其周围填埋材料的密实度，开挖的管沟底部一般要用直径不超过 50mm 的没有尖锐棱角的小石头再混合一些砂土和黏土等材料垫平。所有规格的 HDPE 管道一般都可以适应少量局部的管沟底的不平坦，但如果在回填材料中含有带尖棱的石头或坚硬的页岩，那么就可能会在管道表面产生应力集中区以致损伤管道。

对于在页岩及松散的岩石土壤中的开挖，为了避免与松散的岩石接触，必须为 HDPE 管道提供一个均一的沟床，一般的做法是开挖管沟底时应比规定的等级挖深至少 150mm，然后用适当的填埋材料回填至规定高度，并夯实到 90％或更高的密实度。

对于支撑强度较小的湿黏土或砂土等类似的不稳定土壤，管沟的开挖的深度要比规定的值深 100～150mm。然后用指定的或原开挖的材料进行回填，这样即可保证为 HDPE 管提供一个均一的支撑。在不稳定的有机土壤中，如果安装地点的地下水位较高以致淹没了管道，可以在管道上增加额外的重量来抵抗管道受到的浮力，但这个额外的设计重量不应该超过基础层的支撑强度。

（5）管道的敷设

管道通常会在地面预先连接好，有时管道可能会被预先连接成大约 150m 长的多个管段，储存在某一个地方，当需要下放及连接时，再被运到安装地点，然后采用热熔连接或机械连接的方式连接这些管段。

公称直径小于 20mm 的管道可以手工拖入管沟内；对所有的大管道、管件、阀门、消防栓及配件，应该采用适当的工具仔细将它们放到管沟内；对于长距离的管道的吊装，推荐采用尼龙绳索。

（6）最终的管道连接与装配

管沟内管道的热熔连接同地面上管道的热熔连接方式相同，但必须保证所连接的管道在连接前冷却到土的环境温度。

HDPE 管道与金属管道、水箱或水泵相连时，一般采用法兰连接。对于 HDPE 管材间，当不便于采用热熔方式连接时，也可采用法兰连接。法兰连接时，螺栓应预先均匀拧紧，待 8h 以后，再重新紧固。

（7）HDPE 管道的压力测试

HDPE 管道系统在投入运行之前应进行压力试验。压力试验包括强度试验和水密性试验两项内容。测试时一般推荐采用水作为试验介质。

强度试验　在排除待测试的管道内的空气之后，以稳定的升压速度将压力提高到要求的压力值，压力表应尽可能放置在该段管道的最低处。

压力测试可以在管线回填之前或之后进行，管道应以一定的间隔覆土，尤其对于蛇行管道，压力试验时，应将管道固定在原位。法兰连接部位应暴露以便于检查是否泄漏。

压力试验的测试压力不应超过管材压力等级或系统中最低压力等级的配件的压力等级的 1.5 倍，开始时，应将压力上升到规定的测试压力值并停留足够的时间保证管子充分膨胀，这一过程需要 2～3h，当系统稳定后，将压力上升到工作压力的 1.5 倍，稳压 1h，仔细观察压力表，并沿线巡视，如果在测试过程中并无肉眼可见的泄漏或发生明显的压力降，则管道通过压力测试。

在压力测试过程中，由于管子的连续膨胀将会导致压力降产生，测试过程中产生一定的压力降是正常的，并不能以此来证明管道系统肯定发生泄漏或破坏。

水密性试验　HDPE 管道采用电热熔方式连接，使得 HDPE 管道具有较传统管材更为优越的水密性能。

水密性试验的测试压力不应超过管材压力等级或系统中最低压力等级的配件的压力等级的 1.5 倍，当管道压力达到试验压力后，应保持一定时间使管道内试验介质温度与管道环境温度达到一致，待温度、压力均稳定后，开始计时，一般情况下，水密性试验应稳压 24h，试验结束后，如果没有明显的泄露或压力降，则通过水密性试验。

（8）管道冲洗消毒

一次擦洗管道长度不宜过长，以 1000m 为宜，以防止擦洗前蓄积过多的杂物造成移动困难。放水路线不得影响交通及附近建筑物的安全，并且放水时与有关单位取得联系，以保证放水安全、畅通。安装放水口时，与被冲洗管的连接应严密、牢固，管上应装有阀门、排气管和放水取样龙头，放水管可比被冲洗管管径小，但截面面积不应小于其 1/2，放水管的弯头处必须进行临时加固，以确保安全工作。

冲洗水量较集中，选好排放地点，排至河道或下水道要考虑其承受能力，是否能正常泄水。设计临时排水管道的截面面积不得小于被冲洗管截面面积的 1/2。

冲洗时先开出水闸门，再开来水闸门。注意冲洗管段，特别是出水口的工作情况，做好排气工作，并派人监护放水路线，有问题及时处理。

检查有无异常声响、冒水或设备故障等现象，检查放水口水质外观，当排水口的水色、透明度与入口处目测一致时即为合格。

放水后应尽量使来水闸门、出水闸门同时关闭，如做不到，可先关出水闸门，但留一两处先不关死，待来水闸门关闭后，再将出水闸门全部关闭。冲洗生活饮用给水管道，放水完毕，管内应存水 24h 以上再化验。

生活饮用的给水管道在放水冲洗后，如水质化验达不到要求标准，应用漂白粉溶液注入管道浸泡消毒，然后冲洗，经水质部门检验合格后交付验收。

（9）回填与夯实

可以采用以下三类材料作为 HDPE 管道的回填材料。

第一类　5～40mm 的棱角石头，包括大量当地容易取得的材料，如碎矿渣、碎石。

第二类　最大直径 40mm 的粗砂及砂砾，包括含有少量粉末的不同等级的砂子或砂砾，一般是粒状的且是不黏的，可以是湿的也可以是干的。

第三类　优良的砂子与黏土砂砾，包括细砂，黏砂及黏土砂砾的混合物。

一般情况下，腋角及初回填要求至少要达到 90％以上，夯实层应该至少达到距管顶 150mm 的地方，对于距管道顶部小于 300mm 的地方应该避免直接捣实。

最终回填可能会采用原开挖土壤或其他材料，但其中不得含有冻土、结块黏土及最大直径不得超过 200mm 的石块。

井室等附属构筑物回填四周同时进行，并须严密夯实，无法夯实之处必要时可回填低强度等级混凝土。与本管线交叉的其他管线或构筑物，回填时要妥善处理。HDPE 管在距管顶上方 50cm 处铺设示踪带。

（10）附属设备安装

供水管线上的管道附属构筑物包括蝶阀井、排气阀井、排水阀井、支墩的砌筑以及各种阀体的安装。一般要求如下。

- 排气阀门应当垂直安装，切勿倾斜。
- 蝶阀安装前应检查填料、阀体、涡轮、蜗杆阀轴、密封圈等，检查阀门是否灵活，止水密封圈是否牢固，关闭是否严密。安装时应按水流方向确定阀门的安装方向，应避免在强力、受力不均匀状态下连接。

1）阀门井的砌筑包括阀门井、排水阀井、泄水阀井砌筑及井盖板的浇筑。

- 施工中应严格执行有关规范和操作规程，并应符合设计图纸要求。
- 材料：用于井室浇筑的钢筋、水泥、粗细骨料及混凝土外加剂等材料，应有出厂合格证，并经取样试验合格，其规格、型号符合要求。各种材料在施工现场的储存和防护应满足要求。
- 基坑开挖：基坑开挖按施工图和土方工艺要求操作。
- 阀门井砌筑及井室浇筑：井室除底板外应在铺好管道，装好阀门之后开始修筑，接口和法兰不得砌筑在井外，且与井壁、井底的距离不得小于 0.25m。雨天砌浇筑井室，须在铺筑管道时一并砌好，以防雨水汇入井室而堵塞管道。
- 当盖板顶面在路面时，盖板顶面标高与路面标高应一致，误差不超过 25mm，当为非路面时，井口略高于地面，且做 0.02 的比降护坡。

2）检查井砌筑，注意以下事项。

- 砖砌圆形检查井的施工应在管线安装之后，首先按设计要求浇筑混凝土底板，待底板混凝土强度≥5MPa 后方可进行井身砌筑。
- 用水冲净基础后，先铺一层砂浆，再压砖砌筑，必须做到满铺满挤，砖与砖之间灰缝保持 1cm，砖缝应砂浆饱满，砌筑平整。
- 在井室砌浇筑时，应同时安装踏步，位置应准确，踏步安装后，在浇筑混凝土未达到规定抗压强度前不得踩踏。
- 砖砌圆形井应随时检测直径尺寸，当需要收口时，如为四面收进，则每次收进应不超过 30mm；如为三面收进，则每次收进最大不超过 50mm。
- 砌筑检查井时，井筒内壁应用原浆勾缝，井室内壁抹面应分层压实，盖板下的井室最上一层砖砌丁砖。
- 井盖须验筋合格方可浇筑，现浇筑混凝土施工应严格遵守常规混凝土浇筑和养护的要求，保证拆模后没有露筋、蜂窝和麻面等现象，留出试块进行强度试验。井室完工后，及时清除聚集在井内的淤泥、砂浆、垃圾等物。
- 当盖板顶面在路面时，盖板顶面标高与路面标高应一致，误差不超过 25mm，当为非路面时，井口略高于地面，且做 0.02 的比降护坡。

3）检查井质量标准，注意以下事项。

- 检查井壁外观必须互相垂直，不得有通缝，灰浆必须饱满，灰缝平整，抹面压光，不得有空鼓、裂缝现象。

- 井内流槽应平顺，踏步安装牢固位置准确，不得有建筑垃圾等杂物。
- 井框、井盖必须完整无损，安装平稳，位置正确。
- 检查井质量检测允许偏差应符合表 3-2 规定。

表 3-2　检查井质量检测允许偏差

序号	项目		允许偏差/mm	检验频率		检验方法
				范围	点数	
1	井身尺寸	长、宽	±20	每座	2	用尺量，长、宽各计一点
		直径	±20	每座	2	
2	井盖高程	非路面	±20	每座	1	用水准仪或全站仪测量
		路面	与道路的规定一致	每座	1	
3	井底高程	$D \leqslant 1000mm$	±10	每座	1	用水准仪或全站仪测量
		$D > 1000mm$	±15	每座	1	

任务 3.4　园林给水工程施工质量检测

3.4.1　园林给水工程施工质量检测说明

园林给水工程主要涉及园林建筑供水和园林水景供水、园林喷灌供水三项主要供水工程，本任务主要说明园林建筑供水和园林喷灌供水的质量检测标准和方法。本案以塑料管材施工检测为主，这主要是由于园林供水多由城市供水系统接入或利用园内水体作为水源，所用管材多为塑料管材，如施工中遇有其他管材，请按相应的标准完成检测工作。

材料、设备质量要求　给水工程所涉及的原材料、成品、半成品、配件、设备等必须满足设计、使用要求。材料、成品、半成品、配件、设备等进入施工现场，相关责任各方面要进行检查验收。按现行有关标准规定，进行进场复验。必须符合设计要求和规范要求。

园林给水工程分部分项划分　园林给水喷灌工程验收分部分项划分按表 3-3 执行。

表 3-3　园林给水喷灌工程验收分部分项划分

分部	分项
土方工程	沟槽开挖、砂垫层和土方回填、井室砌筑
管道安装	管道及配件安装、管道防腐、水压试验、调试试验
设备安装	喷头安装及调试、消防栓安装及调试、水泵安装及调试、喷泉安装及调试

3.4.2　园林给水工程分部分项质量验收标准和方法

1. 土方工程

（1）沟槽开挖

主控项目　必须严格按照规范规定的沟槽底宽和边坡进行开挖；严禁扰动天然地基或地基处理必须符合设计要求。

一般项目　槽底应平整、直顺，无杂物、浮土等现象；边坡坡度符合施工、设计的规定；允许偏差项目见表3-4。

表 3-4　给水工程沟槽开挖质量检测允许偏差

序号	项目	允许偏差/mm	检验频率		检验方法
			范围/m	点数	
1	槽底高程	±20	50	3	用水准仪测量
2	槽底中心线及每侧宽度	±20	50	3	用钢尺量
3	坡度	不小于设计坡度	50	3	用坡度尺检验

（2）砂垫层和土方回填

砂垫层的质量验收标准和方法如下。

主控项目　砂的类型必须符合设计要求。

一般项目　砂垫层回填后，根据不同管材进行水压或振实。

允许偏差项目　砂垫层的厚度偏差为±10cm。

检测方法　用尺量。

检查数量　每30m取2点，不少于2点。

土方回填的质量验收标准和方法如下。

一般规定　槽底至管顶以上50cm范围内，不允许含有有机物、冻土以及大于50mm的砖石等硬块；管沟位于绿地范围内时，回填土质量还应满足有关绿化要求；管沟位于道路、广场范围内时，回填土质量还应满足道路、广场有关规定的要求。

检测方法　观察；环刀法。

检查数量　每层每30m做一组。不少于3~5组。

（3）井室砌筑验收

主控项目　必须按照设计要求的标准图进行施工；砌砖前必须浇水湿润；基础强度必须满足设计要求。

一般项目　井室砌筑砂浆应饱满；抹面应平整、光滑；井圈安装牢固。井盖安放平稳，无翘曲、变形。

允许偏差项目　井室尺寸允许偏差为±20mm。

检测方法　尺量。

检查数量　每座井2点。

2. 管道安装

（1）管道及配件安装

主控项目　给水管配件必须与主管材一致；管道转角必须符合规范要求；给水管道不得直接穿越污水井、化粪池、公共厕所等污染源；在管道安装过程中，严禁砂、石、土等杂物进入管道；管道穿园内主要道路基础时必须加套管或设管沟；水表安装前必须先清除管道内杂物，以免堵塞水表；水表必须水平安装，严禁反装；阀门安装前，必须做强度和严密性试验；给水管道在埋地敷设时，必须在冰冻线以下，如必须在冰冻线以上铺设时，应做可靠的保温防潮措施。喷灌必须装有排空阀。若管材在施工中被切断，必须在插口端进行倒角。

- 阀门强度和严密性试验检测频率：应在每批（同牌号、同型号、同规格）数量中抽查
10%，且不少于 1 个，对于安装在主干管上起切断作用的阀门，应逐个作强度和严密
性试验。
- 阀门强度和严密性试验有关规定：阀门的强度试验压力为公称压力的 1.5 倍，严密
性试验压力为公称压力的 1.1 倍，试验压力在试验持续时间内应保持不变，且壳体
填料及阀瓣密封面无渗漏。阀门强度试验与试压持续时间不小于表 3-5 的规定。

　　一般项目　管材外观不应破损、有裂纹，应满足使用要求；水表应安装在查看方便，不受暴晒、污染和不易损坏的地方；水表前后应安装阀门；管道接口法兰、卡扣、卡箍等应安装在检查井内，不应埋在土壤中；给水系统各井室内的管道安装，如设计无要求，管径小于或等于 450mm

表 3-5　阀门强度试验与试压持续时间

公称直径 DN/mm	持续时间/s		强度试验/s
	金属密封	非金属密封	
≤50	15	15	15
60～200	30	15	60

时，井壁距法兰或承接口的距离不得小于 350mm；给水管道与污水管道在不同标高平行敷设，其垂直间距在 500mm 以内时，给水管管径小于或等于 200mm 的，管壁水平间距不得小于 1.5m；管径大于 200mm 的，不得小于 3m。

　　检验方法　观察和尺量检查；管道连接应符合工艺要求，阀门、水表等安装位置应正确。塑料给水管道上的水表、阀门等设施其重量或启闭装置的扭矩不得作用于管道上，当管径大于 50mm 时必须设独立的支承装置。

　　允许偏差项目　给水管道安装质量允许偏差见表 3-6。

表 3-6　给水管道安装质量允许偏差

序号	项目			允许偏差/mm	检验方法
1	标高	塑料管、复合管	埋地	±50	拉线和尺量检查
			敷设在沟槽内或架空	±30	
2	水平管纵横向弯曲	塑料管、复合管	直段(25m 以上)起点—终点	30	拉线和尺量检查
3	支管垂直度		10	用尺量	

（2）水压试验

　　主控项目　给水喷灌安装必须进行水压试验。水压试验检测方法如下：试验压力为工作压力的 1.5 倍，但不得小于 0.6MPa；管材为钢管时，试验压力下 10min 内压力降不应大于 0.05MPa，然后降至工作压力进行检查，压力应保持不变，不渗不漏；管材为塑料管时，试验压力下稳压 1h 压力降不大于 0.05MPa，然后降至工作压力进行检查，压力应保持不变，不渗不漏。

　　一般项目　水压试验前，除接口外，管道两侧及管顶以上回填高度不应小于 0.5m；水压试验时间内，管道不渗不漏。

（3）调试试验

出水正常，满足设计、使用要求。

　　检测方法　观察。

　　检查数量　全数检查。

3. 设备安装

（1）喷头安装及调试

主控项目 喷头类型、质量必须符合设计要求；与支管连接必须牢固、紧密。

一般项目 喷头不得有裂缝、局部损坏；喷洒范围合理，出水通畅，满足设计使用要求。

工程链接

实际工作中要检测供水管路通畅（堵塞）情况，可用烟雾法和动物法检查。前者是在管路一端烧火造烟并吹进待检管路中，观察另一端是否有烟雾，如有烟雾出来说明此管路通畅；动物法是利用动物（如老鼠等）在可能堵塞的管路中穿过，看是否顺利到达另一端。

允许偏差项目 喷头安装位置允许偏差为 20mm。

检测方法 观察；尺量。

检查数量 全数检查。

（2）消防栓安装及调试

主控项目 系统必须进行水压试验，试验压力为工作压力的 1.5 倍，但不得小于 0.6MPa。

检测方法 试验压力下，10min 内压力降不大于 0.5MPa，然后降至工作压力进行检查，压力保持不变，不渗不漏。

消防管道在竣工前，必须对管道进行冲洗。

检测方法 观察冲洗出水的浊度。

消防水泵接合器和消火栓的位置标志应明显，栓口的位置应方便操作。消防泵接合器和室外消火栓当采用墙壁式时，如设计未要求，进、出水栓口的中心安装高度距地面应为 1.1m，其上方应设有防坠落物打击的措施。

一般项目 室外消火栓和消防水泵接合器的各项安装尺寸应符合设计要求，栓口安装高度允许偏差为 ±20mm；地下式消防水泵接合器顶部进水口或地下式消火栓的顶部出水口与消防井盖底面的距离不得大于 400mm，井内应有足够的操作空间，并设爬梯。寒冷地区井内应做防冻保护；消防水泵接合器的安全阀及止回阀安装位置和方向应正确，阀门启闭应灵活；出口畅通，满足使用功能要求。

检测方法 观察；尺量；手扳检查。

检查数量 全数检查。

（3）水泵安装及调试

主控项目 水泵安装必须有安装说明书；带底座泵必须安装稳固；必须进行无负荷运转和负荷运转，运行正常。

一般项目 移动泵吸水口距池底距离不小于 20cm；水泵配管与泵体连接不得强行组合连接，且管道重量不能附加在泵体上；水泵安装调试应符合下列要求。

- 电机与水泵转向相符。
- 各固定连接部位无松动。
- 运转中无异常声音。
- 试运转时间应符合设备技术文件要求。

- 各指示仪表指示正常。
- 填料、轴承升温正常。
- 各密封部位不泄露。
- 泵的径向振动符合设备技术文件要求。

允许偏差项目 带基础泵安装允许偏差应符合表 3-7 的规定。

表 3-7 带基础泵安装允许偏差

序号	项目	允许偏差/mm	检验频率		检验方法
			范围	点数	
1	基础强度	不小于设计规定	单个基础	1	
2	基础尺寸	5	单个基础	1	用钢尺量
3	中心线	0.3	单个基础	1	吊线与尺结合
4	标高	0.3	单个基础	1	水准仪
5	水平线	0.3	单个基础	2	吊线与尺结合

相关链接 ☞

邓宝忠，2010. 园林工程（一）[M]. 北京：中国建筑工业出版社.
田会杰，2006. 建筑给水排水采暖安装工程实用手册 [M]. 北京：金盾出版社.
岳威，吉锦，2017. 园林工程施工技术 [M]. 南京：东南大学出版社.
中国园林网 https://www.yuanlin.com/
筑龙网 https://www.zhulong.com/

思考与训练 ☞

1. 在园林给水工程中，塑料管材有哪几类？为什么选用塑料管？
2. 园林给水系统采用什么方式最好？为什么？
3. 给水系统的井室有什么作用？
4. 园林给水施工中关键的工序是哪一道？为什么？
5. 查阅相关的园林给水施工质量检验的标准。
6. 草拟一园林工程项目，从给水工程施工角度拟定供水线路施工流程，制订施工计划，写出各施工节点施工方法。
7. 以某绿地喷灌系统（普通喷灌）为例，采用列表方式将所需设备、管件等列出，并模拟施工流程撰写施工方法。

项目 **4**

园林排水工程施工

教学目标 👉

落地目标：能够完成园林排水工程施工与检测验收工作。

基础目标：

1. 学会编制公园绿地排水工程施工流程和工艺要求。

2. 学会常见绿地排水工程施工准备工作。

3. 学会常见绿地排水工程施工操作。

4. 学会常见绿地排水工程施工质量检测工作。

技能要求 👉

1. 能编制 UPVC 塑料管、镀锌铁管排水工程施工流程和工艺要求。

2. 能完成塑料管、镀锌铁管排水工程施工准备。

3. 具备塑料管、镀锌铁管排水工程施工操作的能力。

4. 能对塑料管、镀锌铁管排水工程进行施工质量检验。

任务分解 👉

园林排水工程的任务是：收集污水利用管渠排入城市排水体系中去，疏导雨水排入景观水体或城市排水系统，在风景区中由于离城市较远，需自设污水处理及设施，以便保持风景区洁净的环境。园林排水与市政排水和建筑排水有显著不同的特点，排水形式多样，受污染程度较低，可重复利用。

1. 熟悉园林绿地排水方法及相关要求。

2. 熟悉园林排水工程施工准备工作与操作过程。

3. 能全面驾驭园林绿地排水工程现场施工组织。

4. 了解与熟识园林绿地排水工程施工质量检测方法。

任务 4.1 　园林排水工程施工流程与施工准备

4.1.1　园林排水工程施工流程

1. 园林排水的种类与主要方式

（1）园林排水的种类

从需要排除水的种类来说，园林绿地所排放的主要是雨雪水、生产废水、游乐废水和一些生活污水。这些废、污水所含有害污染物质很少，主要含有一些泥砂和有机物，净化处理也比较容易。

天然降水　园林排水管网要收集、输送和排除雨水及融化的冰、雪水。这些天然的降水在落到地面前后，要受到空气污染物和地面泥沙等的一定污染，但污染程度不高，一般可以直接向园林水体如湖、池、河流中排放。

生产废水　盆栽植物浇水时多浇的水，鱼池、喷泉池、睡莲池等较小的水景池排放的废水，都属于园林的生产废水。这类废水也一般可直接向河流等流动水体排放。面积较大的水景池，其水体已具有一定的自净能力，因此可直接排水。

游乐废水　游乐设施中的水体一般面积不大，积水太久会使水质变坏，所以每隔一定时间就要换水。如游泳池、戏水池、碰碰船池、冲浪池、航模池等，就常在换水时有废水排出。游乐废水中所含污染物不算多，可以酌情向园林湖池中排放。

生活污水　园林中的生活污水主要来自餐厅、茶室、小卖店、厕所、宿舍等处。这些污水中所含有机污染物较多，一般不能直接向园林水体中排放，而要经过除油池、沉淀池、化粪池等进行处理后才能排放。另外，做清洁卫生时产生的废水也可划入这一类中。

园林排水主要排除的是雨水和少量生活污水；因园林中地形起伏多变，很利于采用地面排水；园林中大多有水体，雨水可以就近排入水体，同时不同地段可根据其具体情况采用适当的排水方式。

（2）排水模式

园林中生活污水、生产废水、游乐废水和天然降水从产生地点收集、输送和排放的基本方式，称为排水系统的模式。排水模式主要有分流制排水与合流制排水两类。

分流制排水　排水特点是"雨、污分流"。雨雪水、园林生产废水、游乐废水等污染程度低，不需净化处理而可直接排放，为此而建立的排水系统，称雨水排水系统（图4-1）。

为生活污水和其他需要除污净化后才能排放的污水另外建立的一套独立的排水系统，称污水排水系统。两套排水管网系统虽然是一同布置，但互不相连，雨水和污水在不同的管网中流动和排除。

合流制排水　排水特点是"雨、污合流"。排水系统只有一套管网，既排雨水又排污水。这种排水模式适于在污染负荷较轻，没有超过自然水体环境的自净能力时采用。一些公园、风景区的水体面积很大，水体的自净能力完全能够消化园内有限的生活污水，为了节约排水管网建设的投资，就可以在近期考虑采用合流制排水系统，待以后污染加重了，再改造成分流制系统，见图4-1。

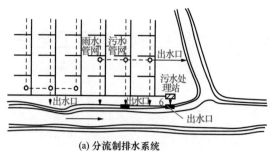

(a) 分流制排水系统

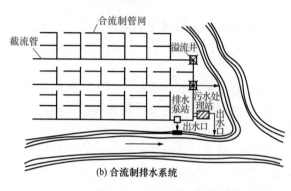

(b) 合流制排水系统

图 4-1　排水模式图

为了解决合流制排水系统对园林水体的污染，可以将系统设计为截流式合流制排水系统。截流式合流制排水系统，是在原来普通的直泄式合流制系统的基础上，增建一条或多条截流干管，将原有的各个生活污水出水口串联起来，把污水拦截到截流干管中。经干管输送到污水处理站进行简单处理后，再引入排水管网中排除。在生活污水出水管与截流干管的连接处，还要设置溢流井。通过溢流井的分流作用，把污水引到通往污水处理站的管道中。

园林排水工程的构成，包括从天然降水、废水、污水的收集、输送，到污水的处理和排放等一系列过程。从排水工程设施方面来分，主要可以分为两大部分。

1）作为排水工程主体部分的排水管渠，其作用是收集、输送和排放园林各处的污水、废水和天然降水。

2）污水处理设施，包括必要的水池、泵房等构筑物。

从排水的种类方面来分，园林排水系统由雨水排水系统和污水排水系统两大部分构成，其基本情况如图 4-2 所示。

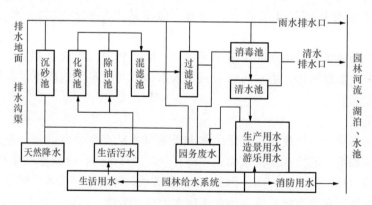

图 4-2　园林排水系统构成

采用不同排水模式的园林排水系统，其构成情况有些不同。表 4-1 是不同排水模式的排水系统构成情况。

（3）**园林排水主要方式**

公园中排除地表径流有地面排水、沟渠排水和管道排水三种方式，其中地面排水最为经济。在我国，大部分绿地都采用地面排水为主，沟渠和管道排水为辅的综合排水方式。

表 4-1 不同排水模式的排水系统构成

排水类型名称	排水系统构成	说明
雨水排水系统	汇水坡地、集水浅沟和建筑物的屋面、天沟、雨水斗、竖管、散水 排水明渠、暗沟、截水沟、排洪沟 雨水口、雨水井、雨水排水管网、出水口 在利用重力自流排水困难的地方，还可能设置雨水排水泵站	园林内的雨水排水系统不只是排除雨水，还要排除园林生产废水和游乐废水
污水排水系统	室内污水排放设施如厨房洗物槽、下水管、房屋卫生设备等 除油池、化粪池、污水集水口 污水排水干管、支管组成的管道网 管网附属构筑物如检查井、连接井、跌水井等 污水处理站，包括污水泵房、澄清池、过滤池、消毒池、清水池等 出水口，是排水管网系统的终端出口	主要是排除园林生活污水，包括室内和室外部分
合流制排水系统	雨水集水口 室内污水集水口 雨水管渠、污水支管 雨、污水合流的干管和主管 管网上附属的构筑物如雨水井、检查井、跌水井、截流式合流制系统的截流干管与污水支管交接处所设的溢流井等 污水处理设施如混凝澄清池、过滤池、消毒池、污水泵房等	合流制排水系统只设一套排水管网，其基本组成是雨水排水系统和污水排水系统的组合

地面排水 地面排水的方式可以归结为五个字：拦、阻、蓄、分、导。

拦——把地表水拦截于园地或者某局部之外。

阻——在径流流经的路线上设置障碍物挡水，达到消力降速以减少冲刷的作用。

蓄——蓄包含两方面的意义，一是采取措施使土地多蓄水，二是利用地表洼处或池塘蓄水，这对于干旱地区的园林绿地尤其重要。

分——用山石建筑墙体等将大股的地表径流分成多股细流，以减少灾害。

导——把多余的地表水或者造成危害的地表径流，利用地面、明沟、道路边沟或者地下管道及时排放到园内（或园外）的水体或雨水管渠内。

沟渠排水 某些局部如广场、主要建筑周围或难于利用地面排水的局部，可以设置暗沟，或开明渠排水。暗沟（盲沟）是指利用地下沟（有时设置管）排除绿地土壤多余水分的排水技术措施，多余水分可以从暗沟（盲沟）接头处或管壁滤水微孔渗入管内排走，起到控制地下水位、调节土壤水分、改善土壤理化性状的作用。暗沟排水有便于地表机械化作业、节省用地和提高土地利用率的优点，但一次性投资较大，施工技术要求较高，如防砂滤层未处理好，使用过程中易淤堵失效。

排水暗沟（盲沟）有土暗沟和装填滤料的滤水槽两种。前者需定期翻修，后者易于堵塞，使用期较短。土暗沟一般用深沟犁在绿地开挖成狭沟，上盖土垡。滤水槽一般先开挖明槽，然后填入碎石、碎砖瓦、煤渣等材料。暗沟构造见图 4-3。

管道排水 在园林中的某些局部，如低洼的绿地、铺装的广场和建筑物周围的积水、污水等，多采用敷设管道的方式排水，优点是不妨碍地面活动，卫生和美观，排水效率高。缺点是造价高，检修困难。

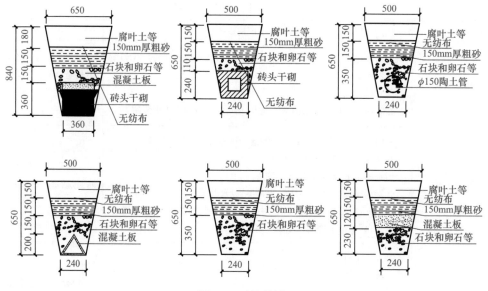

图 4-3　暗沟构造

工程链接

　　园林排水有时需用到暗管，暗管有管壁进水和接缝进水两种。常用的管材有瓦管、陶土管（管壁上釉）、水泥混凝土管、水泥砂浆管、粗砂混凝土滤水管、塑料管，以及竹、木、砖、石管等。新型的管材以波纹塑料管为主，管壁呈瓦楞形，上有渗水槽孔，在管外包填滤料，其重量轻、运输方便、适于机械化埋设。管外的裹料和滤料有砂石料、棕皮、人造纤维布和稻壳、麦秸等。

　　暗管排水系统由绿地排水管和集水管组成。前者又称吸水管，用以直接排除土壤中多余的水，后者则汇集由吸水管排除的地下水，并输送到排水骨干河沟中去。暗管埋设的深度和间距，主要根据排水标准而定。南方暗管埋深一般为1～1.2m，间距为8～20m；北方暗管埋深一般为1.5～2.3m，间距为50～200m。暗管的纵坡坡度一般应比明沟大，通常为1/1000～1/500。管道易淤塞，施工时应处理好滤水层，同时加强管道的管理和养护工作。一般是沿管道100～200m设置一检查孔，兼作沉砂池，用以观测和调节水位，发现淤堵时用高压喷射水流分段冲洗暗管。为防止暗管出口附近的沟底和边坡遭受冲刷破坏，可用砖石料或混凝土加固基础。

特别提示

　　园林排水设计中有时用到海绵式设计。海绵式设计多与园林铺地及平面式种植结合应用，海绵式铺地既可保水蓄水，也利于造景，通常做法是：园路一侧或两侧结合绿化设计与路面协调后通过边沟与水流方向设计成各种各样的海绵式集锦设施。如利用碎石、粗砂、石砾、卵石、瓦片、预制地漏、筛网、格栅等分段分点设置，其下多为暗沟或透水层，上层铺完材料后不得填充水泥砂浆，而是沿边沟种植观赏草种、花木或芦草等。海绵式设计手法上多样，如选用中等卵石直接铺于排水暗沟格上；还有将冰纹片随机铺在边沟筛网上，不再用素水泥浆勾缝的。

2. 园林污水处理方法

园林中的污水是城市污水的一部分，但和城市污水不尽相同。园林污水量比较少，性质也比较简单。它基本上由餐饮部门排放的污水和厕所及卫生设备产生的污水两部分组成。在动物园或带有动物展览区的公园里，还有部分动物粪便及清扫禽兽笼舍的脏水。由于园林污水性质简单，排放量少，所以处理这些污水也相对简单些。

（1）污水处理方法

除油池　除油池是用自然浮法分离，取出含油污水中浮油的一种污水处理池。污水从池的一端流入池内，再从另一端流出，通过技术措施将浮油导流到池外。用这种方式，可以处理公园内餐厅、食堂排放的污水。

化粪池　这是一种设有搅拌与加温设备，在自然条件下消化处理污物的地下构筑物，化粪池处理污水是处理公园宿舍、公厕粪便最简易的一种处理方法。其主要原理是：将粪便导入化粪池沉淀下来，在厌氧细菌作用下，发酵、腐化、分解，使污物中的有机物分解为无机物。化粪池内部一般分为三格：第一格供污物沉淀发酵；第二格供污水澄清；第三格使澄清后的清水流入排水管网系统中。

沉淀池　在沉淀池中，水中的固体物质（主要是可沉固体）在重力作用下下沉，从而与水分离。根据水流方向，沉淀池可分为平流式、辐流式和竖流式三种。平流式沉淀池中，水从池子一端流入，按水平方向在池内流动，从池的另一端溢出；池呈长方形，在进口处的底部有贮泥斗。辐流式沉淀池，池表面呈圆形或方形，污水从池中间进入，澄清的污水从池周溢出。竖流式沉淀池，污水在池内也呈水平方向流动；水池表面多为圆形，但也有呈方形或多角形者；污水从池中央下部进入由下向上流动，清水从池边溢出。

过滤池　使污水通过滤料（如砂等）或多孔介质（如布、网、微孔管等），以截留水中的悬浮物质方法，从而使污水净化的处理方法。这种方法在污水处理系统中，既用于以保护后继处理工艺为目的的预处理，也用于出水能够再次复用的深度处理。

生物净化池　生物净化池处理污水是以土壤自净原理为依据，在污水灌溉的实践基础上，经间歇砂滤池和接触滤池而发展起来的人工生物处理方法。污水长期以滴状洒布在表面上，就会形成生物膜。生物膜成熟后，栖息在膜上的微生物即摄取污水中的有机污染物作为营养，从而使污水得到净化。

（2）污水的排放

净化污水应根据其性质，分别处理。如饮食部门的污水主要是残羹剩饭及洗涤废水，污水中含有较多油脂。对这类污水，可设带有沉淀池的隔油井，经沉淀隔油后，排入就近的水体。这些肥水可以养鱼，也可以给水生生物施肥，水体中可广种藻类、荷花、水浮莲等水生植物。水生植物通过光合作用放出的大量的氧，溶解在水中，为污水的净化创造了良好的条件。

粪便污水处理则应采用化粪池。污水在化粪池中经沉淀、发酵、沉渣、液体再发酵澄清后，可排入城市污水管网，也可作园林树木的灌溉用水。少量的可排入偏僻的或不进行水上活动的园内水体。水体可种植水生植物及养鱼。对化粪池中的沉渣污泥，应根据气候条件每三个月至一年清理一次。这些污泥是很好的肥料。

排放污水的地点应该远离设有游泳场之类的水上活动区，以及公园的重要部分。排放时也宜选择闭园休息时间。

特别提示

园林污水处理多采用物理生态模式，这一模式由化粪池、沉淀池、滤清池、消毒池等组成（图 4-4），污水经各用水点排出后集中到污水收集池（化粪池＋各用水点污水，需自然降温），经沉淀后，过有沙子的滤清池，再进消毒池消毒，稳定后经测试合格的水可通过养护供水管用于绿地养护，也可通过 PVC 排水管（主管管径大于 500mm，分管管径大于 300mm）将水排入城市排水管路。

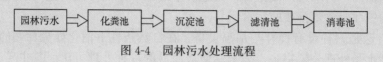

图 4-4　园林污水处理流程

3. 排水管网的附属构筑物

为了排除污水，除管渠本身外，还需在管渠系统上设置一些附属构筑物。在园林绿地中，常见的构筑物有雨水口、检查井、跌水井、闸门井、倒虹管、出水口等。

（1）雨水口

雨水口是在雨水管渠或合流管渠上收集雨水的构筑物。一般雨水口是由基础、井身、井口、井算几部分构成的（图 4-5）。其底部及基础可用 C15 混凝土做成，平面尺寸在 1200mm×900mm×100mm 以上。井身、井口可用混凝土浇制，也可以用砖砌筑，砖壁厚 240mm。为了避免过快地锈蚀和保持较高的透水率，井算应当用铸铁制作，算条宽 15mm 左右，间距 20～30mm。雨水口的水平截面一般为矩形，长 1m 以上，宽 0.8m 以上。竖向深度一般为 1m 左右，井身内需要设置沉泥槽时，沉泥槽的深度应不小于 12cm。雨水管的管口设在井身的底部。与雨水管或合流制干管的检查井相接时，雨水口支管与干管的水流方向以在平面上成 60°角为好。支管的坡度 i 一般不应小于 1%。雨水口呈水平方向设置的，井算应略低于周围路面及地面 3cm 左右，并与路面或地面顺接，以方便雨水的汇集和泄入。

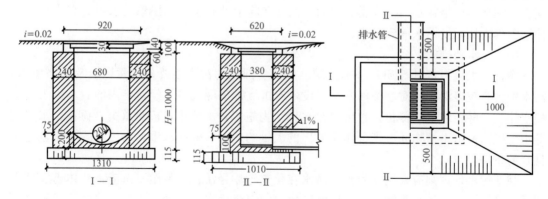

图 4-5　雨水口的构造

（2）检查井

对管渠系统作定期检查，必须设置检查井（图 4-6）。检查井通常设在管渠交汇、转弯、管渠尺寸或坡度改变、跌水等处以及相隔一定距离的直线管渠段上。

检查井的平面形状一般为圆形，大型管渠的检查井也有矩形或扇形的。井下的基础部分一般用混凝土浇筑，井身部分用砖砌成下宽上窄的形状，井口部分形成颈状。检查井的深度，取决于井内下游管道的埋深。为了便于检查人员上、下井室工作，井口部分的大小应能容纳人身的进出。检查井有雨水检查井和污水检查井两类。在合流制排水系统中，只设雨水检查井。由于各地地质、气候条件相差很大，在布置检查井的时候，最好参照全国通用的给水排水标准图集和地方性的排水通用图集，根据当地的条件直接在图集中选用合适的检查井，而不必再进行检查井的计算和结构设计。

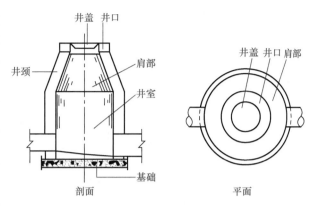

图 4-6　圆形检查井的构造

（3）跌水井

由于地势或其他因素的影响，排水管道在某地段的高程落差超过 1m 时，就需要在该处设置一个具有水力消能作用的检查井，这就是跌水井。根据结构特点来分，跌水井有竖管式和溢流堰式两种形式（图 4-7）。竖管式跌水井一般适用于管径不大于 400mm 的排水管道上。井内允许的跌落高度，因管径的大小而异。管径不大于 200mm 时，一级的跌落高度不宜超过 6m；当管径为 250～400mm 时，一级跌落高度不超过 4m。

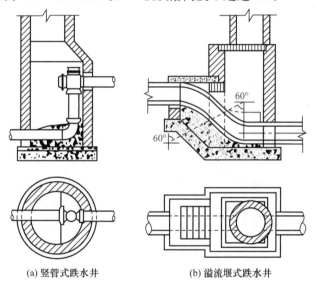

(a) 竖管式跌水井　　　　(b) 溢流堰式跌水井

图 4-7　跌水井构造

溢流堰式跌水井多用于 400mm 以上大管径的管道上。当管径大于 400mm 而采用溢流堰式跌水井时，其跌水水头高度、跌水方式及井身长度等，都应通过有关水力学公式计算求得。

跌水井的井底要考虑对水流冲刷的防护，要采取必要的加固措施。当检查井内上、下游管道的高程落差小于 1m 时，可将井底做成斜坡，不必做成跌水井。

（4）闸门井

由于降雨或潮汐的影响，使园林水体水位增高，可能对排水管形成倒灌；或者为了防止非雨时污水对园林水体的污染和为了调节、控制排水管道内水的方向与流量，就要在排水管网中或排水泵站的出口处设置闸门井。闸门井由基础、井室和井口组成（图 4-8）。如单纯为了防止倒灌，可在闸门井内设活动拍门。活动拍门通常为铁制，圆形，只能单向开启。当排水管内无水或水位较低时，活动拍门依靠自重关闭；当水位增高后，由于水流的压力而使拍门开启。如果为了既控制污水排放，又防止倒灌，也可在闸门井内设置能够人为启闭的闸门。闸门的启闭方式可以是手动的，也可以是电动的；闸门结构比较复杂，造价也较高。

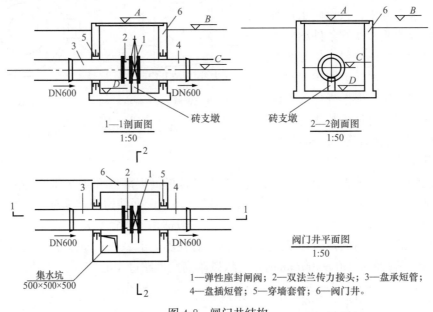

1—1剖面图　　　　　　　　2—2剖面图
1:50　　　　　　　　　　　　1:50

阀门井平面图
1:50

1—弹性座封闸阀；2—双法兰传力接头；3—盘承短管；
4—盘插短管；5—穿墙套管；6—阀门井。

图 4-8　闸门井结构

（5）倒虹管

由于排水管道在园路下布置时有可能与其他管线发生交叉，而它又是一种重力自流式
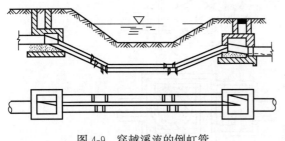
的管道，因此，要尽可能在管线综合布置中解决好交叉时管道之间的标高关系。但有时受地形所限，如遇到要穿过沟渠和地下障碍物等时，排水管道就不能按照正常情况敷设，而不得不以一个下凹的折线形式从障碍物下面穿过，这段管道就成了倒置的虹吸管，即所谓的倒虹管（图 4-9）。

图 4-9　穿越溪流的倒虹管

一般排水管网中的倒虹管是由进水井、下行管、平行管、上行管和出水井等部分构成的。倒虹管采用的最小管径为 200mm，管内流速一般为 1.2～1.5m/s，不得低于 0.9m/s，并应大于上游管内流速。平行管与上行管之间的夹角不应小于 150°，要保证管内的水流有较好的水力条件，以防止管内污物滞留。为了减少管内泥砂和污物淤积，可在倒虹管进水井之前的检查井内，设一沉淀槽，使部分泥砂污物在此预沉下来。

（6）出水口

排水管渠的出水口是雨水、污水排放的最后出口，其位置和形式应根据污水水质、下游用水情况、水体的水位变化幅度、水流方向、波浪情况等因素确定。在园林中，出水口最好设在园内水体的下游末端，要和给水取水区、游泳区等保持一定的安全距离。

雨水出水口的设置一般为非淹没式的，即排水管出水口的管底高程要安排在水体的常年水

位线以上，以防倒灌。当出水口高出水位很多时，为了降低出水对岸边的冲击力，应考虑将其设计为多级的跌水式出水口。污水系统的出水口，则一般布置成为淹没式，即把出水管管口布置在水体的水面以下，以使污水管口流出的水能够与河湖水充分混合，减轻对水体的污染。

4. 排水管网施工流程

（1）排水施工基本流程（图 4-10）

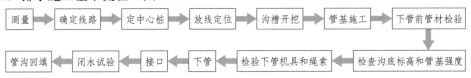

图 4-10 排水施工基本流程

（2）排水构筑物施工流程

园林排水构筑物常用的有：雨水口、检查井、跌水井、闸门井、倒虹管、出水口。虽然它们的构造不同，但其施工流程基本相同。园林排水构筑物主要以砖石结构为主，其施工流程如图 4-11 所示。

图 4-11 排水构筑物施工流程

4.1.2 园林排水工程施工准备

1. 技术准备

1）施工人员已熟悉掌握图纸，熟悉相关国家或行业验收规范和标准图等。
2）已有经过审批的施工组织设计，并向施工人员交底。
3）技术人员向施工班组进行技术交底，使施工人员掌握操作工艺。

2. 材料准备

1）排水管及管件规格品种应符合设计要求，应有产品合格证。管壁薄厚均匀，内外光滑整洁，不得有砂眼、裂缝、飞刺和疙瘩。要有出厂合格证，无偏扣、乱扣、方扣、断丝和角度不准等缺陷。

目前，常用管道多是圆形管，大多数为非金属管材，具有抗腐蚀的性能，且价格便宜，主要有混凝土管和钢筋混凝土管、陶土管等。

混凝土管和钢筋混凝土管 制作方便，价低，应用广泛。但有抵抗酸碱侵蚀及抗渗性差、管节短、节口多、搬运不便等缺点。混凝土和钢筋混凝土管适用于排除雨水、污水，分为混凝土管、轻型钢筋混凝土管、重型钢筋混凝土管三种，可以在专门的工厂预制，也可在现场浇制。管口通常有承插式、企口式、平口式，如图 4-12 所示。

陶土管 内壁光滑，水阻力小，不透水性能好，抗腐蚀，但易碎，抗弯、拉强度低，节短，施工不便，不宜用在松土和埋深较大之处。

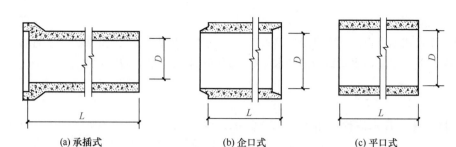

(a) 承插式　　　　　　　(b) 企口式　　　　　　(c) 平口式

图 4-12　混凝土管和钢筋混凝土管

2）塑料管的管材、管件的规格、品种、公差应符合国家产品质量的要求，管材、管件、黏结剂、橡胶圈及其他附件等应是同一厂家的配套产品。

由于塑料管具有表面光滑、水力性能好、水力损失小、耐磨蚀、不易结垢、重量轻、加工接口搬运方便、漏水率低及价格低等优点，因此，在排水管道工程中已得到应用和普及。其中聚乙烯（PE）管、高密度聚乙烯（HDPE）管和硬聚氯乙烯（UPVC）管的应用较广，但塑料管管材强度低、易老化。

3）各类阀门有出厂合格证，规格、型号、强度和严密性试验符合设计要求。丝扣无损伤，铸造无毛刺、无裂纹，开关灵活严密，手轮无损伤。

4）附属装置应符合设计要求，并有出厂合格证。

5）捻口水泥一般采用不小于 32.5 的硅酸盐水泥和膨胀水泥（采用石膏矾土膨胀水泥或硅酸盐膨胀水泥）。水泥必须有出厂合格证。

6）胶黏剂应标有生产厂名称、生产日期和有效期，并应有出厂合格证和说明书。

7）型钢、圆钢、管卡、螺栓、螺母、油、麻、垫、电焊条等符合设计要求。

3. 主要机具

1）施工机具主要有挖沟机、推土机、夯实机、电焊机、切割机、扳手、管子剪、管钳、钢锯、钢卷尺、热熔机、铁锹、卡尺、洋镐等。不同管材、管径、地质条件使用的工具也不同，应根据不同管材和管径准备机具。

2）测量仪器主要有全站仪、经纬仪、水准仪、测杆、铁钎等。除此之外，还要准备钢尺、示坡板、龙门桩等放线工具。

4. 作业条件

1）管道施工区域内的地面要进行清理，杂物、垃圾弃出场地。管道走向上的障碍物要清除。

2）在饮用水管道附近的厕所、粪坑、污水坑和坟墓等应在开工前迁至业主指定的地方，并将脏物清除干净后进行消毒处理，方可将坑填实。

3）在施工前应摸清地下高、低压电缆、电线、煤气、热力等管道的分布情况，并作出标记。

5. 施工组织及人员准备

1）施工前应建立健全的质量管理体系和工程质量检测制度。

2）施工组织应设立技术组、质量安全组、管道班、电气焊班、开挖班、砌筑班、抹灰班、测量班等。

3）施工人员数量根据工程规模和工程量的大小确定，一般应配备的人员有给排水专业技术人员、测量工、管道工、电焊工、气焊工、起重工、油漆工、泥瓦工、普工。

应用实例 施工准备工作操作实例

某园林工程 UPVC 排水管道安装准备工作方案。

1. 材料准备

1）管材为硬质聚氯乙烯（UPVC）。所用黏结剂应是同一厂家配套产品，应与卫生洁具连接相适宜，并有产品合格证及说明书。

2）管材内外表层应光滑，无气泡、裂纹，管壁薄厚均匀，色泽一致。直管段挠度不大于 1%。管件造型应规矩、光滑，无毛刺。承口应有锥度，并与插口配套。

3）其他材料：黏结剂、型钢、圆钢、卡件、螺栓、螺母、肥皂等。

4）管材和管件的连接方法采用承插式胶黏剂黏结。胶黏剂必须标有生产厂名称、生产日期和使用期限，并必须有出厂合格证和使用说明书。管材、管件和胶黏剂应有同一生产厂配套供应。

5）管材和管件在运输、装卸和搬运中应小心轻放，不得抛、摔、滚、拖，也不得烈日暴晒，应分规格装箱运输。管材和管件应储存在温度不超过 40℃ 的库房内，库房应有良好的通风条件。管件应分规格水平堆放在平整的地面上，如用垫物支垫时，其宽度应不小于 75mm，间距不大于 1.0mm，外悬的端部不超过 0.5m，叠置高度不得超过 1.5m，且不允许不规则堆放与暴晒，管件不得叠置过高，凡能立放的管件均应逐层码放整齐，不得立放的管件，亦应顺向或使其承插相对地整齐排列。

2. 施工机具与测量仪器准备

施工机具准备　UPVC 排水管道施工应准备的主要工具见表 4-2。

表 4-2　施工机具

序号	机具名称	规格型号	用途
1	试压泵	0～4MPa	电动、手动试压
2	手锤	1.0kg、1.5kg	打口
3	捻凿	1号、2号、3号	打口、自制
4	空压机	6M3	吹扫
5	管子割刀	1～4号	切割管材
6	倒链	1t、2t、5t	提升
7	管钳	150～600mm	夹持管材
8	麻绳	ϕ20	捆绑
9	铁锹	2～4号	挖沟
10	铁镐	2.5～4kg	挖沟
11	大锤	5～8kg	挖沟
12	挖掘机	50	挖沟
13	手动葫芦拉力器＞ϕ100	胶圈连接	
14	热熔式连接器	与管子配套	热熔连接
15	活扳手	100～600mm	紧固

其他小工具有：画线笔、毛刷、板锉、钢锯、板斧、撬杠等。

测量仪器准备　常用的测量仪器见表 4-3。

表 4-3　常用的测量仪器

序号	测量装置名称	规格型号	备注	序号	测量装置名称	规格型号	备注
1	水准仪	DSZ10、DS10	测量标高	5	钢卷尺	3m、5m、30m	测量长度
2	经纬仪	J2	测量角度	6	游标卡尺	0～300mm、0.02mm	测量管材直径
3	水平尺	150～600mm	测量水平度	7	塞尺	150A14	测量胶圈接口
4	压力表	0～2.5MPa、ϕ150	水压试验	8	全站仪	ZT80MR＋	

3. 作业条件准备

1）埋设管道，应挖好槽沟，槽沟要平直，必须有坡度，沟底夯实。

2）安装管道（包括设备层、竖井、吊顶内的管道）首先应核对各种管道的标高、坐标的排列有无矛盾。预留孔洞、预埋件已配合完成。土建模板已拆除，操作场地清理干净，安装高度超过 3.5m 应搭好架子。

3）室内明装管道要在与结构进度相隔二层的条件下进行安装。室内地平线应弹好，粗装修抹灰工程已完成。安装场地无障碍物。

4. 施工组织及人员准备

1）施工前应建立健全的质量管理体系和工程质量检测制度。

2）施工组织应设立技术组、质量安全组、管道班、焊接班、开挖班、砌筑班、抹灰班、测量班等。

3）施工人员数量根据工程规模和工程量的大小确定，一般应配备的人员有：给排水专业技术人员，测量工、管道工、焊接工、起重工、泥瓦工、普工等。

任务 4.2　园林排水工程施工操作技术

4.2.1　园林排水工程施工一般技术要点

熟悉施工图纸　开工前首先必须了解图纸、熟悉图纸，以免开工时忙中出错。至少要做到以下几点。

1）会同甲乙丙三方图纸交底。

2）到现场结合图纸了解工程的基本全貌，比如管线长度、管线走向、管材直径、检查井位数量等，还有与工作面开挖有关的地形、地貌、地物等。

3）最好依照图纸确定的桩号走向将水准测量复测一遍，避免出错。因为图纸设计前所提供的地形资料有个时间差的问题，有可能因时间而发生地形变化，不可避免影响到工程预算造价问题。

4）每百米左右设置一个水准高程参照点，建立起准确的水准高程控制网，便于对管道施工进行测量。但须经闭合检验测量正确无误符合国标方可使用。有关控制网点桩点必须牢固地设置在显而易见又不致丢失和不易遭受埋没破坏的位置为宜。

排除障碍 开工前，除保证四通外，结合管线走向及施工开挖工作面和堆土堆料所占场地与地形、地貌、地物等，以及交通问题仔细查看。妨碍施工的任何因素都要记入笔录，及时向领导汇报，呈请有关单位或部门协助排除。

　　施工放线 地面可见障碍物排除后，按管道中线与施工中线关系放出开挖中线，依据沟槽开挖槽底尺寸、槽边坡度和沟槽开挖深度计算出沟槽开挖上口线位置，并撒好灰线。

　　管沟开挖 注意边坡放坡的科学合理性，既要安全又要经济。特别注意沟内不得超挖，对于超挖部分要仔细回填夯实，严禁低洼进水积水，严禁夯填中使用腐殖土、垃圾土、淤泥等。

　　管基施工 管沟开挖验收合格即可按图纸设计要求的尺寸和强度等级、中心线等进行管基施工，一般在施工中如果工期紧，考虑到保养、气候、混凝土远距离运输等不利因素，可以提高一个强度等级或是加入早强剂，争取较快达到一定强度后下管。

　　管材安装 没下管前要仔细检查管基中心线、边线、井基等尺寸和高程是否符合图纸要求，检查井位置、井距、各种部位混凝土基础的强度等级、接口防渗砂浆的调配等都要仔细认真施工符合国家规定标准。两管结口处安装时因挤压而造成管内接口部位必有 3cm 左右砂浆凸出接缝，若不及时处理将会造成流水断面减少，影响流速影响排水通畅，极易造成杂物堆积和堵塞现象。为此，每安装一根管都必须用拉草包法将挤出凸起的砂浆整平，DN400 以上的管材可使身材瘦小工人钻入管内，将接口挤出的砂浆抹平，不严实的接缝部位填满砂浆使其饱满不漏水，并且认真清除管内杂物，特别注意绝不允许管道内有漏水积水和倒流水的现象发生。

　　砌检查井 挖沟槽时即可将检查井中心桩依井基圆圈相应尺寸挖好井基，经测高程正确无误后连同条基同时浇筑制作完成，经保养达到一定强度后即可下管，预留井筒位置即可介入砌检查井的工序中。特别要注意不同管径的管底高程与井底高程的连接最容易出错。管材放稳调直管线管口，高程正确即可砌井，要注意砂浆饱满，流槽通顺，井壁尺寸符合要求，砖缝砂浆饱满。管材与井筒砌筑后立即埋入闭水试验的弯管接头，因为有个提高强度的时间问题，为了闭水时弯管接水管牢固稳固，所以早做为好。特别注意管底高程、井底高程、井盖高程要正确无误，完全符合图纸设计要求，经通水查验不得有积水漏水倒流水现象。

　　闭水试验 闭水试验的管段，应仔细检查每根管材是否有砂眼裂缝，管口接口处是否严密，若不符合质量要求可用细砂浆修补，有渗水部位可调水泥浆刷补填死。闭水管段不急于回填，也不进行管材下部与条基的连接。待闭水试验合格后再回填，闭水不合格的管段可采取补救措施或尽快返工。

　　管沟回填 对于当年不修路的管道和管顶 50cm 以内的回填，一般要求密度达到 85% 以上即可，如要修路则按有关要求认真操作。管顶 50cm 内回填又称腹腔回填，有的设计要求该处回填过筛，不得填入大于 100mm 的石块或砖块等杂物。回填时沟内不得有积水，不得使用腐殖土、垃圾土和淤泥等。

4.2.2　园林排水工程管道埋设施工具体方法

1. 测量、定位

1) 测量之前先找固定好水准点，其精度不应低于Ⅲ级。

2）在测量过程中，沿管道线路设置临时水准点。

3）测量管线中心线和转弯处的角度，并与当地固定建筑物相连。

4）管道线路与地下原有管道或构筑物交叉处，要设置特别标记示众。

5）在测量过程中应做好记录，并记明全部水准点和连接线。

6）排水管道坐标和标高偏差要符合本标准的规定，从测量定位起就应控制偏差值符合偏差要求。

2. 沟槽开挖

1）按当地土层深度，通过计算确定沟槽开挖尺寸，放出上开口挖槽线。如果是冰冻层，按下面开挖尺寸计算。

$D < 300mm$ 时为：$D +$ 管皮 $+$ 冻结深 $+ 200mm$。

$300mm \leqslant D \leqslant 600mm$ 时为：$D +$ 管皮 $+$ 冻结深。

$D > 600mm$ 时为：$D +$ 管皮 $+$ 冻结深 $- 300mm$。

管道沟槽底部的开挖宽度，宜按下式计算，即

$$B = D_1 + 2(B_1 + B_2 + B_3)$$

式中，B——管道沟槽底部的开挖宽度，mm；

D_1——管道结构的外缘宽度，mm；

B_1——管道一侧的工作面宽度，mm，可按表4-4采用；

B_2——管道一侧的支撑厚度，可取150～200mm；

B_3——现场浇筑混凝土或钢筋混凝土管渠一侧模板的厚度，mm。

表 4-4　管道一侧的工作面宽度

管道结构的外缘宽度 D_1/mm	管道一侧的工作面宽度 B_1/mm	
	非金属管道	金属管道
≤500	400	300
500<D_1≤1000	500	400

2）按设计图纸要求及测量定位的中心线，依据沟槽开挖计算尺寸，撒好灰线。

3）按人数分最佳操作面划分段，按照从浅到深顺序进行开挖。

4）一类、二类土可按30cm分层逐层开挖，倒退踏步型开挖，三类、四类土先用镐翻松，再按30cm左右分层正向开挖。

5）每挖一层清底一次，挖深1m切坡成型一次，并同时抄平，在边坡上打好水平控制小木桩。

6）挖掘管沟和检查井底槽时，沟底留出15～20cm暂不开挖。待下道工序进行前抄平开挖，如个别地方不慎破坏了天然土层，要先清除松动土壤，用砂等填至标高，夯实。

7）岩石类管基填以厚度不小于100mm的砂层。

8）当遇到有地下水时，排水或人工抽水应保证下道工序进行前将水排除。

9）敷设管道前，应按规定进行排尺，并将沟底清理到设计标高。

10）采用机械挖沟时，应由专人指挥。为确保机械挖沟时沟底的土层不被扰动和破坏，用机械挖沟时，当天不能下管时，沟底应留出0.2m左右一层不挖，待铺管前人工清挖。

3. 管基施工

排水管道的基础，对于排水管道的质量影响很大，往往由于管道基础做得差，而使管道产生不均匀沉陷，造成管道漏水、淤积、错口、断裂等现象，导致对附近地下水的污染、影响环境卫生等不良后果。

排水管道的基础和一般构筑物基础不同。管体受到浮力、土压、自重等作用，在基础中保持平衡。因此管道基础的形式，取决于外部荷载的情况、覆土的厚度、土的性质及管道本身的情况。

地基是指沟槽底的土壤部分，承受管子和基础的重力、管内水量、管上土压力和地面上的荷载；基础是指管子与地基间的设施，有时地基强度较低，不足以承受上面压力时，要靠基础增加地基的受力面积，把压力均匀地传给地基；管座是在基础与管子下侧之间的部分，使管子与基础连成一个整体，以增加管道的刚度。

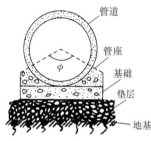

图 4-13 管道基础断面图

管道基础断面如图 4-13 所示。常用的排水管道基础有砂土基础、混凝土枕基及混凝土带形基础。

砂土基础 砂土基础包括弧形素土基础及砂垫层基础，如图 4-14 所示。弧形素土基础是在原土上挖一弧形管槽，通过采用 90°弧形，管子落在弧形管槽里，这种基础适用于无地下水、原土能挖成弧形的干燥土壤、管道直径不大（陶土管管径 $D \leqslant 450mm$，承插混凝土管径 $D \leqslant 600mm$）、埋深在 $0.8 \sim 3.0m$ 的排水管道。

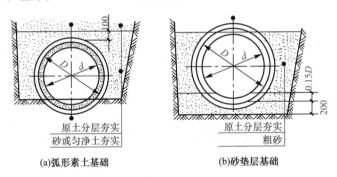

(a)弧形素土基础   (b)砂垫层基础

图 4-14 砂土基础

砂垫层基础是在挖好的弧形管上，用粗砂填好，使管壁与弧形槽相吻合。砂垫层厚度通常为 $100 \sim 150mm$。

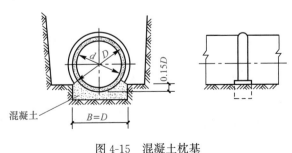

图 4-15 混凝土枕基

混凝土枕基 混凝土枕基是只在管道接口处才设置的管道局部基础，如图 4-15 所示。通常在管道接口下用混凝土做成枕状垫块。这种基础适用于干燥土的雨水管道及不太重要的污水支管。

混凝土带形基础 混凝土带形基础是沿管道全长铺设的基础。按管座的形式不同可分为90°、135°、180°三种管座基础，如图4-16所示。这种基础适用于各种潮湿土壤，以及地基软硬不均匀处的排水管道，并常加碎石垫层。管座的中心角在无特殊荷重时，一般采用90°；如果地基非常松软或有特殊荷载，容易产生不均匀沉陷的地区，一般可采用135°或180°；在地震烈度为8度以上，土质又松软的地区，最好采用钢筋混凝土带形枕基。

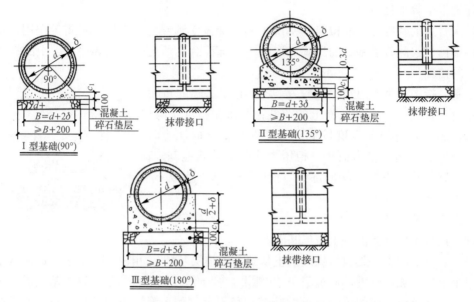

图4-16　混凝土带形基础

4. 下管前的检测准备

下管前应进行管材检验、沟底标高和管基强度检查、下管机具和绳索检验、下管接口闭水试验等工作。

1）检查管材、套环及接口材料的质量。管材有破裂、承插口缺口、缺边等缺陷的不允许使用。

2）检查基础的标高和中心线。基础混凝土强度须达到设计强度等级的50%和不小于5MPa时方准下管。

3）管径大于700mm或采用列车下管法，马道应留有足够的操作空间，其宽度不应小于650mm。

4）用其他方法下管时，要检查所用的大绳、木架、倒链、滑车等机具，无损坏现象方可使用。临时设施要绑扎牢固，下管后座应稳固牢靠。

5）校正测量及复核坡度板是否被挪动过。

6）铺设在地基上的混凝管，根据管子规格量准尺寸，下管前挖好枕基坑，枕基低于管底皮10mm。

5. 下管

1）根据管径大小、现场的施工条件，分别采用压绳法、三角架法、木架漏大绳法、大绳二绳挂钩法、倒链滑车法等，见图4-17。

2）下管前要从两个检查井的一端开始，若为承插管铺设时以承口在前。

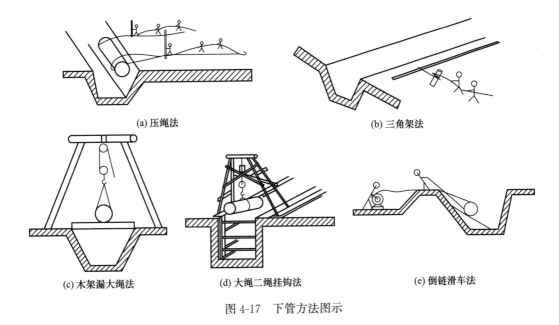

(a) 压绳法   (b) 三角架法

(c) 木架漏大绳法   (d) 大绳二绳挂钩法   (e) 倒链滑车法

图 4-17 下管方法图示

3）稳管前将管口内外全刷洗干净，管径在 600mm 以上的平口或承插管道接口，应留有 10mm 缝隙，管径在 600mm 以下者，留出不小于 3mm 的对口缝隙。

4）下管后找正拨直，在撬杠下垫以木板，不可直插在混凝土基础上。待两窨井间全部管子下完，检查坡度无误后即可接口。

5）使用套环接口时，稳好一根管子再安装一个套环。铺设小口径承插管时，稳好第一节管后，在承口下垫满灰浆，再将第二节管插入，挤入管内的灰浆应从里口抹平。

6. 管道接口

（1）承插铸铁管、混凝土管及缸瓦管接口

水泥砂浆抹口或沥青封口，在承口的 1/2 深度内，宜用油麻填严塞实，再抹 1∶3 水泥砂浆或灌沥青玛瑞脂。一般应用在套环接口底混凝土管上。

承插铸铁管或陶土管（缸瓦管）一般采用 1∶9 水灰比的水泥打口。先在承口内打好 1/3 的油麻，将和好的水泥，自下而上分层打实再抹光，覆盖湿土养护。

（2）套环接口

调整好套环间隙。借用 3～4 块小木楔将缝垫匀，让套环与管同心，套环的结合面用水冲洗干净，保持湿润。

按照石棉∶水泥＝2∶7 的配合比拌好填料，用錾子将灰自下而上地边填边塞，分层打紧。管径在 600mm 以上的要做到四填十六打，前三次每填 1/3 打四遍。管径在 500mm 以下采用四填八打，每填一次打两遍。最后找平。

打好的灰口，较套环的边凹 2～3mm，打时，每次灰钎子重叠一半，打实打紧打匀。填灰打口时，下面垫好塑料布，落在塑料布上的石棉灰，1 小时内可再用。

管径大于 700mm 的对口缝较大时，在管内用草绳塞严缝隙，外部灰口打完再取出草绳，随即打实内缝。切勿用力过大，免得松动外面接口。管内管外打灰口时间不准超过 1 小时。

灰口打完用湿草袋盖住，1 小时后洒水养护，连续 3 天。

（3）平口管子接口

水泥砂浆抹带接口必须在八字包接头混凝土浇筑完以后进行抹带工序。

抹带前洗刷净接口，并保持湿润。在接口部位先抹上一层薄薄的水泥浆，分两层抹压，第一层为全厚的 1/3。将其表面划成线槽，使表面粗糙，待初凝后再抹第二层。然后用弧形抹子赶光压实，覆盖湿草袋，定时浇水养护。

管子直径在 600mm 以上的接口，对口缝留 10mm。管端如不平以最大缝隙为准。注意接口时不可用碎石、砖块塞缝。处理方法同上所述。

设计无特殊要求时带宽如下：管径小于 450mm，带宽为 100mm，高为 60mm；管径大于或等于 450mm，带宽为 150mm，高为 80mm。

（4）塑料管溶剂黏结连接

检查管材、管件质量。必须将管端外侧和承口内侧擦拭干净，使被黏结面保持清洁、无尘砂与水迹。表面粘有油污时，必须用棉纱蘸丙酮等清洁剂擦净。

采用承口管时，应对承口与插口的紧密程度进行验证。黏结前必须将两管试插一次，使插入深度及松紧度配合情况符合要求，并在插口端表面划出插入承口深度的标线。管端插入承口深度可按现场实测的承口深度。

涂抹黏结剂时，应先涂承口内侧，后涂插口外侧，涂抹承口时应顺轴向由里向外涂抹均匀、适量，不得漏涂或涂抹过量。

涂抹黏结剂后，应立即找正方向对准轴线将管端插入承口，并用力推挤至所画标线。插入后将管旋转 1/4 圈，在不少于 60s 时间内保持施加的外力不变，并保证接口的直度和位置正确。

插接完毕后，应及时将接头外部挤出的黏结剂擦拭干净。应避免受力或强行加载，其静止固化时间不应少于表 4-5 的规定。

表 4-5　静止固化时间　　　　　　　　　　　　　　　　　　单位：min

外径 DN/mm	管材表面温度	
	18～40℃	5～18℃
≥50	20	30
63～90	45	60

黏结接头不得在雨中或水中施工，不宜在 5℃ 以下操作。所使用的黏结剂必须经过检验，不得使用已出现絮状物的黏结剂，黏结剂与被黏结管材的环境温度宜基本相同，不得采用明火或电炉等设施加热黏结剂。

（5）混凝土管五合一施工法

五合一施工法是指基础混凝土、稳管、八字混凝土、包接头混凝土、抹带五道工序连续施工。

管径小于 600mm 的管道，设计采用五合一施工法时，程序如下。

1）先按测定的基础高度和坡度支好模板，并高出管底标高 2～3mm，作为基础混凝土的压缩高度，随后浇灌。

2）洗刷干净管口并保持湿润。落管时徐徐放下，轻落在基础底下，立即找直找正拨正，滚压至规定标高。

3）管子稳好后，随后打八字和包接头混凝土，并抹带。但必须使基础、八字和包接头混凝土以及抹带合成一体。

　　4）打八字前，用水将其接触的基础混凝土面及管皮洗刷干净；八字及包接头混凝土，可分开浇筑，但两者必须合成一体；包接头模板的规格质量，应符合要求，支搭应牢固，在浇筑混凝土前应将模板用水湿润。

　　5）混凝土浇筑完毕后，应切实做好保养工作，严防管道受震而使混凝土开裂脱落。

7. 排水管道闭水试验

　　管道应于充满水 24h 后进行严密性检查，水位应高于检查管段上游端部的管顶。如地下水位高出管顶时，则应高出地下水位。一般采用外观检查，检查中应补水，水位保持规定值不变，无漏水现象则认为合格。

8. 回填

　　1）管道安装验收合格后应立即回填。

　　2）回填时沟槽内应无积水，不得带水回填，不得回填淤泥、有机物及冻土。回填土中不得含有石块、砖及其他杂硬物体。

　　3）沟槽回填应从管道、检查井等构筑物两侧同时对称回填，确保管道不产生位移，必要时可采取限位措施。

　　4）管道两侧及管顶以上 0.5m 部分的回填，应同时从管道两侧填土分层夯实，不得损坏管子和防腐层，沟槽其余部分的回填也应分层夯实。管子接口工作坑的回填必须仔细夯实。

　　5）回填设计填砂时应遵照设计要求。

　　6）管顶 0.7m 以上部位可采用机械回填，机械不能直接在管道上部行驶。

　　7）管道回填宜在管道充满水的情况下进行，管道敷设后不宜长期处于空管状态。

9. 成品保护

　　1）定位控制桩，挖好的沟槽等均应有保护措施。

　　2）给水管道敷设完毕、管沟回填之前，应有保护措施，以免管道受破坏。

　　3）冬期施工水压试验应有保护措施，试压完毕后应排尽水，以免管道冻裂。

　　4）消火栓、消防水泵接合器等安装完毕交工之前施工现场应有保护措施。

10. 安全措施

　　1）吊装管子的绳索必须绑牢，吊装时要服从统一指挥，动作要协调一致，管子起吊后，沟内操作人员应避开，以防伤人。

　　2）施工人员要戴好安全帽。

　　3）用手工切割管子时不能过急过猛，管子将要断时应扶住管子，以免管子滚下垫木时砸脚。

　　4）管道对口过程中，要相互照应，以防挤手。

　　5）夜间挖管沟时必须有充足的照明，在交通要道外设置警告标志。

　　6）管沟过深时上下管沟应用梯子，挖沟过程中要经常检查边坡状态，防止变异塌方伤人。

　　7）抡镐和大锤时，注意检查镐头和锤头，防止脱落伤人。

　　8）管沟上下传递物件时，不准抛弃，应系在绳子上上下传递。

园林排水工程施工质量检测

4.3.1 园林排水工程施工质量检测方法

1. 地面排水工程的施工质量检测

在地面排水工程施工中，如遇有下列情况的边沟、截水沟和排水沟，应采取防止渗漏或冲刷的加固措施。

第一，位于松软或透水性大的土层，以及有裂缝的岩层上；路堑与路堤交接处的边沟出口处。

第二，流速较大，可能引起冲刷地段。当纵坡大于 4%，或易产生路基病害地段的边沟。

第三，水田地区，土路堤高度小于 0.5m 地段地排水沟；兼作灌溉沟渠的边沟和排水沟以及有集中水流进入的截水沟和排水沟。

防止渗漏或冲刷的加固措施见表 4-6。

表 4-6 防止渗漏或冲刷的加固措施

序号	形式	名称	铺筑厚度/cm	适用的沟底纵坡
1	简易式	沟底沟壁夯实		1%~3%（土质不好） 3%~5%
2		平铺草皮	单层平铺	
3		竖铺草皮	叠铺	
4		水泥砂浆抹平层	2~3	
5		石灰三合土抹平层	3~5	
6		黏土碎(卵)石加固层	10~15	
7		石灰三合土碎(卵)石加固层	10~15	
8	干砌式	干砌片石加固层	15~25	3%~5%
9		干砌片石水泥浆勾缝	15~25	
10		干砌片石水泥浆抹平	20~25	5%~7%
11	浆砌式	浆砌片石加固层	20~25	5%~7%
12		混凝土预制块加固层		>7%
13		砖砌水槽	6~10	
14	阶梯式	跌水		>7%

（1）边沟的施工质量检测

凡挖方地段或路基边缘高度小于边沟深度的填方段，均应设置边沟。沟深和底宽一般不应小于 0.4m。当流量较大时，断面尺寸应根据水力计算确定。

土质地段一般选用梯形边沟，其边坡内侧坡率一般为（1:1）~（1:1.5），外侧与挖方边坡相同。如选用三角形边沟，其边坡内侧坡率一般为（1:2）~（1:4），外侧坡率一般为（1：1）～（1：2）。石方地段的矩形边沟，其内侧边坡应按其强度采用坡率 1：0.5 至直立，外侧与挖方边坡相同。

所有边沟的断面尺寸、沟底纵坡均应符合设计要求。沟底纵坡一般与路线纵坡一致，并不得小于 0.2%，在特殊情况下允许减至 0.1%。路线纵坡不能满足边沟纵坡需要时，可采用加大边沟或增设涵洞或将填方路堤提高等措施。梯形边沟的长度，平原区一般不宜超过 500m，重丘、山岭区一般不宜超过 300m，三角形边沟长度不宜超过 200m。

路堑与路堤交接处，应将路堑边沟水徐缓引向路基外侧的自然沟、排水沟或取土坑中，勿使路基附近积水。当边沟出口处易受冲刷时，应设泄水槽或在路堤坡脚的适当长度内进行加固处理。

平曲线处边沟沟底纵坡应与曲线前后沟底相衔接，并且不允许曲线内侧有积水或外溢现象发生。回头曲线外的边沟宜按其原来方向，沿山坡开挖排水沟，或用急流槽引下山坡，不宜在回头曲线处沿着路基转弯冲泄。

一般不允许将截水沟和取水坑中的水排至边沟中。在必须排至边沟时，要加大或加固该段边沟。在路堑地段应做成路堤形式，并在路基与边沟间做成不少于 2m 宽的护道。

边沟的铺砌应按图纸或监理工程师的指示进行。在铺砌之前应对边沟进行修整，沟底和沟壁应坚实、平顺，断面尺寸应符合设计图纸要求。

采用浆砌片石时，浆砌片石的施工质量应满足相关的要求（详见桥梁砌体工程部分）；采用混凝土预制块铺砌时，混凝土预制块的强度、尺寸应符合设计要求，外观应美观，砌缝砂浆应饱满，勾缝应平顺，沟身不漏水。

（2）截水沟的施工质量检测

无弃土堆时，截水沟边缘至堑顶距离，一般不小于 5m，但土质良好、堑坡不高或沟内进行加固时，也可不小于 2m。湿陷性黄土路堑，截水沟至堑顶距离一般不小于 1m，并应加固防渗。有弃土堆时，截水沟应设于弃土堆上方，弃土堆坡脚与截水沟边缘间应留不小于 10m 的距离。弃土堆顶部设 2% 倾向截水沟的横坡。截水沟挖出的土，可在路堑与截水沟之间填筑土台，台顶应有 2% 倾向截水沟的坡度，土台坡脚离路堑外缘不应小于 1m。

截水沟横截面一般做成梯形，底宽和深度应不小于 0.5m，流量较大时，应根据水力计算确定。截水沟的边坡，一般为（1：1.5）～（1：1）。沟底纵坡，坡度一般不小于 0.5%，最小不得小于 0.2%。

山坡上的路堤，可用上坡取土坑或截水沟将水引离路基。路堤坡脚与取土坑和截水沟之间，应设宽度不小于 2m 的护道，护道表面应有 2% 的外向坡度。

截水沟长度超过 500m 时，应选择适当地点设出水口或将水导入排水沟中。

（3）排水沟的施工质量检测

排水沟的横断面一般为梯形，其断面大小应根据水力计算确定。排水沟的底宽和深度一般不应小于 0.5m；边坡坡率可采用（1：1.5）～（1：1）；沟底纵坡一般不应小于 0.5%，最小不应小于 0.2%。

排水沟应尽量采用直线，如需转弯时，其半径不宜小于 10m。排水沟的长度不宜超过 500m。排水沟与其他沟道连接，应做到顺畅。当排水沟在结构物下游汇合时，可采用半径为 10～12 倍排水沟顶宽的圆弧或用 45° 连接；当其在结构物上游汇合时，除满足上述条件外，连接处与结构物的距离应不小于 2 倍河床宽度。

所有边沟、截水沟、排水沟，如果发现流速大于该土壤容许冲刷的流速，则应采取土沟表面加固措施或设法减小纵坡坡度。

（4）跌水与急流槽的施工质量检测

跌水和急流槽的边墙高度应高出设计水位，射流时至少高出 0.3m，细（贴）流时至少高出 0.2m。边墙的顶面宽度，浆砌片石为 0.3～0.4m，混凝土为 0.2～0.3m，底板厚为 0.2～0.4m。

跌水和急流槽的进、出水口处，应设置护墙，其高度应高出设计水位至少 0.2m。基础应埋至冻结深度以下，并不得小于 1m。进、出水口 5～10m 内应酌情予以加固。出水口处也可视具体情况设置跌水井。

跌水阶梯高度，应视当地地形确定，多级跌水的每阶高度一般为 0.3～0.6m，每阶高度与长度之比一般应大致等于地面坡度；跌水的台面坡度一般为 2%～3%。

跌水与急流槽应按图纸要求修建，如图纸未设置跌水和急流槽而监理工程师指示设置时，承包人应按指示提供施工图纸，经监理工程师批准后方可进行施工。

混凝土急流槽施工前，承包人应提供一份详细的施工方案，以取得监理工程师的批准。工程施工方案中，应说明各不同结构部分的浇筑、回填、压实等作业顺序，证明各施工阶段结构的稳定性。

浆砌片石急流槽的砌筑，应使自然水流与涵洞进、出水口之间形成一平滑的过渡段，其形状应使监理工程师满意。

急流槽应分节修筑，每节长度以 5～10m 为宜，接头处应用防水材料填缝，要求密实，无漏水现象，并经监理工程师检查认为满意为止。陡坡急流槽应每隔 2.5～5m 设置基础凸榫，凸榫高宜采用 0.3～0.5m，以不等高度相间布置嵌入土中，以增强基底的整体强度，防止滑移变位。

路堤边坡急流槽的修筑，应能为水流流入排水沟提供一顺畅通道。路缘开口及流水进入路堤边坡急流槽的过渡段应按图纸和监理工程师指示修筑，以便排出路面雨水。

（5）蒸发池的施工质量检测

当取土坑作蒸发池时，其与路基坡脚间的距离，一般应不小于 10m，面积较大的蒸发池至路基坡脚的距离应不小于 20m，坑内水面应低于路基边缘至少 0.6；蒸发池的容量一般不超过 200～300m³，蓄水深度应不大于 1.5m。池周围可用土埂围护，防止其他水流入池中。蒸发池的设置，不应使附近地区的环境卫生受影响。

2. 土沟工程质量检测

基本要求　土沟边坡必须平整、稳定，严禁贴坡。沟底应平顺、整齐，不得有松散土和其他杂物，排水要畅通。

外观鉴定　表面坚实整洁，沟底无阻水现象。

实测项目及标准　见表 4-7。

表 4-7　土沟实测项目及标准

项次	检查项目	规定值或允许偏差	检查方法和频率
1	沟底纵坡	符合设计要求	水准仪：每 200m 测 4 点
2	断面尺寸	不小于设计值	尺量：每 200m 测 2 点
3	边坡坡底	不陡于设计值	每 200m 检查 2 处
4	边棱直顺度	±50mm	尺量：20m，每 200m 检查 2 处

3. 浆砌排水沟工程质量检测

基本要求　砌体砂浆配合比准确，砌缝内砂浆均匀、饱满，勾缝密实；浆砌片（块）石、混凝土预制块的质量和规格应符合设计要求。基础沉降缝应和墙身沉降缝对齐；砌体抹面应平整、压实、抹光、直顺，不得有裂缝、空鼓现象。

外观鉴定　砌体内侧及沟底应平顺。沟底不得有杂物及阻水现象。

实测项目及标准　浆砌排水沟实测项目及标准见表 4-8。

表 4-8　浆砌排水沟实测项目及标准

项次	检查项目	规定值或允许偏差	检查方法和频率
1	砂浆强度	在合格标准内	按砂浆质量规范检查
2	轴线偏位	50mm	全站仪或尺量：每 200m 测 5 点
3	沟底高程	±50mm	水准仪：每 200m 测 5 点
4	墙面直顺度（或坡度）	30mm 或不陡于设计值	20m 拉绳、坡度尺：每 200m 查 2 点
5	断面尺寸	±30mm	尺量：每 200m 测 2 个断面，且不少于 5 个断面
6	铺砌厚度	不小于设计值	尺量：每 200m 查 2 点
7	基础垫层宽度、厚度	不小于设计值	尺量：每 200m 查 2 点

4. 盲沟工程质量检测

基本要求　盲沟的设置及材料规格、质量等，应符合设计要求和施工规范规定。反滤层应用筛选过的中砂、粗砂、砾石等渗水性材料分层填筑。排水层应采用石质较硬的较大颗粒填筑，以保证排水孔隙度。

外观鉴定　反滤层应层次分明；进、出水口应排水通畅；杂物要及时清理干净。

实测项目及标准　盲沟实测项目及标准见表 4-9。

表 4-9　盲沟实测项目及标准

项次	检查项目	规定值或允许偏差/mm	检查方法和频率
1	沟底高程/mm	±15	水准仪：每 10~20m 测 1 点
2	断面尺寸/mm	不小于设计值	尺量：每 20m 测 1 点

5. 管道基础及管节安装工程质量检测

基本要求　管材必须逐节检查，不合格的不得使用。基础混凝土强度达到 5MPa 以上时，方可进行管节铺设。管节铺设应平顺、稳固，管底坡度不得出现反坡，管节接头处流水面高差不得大于 5mm。管内不得出现泥土、砖石、砂浆等杂物。当管径大于 1m 时，应在管内作整圈勾缝。管口内缝砂浆应平整、密实，不得有裂缝、空鼓现象。抹带前，管口必须洗刷干净，管口表面应平整、密实，无裂缝现象，抹带后应及时覆盖养生；设计中要求防渗透的排水管须作渗漏试验，渗漏量应符合要求。

外观鉴定　管道基础混凝土表面应平整、密实，侧面蜂窝不得超过该表面积的 1%，深度不超过 10mm。管节铺设直顺，管口缝带圈平整、密实，无开裂、胶皮等现象。

实测项目及标准　管道基础及管节安装实测项目及标准见表 4-10。

表 4-10　管道基础及管节安装实测项目及标准

项次	检查项目	规定值或允许偏差	检查方法和频率
1	混凝土抗压强度或砂浆强度	在合格标准内	按混凝土和砂浆质量规范检查
2	管轴线偏位	20mm	经纬仪或拉线：每两井间测 3 处
3	管内底高程	±10mm	水准仪：每两井间测 2 处
4	基础厚度	不小于设计值	尺量：每两井间测 3 处
5	管座宽度	不小于设计值	尺量、拉边线：每两井间测 2 处
6	抹带宽度、厚度	不小于设计值	尺量：按 10%抽查

6. 检查井工程质量检测

基本要求　井基混凝土强度达到 5MPa 时，方可砌筑井体。砌筑砂浆配合比准确，井壁砂浆饱满、灰缝平整。圆形检查井内壁应圆顺，抹面光实，踏步安装牢固。井框、井盖安装必须平稳，井口周围不得有积水。

外观鉴定　井内砂浆抹面无裂缝，井内平整圆滑，收分均匀。

实测项目及标准　检查井实测项目及标准见表 4-11。

表 4-11　检查井实测项目及标准

项次	检查项目	规定值或允许偏差		检查方法和频率
1	砂浆强度	在合格标准内		按砂浆质量规范检查
2	管轴线偏位	50mm		经纬仪：每个检查井检查
3	圆井直径或方井长宽	±20mm		尺量：每个检查井检查
4	井盖与相邻路面高差	高速、一级公路 其他公路	−2mm、−5mm −5mm、−10mm	水准仪、水平尺：每个检查井检查

注：井盖必须低于相邻路面，表中规定了其低于路面的最大、最小值。

7. 倒虹吸管工程质量检测

基本要求　见管道基础及管节安装部分。

外观鉴定　上下游沟槽与竖井连接顺适，流水畅通。井身竖直、内表面平整。

实测项目及标准　倒虹吸管实测项目及标准见表 4-12。

表 4-12　倒虹吸管实测项目及标准

项次	检查项目		规定值或允许偏差	检查方法和频率
1	混凝土强度		在合格标准内	按混凝土质量规范检查
2	管轴线偏位		30mm	用全站仪检查纵横各两处
3	涵底流水面高程		20mm	用水准仪检查洞口 2 处，拉线检查中间 2 处
4	相邻管节底面错口	管径≤1m	3mm	用水平尺检查接头处
		管径>1m	5mm	
5	竖井尺寸	长、宽	±20mm	尺量
		直径	±20mm	
6	竖井高程	顶部	±20mm	用水准仪检查
		底部	±15mm	

8. 排水泵站工程质量检测

基本要求　地基应具有足够的承载能力；井壁混凝土要密实；混凝土强度达到合格标准后才能进行下沉。下沉过程中，应随时注意正位，发现偏位及倾斜时及时纠正。封底应密实、不漏水。

外观鉴定　泵站轮廓线条清晰，表面平整。

实测项目及标准　排水泵站实测项目及标准见表 4-13。

表 4-13　排水泵站实测项目及标准

项次	检查项目	规定值或允许偏差	检查方法和频率
1	混凝土强度	在合格标准内	按混凝土质量规范检查
2	轴线平面偏位	1.0%井深	用全站仪检查纵横向各 2 点
3	垂直度	1.0%井深	用铅锤法检查纵横向各 1 点
4	井口高程	±50mm	水准仪检查 4 点

4.3.2　园林室外排水系统试验方法

室外生活排水管道施工完毕后，需作闭水试验，在管道内施加适当压力，以观察管接头处及管材上有无渗水情况，见图 4-18。

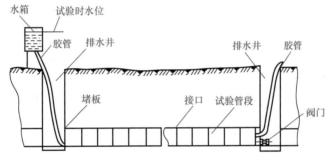

图 4-18　室外排水管道试验方法

1. 试验步骤

1）试验前需对管道内部进行检查，要求管内无裂纹、小孔、凹陷、残渣和孔洞。

2）在上游井和下游井处用钢制堵板堵住管子两端，同时在上游井的管沟边设置一试验水箱，进行试验。

3）将进水管接至堵板下侧，下游井内管子的堵板下侧应设泄水管，并挖好排水沟。

4）从水箱向管内充水，管道充满水后，一般应浸泡 1～2 昼夜后进行预检查，无漏水现象为合格。

5）无特殊要求的排水管道试验时，允许有未形成水流的个别湿斑，若数量不超过检查段管子根数的 5%，则认为预检查合格。然后用测定渗出（或渗入）水量的方法进行最后试验。试验时观察时间不应小于 30min 允许值，渗出（或渗入）水量如不大于表 4-14 中规定的允许值，则认为最后试验合格。

表 4-14　每 1000m 长管道在一昼夜内允许的渗漏水量

管径/mm	≤150	200	250	300	350	400	450	500	600
钢筋混凝土管、混凝土管、石棉水泥管渗漏水量/m³	7.0	20	24	28	30	32	34	36	40
陶土管渗漏水量/m³	7.0	12	15	18	20	21	22	23	23

2. 试验注意事项

1）在潮湿土壤中检查地下水渗入管内的水量，可根据地下水位线的高低而定。

2）地下水位线超过管顶点 2～4m，渗入管内的水量不应超过表 4-14 中的规定。地下水位线超过管顶 4m 以上，则每增加 1m，渗入水量允许增加 10%。当地下水位不高于 2m 时，可按干燥土壤进行试验。

3）检查干燥土壤中管道的渗出水量，其充水高度应高出上游检查井内管顶 4m，渗出的水量不应大于表 4-14 中的规定。

4）对于雨水和与其性质相似的管道，除敷设在大孔性土壤及水源地区外，可不作渗水量试验。

5）排出腐蚀性污水的管道，不允许有渗漏。

相关链接 ☞

陈科东，2014. 园林工程施工技术［M］. 2 版. 北京：中国林业出版社.

邓宝忠，2010. 园林工程（一）［M］. 北京：中国建筑工业出版社.

田会杰，2006. 建筑给水排水采暖安装工程实用手册［M］. 北京：金盾出版社.

岳威，吉锦，2017. 园林工程施工技术［M］. 南京：东南大学出版社.

中国园林网 https://www.yuanlin.com/

筑龙网 https://www.zhulong.com/

思考与训练 ☞

1. 园林排水采用哪种排水体制比较科学？

2. 写出 UPVC 管的园林排水的施工流程和工艺要求。

3. UPVC 排水管道安装施工准备工作有哪些内容？

4. 写出 UPVC 排水管道安装施工的操作步骤（包括附属构筑物）。

5. 排水沟的施工质量检验内容和标准有哪些规定？

6. 浆砌排水沟工程质量检验方法和标准是什么？

7. 管道基础及管节安装工程质量检验标准是什么？

8. 盲沟工程质量检验的方法和标准是什么？

9. 怎样进行室外排水系统的试验？

10. 模拟一园林工程排水施工情境，绘出施工流程图，用表格形式写出各施工节点施工技术方法，并注明施工质量要求。

11. 根据第 10 题内容，草拟出本项目施工准备工作要点，独立完成方案文字稿。

项目 **5**

园林供电照明工程施工

教学目标 ☞

　　落地目标：能够完成园林供电照明工程施工与检验验收工作。

　　基础目标：

　　1. 学会编制供电照明工程施工流程。

　　2. 学会供电照明工程施工准备工作。

　　3. 学会供电照明工程施工操作。

　　4. 学会供电照明工程施工质量检验工作。

技能要求 ☞

　　1. 能编制园路、草坪、水池及园林建筑小品供电照明工程施工流程。

　　2. 能完成园路、草坪、水池及园林建筑小品供电照明工程施工准备。

　　3. 具备园路、草坪、水池及园林建筑小品供电照明工程施工操作能力。

　　4. 能对园路、草坪、水池及园林建筑小品供电照明工程进行施工质量检验。

任务分解 ☞

　　园林供电施工是完成变压器安装以后的供电线路安装任务。在照明灯具安装工作中，主要是园林灯具的安装，在本项目中不涉及非园林项目的灯具安装问题，重点讲述园林供电照明工程的工作内容，如供电线路、灯具配备等。

　　1. 熟悉供电照明一般技术要点，能制定施工流程，组织施工准备工作。

　　2. 掌握不同类型园林环境供电照明工程施技术操作，解决施工中实际问题。

　　3. 通过供电照明工程施工质量检测，保障工程施工安全。

园林供电照明施工流程及施工准备工作

5.1.1 园林供电照明施工流程

1.园林供电照明一般技术要点

（1）交流电源

园林供电的电源基本上都取之于地区电网，只有少数距离城市较远的风景区才可能利用自然山水条件自发电。一般情况下，园林供电电源为交流电源。

交流电源是电压、电流的大小和方向要随着时间变化而做周期性改变的一类电源。园林照明、喷泉、提水灌溉、游艺机械等的用电，都是交流电源。在交流电供电方式中，一般都提供三相交流电源，即在同一电路中有频率相同而相位互差120°的三个电源。

（2）电压与电功率

电压是电路中两点之间的电势（电位）差，其单位以伏（V）来表示。电功率是电所具有的做功的能力，其单位用瓦（W）表示。园林设施所直接使用的电源电压主要是220V和380V的，属于低压供电系统的电压，其最远输送距离在350m以下，最大输送功率在175千瓦（kW）以下。中压线路的电压为1～10千伏（kV）；10kV的输电线路的最大送电距离在5km以下，最大送电功率在5000kW以下。高压线路的电压在10kV以上，最大送电距离在50km以上，最大送电功率在1万kW以上。输电线路电压与送电距离参见表5-1。

表 5-1　输电线路电压与送电距离

线路电压/kV	送电距离/km		送电功率/kW	
	架空线	埋地电缆	架空线	埋地电缆
0.22	≤0.15	≤0.2	≤5	≤100
0.38	≤0.25	≤0.35	≤100	≤175
6	5～10	≤8	≤2000	≤3000
10	8～15	≤10	≤3000	≤5000

特别提示

在乡村景观及生态旅游景区规划等项目中常碰到供电设计问题，一般涉及变压器选择（功率）、供电线路走向、用电点配套等，这时需计算出所需变压器功率（多用kW），线路长度（km），各用电点度数（W）。通过用电点统计出总用电量，再根据线路损失情况，综合选择变压器大小。

（3）"三相四线制"供电

三相交流电压是由三相发电机产生的，主要由电枢和磁极构成。电枢是固定的，也称为定子，而磁极是转动的，称为转子。在定子槽中放置了三个同样的线圈，将三相绕组的起始端分别引出三根导线，称为相线（又称火线），而把发电机的三相绕组的末端连在一起，称为中性点。由中性点引出一根导线称为中线（又称地线），这种由发电机引出四条输电线的供电方式，称为三相四线制供电方式（图5-1和图5-2）。园林基本供电方式都为三相四线制。

（4）送电与配电

电厂生产的电能必须要用高压输电线输送到远距离的用电地区，然后经降压，以低压输电线将电能分配给用户。通常，发电厂的三相发电机产生的电压是 6kV、10kV 或 15kV，在送上电网之前都要通过升压，变压器将电压升高到 35kV 以上。输电距离和功率越大，则输电电压也应越高。高压电能通过电网输送到用电地区所设置的 6kV、10kV 降压变电所降低电压后，又通过中压电路输送到用户的配电变压器，并将电压再降到 380V/220V，供各种负荷使用，图 5-3 即这种送配电过程的示意图。

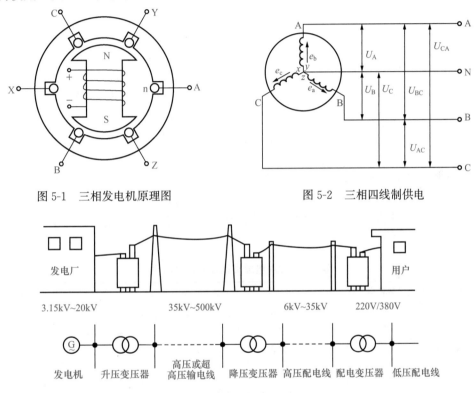

图 5-1　三相发电机原理图　　　　图 5-2　三相四线制供电

图 5-3　送配电过程示意图

（5）配电变压器

变压器是把交流电压变高或变低的电气设备，其种类多，用途广泛，选用变压器时，最主要的是注意它的电压以及容量等参数。变压器的外壳一般均附有铭牌，上面标有变压器在额定工作状态下的性能指标。在使用变压器时，必须遵照铭牌上的规定。

型号　配电变压器型号见图 5-4。

图 5-4　配电变压器型号

额定容量　变压器在额定使用条件下的输出能力，以额定功率千伏安（kV·A）计。三相变压器的额定容量按标准规定为若干等级。

额定电压　变压器各绕组在空载时额定分接头下的电压值，其单位以伏（V）或千伏（kV）表示。常用的变压器，其高压侧电压为6300V、10 000V等，而低压侧电压为230V、400V等。

额定电流　表示变压器各绕组在额定负载下的电流值，其单位以安培（A）表示。在三相变压器中，一般指线电流。

（6）配电电缆

园林工程中主要使用电缆线路，电缆线路的优点是不受外界环境影响，供电可靠性高，不占用土地，有利于环境美观。缺点是材料和安装成本高。

常见电缆种类　根据电缆的用途不同，可分为电力电缆、控制电缆、通信电缆等；按电压不同可分为低压电缆、高压电缆两种。电缆的型号中包含其用途类别、绝缘材料、导体材料、保护层等信息。目前，在低压配电系统中常用的电力电缆有YJV交联聚乙烯绝缘聚氯乙烯护套电力电缆和VV聚氯乙烯绝缘聚氯乙烯护套电力电缆两种，一般优选YJV电力电缆。

电缆敷设有直埋、电缆沟、排管、架空等方式，直埋电缆必须采用有铠装保护的电缆，埋设深度不小于0.7m；电缆敷设应选择路径最短、转弯最少、少受外界因素影响的路线。地面上在电缆拐弯处或进建筑物处要埋设标示桩，以备日后施工维护时参考。表5-2为常用电缆类型及其基本特性。

表5-2　常用电缆类型及其基本特性

电缆主类型	电缆类型名称	基本特点	说明
油浸纸绝缘电缆	黏性浸渍纸绝缘电缆	成本低，工作寿命长，结构简单，制造方便，绝缘材料来源充足。易于安装和维护；油易流淌，不宜作高落差敷设；允许工作场强较低	
	不滴流浸渍纸绝缘电缆	浸渍剂在工作温度下不滴流，适宜高落差敷设；工作寿命较黏性浸渍电缆更长，有较高的绝缘稳定性；成本较黏性浸渍纸绝缘电缆稍高	
	橡胶绝缘电缆	柔软性好，易弯曲，橡胶在很大的温差范围内有弹性，适宜作多次拆装的线路；耐寒性能较好；有较好的电气性能、机械性能和化学稳定性；对气体、潮气、水的渗透性较好；耐电晕、耐溴氧、耐热、耐油的性能较差；一般只作低压电缆用	
塑料绝缘电缆	聚氯乙烯绝缘电缆	安装工艺简单；聚氯乙烯稳定性高，具有非燃性，材料来源充足；能适应高落差敷设；敷设维护简单方便；聚氯乙烯电气性能低于聚乙烯；工作温度对其机械性能有明显的影响	
	聚乙烯绝缘电缆	有优良的介电性能，但抗电晕、游离放电性能差；工艺性能好，易于加工；耐热性差，受热易变形；易延燃，易发生应力龟裂	
	交联聚乙烯绝缘电缆	容许温升较高，故电缆的允许载流量较大；有优良的介电性能，但抗电晕、游离放电性能差；耐热性能好；易于高落差和垂直敷设；接头工艺虽较严格，但对技术水平要求不高，因此便于推广	

电缆的基本结构　电缆的基本结构（图5-5）由线芯、绝缘层和保护层三部分组成。线芯导体要有良好的导电性能，以减少输电时线路上能量的的损失；绝缘层的作用是将线芯导体与导体或导体与保护层相隔离，因此必须绝缘性能、耐热性能良好；保护层又可分为内护层和外护层两部分，用来保护绝缘层，使电缆在运输、贮存、敷设和运行中，绝缘层不受外力的损伤和防止水分的侵入，故应有一定的机械强度。在油浸纸绝缘电缆中，保护层还具有防止绝缘油外流的作用。

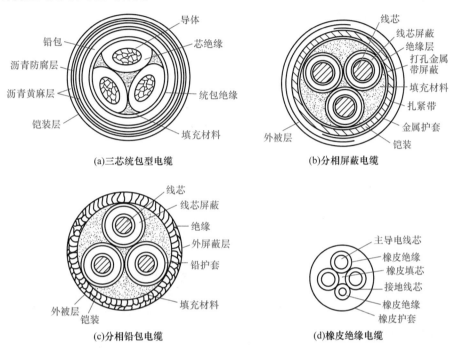

图5-5　不同结构形式的电缆

电缆线芯分铜芯和铝芯两种。铜比铝导电性好，机械强度高，但价格较高。以前多提倡采用铝导钱，近年来从节能角度多提倡采用铜导线。线芯按数目可分为单芯、双芯、三芯和四芯。

电缆型号　我国电缆产品的型号由几个大写的汉语拼音字母和阿拉伯数字组成。用字母表示电缆的类别、导体材料、绝缘种类、内护套材料、特征，用阿拉伯数字表示铠装层和外被层类型。一般一条电缆的规格除标明型号外，还说明电缆的芯数、截面、工作电压和长度，如

ZQ21-3×50－10－250

即表示铜芯、纸绝缘、铅套、双钢带铠装、纤维外被层（如油麻）、三芯、50mm²、电压为10kV、长度为250m的电力电缆。又如

YJLV22-3×120－10－300

即表示铝芯、交联聚乙烯绝缘聚氯乙烯内护套、双钢带铠装、聚氯乙烯外护套，三芯、120mm²、电压为10kV、长度300m的电力电缆。

2.园林供电照明施工主要流程

（1）施工流程图

园林工程电缆敷设、照明设施安装等低压电缆配线工程的施工流程见图5-6。

图 5-6　低压电缆配线工程施工流程

（2）施工准备

施工准备分为材料准备、机具准备和作业条件准备。

（3）直埋电缆敷设流程

直埋电缆敷设流程见图 5-7。

图 5-7　直埋电缆敷设流程

（4）变压器安装流程

变压器安装流程见图 5-8。

图 5-8　变压器安装流程

（5）动力、照明配电箱（盘）安装流程

动力、照明配电箱（盘）安装流程见图 5-9。

图 5-9　动力、照明配电箱（盘）安装流程

（6）低压电气设备安装流程

低压电气设备安装流程见图 5-10。

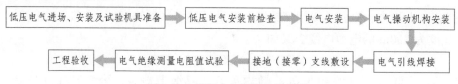

图 5-10　低压电气设备安装流程

（7）接地与避雷装置安装流程

接地与避雷装置安装流程见图 5-11。

图 5-11　接地与避雷装置安装流程

5.1.2　园林供电照明施工准备工作

1. 熟悉园林供电照明施工图图素

(1) 园林供电照明施工图构成

电气设计说明及设备表　主要介绍配电装置、线路敷设、电器安装、防雷装置以及图例符号和技术保安措施等。详细的设备表应标明设备型号、数量、用途。

电气系统图　表明供电方式，电气设备的规格型号，导线数量与规格型号，电器与导线的连接与敷设等，包括详细的配电柜电路系统图（室外照明系统、水下照明系统、水景动力系统、室内照明系统、室内动力系统、其他用电系统、备用电路系统），电路系统设计说明。标明各条回路所使用的电缆型号、所使用的控制器型号、安装方法、配电柜尺寸。

电气平面图　在总平面图基础上标明各种照明用、景观用灯具的平面位置及型号、数量，线路布置，线路编号，配电柜位置，图例符号，指北针，图纸比例。

动力系统平面图　在总平面图基础上标明各种动力系统中的泵、大功率用电设备的名称、型号、数量、平面位置线路布置，线路编号、配电柜位置，图例符号，指北针，图纸比例。

水景电力系统平面图　在水体平面中标明水下灯、水泵等的位置及型号，标明电路管线的走向及套管、电缆的型号，材料用量统计表，指北针，图纸比例。

安装详图　电器设备的安装应严格和安全，不允许发生任何事故，为给施工人员和用户提供方便，目前均采用《电气安装工程施工图册》中规定的各种安装方式进行安装。安装详图是严格按照国家标准形式进行施工的具体大样。电气施工图中一般不再画详图，但要指明图册名称、页数及采用的是哪个详图。

材料表　电气施工平面图与安装详图中，虽然能够提供电器设备、各种元器件、导线规格数量和型号，但是由于施工图都是按照国家标准图例和代号表示的，某些内容难于达到非常具体、准确，施工人员应会根据电气图纸作出具体统计和备料，把元器件和材料数量统计清楚，其表格样式见表 5-3。

表 5-3　电器元件材料数量

序号	元器件名称或代号	规格	单位	数量	备注

(2) 园林供电照明施工图判读

判读建筑电气工程图，除了应该了解建筑电气工程图的特点外，还应该按照一定判读程序进行识读，这样才能比较迅速、全面地读懂图纸，以完全实现读图的意图和目标。

看图纸目录及标题栏　了解工程名称项目内容、设计日期、工程全部图纸数量、图纸编号等。

看电气设计说明及设备表　了解工程总体概况及设计依据，了解图纸中未能表达清楚的各有关事项。如供电电源的来源、电压等级、线路敷设方式，设备安装高度及安装方式，补充使用的非国标图形符号，施工时应注意的事项等。有些分项局部问题是在各分项工程的图纸上说明的，看分项工程图纸时，也要先看设计说明。通过设计说明了解配电装置、线路敷设、电器安装、防雷装置以及图例符号和技术保安措施。通过设备表了解设备型号、数量、用途。

看电气系统图　通过电气系统图了解供电方式、电气设备的规格型号、导线数量与规格型号、电器与导线的连接与敷设等，以及各条回路所使用的电缆型号、所使用的控制器型号、安装方法、配电柜尺寸。

看电气平面图　电气平面图是建筑电气工程图纸中的重要图纸之一，如变配电所设备安装平面图（还应有剖面图），电力平面图，照明平面图，防雷与接地平面图等，都是用来表示设备安装位置、线路敷设部位、敷设方法以及所用导线型号、规格、数量，管径大小的，是安装施工、编制工程预算的主要依据图纸。

看安装详图　通过安装详图掌握电器设备的安装方法，按《电器安装工程施工图册》中规定的各种安装方式进行学习。对于没有给出安装详图的设备，要写出各种电器设备安装方法和绘制安装详图，并指明图册名称、页数及采用的是哪个详图。

列出各种电器元件材料数量表　施工图都是按照国家标准图例和代号表示的，某些内容难于达到非常具体、准确，施工人员应会根据电气图纸作出具体统计和备料，把元器件和材料数量统计清楚，表格形式见表5-6。

撰写判读报告或体会　根据判读结果，写出施工图纸判读报告，有时也称判读体会。在报告中要详细描述关键性施工点，做出电气设计、电气系统、电气平面及基础接地等图面分析、施工要求等，在此基础上草拟出施工指导意见。

（3）园林供电照明施工图图例与符号

电气图图例与符号类型多、数量多、使用复杂，园林供电照明施工图相对简单，因此在这里仅列出园林供电照明工程常用的图例与符号，如遇到不熟悉的图例与符号请查阅电气图图例与符号标准。

图形符号　园林工程常用电气图图形符号见表5-4。

表5-4　园林工程常用电气图图形符号

序号	图例	名称	说明
1		变电所	
2		杆式变压器	
3		移动式变压器	
4		控制屏、控制台	配电室及进线用开关柜
5		电力配电箱(板)	画于墙外为明装,画于墙内为暗装
6		工作照明配电箱(板)	画于墙外为明装,画于墙内为暗装
7		多种电源配电箱(板)	画于墙外为明装,画于墙内为暗装

续表

序号	图例	名称	说明
8		刀开关	
9		熔断器	除注明外均为 RCIA 型瓷插式熔断器
10		灯具一般符号	
11		双绕组变压器	
12		接线端子箱	

文字符号　园林工程电气图常用文字符号见表 5-5。

表 5-5　园林工程常用电气图文字符号

设备、装置和元器件种类	举例	基本文字符号	
		单字母	双字母
保护器件	熔断器	F	FU
	限压保护器件		FV
发电机、电源	同步发电机	G	GS
	异步发电机		GA
	蓄电池		GB
继电器、接触器	交流继电器	K	KA
	接触器		KM
电动机	电动机	M	
测量设备	电度表	P	PJ
	时钟、操作时间表		PT
电力电路开关器件	断路器	Q	QF
	电动机保护开关		QM
控制电路开关器件	控制开关	S	SA
	按钮开关		SB
变压器	控制电路电源用变压器	T	TC
	电力变压器		TM
传输通道	导线、电缆、母线	W	
端子	电缆封端和接头	X	

常用辅助文字符号　园林工程电气图常用辅助文字符号见表 5-6。

表 5-6　园林工程电气图常用辅助文字符号

序号	文字符号	名称
1	A	电流
2	AC	交流
3	B	制动
4	C	控制
5	DC	直流
6	E	接地
7	L	左、限制、低
8	M	手动、主、中
9	N	断开
10	P	保护
11	PE	保护接地
12	PEN	保护接地与中性线共用
13	T	温度、时间
14	TE	无噪声（防干扰）接地
15	NH	耐火型电缆
16	ZR	阻燃型电缆
17	H	市内电话电缆
18	Z	代表综合型
19	V	聚氯乙烯绝缘
20	YJ	交联聚乙烯绝缘
21	YZ	中型橡套电缆
22	YJZ	阻燃型铜芯交联聚乙烯绝缘电力电缆
23	VV(VLV)	聚氯乙烯绝缘聚氯乙烯护套电力电缆，括号中 L 代表铝芯电缆
24	VY(VLY)	聚氯乙烯绝缘聚乙烯护套电力电缆
25	YJV(YJLV)	交联聚乙烯绝缘聚氯乙烯护套电力电缆
26	YJY(YJLY)	交联聚乙烯绝缘聚乙烯护套电力电缆
27	B	电缆开头用 B，表示该系列归类属于布电线，电压：300/500V
28	L	铝芯电缆的代码
29	R	软电线
30	BV	铜芯聚氯乙烯绝缘电线
31	BLV	铝芯聚氯乙烯绝缘电线
32	BVR	铜芯聚氯乙烯绝缘软电线
33	BVVB	铜芯聚氯乙烯绝缘聚氯乙烯护套扁型电线，再加一层白色的护套
34	RV	铜芯聚氯乙烯绝缘连接软电线
35	RVV	铜芯聚氯乙烯绝缘聚氯乙烯护套连接软电线
36	CT	电缆桥架敷设
37	SC	表示水煤气钢管
38	FC	地面（或地板）下暗敷
39	RC1-10A	RC 表示是"熔断器，插入式"，10A 表示它的允许额定电流值是 10A。R—熔断器；C—插入式；1—设计序号；10A—额定电流

2. 园林供电照明主要施工准备工作

(1) 园林绿地配电线路的常用布置

确定电源供给点　园林绿地的电力来源，常见的有以下几种。

- 借用就近变压器。但必须注意该变压器的多余容量是否能满足新增园林绿地中各用电设施的需要，且变压器的安装地点与公园绿地用电中心之间的距离不宜太长。中小型园林绿地的电源供给常采用此法。
- 利用附近的高压电力网。即向供电局申请安装供电变压器，一般用电量较大（70～80kW 以上）的绿地最好采用此种方式供电。
- 其他方法。如果绿地（特别是风景点、区）离现有电源太远或当地电源供电能力不足时，可自行设立小发电站或发电机组以满足需要。

一般情况下，当绿地独立设置变压器时，需向供电局申请安装变压器。在选择地点时，应尽量靠近高压电源，以减少高压进线的长度。同时，应尽量设在负荷中心或发展负荷中心。表 5-7 为常用电压电力线路的传输功率和传输距离。

表 5-7　常用电压电力线路的传输功率和传输距离

额定电压/kV	线路结构	输送功率/kW	输送距离/km
0.22	架空线	50 以下	0.15 以下
0.22	电缆线	100 以下	0.20 以下
0.38	架空线	100 以下	0.25 以下
0.38	电缆线	175 以下	0.35 以下
10	架空线	3000 以下	15～8
10	电缆线	5000 以下	10

配电线路的布置　绿地布置配电线路时，要全面统筹安排考虑，应注意以下原则：经济合理、使用维修方便，不影响园林景观，从供电点到用电点，要尽量取近，走直路，并尽量敷设在道路一侧，但不要影响周围建筑及景色和交通；地势越平坦越好，要尽量避开积水和水淹地区，避开山洪或潮水起落地带。在各具体用电点，要考虑到将来发展的需要，留足接头和插口，尽量经过能开展活动的地段。因而，对于用电问题，应在绿地平面设计时作出全面安排。

- 线路敷设形式。可分为两大类：架空线和地下电缆。架空线工程简单，投资费用少，易于检修，但影响景观，妨碍种植，安全性差；而地下电缆的优缺点正与架空线相反。目前，在绿地中都尽量地采用地下电缆，尽管它一次性投资大些，但从长远的观点和发挥园林功能的角度出发，还是经济合理的。架空线仅常用于电源进线侧或在绿地周边不影响园林景观处，而在绿地内部一般均采用地下电缆。
- 线路组成。对于一些大型公园、游乐场、风景区等，其用电负荷大，常需要独立设置变电所，其主接线可根据其变压器的容量进行选择，具体应由电力部门的专业电气人员设计。

在大型园林及风景区中，常在负荷中心附近设置独立的变压器、变电所，但对于中、小型园林而言，常常不需要设置单独的变压器，而是由附近的变电所、变压器通过低压配电盘直接由一路或几路电缆供给。当低压供电线采用放射式系统时，照明供电线可由低压配电屏引出。

对于中、小型园林，常在进园电源的首端设置干线配电板，并配备进线开关、电度表以及各出线支路，以控制全园用电。动力、照明电源一般单独设回路。仅对于远离电源的单独小型建筑物才考虑照明和动力合用供电线路。

在低压配电屏的每条回路供电干线上所连接的照明配电箱，一般不超过 3 个。每个用电点（如建筑物）进线处应装刀开关和熔断器。

一般园内道路照明可设在警卫室等处进行控制，道路照明各回路有保护处，灯具也可单独加熔断器进行保护。

大型游乐场的一些动力设施应有专门的动力供电系统，并有相应的措施保证安全、可靠供电，以保证游人的生命安全。

- 照明网络。一般用 380/220V 中性点接地的三相四线制系统，灯用电压 220V。为了便于检修，每回路供电干线上连接的照明配电箱一般不超过 3 个，室外干线向各建筑物供电时不受此限制。

室内照明支线每一单相回路一般采用不大于 15A 的熔断器或自动空气开关保护，对于安装大功率灯泡的回路允许增大到 20～30A。

每一个单相回路（包括插座）一般不超过 25 个，当采用多管荧光灯具时，允许增大到 50 根灯管。

照明网络零线（中性线）上不允许装设熔断器，但在办公室、生活福利设施及其他环境正常场所，当电气设备无接零要求时，其单相回路零线上宜装设熔断器。

一般配电箱的安装高度为中心距地 1.5m，若控制照明不是在配电箱内进行，则配电箱的安装高度可提高到 2m 以上。

拉线开关安装高度一般在距地 2～3m（或者距顶棚 0.3m）处，其他各种照明开关安装高度宜为 1.3～1.5m。

一般室内暗装的插座，安装高度为 0.3～0.5m（安全型）或 1.3～1.8m（普通型）；明装插座安装高度为 1.3～1.8m，低于 1.3m 时应采用安全插座；潮湿场所的插座，安装高度距地面不应低于 1.5m；儿童活动场所（如住宅、托儿所、幼儿园及小学）的插座，安装高度距地面不应低于 1.8m（安全型插座例外）；同一场所安装的插座高度应尽量一致。

（2）直埋电缆施工准备

电缆的选择方法　在园林供配电线路中，使用的导线主要有电线和电缆。选择方法主要有机械强度法和发热条件法两种。

- 机械强度选择。由于导线本身的重量，以及风、雨、冰、雪等原因，导线承受一定的应力，如果导线过细，就容易折断，将引起停电等事故。因此，在选择导线时要根据机械强度来选择，以满足不同用途时导线的最小截面要求，按机械强度确定的导线线芯最小截面见表 5-8。

表 5-8　按机械强度确定的导线线芯最小截面

用途		线芯的最小截面/mm²		
		铜芯软线	铜线	铝线
照明用灯头引下线	民用建筑室内	0.4	0.5	1.5
	工业建筑室内	0.5	0.8	2.5
	室外	1.0	1.0	2.5
移动式用电设备	生活用	0.2		
	生产用	1.0		

用途		线芯的最小截面/mm²		
		铜芯软线	铜线	铝线
架设在绝缘支持件上的绝缘导线的支持点间距	1m 以下,室内		1.0	1.5
	室外		1.5	2.5
	1～2m,室内		1.0	2.5
	室外		1.5	2.5
	6m 及以下		2.5	4.0
	12m 及以下		2.5	6.0
	12～25m		4.0	10
	穿管敷设的绝缘导线	1.0	1.0	2.5

- 发热条件选择。每一种导线截面按其允许的发热条件都对应着一个允许的载流量。因此,在选择导线截面时,必须使其允许的载流量大于或等于线路的计算电流值。

注意电缆套管选用　一般采用绝缘电工套管 PVC 管(硬聚氯乙烯电线管),绝缘电工套管 PVC 管(硬聚氯乙烯电线管)规格尺寸见表 5-9。

表 5-9　绝缘电工套管 PVC 管(硬聚氯乙烯电线管)规格尺寸

公称直径/mm	外径/mm	极限偏差/mm	最小内径/mm		硬质套管最小壁厚/mm
			硬质	半硬质、波纹	
16	16	0～0.3	12.2	10.7	1.0
20	20	0～0.3	15.8	14.1	1.1
25	25	0～0.4	20.6	18.3	1.3
32	32	0～0.4	26.6	24.3	1.5
40	40	0～0.4	34.4	31.2	1.9
50	50	0～0.5	43.2	39.6	2.2
63	63	0～0.6	57.0	52.6	2.7

电缆施工前检测要求　材料及设备准备施工前应对电缆进行详细检查;规格、型号、截面电压等级均符合设计要求,外观无扭曲、坏损现象。

电缆敷设前进行绝缘摇测或耐压试验:用 1kV 摇表摇测线间及对地的绝缘电阻应不低于 10MΩ。电缆测试完毕,电缆应用聚氯乙烯带密封后再用黑胶布包好。

放电缆机具的安装:将滚轮提前安装好。

临时联络指挥系统的设置:由于线路较短,可用无线电对讲机联络或手持扩音喇叭指挥。电缆的搬运及支架架设:电缆短距离搬运,一般采用滚动电缆轴的方法,滚动时应按电缆轴上箭头指示方向滚动。如无箭头时,可按电缆缠绕方向滚动,切不可逆着缠绕方向滚运,以免电缆松弛。电缆支架的架设地点应选好,以敷设方便为准,一般应在电缆起止点附近为宜。架设时,应注意电缆轴的转动方向,电缆引出端应在电缆的上方。

其他附属材料:电缆盖板、电缆标示桩、电缆标志牌、油漆、汽油、封铅、硬脂酸、白布带、黑胶布、聚氯乙烯带、聚酯胶粘带等均应符合要求。

施工机具准备　电动机具、敷设电缆用的支架及轴、电缆滚轮、转向导轮、吊链、滑轮、钢丝绳、大麻绳千斤顶。

绝缘摇表、皮尺、钢锯、手锤、扳手、电气焊工具、电工工具。

作业条件准备 土建工程应具备下列条件：预留孔洞、预埋件符合设计要求、预埋件安装牢固，强度合格；电缆沟排水畅通，无积水；电缆沿线无障碍。场地清理干净、道路畅通，保护板齐备；架电缆用的轴辊、支架及敷设用电缆托架准备完毕，且符合安全要求；直埋电缆沟按图挖好，底砂铺完，并清除沟内杂物。保护板及砂子运至沟旁。

设备安装应具备下列条件：变配电室内全部电气设备及用电设备配电箱柜安装完毕；电缆保护管安装完毕，并检验合格。

（3）配电箱安装施工准备

材料准备 配电箱本体外观检查应无损伤及变形，油漆完整无损。柜（盘）内部检查：电器装置及元件、绝缘瓷件齐全，无损伤、裂纹等缺陷。

安装前应核对配电箱编号是否与安装位置相符，按设计图纸检查其箱号、箱内回路号。箱门接地应采用软铜编织线，专用接线端子。箱内接线应整齐，满足设计要求及验收规范《建筑电气工程施工质量验收规范》（GB 50303—2015）的规定。

镀锌材料：角钢、扁铁、铁皮、机螺丝、木螺丝、螺栓、垫圈、圆钉等。

绝缘导线：导线的型号规格必须符合设计要求，并有产品合格证。

其他：电器仪表、熔丝（或熔片）、端子板、绝缘嘴、铝套管、卡片框、软塑料管、木砖射钉、塑料带、黑胶布、防锈漆、灰油漆、焊锡、焊剂、电焊条（或电石、氧气）、水泥、砂子。

施工机具准备 包括铅笔、卷尺、方尺、水平尺、钢板尺、线坠、桶、刷子、灰铲、手锤、錾子、钢锯、锯条、木锉、扁锉、圆锉、剥线钳、尖嘴钳、压接钳、活扳子、套筒扳子，锡锅、锡勺、台钻、手电钻、钻头、木钻、台钳、案子、射钉枪、电炉、电气焊工具、绝缘手套、铁剪子、定点冲子、兆欧表、工具袋、工具箱、高凳等。

作业条件准备 配电箱安装场所土建应具备内粉刷完成、门窗已装好的基本条件。预埋管道及预埋件均应清理好；场地具备运输条件，保持道路平整畅通。

（4）园林灯具安装施工准备

1）材料准备。

灯具 园林中灯具的选择除考虑到便于安装维护外，更要考虑灯具的外形与周围园林环境相协调，使灯具能为园林景观增色。灯具若按结构分类可分为开启型、闭合型、密封型及防爆型。

工程链接

园灯形式丰富多样，常见的有路灯、草坪灯、地灯、庭院灯、广场灯等以及其他园灯等。

路灯 是城市环境中反映道路特征的照明装置，它排列于城市广场、街道、高速公路、住宅区以及园林绿地中的主干园路旁，为夜晚交通提供照明之便。路灯在园林照明中设置最广、数量最多。在园林环境空间中作为重要的分划和引导因素，是景观设计中应该特别关注的内容。

路灯主要由光源、灯具、灯柱、基座、基础五部分组成。由于路灯所处的环境不同，对照明方式以及灯具、灯柱和基座的造型、布置等也应提出不同的综合要求。一般有以下要求。

1）低位置灯柱。这种路灯所处的空间环境，表现出一种亲切温馨的气氛，以较小的间距为行人照明。常设于园林地面或嵌设于建筑物入口踏步，或者墙裙周围较小的环境当中。

2) 步行街路灯。灯柱的高度一般为 1～4m,灯具造型有筒形、横向展开面形、球形和方向可控式罩灯等。这种路灯一般设置于道路的一侧,可等距离排列,也可自由布置,灯具和灯柱造型突出个性,并注重细部处理,以配合人们中近距离的观赏。

3) 停车场和干道路灯。灯柱的高度为 4～12m,通常采用较强的光源和较远的距离,距离一般为10～50m。

4) 专用灯和高柱灯。专用灯指设置于具有一定规模的区域空间,高度为 6～10m 的照明装置。它的照明不局限于交通路面,还包括场所中的相关设施及晚间活动场地。

高柱灯也属于区域照明装置,高度一般为 20～40m,组合了多个灯管,可代替多个路灯使用,高柱灯亮度高,光照覆盖面广,能使应用场所的各个空间获得充分的光照,起到良好的照明效果,而且占地面积小,避免了应用场所灯杆林立的杂乱现象,同时可以节省投资,具有良好的经济性。一般设置于站前的广场、大型停车场、露天体育场、大型展览场地、立交桥等地。

草坪灯　是专门为草坪、花丛、小径旁而设计的灯具。草坪灯不仅造型优美、色彩丰富,还应与周围的环境相协调。草坪灯大多较矮,安装简单、方便,并可随意调节灯具的照射角度以及光度、光色,夜晚时光线或温馨或亮丽,使园林环境变幻莫测,给人们的生活带来浪漫的感觉。一般安装高度为 0.6～12m。

地灯　在现代园林中经常采用的地灯,一般很隐蔽,通过地灯往往只能看到所照之景物。此类灯多设在磴道石阶旁、盛开的鲜花旁和草地中,也可设在公园小径、居民区散步小路、梯级照明、矮树下、喷泉内等地方,安排十分巧妙。地灯属加压水密型灯具,具有良好的引导性及照明特性,可安装于车辆通道、步行街。灯具采用密封式设计,除了有防水、防尘功能外,也能避免水分凝结于内部,确保产品可靠和耐用。

庭院灯　庭院灯灯具外形优美,气质典雅,加之维修简便,容易更换光源,既实用又美观。特别适合于庭院、休息走廊、公园等地方使用。

广场灯　广场往往是人们聚集的地方,也是休息、游赏城市风景的地方,为使广场有效利用,最好采用高杆灯照明,灯的位置避开中央位置,以免影响集会。为了视觉效果清晰,除了保证良好的照明度和照明分布外,最好选用显色性良好的光源。以休息为主的广场,用暖色调的灯具为宜,另外,为方便维修和节能,可选用荧光灯或汞灯。

壁灯　壁灯是一系列壁嵌式的照明灯具。灯具设计新颖,在发挥照明作用的同时,能起到良好的点缀装饰作用,适用于楼道、梯阶等场所的照明。

泛光　泛光灯是宽光束照明灯具,外形新颖,体积小巧,具有极好的隐蔽性。适应能力强,同时具备良好的密封性能,可防止水分凝结于内,经久耐用。广泛应用于建筑物立面、植物夜景观等地方的照明。

水下照明灯具　灯具采用压力水密封型设计,最大浸深可达水下 10m,除具有防水功能外,亦能避免水分凝结于内部,确保产品可靠、耐用。此灯具采用最新光源,具有极高的亮度,适用于高照明要求的喷泉、溶洞、地下暗河、瀑布等的水下照明。

点光源和线光源　点光源和线光源其实是由一系列的点式光源串接而成的,色彩鲜艳。点光源的强弱、间距不同,再加上不同的控制,能产生闪烁和追逐的效果,再加上其耐用和易弯曲性,极适于勾画各种图案和建筑物的轮廓线。

礼花灯　礼花灯属于中远距离照明灯具。灯具功率大,即开即亮,具有多种小型的组合,多道旋转光束清晰亮丽,广泛应用于大型娱乐广场、音乐喷泉、水幕景观、游乐园、商业大厦、著名景观、重大活动现场等。

光束灯　光束灯属于远距离照明灯具。灯具功率大、照射距离远、穿透力强,并具有强烈的震撼力,广泛应用于大型娱乐广场、游乐园、商业大厦、著名景观、重大活动现场等。

按灯具光通量在空间中的分布情况，又可分为直射型灯具、半真射型灯具、漫射型灯具、半反射型灯具、反射型灯具等。而直射型灯具又可分为广照型、均匀配光型、配照型、深照型和特深照型五种。

灯具应根据使用环境条件、场地用途、光强分布、限制眩光等方面选用。一般选择原则如下。

① 正常环境中，宜选用开启式灯具。

② 潮湿或特别潮湿的场所可选用密闭型防水灯或防水防尘密封式灯具。

③ 按光强分布特性选择灯具，如灯具安装高度在 6m 及以下时，可采用深照型灯具。

④ 安装高度在 6～15m 时，可采用直射型灯具。

⑤ 当灯具上方有需要观察的对象时，可采用漫射型灯具；对于大面积的绿地，可采用投光灯等高光强灯具。

各种灯具的型号、规格必须符合设计要求和国家标准的规定。配件齐全，无机械损伤、变形、油漆剥落、灯罩破裂和灯箱歪翘等现象，各种型号的照明灯具应有出厂合格证、中国强制认证（China Compulsory Certification，CCC）标志和认证证书复印件，进场时做验收检查并做好记录。

灯具导线　灯具配线严禁外露，灯具使用导线电压等级不低于交流 500V，引向每个灯具的导线线芯截面面积最小不小于 1.0mm²。

灯座　无机械损伤、变形、破裂等现象。

塑料（木）台　塑料台应有足够的强度，受力后无弯翘变形等现象。木台应完整、无劈裂，油漆完好无脱落。

吊管　钢管做灯具吊管时，钢管内径不小于 10mm，钢管壁厚不小于 1.5mm。

吊钩　固定花灯的吊钩，其圆钢直径不小于灯具吊挂销、钩的直径，不小于 6mm，对于大型花灯、吊装花灯的固定及悬吊装置应按灯具重量的 2 倍做过载试验。

瓷接头　应完好、无损，配件齐全。

支架　根据灯具的重量选用相应规格的镀锌材料做支架。

灯卡具（爪子）　塑料灯卡具（爪子）不得有裂纹和缺损现象。

其他材料　胀管、木螺丝、螺栓、螺母、垫圈、弹簧、灯头铁件、铅丝、灯架、灯口、日光灯脚、灯泡、灯管、镇流器、电容器、起辉器、起辉器座、熔断器、吊盒（法兰盘）、软塑料管、自在器、吊链、线卡子、灯罩、尼龙丝网、焊锡、焊剂（松香、酒精）、橡胶绝缘带、黑胶布、砂布、抹布、石棉布等。

2）施工机具准备。

• 卷尺、小线、线坠、水平尺、铅笔、安全带等。

• 手锤、扎锥、剥线钳、扁口钳、尖嘴钳、丝锥、"一字"或"十字"改锥等。

• 台钻、电钻、电锤、工具袋、高凳等。

• 万用表、兆欧表等。

• 电烙铁、焊锡、焊剂、电工常用工具等。

3）作业条件准备。

• 灯具安装有关的建（构）筑物的土建工程质量应符合现行的建筑工程施工质量验收

规范中的有关规定。

- 灯具安装前建筑工程应满足：对灯具安装有妨碍的模板、脚手架必须拆除；顶棚、地面等抹灰工作必须完成，地面清理工作应结束，房门可以关锁。
- 在结构施工中配合土建已做好灯具安装所需预埋件的预埋工作。
- 安装灯具用的接线盒口已修好。
- 成排或对称及组成几何形状的灯具安装前应进行测量画线。

园林供电照明工程施工技术操作

5.2.1　园林供电照明工程施工技术

1. 直埋电缆施工技术操作

（1）电缆检测与临时设备架设

1）电缆检测。施工前应对电缆进行详细检查；规格、型号、截面、电压等级均符合设计要求，外观无扭曲、坏损及漏油、渗油等现象。电缆敷设前进行绝缘摇测或耐压试验，应注意以下几方面。

- 1kV 以下电缆，用 1kV 摇表摇测线间及对地的绝缘电阻应不低于 10MΩ。
- 3~10kV 电缆应事先作耐压和泄漏试验，试验标准应符合国家和当地供电部门规定。必要时敷设前仍需用 2.5kV 摇表测量绝缘电阻是否合格。
- 纸绝缘电缆，测试不合格者，应检查芯线是否受潮，如受潮，可锯掉一段再测试，直到合格为止。检查方法是：将芯线绝缘纸剥下一块，用火点着，如发出叭叭声，即电缆已受潮。
- 电缆测试完毕，油浸纸绝缘电缆应立即用焊料（铅锡合金）将电缆头封好。其他电缆应用橡皮包布密封后再用黑包布包好。

2）临时设备架设。

- 放电缆机具的安装。采用机械放电缆时，应选好适当位置安装机械，并将钢丝绳和滑轮安装好。人力放电缆时将滚轮提前安装好。
- 临时联络指挥系统的设备。线路较短或室外的电缆敷设，可用无线电对讲机联络，手持扩音喇叭指挥。
- 电缆的搬运及支架架设。

电缆短距离搬运，一般采用滚动电缆轴的方法。滚动时应按电缆轴上箭头指示方向滚动。如无箭头时，可按电缆缠绕方向滚动，切不可反缠绕方向滚运，以免电缆松弛。

电缆支架的架设地点应选好，以敷设方便为准，一般应在电缆起止点附近为宜。架设时，应注意电缆轴的转动方向，电缆引出端应在电缆轴的上方（图 5-12）。

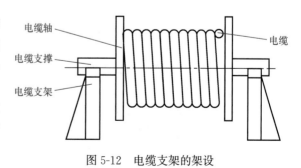
图 5-12　电缆支架的架设

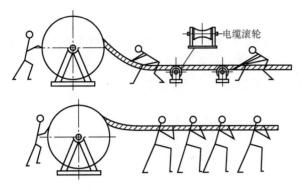

图 5-13 人力牵引示意图

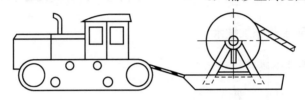

图 5-14 机械牵引（托撬）示意图

（2）直埋电缆敷设

1）清除沟内杂物，铺完底砂或细土。

2）电缆敷设可用人力牵引（图 5-13）或机械牵引。采用机械牵引可用电动绞磨或托撬（旱船法）（图 5-14）。敷设电缆时，注意电缆弯曲半径应符合规范要求。

电缆在沟内敷设应有适量的蛇形弯，电缆的两端、中间接头、电缆井内、过管处、垂直位差处均应留有适当的余度。

3）铺砂盖砖见图 5-15。

电缆敷设完毕后应请建设单位、监理单位及施工单位的质量检查部门共同进行隐蔽工程验收。

隐蔽工程验收合格，电缆上下分别铺盖 10cm 砂子或细土，然后用砖或电缆盖板将电缆盖好，覆盖宽度应超过电缆两侧 5cm。使用电缆盖板时，盖板应指向受电方向。

4）回填土。回填土前，再作一次隐蔽工程检验，合格后，应及时回填土并进行夯实。

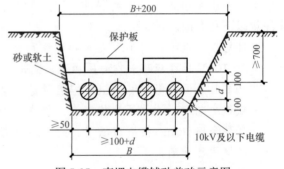

图 5-15 直埋电缆铺砂盖砖示意图

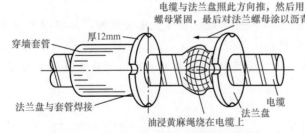

图 5-16 直埋电缆进出建筑物防水处理

5）埋标桩。电缆的拐弯、接头、交叉、进出建筑物等地段应设明显方位标桩。直线段应适当加设标桩。标桩露出地面以 15cm 为宜。

6）直埋电缆进出建筑物，室内过管口低于室外地面者，对其过管按设计或标准图册做防水处理（图 5-16）。

7）有麻皮保护层的电缆，进入室内部分，应将麻皮剥掉，并涂防腐漆。

（3）挂标志牌

1）标志牌规格应一致，并有防腐性能，挂装应牢固。

2）标志牌上应注明电缆编号、规格、型号及电压等级。

3）直埋电缆进出建筑物、电缆井及两端应挂标志牌。

4）沿支架桥架敷设电缆，在其两端、拐弯处、交叉处应挂标志牌，直线段应适当增设标志牌。

2. 配电箱安装操作技术

（1）弹线定位

根据设计要求找出配电箱的位置，并按照箱体外形尺寸进行弹线定位。

（2）明装配电箱

1）明装配电箱分为暗管明箱和明管明箱两种，其配电箱的安装方式两种大致相同，现施工中一般采用图 5-17 的做法，此做法的弊病是箱后的暗装接线盒不利于检查和维修，一旦遇到换线、查线等情况时，还得拆下明装配电箱。图 5-18 的做法可避免这个问题，方便了检查和维修，它只需在订货时按图示对箱体提出要求即可。

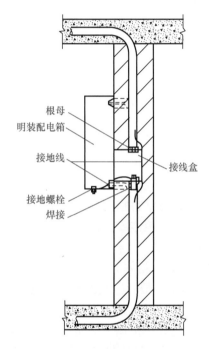

图 5-17　暗管明箱做法

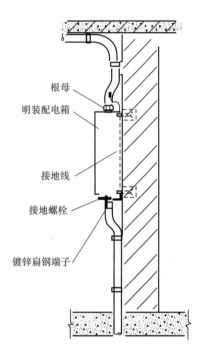

图 5-18　明管明箱做法

2）安装配电箱。

拆开配电箱　安装配电箱应先将配电箱拆开分为箱体、箱内盘芯、箱门三部分。拆开配电箱时留好拆卸下来的螺丝、螺母、垫圈等。

安装箱体　铁架固定配电箱箱体：将角钢调直，量好尺寸，画好锯口线，锯断煨弯，钻孔位，焊接。煨弯时用方尺找正，再用电（气）焊将对口缝焊牢，并将埋入端做成燕尾形，然后除锈，刷防锈漆。再按照标高用高强度等级水泥砂浆将铁架燕尾端埋入固定，埋入时要注意铁架的平直程度和孔间距离，应用线坠和水平尺测量准确后再稳住铁架，待水泥砂浆凝固后再把配电箱箱体固定在铁架上。

金属膨胀螺栓固定配电箱　采用金属膨胀螺栓可在混凝土墙或砖墙上固定配电箱，金属膨胀螺栓的大小应根据箱体重量选择。其方法是根据弹线定位的要求，找出墙体及箱体固定点的准确位置，一个箱体固定点一般为四个，均匀对准四角，用电钻或冲击钻在墙体及箱体固定点位置钻孔，其孔径应刚好将金属膨胀螺栓的胀管部分埋入墙内，且孔洞应平直不得歪斜。最后将箱体的孔洞与墙体的孔洞对正，注意应加镀锌弹垫、平垫，将箱体稍加固定，待最后一次用水平尺将箱体调整平直后，再把螺栓逐个拧牢。

工程链接

配电箱安装有一定要求：配电箱应安装在安全、干燥、易操作的场所，配电箱底边距地高度应为1.5m。照明配电板底边距地高度不应小于 1.8m；导线剥削处不应损伤线芯，线芯不宜过长，导线压头应牢固可靠，如多股导线与端子排连接时，应加装压线端子，然后一起刷锡，再压按在端子排上。如与压线孔连接时，应把多股导线刷锡后穿孔用顶丝压接，注意不得减少导线股数。导线引出面板时，面板线孔应光滑无毛刺，金属面板应铺设绝缘保护套。一般情况一孔只穿一线。

配电箱内装设的螺旋熔断器，其电源线应接在中间触点的端子上，负荷线应接在螺丝的端子上。配电箱内盘面闸具位置应与支路相对应，其下面应装设卡片框，标明回路名称。配电箱内的交流、直流或不同电压等级电源，应具有明显的标志。配电箱盘面上安装的各种刀闸及自动开关等，当处于断路状态时，刀片可动部分均不应带电（特殊情况除外）。配电箱上的小母线应带有黄（L1相）、绿（L2相）、红（L3相）、淡蓝（N零线）等颜色，黄绿相间双色线为保护地线。配电箱上电具、仪表应牢固、平整整洁。

配电箱内应分别设置零线（N）和保护地线（PE线）汇流排，各支路零线和保护地线应在汇流排上连接，不得绞接，并应有编号。配电箱内的接地应牢固良好。

安装箱内盘芯　将箱体内杂物清理干净，如箱后有分线盒也一并清理干净，然后将导线理顺，分清支路和相序，并在导线末端用白胶布或其他材料临时标注清楚，再把盘芯与箱体安装牢固，最后将导线端头按标好的支路和相序引至箱体或盘芯上，逐个剥削导线端头，再逐个压接在器具上，同时将保护地线按要求压接牢固。

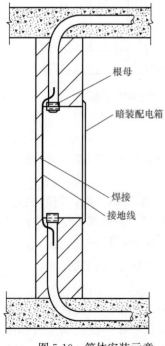

安装箱盖　把箱盖安装在箱体上。用仪表校对箱内电具有无差错，调整无误后试送电，最后把此配电箱的系统图贴在箱盖内侧，并标明各个闸具用途及回路名称，以方便以后操作。

3）在木结构或轻钢龙骨护板墙上固定明装配电箱时，应采用加固措施，在木制护板墙处应做防火处理，可涂防火漆进行防护。

（3）暗装配电箱

1）暗装配电箱中拆开配电箱及安装箱内盘芯、安装箱盖（贴脸）等各个步骤可参照明装配电箱。

2）安装箱体。根据预留洞尺寸先将箱体找好标高及水平尺寸进行弹线定位，根据箱体的标高及水平尺寸核对入箱的焊管或 PVC 管的长短是否合适，间距是否均匀，排列是否整齐等，如管路不合适，应及时按配管的要求进行调整，然后根据各个管的位置用液压开孔器进行开孔，开孔完毕后，将箱体按标定的位置固定牢固，最后用水泥砂浆填实周边并抹平齐。如箱底与外墙平齐时，应在外墙固定金属网后再做墙面抹灰，不得在箱底板上抹灰（图5-19）。

根母
暗装配电箱
焊接
接地线

图 5-19　箱体安装示意

（4）绝缘摇测

配电箱（盘）全部电器安装完毕后，用 500V 兆欧表对线路进行绝缘摇测。摇测项目包括相线与相线之间，相线与零线之间，相线与地线之间，零线与地线之间。两人进行摇测，同时做好记录。

（5）成品保护

1）配电箱箱体安装后，应采取保护措施，避免土建刮腻子、喷浆、刷油漆时污染箱体内壁。箱体内各个线管管口应堵塞严密，以防杂物进入线管内。

2）安装箱盘盘芯、面板或贴脸时，应注意保持墙面整洁。安装后应锁好箱门，以防箱内电具、仪表损坏。

工程链接

园灯的布置技巧：在公园入口、开阔的广场，应选择发光效果较高的直射光源，灯杆的高度一般为 5～10m，灯的间距为 35～40m。在园路两旁的灯不宜悬挂过高，一般为 4～6m，灯杆的间距为 30～50m，如为单杆顶灯，则悬挂高度为 2.5～3m，灯距为 20～25m。在道路交叉口或空间的转折处应设指示园灯。在某些环境如踏步、草坪、小溪边可设置地灯，特殊处还可采用壁灯。在雕塑等处可使用探照灯、聚光灯、霓虹灯等。景区、景点的主要出入口、广场、林荫道、水面等处，可结合花坛、雕塑、水池、步行道等设置庭院灯，庭院灯多为 1.5～4.5m 的灯柱，灯柱多采用钢筋混凝土或钢制成，基座常用砖或混凝土、铸铁等制成，灯型多样。适宜的形式不仅起照明作用，而且起着美化装饰作用，并且还有指示作用，便于夜间识别。

5.2.2　园林灯具安装技术

1. 园灯安装

灯架、灯具安装　按设计要求测出灯具（灯架）安装高度，在电杆上画出标记。将灯架、灯具吊上电杆（较重的灯架、灯具可使用滑轮、大绳吊上电杆），穿好抱箍或螺栓，按设计要求找好照射角度，调好平整度后，将灯架紧固好。成排安装的灯具其仰角应保持一致，排列整齐。

配接引下线　将针式绝缘子固定在灯架上，将导线的一端在绝缘子上绑好，并分别与灯头线、熔断器进行连接。将接头用橡胶布和黑胶布半幅重叠各包扎一层。然后，将导线的另一端拉紧，并与路灯干线背扣后进行缠绕连接。

每套灯具的相线应装有熔断器，且相线应接螺口灯头的中心端子。

引下线与路灯干线连接点距杆中心应为 400～600mm，且两侧对称一致。

引下线凌空段不应有接头，长度不应超过 4m，超过时应加装固定点或使用钢管引线。

导线进出灯架处应套软塑料管，并做防水弯。

试灯　全部安装工作完毕后，送电、试运行，并进一步调整灯具的照射角度。

2. 霓虹灯安装

（1）安装技术要点

1）霓虹灯管本身容易破碎，管端部还有高压，因此应安装在人不易触及的地方，并不应和建筑物直接接触，固定后的灯管与建筑（构）筑物表面的最小距离不宜小于 20mm。

2）霓虹灯管由$\phi10\sim\phi20$的玻璃管弯制成。灯管两端各装一个电极，玻璃管内抽成真空后，再充入氖、氩等惰性气体作为发光的介质，在电极的两端加上高压，电极发射电子激发管内惰性气体，使灯管电流导通发出红、绿、蓝、黄、白等不同颜色的光束。

3）安装霓虹灯灯管时，一般用角铁做成框架，框架既要美观，又要牢固，在室外安装时还要经得起风吹雨淋。

安装时，应在固定霓虹灯管的基面上（如立体文字、图案、广告牌和牌匾的面板等），确定霓虹灯每个单元（如一个文字）的位置。灯体组装时要根据字体和图案的每个组成件（每段霓虹灯管）所在位置安设灯管支持件（也称灯架），灯管支持件要采用绝缘材料制品（如玻璃、陶瓷、塑料等），其高度不应低于4mm，支持件的灯管卡接口要与灯管的外径相匹配。支持件宜用一个螺钉固定，以便调节卡接口与灯管的衔接位置。灯管和支持件要用绑线绑扎牢靠，每段霓虹灯管其固定点不得少于2处，在灯管的较大弯曲处（不含端头的工艺弯折）应加设支持件。霓虹灯管在支持件上装设不应承受应力。

4）霓虹灯管要远离可燃性物质，其距离应在30cm以上，与其他管线应有150mm以上的间距，并应设绝缘物隔离。

霓虹灯管出线端与导线连接应紧密可靠以防打火或断路。

5）安装灯管时应用各种玻璃或瓷制、塑料制的绝缘支持件固定。有的支持件可以将灯管直接卡入，有的则可用$\phi0.5$的裸细铜线扎紧，如图5-20所示。安装灯管时不可用力过猛，用螺钉将灯管支持件固定在木板或塑料板上。

6）室内或橱窗里的霓虹灯管安装时，在框架上拉紧已套上透明玻璃管的镀锌钢丝，组成$200\sim300$mm间距的网格，然后将霓虹灯管用$\phi0.5$的裸铜丝或弦线等与玻璃管绞紧即可，如图5-21所示。

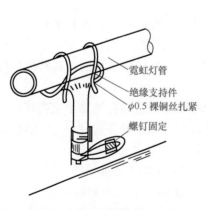

图5-20　霓虹灯管支持件固定

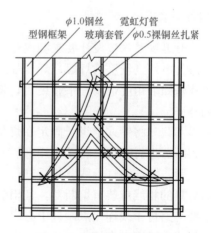

图5-21　霓虹灯管绑扎固定

（2）霓虹灯低压电路的安装

对于容量不超过4kW的霓虹灯，可采用单相供电；对超过4kW的大型霓虹灯，需要提供三相电源，霓虹灯变压器要均匀分配在各相上。

在霓虹灯控制箱内一般装设有电源开关、定时开关和控制接触器。

控制箱一般装设在邻近霓虹灯的房间内。为防止在检修霓虹灯时触及高压，在霓虹灯与控制箱之间应加装电源控制开关和熔断器，在检修灯管时，先断开控制箱开关再断开现场的控制开关，以防止造成误合闸而使霓虹灯管带电的危险。

霓虹灯通电后，灯管内会产生高频噪声电波，它将辐射到霓虹灯的周围，严重干扰电视机和收音机的正常使用。为了避免这种情况发生，只要在低压回路上接装一个电容器即可。

（3）霓虹灯高压线的连接

霓虹灯专用变压器的二次导线和灯管间的连接线，应采用额定电压不低于 15kV 的高压尼龙绝缘线。霓虹灯专用变压器的二次导线与建（构）筑物表面之间的距离均不应大于 20mm。

高压导线支持点间的距离，在水平敷设时为 0.5m；垂直敷设时，支持点间的距离为 0.75m。高压导线在穿越建筑物时，应穿双层玻璃管加强绝缘，玻璃管两端须露出建筑物两侧，长度各为 50～80mm。

3. 其他园林灯具安装

（1）彩灯安装

1）安装彩灯时，应使用钢管敷设，严禁使用非金属管作敷设支架。管路安装时，首先按尺寸将镀锌钢管（厚壁）切割成段，端头套丝，缠上油麻，将电线管拧紧在彩灯灯具底座的丝孔上，勿使漏水，这样将彩灯一段一段连接起来。然后按画出的安装位置线就位，用镀锌金属管卡将其固定，固定在距灯位边缘 100mm 处，每管设一卡就可以了。固定用的螺栓可采用塑料胀管或镀锌金属胀管螺栓。不得打入木楔用木螺钉固定，否则容易松动脱落。

2）彩灯装置的配管本身也可以不进行固定，而固定彩灯灯具底座。在彩灯灯座的底部原有圆孔部位的两侧，顺线路的方向开一长孔，以便安装时进行固定位置的调整和管路热胀冷缩时有自然调整的余地，如图 5-22 所示。

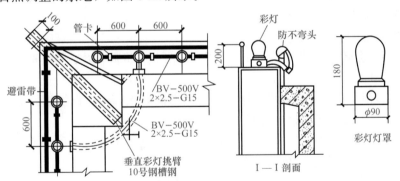

图 5-22　固定式彩灯装置做法

土建施工完成后，在彩灯安装部位顺线路的敷设方向拉通线定位。根据灯具位置及间距要求，沿线打孔埋入塑料胀管。把组装好的灯底座及连接钢管一起放到安装位置（也可边固定边组装），用膨胀螺钉将灯座固定。

3）彩灯穿管导线应使用橡胶铜导线敷设。彩灯装置的钢管应与避雷带（网）进行连接，并应在建筑物上部将彩灯线路线芯与接地管路之间接以避雷器或放电间隙，借以控制放电部位，减少线路损失。

较高的主体建筑，垂直彩灯一般采用悬挂方法，安装较方便。但对于不高的楼房、塔楼、水箱间等垂直墙面也可采用镀锌管沿墙垂直敷设的方法。

4）彩灯悬挂敷设时要制作悬具，悬具制作较繁复，主要材料是钢丝绳、拉紧螺栓及其附件，导线和彩灯设在悬具上。彩灯采用防水灯头和彩色白炽灯泡。

5）悬挂式彩灯多用于建筑物的四角无法装设固定式的部位。采用防水吊线灯头连同线路一起悬挂于钢丝绳上，悬挂式彩灯导线应采用绝缘强度不低于500V的橡胶铜导线，截面不应小于$4mm^2$。灯头线与干线的连接应牢固，绝缘包扎紧密。导线所载灯具重量的拉力不应超过该导线的允许机械强度，灯的间距一般为700mm，距地面3m以下的位置上不允许装设灯头。

（2）雕塑、雕像的饰景照明灯具安装

高度不超过5～6m的小型或中型雕塑，其饰景照明的方法如下。

1）照明点的数量与排列，取决于被照目标的类型。要求是照明整个目标，但不要均匀，其目的是通过阴影和不同的亮度，再创造一个轮廓鲜明的效果。

根据被照明目标的位置及其周围的环境确定灯具的位置。处于地面上的照明目标，孤立地位于草地或空地中央。此时灯具的安装，尽可能与地面平齐，使周围的外观不受影响，减少眩光的危险。也可装在植物或围墙后的地面上。

2）坐落在基座上的照明目标，孤立地位于草地或空地中央。为了控制基座的亮度，灯具必须放在更远一些的地方。基座的边不能在被照明目标的底部产生阴影，这也是非常重要的。

坐落在基座上的照明目标，位于行人可接近的地方。通常不能围着基座安装灯具，因为从透视上来讲距离太近。只能将灯具固定在公共照明杆上或装在附近建筑的立面上，但必须注意避免眩光。

3）对于雕塑、雕像，通常照明脸部的主体部分以及雕塑、雕像的正面。背部照明要求低得多，或在某些情况下，一点都不需要照明。

对某些雕塑、雕像，材料的颜色是一个重要的要素。一般说，用白炽灯照明有好的显色性。通过使用适当的灯泡——汞灯、金属卤化物灯、钠灯，可以增加材料的显色性。采用彩色照明最好能做一下光色试验。

（3）旗帜的照明灯具安装

1）由于旗帜会随风飘动，应该始终采用直接向上的照明，以避免眩光。

2）对于装在大楼顶上的一面独立的旗帜，可在屋顶上布置一圈投光灯具，圈的大小是旗帜能达到的极限位置。将灯具向上瞄准，并略微向旗帜倾斜。根据旗帜的大小及旗杆的高度，可以用3～8支宽光束投光灯照明。

3）当旗帜插在一个斜的旗杆上时，从旗杆两边低于旗帜最低点的平面上分别安装两支投光灯具，这个最低点是在无风情况下确定来的。

4）当只有一面旗帜装在旗杆上时，也可以在旗杆上装一圈PAR密封型光束灯具。为了减少眩光，这种灯组成的圆环离地至少2.5m高，并为了避免烧坏旗帜布料，在无风时，圆环离垂挂的旗帜下面至少有40cm。

5）对于多面旗帜分别升在旗杆顶上的情况，可以用密封光束灯分别装在地面上进行照明。为了照亮所有的旗帜，不论旗帜飘向哪一方向，灯具的数量和安装位置取决于所有旗帜覆盖的空间。

（4）喷水池和瀑布的照明

1）喷水池的照明在水流喷射的情况下，将投光灯具装在水池内的喷口后面或装在水流重新落到水池内的下落点下面。或者在这两个地方都装上投光灯具。

水离开喷口处的水流密度最大，当水流通过空气时会产生扩散。由于水和空气有不同的折射率，使投光灯的光在进出水柱时产生二次折射。在"下落点"，水已变成细雨一般。

投光灯具装在离下落点大约 10m 的水下，使下落的水珠产生闪闪发光的效果。

2）对于水流和瀑布，灯具应装在水流下落处的底部。

3）输出光通应取决于瀑布的落差和与流量成正比的下落水层的厚度，还取决于流出口的形状所造成水流的散开程度。

4）对于流速比较缓慢、落差比较小的阶梯式水流，每一阶梯底部必须装有照明。线状光源（荧光灯、线状的卤素白炽灯等）最适合于这类情形。

5）由于下落水的重量与冲击力，可能冲坏投光灯具的调节角度和排列。所以必须牢固地将灯具固定在水槽的墙壁上或加重灯具。

6）具有变色程序的动感照明，可以产生一种固定的水流效果，也可以产生变化的水流效果。图 5-23 是针对采用的不同流水效果的灯具安装方法。

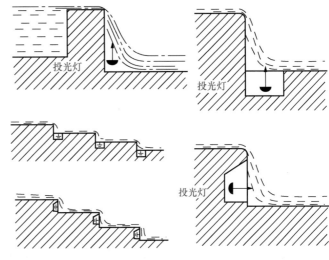

图 5-23　针对采用的不同流水效果的灯具安装方法

4. 潜水电泵的安装使用

（1）安装前的技术检验

线路检验　潜水电泵的电气线路应完整，且连接正确可靠。必须有过流保护装置。若用刀闸式开关，则必须使用合格的保险丝，不得随意加粗或用金属丝代替。电缆线要连接准确，防止把电源线错接在电机的零线上。电机的引出线与电缆线的连接必须可靠，否则会产生接触不良而发热，导致短路或断路。

接地线　电机必须有符合技术标准的接地线。

绝缘检验　将电机、电缆放入水中浸泡 22h 后，用 500V 或 1000V 兆欧表检查电机绕组对地的绝缘，电阻不应小于 5MΩ。

电机旋转方向的检验　有些潜水电泵正反转都能出水，但反向转动出水量小，且使电流增大，对电机绕组不利。因此，机组下水前，应首先向电机内充满纯净清水（湿式潜水泵），并向泵体内灌水，润滑轴承，然后接通电源，瞬时启动电机，观察电机旋转方向，确认正确并无异常时，方可正式下水作业。

泵组水下保持正确位置　水泵在水中应保持直立状态，不得倾斜。固定应可靠，尤其不得埋入泥土中，以防烧毁电泵。潜水深度应保持在水面以下 1～2m，距井底不小于 3m，以便抽吸洁净水。

（2）潜水泵的安装

1）安装潜水电泵时基本要求。

- 潜水泵所接电源的容量应大于 5.5kV·A。如果电源容量过小，潜水泵启动时电压会下降过多，轻则对其他用电器造成影响，重则不能起动潜水泵。

- 潜水泵所接电源电压要在 340～420V（三相电源）。低于这一范围泵很难起动，高于这一范围有可能损坏电机。如果泵离电源的位置较远时，一定要使用足够截面的电缆导线连接，以减少线路电压的损失。

- 潜水泵的控制开关一般要求使用磁力起动器或空气开关，以保证水下工作的电泵发生短路、缺相、过载等故障时能自动跳闸。如果一时没有，可用三相闸刀开关代替，但所用熔丝不得用铜丝、铁丝等代替。

- 潜水泵的引线为铜电缆，和铝接线电缆连接时，要采用铜铝过渡零件，以保证接触良好。铜端用螺钉和引线铜电缆接在一起，铝端采用冷压方法和铝线电缆压接在一起。如果现场没有冷压工具，可选一个内径比铝端直径小一些的螺母，锯开后将螺母包压在连接部位，用虎钳夹紧。实践证明这种方法也能做到接触良好、可靠。

- 潜水泵应做好可靠接地保护，以保证使用时的设备与人身安全。接地线要用截面大于 $4mm^2$ 的铜导线，并牢固地连接在接地装置上，接地电阻要小于 10。如无固定的接地装置时，可在电源或电泵附近地面潮湿处埋入一根 1m 以上的金属棒作为接地装置。

- 潜水泵投入使用前，要用 500V 的兆欧表检查电机的绝缘，相间电阻及对地电阻应在 $0.5M\Omega$ 以上；还要通电检查电机的旋转方向是否和标注方向一致，若不一致时，则把电缆中某两引出线交换接在电源上即可。

- 潜水泵在空气中通电检查或运行的时间不能大于 5min。因为水泵电机是利用水散热的，在空气中运行时间过长，易造成电机过热损坏绕组。

2）其他方面的注意事项。

- 出水配管连接到潜水泵的出水接口上时，一定要使用管卡或 8 号铅丝扎牢、紧固，以防松脱或漏水。

- 将电缆分节绑扎在出水管上；用直径 4mm 的钢丝或较粗的尼龙绳拴在泵体的提手或耳环上，慢慢地将水泵放入水中。严禁将电缆作为吊绳，以免造成电缆脱落与损坏。

- 潜水泵应垂直悬吊在水中，不能横着或斜着放，以免轴承和轴封偏磨以及电机散热不良。悬吊的深度，对于干式与充水式水泵在水下 1m 左右为好，对于油浸式与屏蔽式在水下 3m 左右为好，过深将影响机械密封作用。

- 水泵的进水滤网外面要套上铁丝网或竹筐，以防杂草污物堵塞滤网影响流量或卡住叶轮烧坏电机。

- 在潜水泵附近设置"防止触电"的警示牌，告知人们不要在此游泳、洗衣或让牲畜下水等。

任务5.3　园林供电照明工程施工质量检测

5.3.1　工程施工质量检测基本标准

本规定适用于10kV 及以下的园林工程电缆铺设、照明设施安装等低压电缆配线工程的施工及验收。照明及供电工程作为园林工程的子单位进行验收评定。园林供电及照明工程验收的分部、分项工程如表 5-10 所示。

表 5-10　园林供电及照明工程验收的分部、分项工程

序号	分部工程	分项工程
1	电缆敷设	原材料、沟槽工程、直埋电缆敷设、沟槽回填、非直埋电缆敷设、电缆头制作、接线和线路绝缘测试
2	园林灯具安装	原材料、灯具基础、灯具安装
3	变配电室	执行《建筑电气工程施工质量验收规范》(GB 50303—2015)
4	成套配电柜、控制柜(屏、台)和动力、照明配电箱(盘)安装	
5	低压电气设备安装	
6	接地装置安装	
7	避雷装置	
8	通电试验	
9	安全保护	执行《城市道路照明工程施工及验收规程》(CJJ 89—2012)

5.3.2　电缆敷设检测

1. 一般规定

当电缆的规格、型号需作变更时，应办理设计变更文件；在回填之前，应进行隐蔽工程验收。其内容包括电缆的规格、型号、数量、位置、间距等。

2. 原材料

主控项目

- 电缆必须有合格证、检验报告。合格证有生产许可证编号，有安全认证标志。外护层有明显标识和制造厂标。
- 电缆在敷设前应用 500V 兆欧表进行绝缘电阻测量，阻值不得小于 10MΩ。
- 电缆外观应无损伤，绝缘良好，严禁有绞拧、铠装压扁、护层断裂和表面严重划伤等缺陷。电缆保护管必须有合格证，检验报告。
- 金属电缆管连接应牢固，密封良好；金属电缆管严禁对口熔焊连接；镀锌和壁厚小于或等于 2cm 的钢导管不得套管熔焊连接。

检验方法：检查合格证、检验报告，观察，表测。检查数量：按批抽样。

一般项目

- 直埋电缆宜采用铠装电缆。
- 三相四线制应采用等芯电缆；三相五线制的 PE 线可小一级，但不应小于 16mm²。
- 电缆保护管不应有孔洞、裂缝和明显的凹凸不平，内壁应光滑无毛刺，管口宜做成喇叭形，金属电缆管应采用热镀锌管或铸铁管，其内径不宜小于电缆外径的 1.5 倍，混凝土管、陶土管、石棉水泥管其内径不宜小于 100mm。
- 电缆管在弯制后不应有裂缝和明显的凹凸现象，其弯扁程度不宜大于管子外径的 10%。
- 硬制塑料管连接应采用插接，插入深度宜为管子内径的 1.1~1.8 倍，在插接面上应

涂以胶合剂粘牢密封。

- 电缆管连接时，管孔应对准，接缝应严密，不得有地下水和泥浆渗入。电缆管应有不小于 0.1％排水坡度。
- 金属电缆管应在外表涂防腐漆或涂沥青，镀锌管锌层剥落处应涂防腐漆。
- 电缆管的弯曲半径不应小于所穿入电缆的最小允许弯曲半径。

检验方法：观察、尺量。检查数量：按批抽样，全数检查。

3. 沟槽工程

主控项目

- 沟槽必须清理干净，不得受水浸泡。
- 沟槽位置必须符合设计要求。

检验方法：观察、尺量。检查数量：全数检查。

一般项目　电缆在埋地敷设时，覆土深度不得小于 700mm。

检验方法：尺量。检查数量：全数检查。

允许偏差项目　沟槽高程、宽度、长度允许偏差符合表 5-11 规定。

表 5-11　沟槽高程、宽度、长度允许偏差

序号	项目	允许偏差	检验方法
1	槽底高程	±30mm	水准仪测量
2	沟槽宽度	0～50mm	钢尺测量
3	沟槽长度	与设计间距差小于 2％	钢尺测量

4. 直埋电缆敷设

主控项目交流单相电缆单根穿管时，不得用钢管或铸铁管。不同回路和不同电压等级的电缆不得穿于同一根金属管，电缆管内电缆不得有接头。

检验方法：观察。检查数量：全数检查。

一般项目电缆直埋敷设时，沿电缆全长上下应铺设厚度不小于 100mm 的细土或细砂，沿电缆全长应覆盖宽度不小于电缆两侧各 50mm 的保护板，保护板上宜设醒目的标志。

直埋敷设的电缆穿越广场、园路时应穿管敷设，电缆埋设深度应符合下列规定。

绿地、车行道下不应小于 0.7m；在不能满足上述要求的地段应按设计要求敷设。电缆之间、电缆与管道之间平行和交叉时的最小净距应符合表 5-12 的指标。

过街管道、绿地与绿地间管道应在两端设置工作井，超过 50m 时

表 5-12　电缆之间、电缆与管道之间平行和交叉时的最小净距

项目	最小净距/m	
	平行	交叉
电力电缆间及其与控制电缆间	0.1	0.5
不同使用部门的电缆间	0.5	0.5
电缆与地下管道间	0.5	0.5
电缆与油管道、可燃气体管道间	1.0	0.5
电缆与建筑物基础(边线)间	0.6	—
电缆与热力管道及热力设备间	2.0	0.5

应增设工作井，灯杆处宜设置工作井。工作井规定：井盖应有防盗措施；井深不得小于1m，并应有渗水孔；井宽不应小于70cm。

直埋电缆进入电缆沟、隧道、竖井、构筑物、盘（柜）以及穿入管子时，出入口应封闭，管口应密封。

直埋电缆在直线段每隔 50～100m，以及转弯处和进入构筑物处应设置固定明显的标记。

敷设混凝土管、陶土管时，地基应坚实、平整，不应有沉降。同一回路的电缆应穿于同一金属导管内。

检测方法：观察、尺量。检查数量：全数检查。

5. 沟槽回填

主控项目 回填前应将槽内清理干净，不得有积水、淤泥。严禁含有建筑垃圾、碎砖等块料。

一般项目 直埋电缆沟回填应分层夯实。压实密度应满足如下要求：在电缆上 30cm 以内达到 75%～80%，30cm 以上达到 85%以上。

检验方法：环刀法。检查数量：每 100m 检查一组。

6. 电缆头制作、接线和线路绝缘测试

低压电线和电缆，线间和线对地间的绝缘电阻值必须大于 $0.5M\Omega$。铠装电力电缆头的接地线应采用铜绞线或镀锡铜编织线。电缆线芯线截面积在 $16mm^2$ 及以下的，接地线截面积与电缆芯线截面积相等；电缆芯线截面积在 $16～120mm^2$ 的，接地线截面积为 $16mm^2$。电线、电缆接线必须准确，并联运行电线或电缆的型号、规格、长度、相位应一致。

芯线与电器设备的连接应符合下列规定。

- 截面积在 $1.0mm^2$ 及以下的单股铜芯线和单股铝芯线直接与设备、器具的端子连接。
- 截面积在 $2.5mm^2$ 及以下的多股铜芯线拧紧搪锡或接续端子后与设备的端子连接。
- 截面积大于 $2.5mm^2$ 的多股铜芯线，除设备自带插接式端子外，接续端子后与设备或器具的端子连接；多股铜芯线与插接式端子连接前，端部拧紧搪锡。
- 多股铝芯线接续端子后与设备、器具的端子连接。
- 每个设备和器具的端子接线不多于 2 根电线。

电线、电缆的芯线连接金具（连接管和端子），规格应与芯线的规格适配，且不得采用开口端子。电线、电缆的回路标记应清晰、编号准确。

检测方法：观察、尺量。检查数量：全数检查。

5.3.3 园林灯具安装检测

1. 原材料

主控项目 灯具必须有合格证，检验报告。每套灯具的导电部分对地绝缘电阻值必须大于 $2M\Omega$，有安全认证标志。

灯具内部接线为铜芯绝缘电线芯线截面积不小于 $0.5mm^2$，橡胶或聚氯乙烯（PVC）绝

缘电线绝缘层厚度不小于 0.6mm。

使用额定电压不低于 500V 的铜芯绝缘线。功率小于 400W 的最小允许线芯截面积应为 1.5mm²，功率在 400～1000W 的最小允许线芯截面积应为 2.5mm²。

水池和类似场所灯具（水下灯和防水灯）的密闭和绝缘性能有异议时，按批抽样送有资质的试验室检测。

检测方法：检查合格证、检验报告，表测，尺量。检查数量：按批抽样。

一般项目 灯具配件应齐全，无机械损伤、变形、油漆剥落、灯罩破裂等现象；反光器应干净整洁，表面应无明显划痕；灯头应牢固可靠，可调灯头应按设计调整至正确位置。

灯具的自动通、断电源控制装置动作准确，每套灯具熔断器盒内熔丝齐全，规格与灯具适配。

灯具应防水、防虫并能耐除草剂与除虫药水的腐蚀。

检测方法：检查合格证、检验报告，观察。检查数量：按批抽样。

2. 灯具基础

主控项目 灯具基础不应有影响结构性能和安全性能的尺寸偏差。灯具基础不应有影响灯具安装的尺寸偏差。灯具基础外观质量不应有严重缺陷。

检测方法：尺量，观察。检查数量：全数检查。

一般项目 灯具基础尺寸、位置应符合设计规定。设计无要求时，基础埋深不小于 600mm，基础平面尺寸应大于灯座尺寸 100mm，基础应采用钢筋混凝土基础，基础混凝土强度等级不应低于 C20。

检测方法：尺量，观察。检查数量：全数检查。

基础内电缆护管从基础中心穿出并应超出基础平面 30～50mm，浇筑钢筋混凝土基础前必须排除坑内积水。

检测方法：尺量，观察。检查数量：全数检查。

在保证安全情况下基础不宜高出草地，以避免破坏景观效果。

允许偏差项目 见表 5-13。

表 5-13 灯具基础允许偏差

序号		项目	允许偏差/mm	检验方法
1		坐标位置	20	钢尺检查
2		平面标高	0,—20	水准仪或拉线，钢尺检查
3		平面外形尺寸	±20	钢尺检查
4		平面水平度	5	水平尺、水准仪或拉线，钢尺检查
5		垂直度	5	经纬仪或吊线，钢尺检查
6	预埋地脚螺栓	标高	+20,0	水准仪或拉线，钢尺检查
		中心距	2	钢尺检查
7	预埋地脚螺栓孔	中心线位置	10	钢尺检查
		深度	+20,0	钢尺检查
		孔垂直度	10	吊线,钢尺检查

序号		项目	允许偏差/mm	检验方法
8	预埋活动地脚螺栓锚板	标高	+20,0	水准仪或拉线,钢尺检查
		中心线位置	5	钢尺检查
		带梢锚板平整度	5	钢尺、塞尺检查
		带螺纹孔锚板平整度	2	钢尺、塞尺检查

3. 灯具安装

主控项目 立柱式路灯、落地式路灯、草坪灯、特种园艺灯等灯具与基础固定可靠,地脚螺栓备帽齐全。灯具的接线盒或熔断器盒盒盖的防水密封垫完整。立柱及灯具可接近裸露导体接地(PE)或接零(PEN)可靠。接地线单设干线,干线沿庭院灯布置位置形成环网状,且不少于 2 处与接地装置引出线连接。由线引出支线与金属灯柱及灯具的接地端子连接,且有标识。水下灯具安装应符合设计要求,电线接头应严密防水。要能够易于清洁或检查表面。对必须安装在树上的灯具,其安装环应可调,电线接头部分绝缘良好。

检测方法:表测,观察。检查数量:全数检查。

一般项目 园路、广场的固灯安装高度、仰角、装灯方向宜保持一致,并与环境协调一致。灯杆不得设在易被车辆碰撞地点,且与供电线路等空中障碍物的安全距离应符合供电有关规定。

检测方法:观察。检查数量:全数检查。

允许偏差项目 灯杆的允许偏差应符合下列规定。

- 长度允许偏差宜为杆长的±0.5%。
- 杆身横截面尺寸允许偏差宜为±0.5%。
- 一次成型悬臂灯杆仰角允许偏差宜为±1°。
- 接线孔尺寸允许偏差宜为±0.5%。
- 灯杆应固定牢固,与园路中心线垂直,允许偏差应为 3mm。
- 灯间距与设计间距的偏差应小于 2%。

检测方法:观察、尽量。检查数量:全数检查。

5.3.4 配电箱安装质量检测

1)成套柜、控制柜(台、箱)质量要求符合《建筑电气工程施工质量验收规范》(GB 50303—2015)的规定,见表 5-14。

表 5-14 成套柜、控制柜(台、箱)质量要求规定

类别	序号	项目	允许偏差或允许值
主控项目	1	金属框架的接地或接零	第 5.1.1 条
	2	电击保护和保护导体的截面积	第 5.1.2 条
	3	手车、抽屉式成套配电柜的推拉和动、静触头检查	第 5.1.3 条
	4	成套配电柜的交接试验	第 5.1.5 条
	5	成套配电柜、箱及控制柜(台、箱)间线路绝缘电阻值测试	第 5.1.6 条
	6	成套配电柜、箱及控制柜(台、箱)间二次回路耐压试验	第 5.1.6 条
	7	直流柜试验	第 5.1.7 条

类别	序号	项目		允许偏差或允许值
一般项目	1	柜、台、箱间或与基础型钢的连接		第5.2.1条
	2	柜、台、箱间接缝、成列盘面偏差检查		第5.2.5条
	3	柜、台、箱间内检查试验		第5.2.6条
	4	低压电器组合		第5.2.7条
	5	柜、台、箱间配线		第5.2.8条
	6	柜、台、箱与其面板间可动部位的配线		第5.2.9条
	7	基础型钢安装允许偏差	不直度/(mm/m)	≤1.0
			水平度/(mm/全长)	≤5.0
			不平行度/(mm/全长)	≤5.0
	8	垂直度允许偏差		≤1.5‰

2）照明配电箱（盘）质量要求符合《建筑电气工程施工质量验收规范》（GB 50303—2015）的规定，见表5-15。

表5-15　照明配电箱（盘）质量要求规定

类别	序号	项目	允许偏差或允许值
主控项目	1	金属箱体的接地或接零	第5.1.1条
	2	电击保护和保护导体的截面积	第5.1.2条
	3	箱(盘)间线路绝缘电阻值测试	第5.1.6条
	4	箱(盘)内结线及开关动作等	第5.1.12条
一般项目	1	箱(盘)内检查试验	第5.2.6条
	2	低压电器组合	第5.2.7条
	3	箱(盘)间配线	第5.2.8条
	4	箱与其面板间可动部位的配线	第5.2.9条
	5	箱(盘)安装位置、开孔、回路编号等	第5.2.10条
	6	垂直度允许偏差	≤1.5‰

5.3.5　通电试验

1）照明系统通电，灯具回路控制应与照明配电箱及回路的标识一致；开关与灯具控制顺序相对应，风扇的转向及调速开关应正常。

2）公园广场照明系统通电连续试运行时间应为24h，游园、单位及居住区绿地照明系统通电连续试运行时间应为8h。所有照明灯具均应开启，且应2h记录运行状态1次，连续试运行时间内无故障。

相关链接 ☞

陈科东，2014. 园林工程施工技术［M］. 2版. 北京：中国林业出版社.

陈绍宽，唐晓棠，2021. 园林工程施工技术［M］. 北京：中国林业出版社.

李世华，等，2015. 市政工程施工图集［M］. 2版. 北京：中国建筑工业出版社.

梁伊任，2000．园林建设工程 ［M］．北京：中国城市出版社．

新筑股份 http://www.xinzhu.com/

筑龙网 https://www.zhulong.com/

思考与训练 ☞

1. 园林供电照明工程施工准备工作有哪些内容？

2. 如何阅读园林供电照明工程施工图？

3. 低压电缆有哪些类型？

4. 低压电器设备有哪些？

5. 叙述直埋电缆的施工工艺流程与操作方法。

6. 简述各种园林灯具的安装方法。

7. 简述园林配光工程施工技术要点。

8. 简述低压配电箱安装技术方法。

9. 简述直埋电缆工程的验收标准和验收方法。

10. 简述园林灯具安装工程的验收标准和验收方法。

11. 模拟一居住小区，设计室外配光工程，用施工方案样式撰写该配光工程技术方案，要求从施工环境特点、配光设备（电缆、控制箱、灯柱灯具）选择、施工流程、施工方法到设备安装、质量要求全过程进行方案设计。

12. 以瀑布、喷泉、草坪配光为例，通过整体方案编制，以图面（布置图、平面图、施工图）形式完成瀑布、喷泉、草坪配光布置。用表格形式列出所需施工材料。

项目 6

园林建筑小品工程施工

教学目标 ☞

　　落地目标：能够完成园林建筑小品工程施工与检验验收工作。

　　基础目标：

　　1. 学会编制园林建筑小品工程施工流程。

　　2. 学会园林建筑小品工程施工准备工作。

　　3. 学会建筑小品工程施工操作。

　　4. 学会建筑小品工程施工质量检验工作。

技能要求 ☞

　　1. 能编制亭、园林小桥、花架、园墙、砌体等工程施工流程。

　　2. 能完成亭、园林小桥、花架、园墙、砌体等施工准备。

　　3. 具备亭、园林小桥、花架、园墙、砌体工程等施工操作能力。

　　4. 能对亭、园林小桥、花架、园墙、砌体工程等进行施工质量检验。

任务分解 ☞

　　园林建筑小品工程包括花架、花坛、现代亭、廊、景墙、围墙、隔断、小桥、小卖部、展台以及各种装饰造型和园林构筑物等，本项目同时包含小型园林古建筑的施工内容，如古建四角亭、六角亭、圆亭以及古建小桥等，在古建部分以单层单檐建筑为主，简单介绍重檐建筑。

　　1. 了解并能制定园林建筑小品工程施工流程及准备作业计划。

　　2. 熟悉且具有园林建筑小品工程施工技术操作的能力。

　　3. 能养成园林建筑小品工程施工安全意识，且具备施工质量检测能力。

任务 6.1 园林建筑小品工程施工流程及施工准备

6.1.1 园林建筑小品工程施工基本流程

1. 园林建筑小品构造识读

（1）亭的基本构造与组成

亭一般由亭顶、亭柱（亭身）、台基（亭基）三部分组成（图6-1）。

　　亭顶　亭的顶部梁架可用木材制成，也用钢筋混凝土或金属铁架等。亭顶一般可分为平顶和尖顶两类。形状有方形、圆形、多角形、仿生形、"十"字形和不规则形等。顶盖的材料则可用瓦片、稻草、茅草、树皮、木板、树叶、竹片、柏油纸、石棉瓦、塑胶片、铝片、铁皮等。

　　亭柱（亭身）　亭柱的构造依材料而异，有水泥、石块、砖、树干、木条、竹竿等，亭一般无墙壁，故亭柱在支撑及美观要求上都极为重要。柱的形式有方框（海棠柱、长方柱、正方柱等）、圆柱、多角柱、梅花柱、瓜棱柱、多段合柱、包镶柱、拼贴梭柱、花篮悬柱等。柱的色泽各有不同，可在其表面上绘成或雕成各种花纹以增加美观。

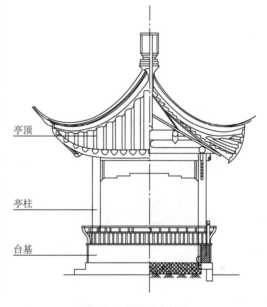

图 6-1 亭的基本构造

　　台基（亭基）　台基多以混凝土为材料，若地上部分负荷较重，则需加钢筋、地梁；若地上部分负荷较轻，用竹柱、木柱盖以稻草的亭，则仅在亭柱部分掘穴以混凝土做成基础即可。

　　其他的园林建筑如廊、水榭、舫、轩、楼、阁等其构造原理与亭基本相同，只不过更复杂一些，就不再赘述了，读者可以自己去了解。只要掌握了亭的结构和构造，能够读懂施工图和做法大样图，就可以按图施工了。

　　（2）园桥的基本构造与组成

　　园桥由上部结构、下部支撑结构两大部分组成。上部结构包括梁（或拱、栏杆等），是园桥的主体部分，要求既坚固又美观。下部结构包括桥台、桥墩等支撑部分，是园桥的基础部分，要求坚固耐用，耐水流的冲刷。桥台桥墩要有深入地基的基础，上面应采用耐水流冲刷材料，还应尽量减少对水流的阻力。园桥的基本结构如图6-2所示。

　　石拱小桥结构　上部结构包括拱券、拱腹填料、桥面、栏杆，下部结构包括桥墩、桥台及护坡、基础及桩。

　　石拱桥在结构上分成多铰与无铰拱形式。拱桥主要受力构件是拱券，拱券由细料石榫卯拼接构成。为使拱券石在外荷载作用下共同工作（图6-3），这就不单取决于榫卯方式，还有赖于拱券石的砌置方式。

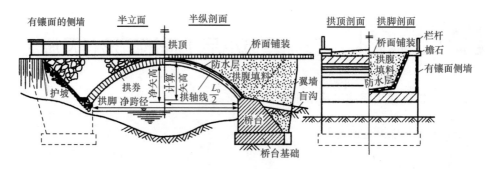

图 6-2　园桥的基本结构

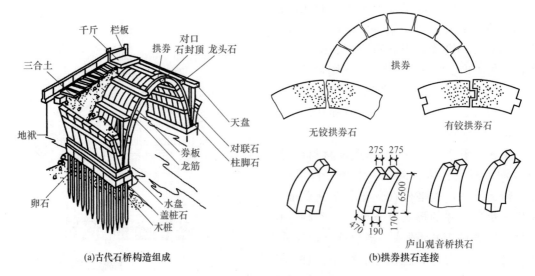

(a)古代石桥构造组成

(b)拱券拱石连接

图 6-3　石拱桥基本构造

园林中常见的是单孔石拱桥，单孔石拱桥平面形状基本相似，见图 6-4。

木桥施工结构　木桥分为上下两部分，上部为梁、板、栏杆，下部为桥墩、桥台。

仿木小桥施工结构　仿木小桥施工结构与木桥基本相同。

（3）花架的构造组成

花架类型较多，常见的花架构造见图 6-5。

架顶　架顶是花架最上部的组成部分，主要承受藤本植物的重量及相应风、雪、雨等荷载。

架顶一般由搁栅、横梁所组成。搁栅主要承托花架藤本植物，并把相应的荷载传递给横梁。横梁一般顺着花架的开间方向支承于立柱上。当花架的进深较大时，在横梁下沿进深方向设置主梁（又叫大梁、纵梁），并加设横梁之间的桁条，以缩短搁栅的支承跨度。图 6-6 为架顶的几种结构。

架顶一般使用耐腐的杉木或钢筋混凝土做成，其构件矩形截面的高度一般为相应跨度的 1/15~1/8，截面宽度常为高度的 1/3~1/2。现多用轻钢材料作为架顶，具有轻巧、时尚感。

立柱　立柱是花架中间的组成部分，主要把架顶部分的荷载传递给基础，并支撑起架顶，以形成一定的高度空间。立柱的材料一般为砌块砌筑、钢筋混凝土、型钢或木材。使用砌体

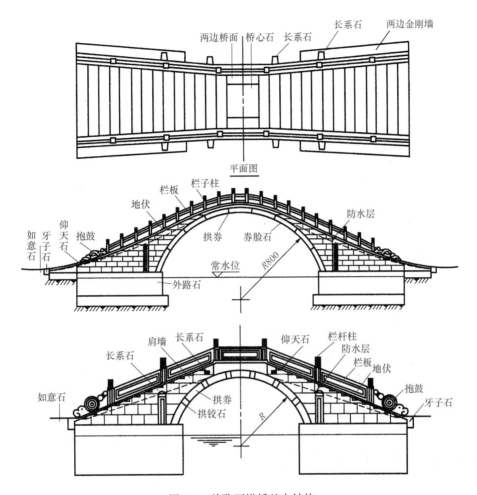

图 6-4　单孔石拱桥基本结构

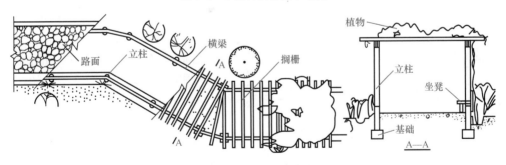

图 6-5　花架的构造组成

与钢筋混凝土，应该在柱表面作装饰处理，例如，涂刷涂料、抹灰、块料贴面等方法。

　　基础　基础是花架的底部组成部分，花架基础常采用独立基础的结构形式，基础与柱的连接构造方式与立柱材料、柱的造型、截面有关。

　　地面铺装　花架地面应做相应铺装，便于使用。常见的铺装有混凝土面层、碎石、卵石、砖地面等。

　　栏杆与坐凳　花架临空或面水一侧，常设置座凳、座椅和栏杆，凳面材料一般为石材、木材、硬质塑料以及不锈钢板材。

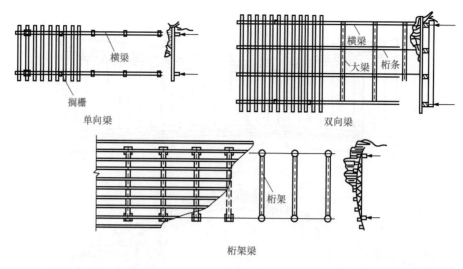

图 6-6 架顶的几种结构

种植穴 种植穴设在花架外侧，并背向座凳。

（4）园墙的基本构造与组成

园墙主要由墙身、墙顶、基础等部分构成，如图 6-7 所示。

墙身 墙身为园墙的主体构成部分，又称为墙体。墙身一般由结构体系与装饰体系两部分所组成。墙的结构体系除了形成一定的空间形状外，在力学结构性能上主要承受水平推力。为了加强对水平推力的承载能力，除了加厚墙身外，还可以采用加设墙墩或组成曲折的平面布置，以增强其刚度和稳定性，如图 6-8 所示。

墙身一般使用砖块或空心砌块砌筑，底部高 400～600mm 部分可用毛石砌筑。墙墩一般采用与墙体相同的材料，有时采用钢筋混凝土材料做成。

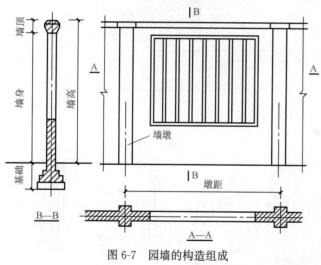

图 6-7 园墙的构造组成

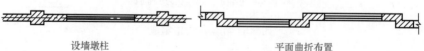

图 6-8 墙身的加固

墙身的装饰体系即为墙面的装饰处理，主要有抹灰和贴面两种。抹灰一般使用各种带水泥的砂浆抹于墙面，以形成美化与保护的功能。贴面做法则在墙面上粘贴各种块材，以形成各种多样的视觉感观形象。有时，可在墙面上设计各式各样的漏窗。

墙顶 墙顶是园墙上部的收头部分，常设一现浇钢筋混凝土的压顶梁，然后组砌设计所要求线条线脚，再进行相应的装饰处理。

墙顶的装饰处理的形式和方法很多，中式园林的园墙墙顶，较多采用传统的瓦片（琉璃瓦）压顶。西式园林的墙墩顶上，有时设置几何体或人物雕塑物。现代的园墙墩上，有时设置相应的罩灯座，以体现出一定的灯头景观效果。图 6-9 为墙顶的几种构造形式。

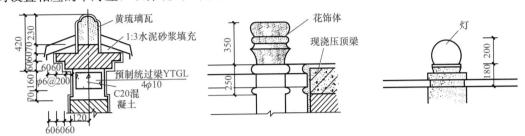

图 6-9   墙顶的几种构造形式

基础   园墙的基础，主要承受园墙的垂直荷载并传递给底下地基。基础宽度一般为 600～1200mm，埋置深度为 600～1000mm，应该通过相应的计算而定。

基础可以使用块材砌筑而成，并下设垫层，上设现浇钢筋混凝土圈梁，如图 6-10 所示。

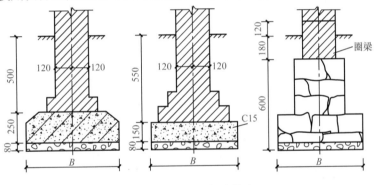

图 6-10   基础的构造做法

构造缝   构造缝分为伸缩缝和沉降缝两种，统称为变形缝。伸缩缝距离一般 30～40m，缝宽 20～30mm。缝中填入柔性弹性材料。沉降缝宽一般为 30～80mm。

门洞和窗洞   园墙上开设洞口，作为门窗之用，园林中称为门洞和窗洞，又称景门和景窗。门洞形式有多种类型，主要有几何形和仿生形两类。门洞宽度一般不小于 800mm，高度不宜小于 2100mm。门洞的跨度小于 1200mm 时，可采用砖砌平拱过梁，或将门洞整体预制后安装。当跨度大于 1200mm 时，洞顶须设置钢筋混凝土过梁。

在园墙上开设不到墙脚底的洞称为窗洞。窗洞分为空窗、漏窗、景窗。空窗为有窗扇的窗洞，也称月窗。窗洞以砖、瓦、木、混凝土预制组合成各种图案的窗称为漏窗。以自然形体为窗架的窗称为景窗。窗洞顶过梁处理与门洞相同。

其他墙体如花坛砌筑、花台砌筑与园墙砌筑相似，只是体量大小、使用材料有所不同。

2. 常见园林建筑小品工程施工基本流程

（1）木质亭施工流程
根据木质亭施工图及做法要求，其施工流程如图 6-11 所示。
（2）混凝土小拱桥施工流程
根据混凝土小拱桥施工图及做法要求，其施工流程如图 6-12 所示。

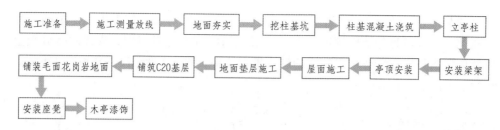

图 6-11　木质亭施工流程

图 6-12　混凝土拱桥施工流程

（3）园墙的施工流程

根据园墙施工图及做法要求，其施工流程如图 6-13 所示。

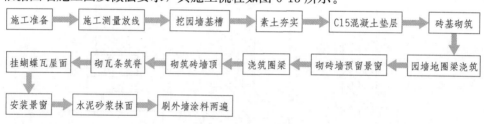

图 6-13　园墙施工图流程

（4）花架的施工流程

根据花架施工图及做法要求，其施工流程如图 6-14 所示。

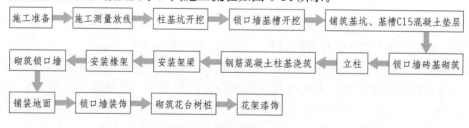

图 6-14　花架的施工流程

6.1.2　园林建筑小品工程施工准备

1. 园林施工物资准备

材料、构（配）件、制品、机具和设备是保证施工顺利进行的物资基础，这些物资的准备工作必须在工程开工之前完成。根据各种物资的需要量计划，分别落实货源，安排运输和储备，使其满足连续施工的要求。

（1）物资准备工作的内容

物资准备工作主要包括建筑材料的准备、构（配）件和制品的加工准备和建筑安装机具的准备和生产工艺设备的准备。

建筑材料的准备 建筑材料的准备主要是根据施工预算的工料分析,按照施工进度计划的使用要求和材料储备定额和消耗定额,按材料名称、规格、使用时间进行汇总,编制出材料需要量计划,为组织备料、确定仓库、场地堆放所需的面积和组织运输等提供依据。

构(配)件、制品的加工准备 根据施工预算提供的构(配)件、制品的名称、规格、质量和消耗量,确定加工方案和供应渠道以及进场后的储存地点和方式,编制出其需要量计划,为组织运输、确定堆场面积等提供依据。

建筑安装机具的准备 根据采用的施工方案安排施工进度,确定施工机械的类型、数量和进场时间,确定施工机具的供应办法和进场后的存放地点和方式,编制建筑安装机具的需要量计划,为组织运输、确定堆场面积等提供依据。

生产工艺设备的准备 按照拟建工程生产工艺流程及工艺设备的布置图,提出工艺设备的名称、型号、生产能力和需要量,确定分期分批进场时间和保管方式,编制工艺设备需要量计划,为组织运输、确定堆场面积提供依据。

(2)物资准备工作的程序

物资准备工作的程序是做好物资准备的重要手段。通常按如下程序进行。

1)根据施工预算、分部(项)工程施工方法和施工进度的安排,拟定材料、构(配)件及制品、施工机具和工艺设备等物资的需要量计划。

2)根据各种物资需求量计划,组织货源,确定加工、供应地点和供应方式,签订物资供应合同。

3)根据各种物资的需要量计划和合同,拟运输计划和运输方案。

4)按照施工总平面图的要求,组织物资按计划时间进场,在指定地点,按规定方式进行储存或堆放。

2. 园林建筑小品工程施工准备工作举例

现以景观花坛砌体施工为例,说明其应做的准备工作。

(1)工具准备

常用工具为皮尺、绳子、木桩、木槌、铁锹、经纬仪、全站仪等,并按规范要求清理施工现场。

(2)材料准备

砂浆拌制 停放机械的地方,土质要坚实平整,防止土面下沉造成机械倾侧。砂浆搅拌机的进料口上应装上铁栅栏遮盖保护。严禁脚踏在拌合筒和铁栅栏上面操作。传动皮带和齿轮必须装防护罩。工作前应检查搅拌叶有无松动或磨刮筒身现象,检查出料机械是否灵活,检查机械运转是否正常。必须在搅拌叶达到正常运转后,方可投料。转叶转动时,不准用手或棒等其他物体去拨刮拌合筒口灰浆或材料。出料时必须使用摇手柄,不准用手转拌合筒。工作中机具如遇故障或停电,应拉开电闸,同时将筒内拌料清除。

砌块淋湿 砖、小型砌块等,均应提前在地面上用水淋(或浸水)至湿润,不应在砌块运到操作地点时才进行,以免造成场地湿滑。

材料运输 车子运输砖、砂浆等应注意稳定,不得高速行驶,前后车距离应不少于2m;下坡行车,两车距应不少于10m。禁止并行或超车。所载材料不许超出车厢之上。禁止用手向上抛砖运送,人工传递时,应稳递稳接。两人位置应避免在同一垂直线上。在操作地点的地面临时堆放材料时,要放在平整坚实的地面上,不得放在湿润积水或泥土松软、崩裂的地方，距基坑 0.5～1.0m 以内不准堆料。

（3）作业条件准备

基础砌砖前基槽或基础垫层施工均已完成，并办理好工程隐蔽验收手续。

砌筑前，地基均已完成并办理好工程隐蔽验收手续。

砌体砌筑前应做好砂浆配合比技术交底及配料的计量准备。

普通砖、空心砖等在砌筑前一天应浇水湿润，湿润后普通砖、空心砖含水率宜为 10%～15%，不宜采用即时浇水淋砖，即时使用。各种砌体严禁干时砌筑。

砌体施工应弹好花坛的主要轴线及砌体的砌筑控制边线，经有关技术部门进行技术复线，检查合格方可施工。基础砌砖应弹出基础轴线和边线、水平标高。

砌体施工应设置皮数杆，并根据设计要求、砖块规格和灰缝厚度在皮数杆上标明皮数及竖向构造的变化部位。

根据皮数杆最下面一层砖的标高，可用拉线或水准仪进行抄平检查，如砌筑第一皮砖的水平灰缝厚度超过 20m，应先用细石混凝土找平，严禁在砌筑砂浆中掺填碎砖或用砂浆找平，更不允许采用两侧砌砖、中间填心找平的方法。

（4）定点放线

根据设计图和地面坐标系统的对应关系，用测量仪器把花坛群中主花坛中心点坐标测设到地面上，再把纵横中轴线上的其他中心点的坐标测设下来，将各中心点连线，即在地面上放出了花坛群的纵横线。据此可量出各处个体花坛的中心，最后将各处个体花坛的边线放到地面上就可以了。具体可按龙门板上轴线定位钉将花坛墙身中心轴线放到基础面上，弹出纵横墙身边线，墙身中心轴线，见图6-15。

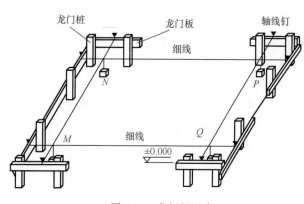

图 6-15　龙门板示意

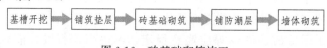

任务6.2　园林建筑小品工程施工操作

6.2.1　建筑小品基础工程施工操作

1. 砖基础砌筑施工

（1）施工程序（图6-16）

基槽开挖 → 铺筑垫层 → 砖基础砌筑 → 铺防潮层 → 墙体砌筑

图 6-16　砖基础砌筑施工

（2）施工步骤

基槽开挖　按照放线范围开挖基槽，然后槽底夯实。

铺筑垫层　园林墙体一般用 C10 或 C15 的混凝土做垫层，厚 100mm，宽度每边比大放脚最下层宽 100mm。

基础弹线　垫层施工完毕后，即可进行基础的弹线工作。弹线之前应先将表面清扫干净，并进行一次抄平，检查垫层顶面是否与设计标高相符。如符合要求，即可按下列步骤进行弹线。

· 在基槽四角各相对龙门板（也可是轴线控制桩）的轴线标钉处拉线（图 6-17）。

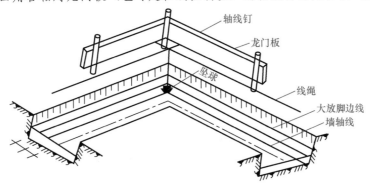

图 6-17　基础弹线示意图

· 沿线绳挂线坠，找出线坠在垫层上的投影点（数量根据需要选定）。
· 用墨斗弹出这些投影点的连线，即外墙基中心轴线。
· 根据基础平面尺寸，用钢尺量出各内墙基中心轴线的位置，并用墨斗弹出，即内墙基中心轴线。再根据基础剖面图，量出基础大放脚的外边沿线，并用墨斗弹出（根据需要可弹出一边或两边）。
· 按设计的要求进行复核，核查无误后即可进行砖基础的砌筑。放线尺寸的容许偏差见表 6-1。

表 6-1　放线尺寸的容许偏差

长度 L、宽度 B 的尺寸/m	容许偏差/mm	长度 L、宽度 B 的尺寸/m	容许偏差/mm
$L(B) \leqslant 30$	±5	$60 < L(B) \leqslant 90$	±15
$30 < L(B) \leqslant 60$	±10	$L(B) > 90$	±20

立基础皮数杆　先在垫层上找出墙的轴线和基础大放脚的外边线，然后在转角处、"丁"字交接处、"十"字交接处及高低踏步处立基础皮数杆，在皮数杆上画出砖的皮数、大放脚退台情况及防潮层位置。基础皮数杆要利用水准仪抄平，如图 6-18 所示。

摆砖样　砌筑前，按选用的组砌方法，应先用干砖试摆，尽量使门窗垛符合砖的模数，砖砌体的水平灰缝厚度和竖向灰缝宽度一般控制在 8～12mm。

砖基砌筑　砌筑时，砖基础的砌筑高度是用皮数杆来控制的。如发现垫层表面水平标高有高低偏差时，可用砂浆或 C10 细石混凝土找平后再开始砌筑。如果偏差不大，也可在砌筑过程中逐步调整。砌大放脚时，先砌好转角端头，然后以两端为标准拉好线绳进行砌筑。砌筑不同深度的基础时，应先砌深处，后砌浅处，在基础高低处要砌成

图 6-18　基础皮数

踏步式。踏步长度不小于1m，高度不大于0.5m。基础中若有洞口、管道等，砌筑时应及时正确按设计要求留出或预埋，并留出一定的沉降空间。砌完砖基础，应立即进行回填，回填土要在基础两侧同时进行，并分层夯实。砖基础尺寸和位置的容许偏差见表6-2。

表6-2　砖基础尺寸和位置的容许偏差

序号	项目	容许偏差/mm	序号	项目	容许偏差/mm
1	基础顶面标高	±15	3	表面平整(2m)	8
2	轴线位移	10	4	水平灰缝平直(10m)	10

工程链接

砖基础施工质量要满足下列要求：砌体砂浆必须密实饱满，水平灰缝的砂浆饱满度不得低于80%；砂浆试块的平均强度不得低于设计的强度等级，任意一组试块的最低值不得低于设计强度等级的75%；组砌方法应正确，不应有通缝，转角处和交接处的斜槎和直槎应通顺密实；直槎应按规定加拉结条，预埋件、预留洞应按设计要求留置。

2. 砖墙砌筑施工

（1）施工程序
砖墙的砌筑程序如图6-19所示。

（2）施工步骤
抄平、放线　为了保证建筑物平面尺寸和各层标高的正确，砌筑前，必须准确地定出各层楼面的标高和墙柱的轴线位置，以作为砌筑时的控制依据，如图6-20所示。

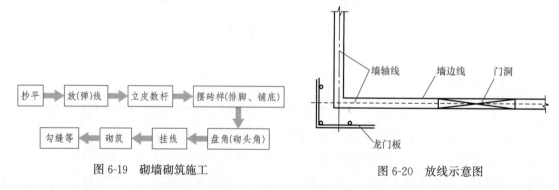

图6-19　砌墙砌筑施工　　　　　图6-20　放线示意图

砌墙前应在基础防潮层定出各层标高，并用M7.5水泥砂浆或C10细石混凝土找平，使各段砖墙底部标高符合设计要求。找平时，需使上下两层外墙之间不致出现明显的接缝。

根据龙门板上给定的轴线及图纸上标注的墙体尺寸，在基础顶面上用墨线弹出墙的轴线和墙的宽度线，并分出门洞口位置线。二楼以上墙的轴线可以用经纬仪或垂球将轴线引上，并弹出各墙的宽度线，画出门洞口位置线。

立皮数杆　皮数杆是一种方木标志杆。皮数杆是指在其上划有每皮砖和砖缝厚度，以及门窗洞口、过梁、楼板、梁底、预埋件等标高位置的一种木制标杆，如图6-21所示。它是砌筑时控制砌体竖向尺寸的标志。

摆砖样　摆砖样是指在基础墙顶面上，按墙身长度和组砌方式先用砖块试摆。摆砖的目的是使每层砖的砖块排列和灰缝均匀，并尽可能减少砍砖，组砌得当。在砌清水墙时尤其重要。

　　盘角（砌头角）、挂线　皮数杆立好后，通常是先按皮数杆砌墙角（盘角），每次盘角不得超过五皮砖，在砌筑过程中应勤靠勤吊，一般三皮一吊，五皮一靠，把砌筑误差消灭在操作过程中，以保证墙面垂直、平整。砌一砖半厚以上的砖墙必须双面挂线，然后将准线挂在墙角上，拉线砌中间墙身。一般三七厚以下的墙身砌筑单面挂线即可，更厚的墙身砌筑则应双面挂线。

　　砌筑、勾缝　砖砌体的砌筑方法有"三一砌法"、挤浆法、刮浆法和满口灰法等。一般采用一块砖、一铲灰、一挤揉的"三一砌法"。清水墙砌完后，应进行勾缝。勾缝是砌清水墙的最后一道工序，方法有两种：一种是原浆勾缝，即利用砌墙的砂浆随砌随勾，多用于内墙面；另一种是加浆勾缝，即待墙体砌筑完毕后，利用1∶1的水泥砂浆或加色砂浆进行勾缝。勾缝要求横平竖直，深浅一致，搭接平整并压实抹光。勾缝完毕后应清扫墙面。

图 6-21　墙身皮数杆

　　为了保证各层墙身轴线的重合和施工方便，在弹墙身轴线时，应根据龙门板上的轴线位置将轴线引测到房屋的墙基上。二层以上各层的轴线，可用经纬仪或线坠引测到楼层上去，同时还应根据图纸上的轴线尺寸用钢尺进行校核。各楼层外墙窗口位置亦用线坠吊线校核，检查是否在同一铅垂线上。

　　砖砌体的技术要求　砖砌体砌筑时砖和砂浆的强度等级必须符合设计要求。

- 砌筑时水平灰缝的厚度一般为8~12mm，竖缝宽一般为10mm。为了保证砌筑质量，墙体在砌筑过程中应随时检查垂直度，一般要求做到三皮一吊线，五皮一靠尺。
- 为减少灰缝变形引起砌体沉降，一般每日砌筑高度以不超过1.8m为宜，雨天施工时，每日砌筑高度不宜超过1.2m。
- 砖砌体相邻工作段的高度差，不得超过一个楼层的高度，也不宜大于4m。工作段的分段位置宜设在伸缩缝、沉降缝、防震缝或门窗洞口处。砌体临时间断处的高度差不得超过一步架高。
- 砌砖工程当采用铺浆法砌筑时，铺浆长度不得超过750mm；施工期间气温超过30℃时，铺浆长度不得超过500mm。
- 墙体的接槎，接槎是指先砌砌体和后砌砌体之间的接合方式。砖墙转角处和交接处应同时砌筑，严禁无可靠措施的内外墙分砌施工。对不能同时砌筑而又必须留置的临时间断处，应砌成斜槎，斜槎水平投影长度不应小于高度的2/3（图6-22）。若临时间断处留斜槎确有困难时，除转角处外，可留直槎，但直槎必须做成阳槎，并应加设拉结钢筋，拉结钢筋的数量为每120mm墙厚放置1ϕ6拉结钢筋（240mm厚墙放置2ϕ6拉结钢筋），间距沿墙高不应超过500mm，埋入长度从留槎处算起每边均不应小于500mm，对抗震设防烈度6度、7度地区，不应小于1000mm；末端应有90°弯钩，如图6-23所示。
- 隔墙与墙或柱如不同时砌筑而又不留成斜槎时，可于墙或柱中引出阳槎，并于墙的立缝处预埋拉结筋，其构造要求同上，但每道不少于2根钢筋。
- 施工时需在砖墙中留置的临时孔洞，其侧边离交接处的墙面不应小于500mm；洞口净宽度不应超过1m，且顶部应设置过梁。抗震烈度为9度的建筑物，临时孔洞的留置应会同设计单位研究决定。

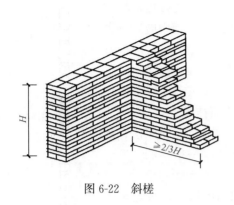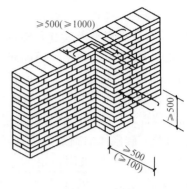

图 6-22　斜槎　　　　　　　　　　　图 6-23　直槎

- 不得在下列墙体或部位中留设脚手眼。
  - 空斗墙、半砖墙和砖柱；
  - 砖过梁上与过梁成 60° 的三角形范围及过梁净跨度 1/2 的高度范围内；
  - 宽度小于 1m 的窗间墙；
  - 梁或梁垫下及其左右各 500mm 的范围内；
  - 砖砌体门窗洞口两侧 200mm 和转角 450mm 的范围内；石砌体门窗洞口两侧 300mm 和转角 600mm 的范围内；
  - 设计不允许设置脚手眼的部位。不大于 80mm×140mm，可不受③④⑤规定的限制。
- 混凝土构造柱的施工。设混凝土构造柱的墙体，混凝土构造柱的截面一般为 240mm×240mm，钢筋采用 Ⅰ 级钢筋，竖向受力钢筋一般采用 4 根，直径为 12mm。箍筋直径为 6mm，其间距为 200mm，楼层上下 500mm 范围内应适当地加密箍筋，其间距为 100mm。构造柱的竖向受力钢筋应在基础梁和楼层圈梁中锚固，并应符合受拉钢筋的锚固长度要求。砖墙与构造柱应沿墙高每隔 500mm 设置 2 根直径为 6mm 的水平拉结筋，拉结筋每边伸入墙内不应少于 1m。当墙上门窗洞边到构造柱边的长度小于 1m 时，水平拉结筋伸到洞口边为止。图 6-24 是一砖墙转角及 T 字交接处水平拉结筋的布置。

砖墙与构造柱相接处，应砌成马牙槎，每个马牙槎高度方向的尺寸不宜超过 300mm（或五皮砖砖高）；每个马牙槎应退进 60mm。每个楼层面开始应先退槎后进槎，如图 6-25 所示。

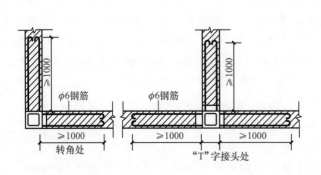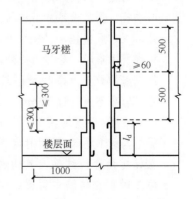

图 6-24　一砖墙转角及"T"字交接处水平拉结钢筋的布置　　　图 6-25　砖墙马牙槎的布置

6.2.2　常见园林建筑小品工程施工做法

1. 景亭的施工做法

（1）木亭顶的施工做法

亭子的顶，以攒尖顶为多，也有用歇山顶、硬山顶、象顶、卷棚顶的，现用钢筋混凝土作平顶式亭较多。

攒尖顶在结构构造上比较特殊，它一般应用于正多边形和圆形平面的亭子上。攒尖顶的各戗脊由各柱顶向中心上方逐渐集中成一尖顶，用"顶饰"来结束，外形呈伞状。屋顶的檐角一般反翘。北方起翘比较轻微，显得平缓、持重；南方戗角兜转耸起，如半月形翘得很高，显得轻巧飘洒。

攒尖顶的施工作法，南、北方不尽相同。北方的景亭多按《清工部工程做法》：方形亭，先在四角按抹角梁以构成梁架；在抹角梁的正中立童柱或木墩，然后在其上安檩枋，叠落至顶；在角梁的中心交汇点安"雷公柱"，"雷公柱"的上端伸出层面作顶饰，称为"宝顶""宝瓶"等，瓦制或琉璃制，其下端隐在天花内，或露出雕成旋纹、莲瓣之类。六角亭最重要的是先将亭子的步架定好，两根平行的长扒梁搁在两头的柱子上；在其上搭短扒梁；然后在放射性角梁与扒梁的水平交点处承以童柱或木墩。这种用长扒梁及短扒梁互相叠落的做法，在长扒梁过长时显然是不经济的。圆形的攒尖顶亭子，基本做法相同，不过，由于额枋等全需做成弧形的，比较费工费料。因此做得不多。

南方的攒尖顶的梁架构造，一般分为以下三种形式。

用老戗支撑灯心木　这种做法可在灯心木下做轩，加强装饰性。但由于刚性较差，只适用于较小的亭。

用大梁支撑灯心木　一般大梁仅一根，如亭较大，可架两根，或平行，或垂直，但因梁架较零乱，需做天花遮挡。

用抹角梁的做法　如为方亭，结构较为简易，只在下层抹角梁上立童柱，柱上再架成四方形的抹角梁与下层相错45°即可。如为六角，则上层抹角梁也相应地需成六角形，以便架老戗。梁架下可做轩或天花，也可开敞。

翼角的做法，北方的官式建筑，从宋朝至今都是不高翘的。一般是仔角梁贴伏在老角梁背上，前段稍稍昂起，翼角的出椽也是斜出并逐渐向角梁处抬高，以构成平面上及立面上的曲势。

江南的屋角反翘式样，通常分成嫩戗发戗与水戗发戗两种。嫩戗发戗的构造比较复杂。老戗的下端伸出檐柱之外，在它的尺头上向外斜向镶合嫩戗，用菱角木、箴木、扁檐木等把嫩戗与老戗固牢，这样就使屋檐两端升起较大，形成展翅欲飞的态势。水戗发戗没有嫩戗，木构件本身不起翘，仅戗脊端部利用铁件及泥灰形成翘角，屋檐也基本上是平直的，因此构造上比较简便。

屋面构造，用桁、椽搭接于梁架之上，再在上面铺瓦作脊。北方宫廷园林中的亭子，一般采用色彩艳丽、锃光闪亮的琉璃瓦件，加上红色的柱身，在檐下以蓝、绿、冷色为基调的彩画，洁白的汉白玉石栏、基座，显得庄重而富丽堂皇。南方园亭的屋面一般铺小青瓦，梁枋、柱等木结构刷深褐色油漆。

（2）混凝土亭施工做法

主要是亭采用仿竹和仿树皮装修，工序简单，具有自然野趣，可不使用木模板。造价低，工期短。

主要施工做法　在砌好的地面基座上，将成型钢筋放置就位，焊牢成网片，进行空间吊装就位，并与周围从柱头及屋面板上皮甩出的钢筋焊牢。再满铺钢板网一层，并与下面钢筋网片焊牢。在钢板网上、下同时抹水泥麻刀灰一遍，再堆抹 C20 细石混凝土（坍落度为0~2mm），并压实抹平，同时抹1∶2.5水泥砂浆找平层，并将各个方向的坡度找顺、找直、找平。分两次，各抹 1mm 厚水泥砂浆，压光。

装修　仿竹亭装修：将亭顶屋面坡分成若干竹垅，截面仿竹搭接成宽 100mm、高 60~30mm，间距为 100mm 的连续曲波形。自宝顶往檐口处，用1∶2.5水泥砂浆堆抹成竹垅，表面抹色水泥浆，厚 2mm，压光出亮，再分竹节、抹竹芽，将亭顶脊梁做成仿竹竿或仿拼装竹片。做竹节时，加入盘绕的石棉纱绳会更逼真。

仿树皮亭装修　顺亭顶坡分 3~4 段，弹线。自宝顶向檐口处按顺序压抹仿树皮色水泥浆，并用工具使仿树皮纹路翘曲自然，接槎通顺。

角梁戗脊可仿树干，不必太直，略有所曲，做好节疤，画上年轮。做假树桩时可另加适量棕麻，并拉出树皮纹。

钢筋混凝土材料在园林传统建筑中的运用：首先抓住神似和合适尺度体量是关键，逼真的外观不仅要依靠选用合适的尺度，还要求细部处理精致和优良的施工质量，而不是粗糙的面子工程。需用木材处要用木材等传统材料如挂落、扶手、小木作等，不必硬性划一。

色浆配合比　见表 6-3。

表 6-3　色浆配合比　　　　　　　　　　　　　　　　　　单位：kg

仿色	材料名称							
	白水泥	普通水泥	氧化铁黄	氧化铁红	氧化铬绿	群青	107胶	黑墨汁
黄竹	100		5	0.5			适量	适量
绿竹	100		1		3(6)		适量	适量
紫竹	100	10		3		3	适量	适量
通用树皮色	80	20	2.5				适量	适量
松树皮	100			3	少量		适量	适量
树桩树皮			100	3			适量	适量

（3）施工中注意问题及成品保护方法

1）施工中注意的问题如下。

• 柱墩位置在施工前要进行准确的复核。

• 要合理选材。不同树种的木材强度和弹性模量各不相同，因此必须按设计要求选择木材的树种和截面尺寸。

• 园林建筑木结构作防腐处理时，应按照现行《建筑防腐蚀工程施工规范》（GB 50212—2014）进行处理。

• 模板安装前，先检查模板的质量，不符质量标准的不得投入使用。

- 防止空鼓、脱落。因冬季气温低，砂浆受冻，到来年春天化冻后容易发生脱落，因此在进行室外贴亭子顶瓦时应保持正温，尽量不在冬期施工。
- 对木质材料的亭子刷油漆要防止漏刷、流坠、刷纹明显、皱纹、倒光等现象发生。
- 涂刷带颜色的涂料时，配料要合适，保证整个亭子都用同一批涂料，并宜一次用完，确保颜色一致。
- 使用电气必须遵守用电规定，防止触电事故发生。
- 施工中切实注意安全。如雨雪天气应注意防滑，使用工具时防止伤手等。

2）成品保护方法如下。

- 混凝土亭子未达到一定强度不得上人踩踏。
- 模板坚持每次使用后清理板面，涂刷脱模剂，且材料应按编号分类堆放。
- 施工中不得污染已做完的成品。对已完工程应进行保护，若施工时污染应及时清理干净。
- 拆除架子时注意不要碰坏亭身和亭顶。
- 木骨架材料，在进场、存放、安装过程中，应妥善管理，使其不损坏，不受潮，不变形，不污染。
- 其他专业的吊挂件不得吊于已安装好的木骨架上。
- 装饰材料和饰件以及饰面的构件，在运输、保管和施工过程中，必须采取措施防止损坏和变质。
- 认真贯彻合理的施工顺序。少数工种（水、电、通信设备、安装等）的工作应做在前面防止损坏面砖。
- 油漆粉刷不得将油漆喷滴在已完的饰面砖上。
- 对刷油漆的亭子刷前首先清理好周围环境，防止尘土飞扬，影响油漆质量。
- 油漆完成后应派专人负责看管，禁止摸碰。

工程链接

园林亭子施工中如果采用仿竹仿木结构，应做好防腐处理，方法是对亭子地上外观部分涂抹光油或其他清漆，涂抹3～4遍。如果采用混凝土结构现场施工的亭子，顶部琉璃瓦加盖后可用专用柏油涂一遍，效果较好。如果在亭柱增加对联或楹扁，有两种方法：一种是直接喷涂于柱身上，但这种方法容易失色，留存性差；另一种是先把对联刻于木板上再将板材挂于柱上，要先对板材用光油防腐，所刻的字可用红色或其他色染色。

---

2. 景桥的施工做法

（1）古石拱桥做法

主要做法有并列砌置、横联砌置、乱石（卵石）砌置、多铰拱的砌筑等几种。

并列砌置　将若干独立拱券栉比并列，逐一砌筑合拢的砌置法，既能单独受力，又能帮助毗邻拱券。

优点：简练安全，省工料，便于维护，只要搭起宽度0.5～0.6m的脚手架，便能施工；即使拱券一道或几道地损坏倒塌，也不会影响全桥；对桥基的多种沉隐有较大的适应性。

缺点：各拱券之间的横向联系较差。

横联砌置　使拱券在横向上交错排列的砌筑，券石横向联系紧密，从而使全桥拱石整体工作性大大加强。由于园桥建筑立面处理和用料上的需要，横联拱券又发展增加出镶边和框式两种。

颐和园的玉带桥，即为镶边横联砌置，在拱券两外侧各用高级汉白玉石镶贴成拱券，全桥整体性好。

框式横联拱券吸取了镶边横联拱券的优点，又避免了前者边券单独受力与中间诸拱无联系的缺点，可使拱桥外券材料与加工高档些，而内券低档些，这不影响拱桥相连成整体。但共同的缺点是施工时需要满堂脚架。

乱石（卵石）砌置　完全用不规则的乱石（花岗石、黄石）或卵砾石干砌的拱桥，是中国石拱桥中大胆杰出之作，江南尤多，跨径多在 6～7m。截面多为变截面的圆弧拱。施工多用满堂脚手架或堆土形成胎模，桥建成，挖去桥孔径内的胎模土即成。目前，有些地方由于施工质量水平所限，乱石拱底皮也灌入少量砂浆，以求稳当。

多铰拱的砌筑　有长铰石：每节拱券石的两端接头用可转动的铰来联系。具体做法是将宽 600～700mm，厚 300～400mm，每节长大致为 1m 左右的内弯的拱板石（即拱券石）上下两端琢成榫头，上端嵌入长铰石之卯眼（300～400mm）中，下端嵌入台石卯眼中。靠近拱脚处的拱板石较长些，顶部则短些。

无长铰石：即拱板石两端直接琢制卯榫以代替有长铰石时的榫头。榫头要紧密吻合，联合面必须严紧合缝，外表看起来不知其中有榫卯。

多铰拱的砌置：不论有无长铰石，实际上都应使拱背以上的拱上建筑与拱券一起形成整体来工作。在多铰拱券砌筑完成之后，在拱背肩墙两端各筑间壁一道，即在桥台上垒砌一条长石作为间壁基石，再于基石之上竖立一排长石板，下端插入基石，上端嵌入长条石底面的卯槽中。间壁和拱顶之间另用长条石一对（长条石截面尺寸为 300～400mm，长方或正方形），叠置平放于联系肩墙之上。长条石两端各露出 250～400mm 于肩墙之外，端部琢花纹，回填三合土（碎石、泥砂、石灰土）。最后在其上铺砌桥面石板栏杆柱、栏板石、抱鼓石等。

（2）现代石拱桥做法

分为桥台、桥墩及基础，起拱，合拢等施工节点。

桥台、桥墩及基础　桥台、桥墩的基础底必须埋置在冰冻线以下 300mm。同时基础应放置在清除淤泥和浮土后的老土（硬土）上，同时必须在挖去河泥的最低点以下 500mm 处，以防止挖河泥影响，使地基承载力得到充分保证，否则就须使用桩基。

起拱　砌筑拱券的拱架起拱 16～30mm。拱架可用钢筋混凝土预制梁，也可配合用加砖券或木拱架。

合拢　施工时拱石以两端拱脚开始砌筑，向拱顶中央合拢。当拱桥干砌时，多铰拱要经过压拱，无铰拱要经过尖拱、压拱等步骤。现则多为现场采砌，保证了拱石间有良好的结合，一般拱券合拢后隔三昼夜开始砌筑拱上建筑，砌筑顺序应自拱脚对称地向拱顶进行。合拢后应使拱石间灰缝砂浆有足够的结硬时间以达到规定的强度。然后开始填筑拱背上的建筑。园林石桥可用木楔卸落拱架，拱架必须在拱上结构全部完成才可拆卸。

（3）木质桥施工做法

包括简式木桥及组合式木桥施工。

简式木桥　施工时即将木梁直接搁放在两边岸上，下垫枕木卧梁（或钢筋混凝土制）。

卧梁用螺栓与木梁连接，木梁上钉半圆木做面板，两旁再用树木构成栏杆。

　　组合式木桥　桥台：在较平坦的岸坡用混凝土卧梁，在其中预埋螺栓，以便与大梁连接。若在岸坡较陡处应改设木桩桥台，木桩可用直径 120mm 的杉木，入土大于或等于 3m，间距为 500～600mm，木桩上要加盖桩木，其直径为 180～200mm。两端应伸出 700mm，以便安装栏杆。同时在排桩背后要设挡土板，板厚 50mm，入土 1m。两边各伸出 1～1.5m 作为翼墙。

　　桥墩：用排桩，桩的中距为 500～700mm，桩径为 140mm，入土深 3～4m。排桩上部用直径 180mm 的盖桩木，两边用斜撑木，对销螺丝固定。斜撑木一般可用对开、直径为 140mm 的圆木或 80mm×150mm 的方木，同时在盖桩木上需加铺油毛毡。

　　桥面：木梁断面尺寸要视载重量和跨度而定。一般游客人行木桥跨度为 5m 时，木梁中距采用 500～600mm，其可采用直径 180mm 的圆木或 150mm×250mm 的方木；当跨度小于等于 3.5m 时，则采用直径 160mm 的圆木或 80mm×250mm 的方木即可。

　　（4）注意问题及成品保护

　　1）注意问题如下。

- 避免桥墩、桥台位置发生偏差。在施工前要进行准确的复核。地基一定要结实坚固。
- 要合理选材。不同树种的木材强度和弹性模量各不相同，因此必须按设计要求选择木材的树种。
- 模板安装前，先检查模板的质量，不符合质量标准的不得投入使用。
- 选择材料时，应考虑承载跨度，并结合当地水文和技术等条件。竹材要选择抗拉强度好的竹种。
- 按先后工序进行施工。施工中听从指挥，切实注意安全。
- 桥台、桥墩要有深入地基的基础，上面应采用耐水流冲刷的材料。
- 拆模程序一般是后支的先拆，先支的后拆；先拆除非承重部分，后拆承重部分；重大复杂模板的拆除，事先应预先制定拆模方案。拆模时不要用力过猛过急，拆下来的木料要及时运走、整理。

```
工程链接

　　为便于拆模，模板施工前应先涂脱模剂。比较方便经济的方法是用浓肥皂水（普通洗衣皂溶于水中即可）涂模板内侧。亭柱施工时如用油毛毡制作圆柱，油毛毡内侧应涂浓肥皂水作为脱模剂。
```

　　2）成品保护方法如下。

- 冬期施工防止混凝土受冻，当混凝土达到规范规定拆模强度后方准拆模，否则会影响混凝土质量。
- 拆除模板时按程序进行，禁止用大锤敲击，防止混凝土出现裂纹。
- 模板坚持每次使用后清理板面，涂刷脱模剂，且材料应按编号分类堆放。
- 施工中不得污染已做完的成品，对已完工程应进行保护，若施工时遭到污染应即时清理干净。
- 认真贯彻合理的施工顺序，少数工种（电、设备安装等）的工作应做在前面，防止损坏桥面。

3. 花架的施工做法

（1）施工程序

单柱花架、双柱花架、圆形花架的施工程序如图 6-26 所示。

施工准备 ➡ 放线 ➡ 柱子地基（基础施）➡ 柱子施工 ➡ 格子条安装 ➡ 修整清理 ➡ 装 修

图 6-26　花架的施工程序

（2）基本做法

1）对于竹、木花架、钢花架可在放线，夯实柱基后，直接将竹、木、钢管等正确安放在定位点上，并用水泥砂浆浇注。水泥砂浆凝固达到强度后，进行格子条施工，修整清理后，最后进行装修刷色。

2）对于混凝土花架，现浇、预制装配均可。花架格子条断面、间距、两端外挑、内跨径根据设计规格进行施工。为减少构件的尺寸及节约粉刷，可用高强度等级、混凝土浇捣，一次成型后刷色即可，修整清理后，最后按要求进行装修。

3）对于砖石花架，花架柱在夯实地基后以砖块、石板、块石等砌成虚实对比形式或镂花，花架纵横梁用混凝土斩假石或条石制成，其他施工同上。

（3）施工技术关键问题

1）柱子地基要坚固，定点要准确，柱子之间距离及高度要准确。

2）进行花架施工时要格调清新，要注意与周围建筑与植物在风格上的统一。

3）不论现浇还是预制混凝土及钢筋混凝土构件，在浇筑混凝土前，都必须按照设计图纸规定的构件形状、尺寸等浇筑。

4）涂刷带颜色的涂料时，配料要合适，保证整个花架都用同一批涂料，并宜一次用完，确保颜色一致。

5）刷色要防止漏刷、流坠、刷纹明显等现象发生。

6）模板安装前，先检查模板的质量，不符合质量标准的不得投入使用。

7）花架安装时要注意安全。

（4）成品保护

1）混凝土未达到规范规定拆模强度时，不得提前拆模，否则影响混凝土质量。

2）模板坚持每次使用后清理板面，涂刷脱模剂，且材料按编号分类堆放。

3）预制的构件在运输、保管和施工过程中，必须采取措施防止损坏。

4）拆除架子时注意不要碰坏柱子和格子条。

5）对花架刷色前首先清理好周围环境，防止尘土飞扬，影响刷色质量。

6）刷色完成后应派专人负责看管，禁止摸碰。

7）对已做完工程应进行保护，若施工时污染环境应立即清理干净。

特别提示

园林景观花架从结构类型可分成双柱和单柱式两种，柱的形式有方形柱及圆形柱。目前，选择花架柱多用预制柱或现浇混凝土柱，现浇柱要根据柱样式选用模板或油毛毡制作。花架配套的座凳可现浇也可用木制作，无论哪种方法均需讲究色彩选择，以稳重的色彩比较理想。在许多生态园中很流行防腐木制作，防腐木原色属于木板色，因此待花架施工完成后其柱材、板材需要上光处理，方法是涂抹光油几遍，再用特殊石蜡涂抹。

园林建筑小品工程施工质量检测

6.3.1　园林建筑小品工程施工质量检测评定

1. 建筑小品检测类别

本部分适用于园林工程中常见园林建筑小品的施工验收，不适用于200m² 以上房屋建筑工程和仿古园林建筑工程，200m² 以上的房屋建筑工程应执行国家标准《建筑工程施工质量验收统一标准》(GB 50300—2013) 的规定。

园林工程中常见园林小品包括花架、花坛，现代做法的亭廊、景墙、围墙、隔断、小桥、小卖部、展台以及各种装饰造型和园林构筑物等。常见园林建筑及小品工程分项、分部工程名称见表6-4。

表6-4　常见园林建筑及小品工程分项、分部工程名称

序号	分部工程名称	分项工程名称
1	地基与基础工程	土方、砂、砂石和三合土地基、水泥砂浆防水层、模板、钢筋、混凝土、砌砖、砌石、钢结构、焊接、制作、安装、油漆
2	主体工程	模板、钢筋、混凝土、构件安装、砌砖、砌石、钢结构、焊接、制作、安装、油漆、竹、木结构等
3	地面	基层、地面
4	门窗工程	木门窗制作，木、钢、铝合金门窗安装等
5	装饰工程	抹灰、油漆、刷(喷)浆(塑)、玻璃、饰面、罩面板及钢木骨架、细木制品、花饰、安装、竹、木结构等
6	屋面工程	屋面找平层、保温(隔热)层、卷材防水、油膏嵌缝、涂料屋面、细石混凝土屋面、瓦屋面、水落管等

> **特别提示**
>
> 在园林建筑中会常遇到室、厅、堂、轩、廊、榭等，这些建筑有时采用现代墙面装饰，如选用抹腻子＋乳胶漆。采用这种装饰方法1~2年后白色墙面会出现霉斑点，影响美观。处理这些斑点的方法常用70%的消毒酒精涂抹斑点即能去除杂斑，只是此法在梅雨多的地方，也容易再次生霉。

2. 各主要类别检测标准与方法

(1) 砌筑砂浆

1) 水泥进场使用前，应分批对其强度、安定性进行复验，检验批应以同一生产厂家、同一编号为一批。

在使用中对水泥质量有怀疑或水泥出厂超过 3 个月（快硬硅酸盐水泥超过 1 个月）时应复查试验并按其结果使用。

不同品种的水泥不得混合使用。

2）砂浆用砂不得含有有害杂物。砂浆用砂的含泥量应满足下列要求。

• 水泥砂浆和强度等级不小于 M5 的水泥混合砂浆，含泥量不应超过 5%。

• 强度等级小于 M5 的水泥混合砂浆，含泥量不应超过 10%。

• 人工砂、山砂及特细砂，应经试配能满足砌筑砂浆技术条件要求。

3）配制水泥石灰砂浆时，不得采用脱水硬化的石灰膏。

4）消石灰粉不得直接使用于砌筑砂浆中。

5）拌制砂浆用水，水质应符合国家现行标准《混凝土用水标准》（JGJ 63—2006）的规定。

6）砌筑砂浆应通过试配确定配合比。当砌筑砂浆的组成材料有变更时，其配合比应重新确定。

7）施工中当采用水泥砂浆代替水泥混合砂浆时，应重新确定砂浆强度等级。

8）凡在砂浆中掺入有机塑化剂、早强剂、缓凝剂、防冻剂，应经检验和试配符合要求后，方可使用。有机塑化剂应有砌体强度的型式检验报告。

9）砂浆现场拌制时，各组分材料应采用重量计量。

10）砌筑砂浆应采用机械搅拌，自投料完算起搅拌时间应符合下列规定。

• 水泥砂浆和水泥混合砂浆不得少于 2min。

• 水泥粉煤灰砂浆和掺用外加剂的砂浆不得少于 3min。

• 掺用有机塑化剂的砂浆，应为 3～5min。

11）砂浆应随拌随用，水泥砂浆和水泥混合砂浆应分别在 3h 和 4h 内使用完毕；当施工期间最高气温超过 30℃时，应分别在拌成后 2h 和 3h 内使用完毕。

12）砌筑砂浆试块强度验收时其强度合格标准必须符合以下规定：同一验收批砂浆试块抗压强度平均值必须大于或等于设计强度等级所对应的立方体抗压强度；同一验收批砂浆试块抗压强度的最小一组平均值必须大于或等于设计强度等级所对应的立方体抗压强度的 0.75 倍。

13）当施工中或验收时出现下列情况，可采用现场检验方法对砂浆和砌体强度进行原位检测或取样检测，并判定其强度。

• 砂浆试块缺乏代表性或试块数量不足。

• 对砂浆试块的试验结果有怀疑或有争议。

• 砂浆试块的试验结果，不能满足设计要求。

（2）砖砌体

砖砌体用于清水墙、柱表面的砖，应边角整齐，色泽均匀。冻胀环境及类似条件的地区，地面以下或防潮层以下的砌体，不宜采用多孔砖。

砌筑时，砖应提前 1～2d 浇水湿润。当砌砖采用铺浆法砌筑时，铺浆长度不得超过 750mm；施工期间气温超过 30℃时，铺浆长度不得超过 500mm。240mm 厚承重墙的每层墙的最上一皮砖，砖砌体的阶台水平面上及挑出层，应整砖丁砌。

多孔砖的空洞应垂直于受压面砌筑。施工时施砌的蒸压（养）砖的产品龄期不应小于

28d。竖向灰缝不得出现透明缝、瞎缝和假缝。

砖砌体施工临时间断处补砌时，必须将接槎处表面清理干净，浇水湿润，并填实砂浆，保持灰缝平直。

主控项目　砖和砂浆的强度等级必须符合设计要求；砌体水平灰缝的砂浆饱满度不得小于 80%；砖砌体的转角处和交接处应同时砌筑，严禁无可靠措施的内外墙分砌施工；对不能同时砌筑而又必须留置的临时间断处应砌成斜槎，斜槎水平投影长度不应小于高度的 2/3。

一般项目　砖砌体组砌方法应正确，上、下错缝，内外搭砌，砖柱不得采用包心砌法；砖砌体的灰缝应横平竖直，厚薄均匀；水平灰缝厚度宜为 10mm，但不应小于 8mm，也不应大于 12mm。砖砌体尺寸、位置的允许偏差及检验应符合表 6-5 的规定。

表 6-5　砖砌体尺寸、位置的允许偏差及检验

项次	项目			允许偏差/mm	检验方法	抽检数量
1	轴线位移			10	用经纬仪和尺或用其他测量仪器检查	承重墙、柱全数检查
2	基础、墙、柱顶面标高			±15	用水平仪和尺检查	不应少于 5 处
3	墙面垂直度	每层		5	用 2m 托线板检查	不应少于 5 处
		全高	≤10m	10	用经纬仪、吊线和尺或用其他测量仪器检查	外墙全部阳角
			>10m	20		
4	表面平整度	清水墙、柱		5	用 2m 靠尺和楔形塞尺检查	不应少于 5 处
		混水墙、柱		8		
5	水平灰缝平直度	清水墙		7	拉 5m 线和尺检查	不应少于 5 处
		混水墙		10		
6	门窗洞口高、宽(后塞口)			±10	用尺检查	不应少于 5 处
7	外墙上下窗口偏移			20	以底层窗口为准，用经纬仪或吊线检查	不应少于 5 处
8	清水墙游丁走缝			20	以每层第一皮砖为准，用吊线或尺检查	不应少于 5 处

（3）石砌体

石砌体采用的石材应质地坚实，无风化剥落和裂纹。用于清水墙、柱表面的石材，应色泽均匀。石材表面的泥垢、水锈等杂质，砌筑前应清除干净。

石砌体的灰缝厚度：毛料石和粗料石砌体不宜大于 20mm；细料石砌体不宜大于 5mm。

砂浆初凝后，如移动已砌筑的石块，应将原砂浆清理干净，重新铺浆砌筑。

砌筑毛石基础的第一皮石块应座浆，并将大面向下；砌筑料石基础的第一皮石块应用丁砌层座浆砌筑。毛石砌体的第一皮及转角处、交接处和洞口处，应用较大的平毛石砌筑。

每个楼层（包括基础）砌体的最上一皮，宜选用较大的毛石砌筑。

主控项目 石材及砂浆强度等级必须符合设计要求。砂浆饱满度不应小于80％。

一般项目 石砌体尺寸、位置的允许偏差应符合表6-6的规定。同时，石砌体的组砌形式应满足：内外搭砌，上下错缝，拉结石、丁砌石交错设置；毛石墙拉结石每0.7m²墙面不应少于1块。

表6-6 石砌体的尺寸、位置的允许偏差

项次	项目		允许偏差/mm						检验方法
			毛石砌体		料石砌体				
			基础	墙	毛料石		粗料石		细料石	
					基础	墙	基础	墙	墙、柱	
1	轴线位置		20	15	20	15	15	10	10	用经纬仪和尺检查，或用其他测量仪器检查
2	基础和墙砌体顶面标高		±25	±15	±25	±15	±15	±15	±10	用水准仪和尺检查
3	砌体厚度		+30	+20 -10	+30	+20 -10	+15	+10 -5	+10 -5	用尺检查
4	墙面垂直度	每层	—	20	—	20	—	10	7	用经纬仪、吊线和尺检查或用其他测量仪器检查
		全高	—	30	—	30	—	25	10	
5	表面平整度	清水墙、柱				20		10	5	细料石用2m靠尺和楔形塞尺检查，其他用两直尺垂直于灰缝拉2m线和尺检查
		混水墙、柱				20		15	—	
6	清水墙水平灰缝平直度		—	—	—	—	—	10	5	拉10m线和尺检查

（4）配筋砌体

构造柱浇灌混凝土前，必须将砌体留槎部位和模板浇水湿润，将模板内的落地灰、砖渣和其他杂物清理干净，并在结合面处注入适量与构造柱混凝土相同的去石水泥砂浆。振捣时，应避免触碰墙体，严禁通过墙体传震。

设置在砌体水平灰缝中钢筋的锚固长度不宜小于50d，且其水平或垂直弯折段的长度不宜小于20d和150mm，钢筋的搭接长度不应小于55d。

配筋砌块砌体剪力墙，应采用专用的小砌块砌筑砂浆和专用的小砌块灌孔混凝土。

主控项目 钢筋的品种规格和数量应符合设计要求，构造柱、芯柱、组合砌体构件、配筋砌体剪力墙构件的混凝土或砂浆的强度等级应符合设计要求。

对配筋混凝土小型空心砌块砌体，芯柱混凝土应在装配式楼盖处贯通，不得削弱芯柱截面尺寸。

一般项目　构造柱一般尺寸允许偏差及检验方法应符合表 6-7 的规定。设置在砌体水平灰缝内的钢筋，应居中置于灰缝中。水平灰缝厚度应大于钢筋直径 4mm 以上。砌体外露面砂浆保护层的厚度不应小于 15mm。

表 6-7　构造柱一般尺寸允许偏差及检验方法

项次	项目			允许偏差/mm	检验方法
1	柱中心线位置			10	用经纬仪和尺检查或用其他测量仪器检查
2	层间错位			8	用经纬仪和尺检查或用其他测量仪器检查
3	垂直度	每层		10	用 2m 托线板检查
		全高	≤10m	15	用经纬仪、吊线和尺检查或用其他测量仪器检查
			>10m	20	

设置在砌体灰缝内的钢筋应采取防腐措施。

网状配筋砌体中，钢筋网及放置间距应符合设计规定。

组合砖砌体构件，竖向受力钢筋保护层应符合设计要求，距砖砌体表面距离不应小于 5mm；拉结筋两端应设弯钩，拉结筋及箍筋的位置应正确。

配筋砌块砌体剪力墙中，采用搭接接头的受力钢筋搭接长度不应小于 35d，且不应少于 300mm。

（5）钢木结构工程

适用于园林建筑及小品工程的一般木结构工程中的花架、钢木组合架等的制作与安装工程和木门窗制作工程的质量检验和评定。

主控项目　主控项目的检验方法：观察和用手推拉及尺量，检查试验报告。

木材的树种、材质等级、含水率和防腐、防虫、防火处理以及制作质量必须符合设计要求，结构性木件的含水率不得大于 18%，装饰性木件含水率不得大于 12%。

木结构支座、节点构造必须符合设计要求和施工规范的规定。榫槽必须嵌合严密，连接必须牢固无松动。

钢木组合所采用的钢材及附件的材质、型号、规格和连接构造等必须符合设计要求和施工规范规定。

一般项目　木构件表面质量应符合以下规定：表面平整光洁、无戗槎、刨痕、毛刺、锤印和缺棱角，清油制品色泽、木纹近似。

检验方法：观察、尺量检查。

木制品裁口、起线、割角、拼接应符合以下规定：裁口、起线顺直，割角准确，高低平整。接头采用燕尾榫拼接严密。

检验方法：观察、尺量检查。

钢木组合的钢材、垫板、螺杆、螺帽应符合下列规定：钢板、杆平直，螺帽数量及螺杆伸出螺帽长度符合施工规范的规定。垫板、垫圈齐全紧密。各钢件均做防腐处理。

检验方法：观察、锤击和尺量检查。

木架、梁、柱的支座部位防腐处理应符合以下规定：木构件与砖石砌体、混凝土的接触处，以及支座垫木有防腐处理应符合施工规范规定。

检验方法：观察、检查施工记录。

允许偏差项目　木结构制作工程允许偏差和检验方法见表 6-8。

表 6-8　木结构制作工程允许偏差和检验方法

序号	项目		允许偏差/mm	检验方法
1	构件截面尺寸	方木构件高度、宽度	±3	尺量检查
		原木构件	±5	
2	结构长度	方木构件长度≥4	±5	尺量检查、梁柱检查全长
		方木构件长度>4	±10	
3	结构中心线的间距		±10	尺量检查
4	垂直度		1/500	吊线和尺量检查
5	受压或弯构件纵向弯曲		1/400	吊（拉）线和尺量检查
6	螺杆伸出螺帽长度		<10	尺量检查

（6）园林栏杆及花饰安装

适用于各种铁艺栏杆、木制栏杆、塑料栏杆、不锈钢栏杆及扶手等的安装工程和混凝土、石材、木材、塑料、金属、玻璃、石膏等花饰制作与安装工程的质量验收。

主控项目　栏杆制作与安装和花饰制作与安装所用材料的材质、规格、数量和木材、塑料的燃烧性能等级应符合设计要求。

检验方法：观察，检查产品合格证书、进场验收记录和性能检测报告。检查数量：全部检查。

栏杆及花饰的造型、尺寸及安装位置应符合设计要求。

检验方法：观察，尺量检查，检查进场验收记录。检查数量：全部检查。

栏杆安装预埋件的数量、规格、位置以及护栏与预埋件的连接节点应符合设计要求。

检验方法：检查隐蔽工程验收记录和施工记录。检查数量：全部检查。

栏杆高度、栏杆间距、安装位置和花饰安装位置及固定方法必须符合设计要求，安装必须牢固。

检验方法：观察，尺量检查，手扳检查。检查数量：全部检查。

带玻璃护栏的玻璃应使用公称厚度不小于 12mm 的钢化玻璃或钢化夹层玻璃。当护栏一侧距楼地面高度为 50mm 及以上时，应使用钢化夹层玻璃。

检验方法：观察，尺量检查，检查产品合格证书和进场验收记录。检查数量：全部检查。

一般项目　栏杆和花饰转角弧度应符合设计要求，接缝应严密，表面应光滑，色泽应一致，不得有歪斜、裂缝、翘曲及损坏。

检验方法：观察，手摸检查。检查数量：全部检查。

园林栏杆安装的允许偏差和检验方法应符合表 6-9 的规定。

表 6-9　园林栏杆安装的允许偏差和检验方法

项次	项目		允许偏差/mm	检验方法
1	垂直度		3	用 1m 垂直检测尺检查
2	间距		3	钢尺检查
3	直顺度	栏杆	4	拉通线，钢尺检查
		基座	7	
4	高度		3	钢尺检查
5	相邻栏杆高差	有柱	5	钢尺检查
		无柱	1	

花饰安装的允许偏差和检验方法应符合表 6-10 的规定。

表 6-10 花饰安装的允许偏差和检验方法

项次	项目		允许偏差/mm		检验方法
			室内	室外	
1	条形花饰的水平度或垂直度	每米	1	2	拉线和用 1m 垂直检测尺检查
		全长	3	6	
2	单独花饰中心位置偏移		10	15	拉线和用钢尺检查

（7）园林成套装饰设备安装

适用于园林游乐设施、园林雕塑、座凳、垃圾箱、指示牌以及其他园林成套设备的安装。

主控项目　必须按照设计说明和产品安装说明进行安装，保证安装的牢固性、稳定性。产品应具备合格证或质量检验证，涉及安全的设备应具有安全检测证。电气设备安装的接零和漏电保护装置的设置应符合相关的规定。

一般项目　设备安装后的基座、安装结合部和安装构件应在不妨碍维护的条件下进行装饰处理。

（8）石作工程

1）一般规定。适用于园林工程中的石栏杆、石柱、石桌石凳、石台阶、石压顶、抱鼓石、门鼓石、柱顶石等的施工验收评定。

2）石作构件选材及加工。

主控项目　石材材质及加工方法应符合设计要求；成品材表面应平整、方正，不得出现裂缝、隐残（即石料内部裂缝）；石纹走向应符合构件受力情况，阶条石、踏步石、栏板、压顶石等的石纹应为水平走向。检查方法：观察、铁锤细敲听音，装线抄平。

一般项目　石料应纹理通顺，没有污点、红白线、石瑕（即干裂纹）、石铁（局部发黑或发白）。剁斧石面层如设计无规定应斧剁三遍，斧印应细密、均匀、直顺，不得留有二遍斧的斧印；石面凹凸不超过 2mm；斧剁石刮边宽度应一致；蘑菇石面层表面应基本平整，刮边宽度应一致；光面石材应蹭亮、平整，对角线偏差不大于 3mm。

检查数量：构件总数的 10％。检查方法：观察，尺量。

3）石活安装。

主控项目　石件之间的连接必须用榫卯或铁件连接牢固，铁件连接的空隙必须用水泥砂浆灌严。石件放置必须平稳，独立石件（石凳、石柱、石案等）的安装应保证其稳定性。石栏杆的柱、板、地袱（或阶条石）之间必须采用榫卯连接。

一般项目　石件安装应符合下列规定：柱顶石应作方形榫窝以固定立柱，榫窝深大于等于 1/3 柱顶厚，宽大于或等于 1/3 柱径，稳定性较差的廊架的柱顶石应在转角处、爬山段作透榫；楼、垂花门的柱顶石（含滚墩石）也应作透榫。检验方法：观察；尺量。

制作石栏杆时，地袱应根据柱、板的平面投影作落槽，槽深为地袱厚。柱底作榫头，长宽均为柱宽的 3/10，地袱的落槽内作相应的榫窝，柱侧面按栏板尺寸留栏板槽，深为柱宽的 1/10，如设计无规定，柱宽为柱高的 2/11，地袱宽为柱宽的 1.5 倍，地袱高为地袱宽的 1/2，栏板下口厚为柱宽的 8/10，上口宽为柱宽的 6/10，抱鼓长为栏板的 1/2～1。如栏板固定性需要，地袱石与柱可部分用全透榫连接。

检测数量：全数检查。检测方法：观察，尺量。

石礓磋条宽为 7.5～10cm，各块之间衔接平顺；石台阶留有 1/100 的排水坡度，避免积水，安装平直；石桌、石凳各石件之间应连接牢固，未提到部分按相关标准执行。

石件黏合用胶采用专用胶。

6.3.2 园林建筑小品工程施工质量检测记录

1. 检测记录方法

检测记录方法是：将上述需要检测的园林建筑小品施工类别按要求填写表格。如园林景墙砖砌筑质量检测应填写表 6-11 所示的砖砌体工程检验批质量验收记录。

表 6-11 砖砌体工程检验批质量验收记录

工程名称		分项工程名称				验收部位	
施工单位						项目经理	
执行标准名称及编号						专业工长	
分包单位						施工班组长	
	质量验收规范的规定		施工单位检查评定记录			监理（建设）单位验收记录	
主控项目	砖强度等级	设计要求 MU					
	砂浆强度等级	设计要求 M					
	斜槎留置						
	转角、交接处						
	直槎拉结钢筋及接槎处理						
	砂浆饱和度	≥80%（墙）					
		≥90%（柱）					
一般项目	轴线位移	≤10mm					
	垂直度（每层）	≤5mm					
	组砌方法						
	水平灰缝宽度						
	竖向灰缝宽度						
	基础墙、柱顶面标高	±15mm 以内					
	表面平整度	±5mm（清水）					
		±8mm（混水）					
	门窗洞口高、宽（后塞口）	±10mm 以内					
	窗口偏移	≤20mm					
	水平灰缝平直度	≤7mm（清水）					
		≤10mm（混水）					
	清水墙游丁走缝	≤20mm					
项目单位检查评定结果	项目专业质量检查员：项目专业质量（技术）负责人：					年 月 日	
监理（建设）单位验收结论	监理工程师（建设单位项目工程师）：					年 月 日	

2. 撰写质量检测报告

根据现场施工质量检测结果，按照施工质量标准进行建筑小品施工质量判断，最终形成质量评定报告。撰写报告的技巧，不外乎要对整个园林工程项目所有建筑小品进行全面细致的检测，并按小品施工要素（如石作工程、砌筑砂浆、砖砌体工程、钢木工程、石砌体、配套工程等）做好检测记录。

另外，要掌握技术标准及相关施工要求，对施工中容易出现的技术问题要有预知，对施工成品保护方法要熟悉，再结合工程施工经验，是可以写出好的施工质量检测报告的。

相关链接 ☞

陈科东，2014. 园林工程技术 [M]. 2版. 北京：高等教育出版社.

李本鑫，史春凤，沈珍，2017. 园林工程施工技术 [M]. 2版. 重庆：重庆大学出版社.

吴卓珈，2009. 园林工程（二）[M]. 北京：中国建筑工业出版社.

徐辉，潘福荣，2008. 园林工程设计 [M]. 北京：机械工业出版社.

天工网 https://www.tgnet.cn/

筑龙网 https://www.zhulong.com/

思考与训练 ☞

1. 园林建筑工程有哪些类型？划分的标准是什么？

2. 园林小品有哪些类型？

3. 亭的基本构造组成有哪几部分？描述仿古木结构四角亭的构造组成。

4. 园桥基本构造组成有哪几部分？描述单孔石拱桥的构造组成。

5. 花架基本构造组成有哪几部分？

6. 列举一个亭的实例，说明亭的施工流程、操作工艺和质量标准。

7. 以一个园林小桥为例，说明园桥的施工流程、操作工艺和质量标准。

8. 抄绘花架施工图，说明构造做法。

9. 模拟某园林建筑小品（景桥、景亭或景廊）施工，请绘出施工图（含放样图），撰写施工说明，拟出施工流程，用表格形式将施工流程中各节点施工方法一一列出填于表中，然后写出施工中可能产生的技术问题，最后制定成品保护方法。

10. 结合某居住区（新楼盘）环境景观工程施工，草拟景观建筑施工准备工作方案，提出施工技术保障措施。

项目 **7**

园林水景工程施工

教学目标 ☞

　　落地目标：能够完成园林水景工程施工与质量验收工作。

　　基础目标：

1. 学会编制园林水景工程施工流程。

2. 学会园林水景工程施工准备工作。

3. 学会园林水景工程施工操作。

4. 学会园林水景工程施工质量检验工作。

技能要求 ☞

1. 能编制人工小溪、人工水池、人工湖、喷泉的施工流程。

2. 能完成人工小溪、人工水池、人工湖、喷泉工程施工准备。

3. 能熟练运用人工小溪、人工水池、人工湖、喷泉工程施工操作工艺。

4. 能对人工小溪、人工水池、人工湖、喷泉工程进行施工质量检验。

任务分解 ☞

　　园林水景工程是园林工程中涉及面最广、项目组成最多的专项工程之一。由于水景工程中的水本身就可归纳为平静的、流动的、跌落的和喷涌的4种基本形式，所以在实际工程中自然演化出丰富多彩的应用形式，包括湖泊、水池、水塘、溪流、水坡、水道、瀑布、水帘、跌水、水墙和喷泉等多种水景。

1. 要熟悉各类水景工程施工程序及相关技术准备工作。

2. 务必掌握常见水景工程施工技术方法并能解决施工中实际问题。

3. 了解常见水景施工质量评价要求及具体检测方法。

园林水景工程施工准备和施工流程

7.1.1　园林水景工程施工准备

1. 熟悉水景工程施工图

（1）读懂水体工程施工图

水体工程施工图包括平面图、立面图、剖面图、放样详图、管线布置图等图样。

平面图　用以表达水体平面设计的内容，主要表示水体的平面形状、布局及周围环境，构筑物及地下、地上管线中心的位置；表示进水口、泄水口、溢水口的平面形状、位置和管道走向。若表示喷水池或种植池，则还需标出喷头和种植植物的平面位置。

水体平面图中，水池的水面位置按常水位线表示。同时，一般要标注出必要尺寸和标高，具体包括放线的基准点、基准线；规则几何图形的轮廓尺寸；自然式水池轮廓直角坐标网格；水池与周围环境，构筑物及地上、地下管线，管道位置距离的尺寸。水体的进水口、泄水口、溢水口等的形状和位置的尺寸和标高；自然水体最高水位、常水位、最低水位的标高；周围地形的标高，池岸岸顶、岸底、池底转折点、池底中心、池底标高及排水方向；对设计有水泵的，则应标注出泵房、泵坑的位置和尺寸，并注写出必要的标高。

立面图　表示水体立面设计内容，着重反映水池立面的高度变化、水体池壁顶与附近地面高差变化、池壁顶形状及喷水池的喷泉水景立面造型。

剖面图　表示剖面结构设计的内容，主要表示水体池壁坡高，池底铺砌及从地基至池壁顶的断面形状、结构、材料和施工方法与要求；表层（防护层）和防水层的施工方法；池岸与山石、绿地、树木结合的做法；池底种植水生植物的做法等内容。

剖面图的数量及剖切的位置，应根据表示内容的需要确定。剖面图中主要标注出断面的分层结构尺寸及池岸、池底、进水口、泄水口、溢水口的标高。对与公河连接的园林水体，在剖面图中应标注常水位、最高水位和最低水位的标高。

放样详图　水体的一些结构、构造，必要时应绘制出详图。

（2）领会驳岸及护坡工程施工图

1）驳岸工程施工图。

驳岸工程施工图，主要有平面图、断面图，必要时还采用立面图和详图补充。

驳岸平面图表示驳岸的平面位置、区段划分及水面的形状、大小等内容。若为园林内部水体的驳岸，则根据总体设计确定驳岸平面位置；若水体与公河接壤，则按照城市规划河道系统规定的平面位置确定驳岸平面位置。

在设计平面图中，一般以常水位线显示水面位置。对垂直驳岸，显然常水位线就是驳岸向水一侧的平面位置，即水面平面投影重合于驳岸平面投影位置；对倾斜驳岸的平面位置，根据倾斜度和岸顶高程向外推算求得，即驳岸平面投影位置应比水面平面投影位置稍大。在平面图中，驳岸的平面位置根据直角坐标网格确定，直角坐标网格应尽量选用与确定驳岸的平面位置的规划图样一致。

驳岸的断面图，主要表示驳岸的纵向坡度的形状、结构、大小尺寸和标高，以及驳岸的建造材料、施工方法与要求等，并标注出水体的底部、水位（包括常水位、最高水位、最低水位）

和驳岸顶部、底部的位置和标高。对人工水体，则标注出溢水口标高为常水位标高。对整形驳岸，驳岸断面形状、结构尺寸和有关标高均应标注；对自然式驳岸，由于形体欠规则，尺寸精度要求不高，为了简化图样中的尺寸，一般采用直角坐标网格直接确定驳岸，宽度（即驳岸的壁厚）为横坐标，高程为纵坐标，这时设计图中只需注出一些必要的要求较高的尺寸和标高。

2）护坡工程施工图。

护坡工程施工图主要内容有：平面布置图、框架结构详图，排水沟、节点详图，绿化设计图、主要材料性能指标等。

（3）水景工程施工图判读时应注意的问题

1）了解图名、比例；了解放线基准点、基准线的依据。

2）了解水体平面的形状、大小、位置及其与周围环境、构筑物、地上地下管线的距离尺寸。

3）了解池岸、池底的结构，表层（防护层）、防水层、基础做法。

4）了解进水口、泄水口、溢水口位置、形状、标高。

5）了解池岸、池底、池底转折点、池底中心标高及排水方向。

6）了解池岸与山石、绿地、树木结合做法及池底种植水生植物的做法。

7）了解给排水、电气管线布置及配电装置、泵房等情况。

2．园林水景工程施工基础材料准备

（1）人工水池、喷水池基础材料

常见水池施工结构　园林中人工水池从结构上可以分为刚性结构水池、柔性结构水池、临时简易水池三种。刚性结构水池（图 7-1）也称刚性混凝土水池，池底和池壁均配钢筋，寿命长、防漏性好，适用于大部分水池。但靠加厚混凝土和加粗钢筋网会导致工程造价的增加，尤其是北方水池容易产生冻害和渗漏，不如用柔性不渗水的材料做水池夹层，即柔性结构水池（图 7-2）。

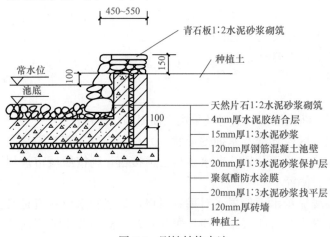

图 7-1　刚性结构水池

主要施工材料　水泥、细砂、粒料、混凝土、钢筋、灰土、防水剂或防水卷材、添加剂等，柔性结构水池常用的有玻璃布沥青、三元乙丙橡胶薄膜、再生橡胶薄膜、油毛毡等。具体材料的型号应根据不同的设计选择。

主要机具　混凝土、砂浆搅拌机、振捣器、检测仪器、尖、平头铁锹、手推车、蛙式夯土机。大型水景需准备挖掘机、推土机、装载机等大型机械。

（2）湖底基础材料

通常对于基址条件较好的湖底不做特殊处理，适当夯实即可，但渗漏严重的，常采用灰土层湖底、塑料薄膜湖底和混凝土湖底。湖底施工时由于水位过高会使湖底受地下水位的挤压而被抬高，所以要特别注意地下水的排放。

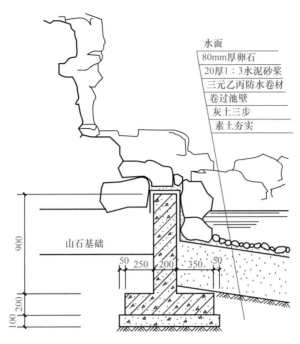

水面
80mm厚卵石
20厚1：3水泥砂浆
三元乙丙防水卷材
卷过池壁
灰土三步
素土夯实

山石基础

900
100 200
50 250 200 350 50

图 7-2 柔性结构水池

常用的材料　灰土、碎石、混凝土、塑料薄膜、聚乙烯薄膜、三元乙丙橡胶。

常用的机械　挖土机、推土机、混凝土搅拌机、夯土机、发电机、带孔聚氯乙烯管、尖、平头铁锹、手推车等。

工程链接

工程中常见的池底结构如下。

灰土层池底——当池底的基土为黄土时，可在池底做 40～45cm 厚的 3：7 灰土层，并每隔 20m 留一伸缩缝。

聚乙烯薄膜防水层池底——当基土微漏，可采用聚乙烯防水膜池底做法。

混凝土池底——当水面不大，防漏要求又很高时，可以采用混凝土池底结构。这种结构的水池，如其形状比较规整，则 50m 内可不做伸缩缝。如其形状变化较大，则在其长度约 20m 并在其断面狭窄处做伸缩缝。

一般池底可贴蓝色瓷砖或在水泥中加入蓝色，进行色彩上的变化，增加景观美感。目前，比较流行池底采用蓝色涂料，将整个池底抹涂涂料后，整体性强、防水效果好。

（3）常用防水材料

目前，水池防水材料种类较多，按材料分，主要有沥青类、塑料类、橡胶类、金属类、砂浆、混凝土及有机复合材料等；按施工方法分，有防水卷材、防水涂料、防水嵌缝油膏和防水薄膜等。

沥青材料　主要有建筑石油沥青和专用石油沥青两种。专用石油沥青可在音乐喷泉的电缆防潮防腐中使用。建筑石油沥青与油毡结合形成防水层。

防水卷材　品种有油毡、油纸、玻璃纤维毡片、三元乙丙再生胶及 603 防水卷材等。其中油毡应用最广，三元乙丙再生胶用的大型水池、地下室、屋顶花园的防水层效果较好；603 防水卷材是新型防水材料，具有强度高、耐酸碱、防水防潮、不易燃、有弹性、寿命长、抗裂纹等优点，且能在−50～80℃环境中使用。

防水涂料　常见的有沥青防水涂料和合成树脂防水涂料两种。

防水嵌缝油膏　主要用于水池变形缝防水填缝，种类较多。按施工方法的不同分为冷用嵌缝油膏和热用灌缝胶泥两类，其中上海油膏、马牌油膏、聚氯乙烯胶泥、聚氯酯沥青弹性嵌缝胶等性能较好，质量较好，使用较广。

防水剂和注浆材料　防水剂常用的有硅酸钠防水剂、氯化物金属盐防水剂和金属皂类防水剂。注浆材料主要有水泥砂浆、水泥玻璃浆液和化学浆液 3 种。

（4）喷泉施工材料

喷头材质　喷头是喷泉的一个主要组成部分，其作用是把具有一定压力的水，经过喷嘴的造型作用，在水面上空喷射出各种预想的、绚丽的水花。喷头的形式、结构、材料、外观及工艺质量等对喷水景观具有较大的影响。

常用青铜或黄铜制作喷头。近年也有用铸造尼龙制作的喷头，耐磨、润滑性好、加工容易、轻便、成本低，但易老化、寿命短、零件尺寸不易严格控制等，因此主要用于低压喷头。

喷头类型　喷头的种类较多，常用喷头可归纳为以下几种类型。

- 单射流喷头。是压力水喷出的最基本的形式，也是喷泉中应用最广的一种喷头。可单独使用，组合使用时能形成多种样式的花型。其形式如图 7-3（a）所示。
- 喷雾喷头。这种喷头内部装有一个螺旋状导流板，使水流螺旋运动，喷出后细小的水流弥漫成雾状水滴。在阳光与水珠、水珠与人眼之间的连线夹角为 $40°36''\sim42°18''$ 时，可形成缤纷瑰丽的彩虹景观。其构造见图 7-3（b）。
- 环形喷头。出水口为环状断面，使水形成中空外实且集中而不分散的环形水柱，气势粗犷、雄伟，其构造见图 7-3（c）。
- 旋转喷头。利用压力由喷嘴喷出时的反作用力或用其他动力带动回转器转动，使喷嘴不断地旋转运动。水形成各种扭曲线形，飘逸荡漾，婀娜多姿。其构造如图 7-3（d）所示。
- 扇形喷头。在喷嘴的扇形区域内分布数个呈放射状排列的出水孔，可喷出扇形的水膜或像孔雀开屏一样美丽的水花，见图 7-3（e）。
- 多孔喷头。这种喷头可以是由多个单射流喷嘴组成的一个大喷头，也可以是由平面、曲面或半球形的带有很多细小孔眼的壳体构成的喷头。多孔喷头能喷射出造型各异、层次丰富的盛开的水花，见图 7-3（f）。
- 变形喷头。这种喷头的种类很多，共同特点是在出水口的前面有一个可以调节的形状各异的反射器。当水流经过时反射器起到水花造型的作用，从而形成各种均匀的水膜，如半球形、牵牛花形、扶桑花形等，见图 7-3（g）、（h）。
- 蒲公英喷头。它是在圆球形壳体上安装多个同心放射状短管，并在每个短管端部安装一个半球形变形喷头，从而喷射出像蒲公英一样美丽的球形或半球形水花，新颖、典雅，如图 7-4（a）、（b）所示。此种喷头可单独使用，也可几个喷头高低错落地布置。
- 吸力喷头。此种喷头是利用压力水喷出时，在喷嘴的喷口处附近形成负压区。由于压差的作用，它能把空气和水吸入喷嘴外的环套内，与喷嘴内喷出的水混合后一并喷出。这时水柱的体积膨大，同时因为混入大量细小的空气泡，形成白色不透明的水柱。它能充分地反射阳光，因此光彩艳丽。夜晚如有彩色灯光照明则更为光彩夺目。吸力喷头又可分为吸水喷头、加气喷头和吸水加气喷头，其形式如图 7-4（c）所示。
- 组合式喷头。指由两种或两种以上、形体各异的喷嘴，根据水花造型的需要，组合而成的一个大喷头。它能够形成较复杂的喷水花型，如图 7-4（d）所示。

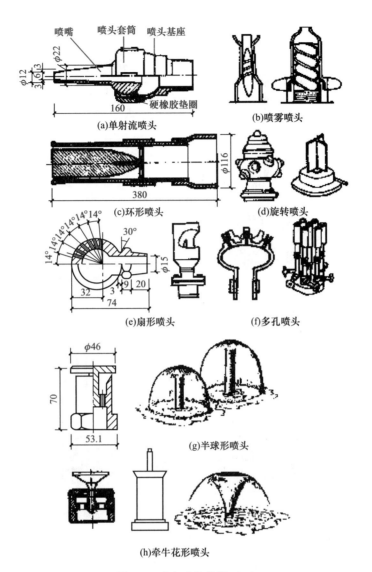

图 7-3　喷泉喷头种类（一）

另外喷泉构筑物里还需要水泵、阀门井盖、彩灯、电缆、计算机等机具和材料。

（5）水景墙体、岸坡材料

池壁、湖岸材料　刚性池壁的主要材料有钢筋、混凝土、水泥砂浆、防水材料等。一般用卵石、块石修饰表面或岸坡。柔性水池池壁多用灰土、素混凝土、沥青、橡胶薄膜毛毡做基础材料，用卵石、花岗岩等镶边。

驳岸护坡材料　砌石驳岸墙身多用混凝土、毛石、砖砌筑。压顶为驳岸最上部分，作用是增强驳岸稳定性，阻止墙后土壤流失，美化水岸线。压顶用混凝土或大块石做成，岸边植乔木。在古典园林中，驳岸往往用自然山石砌筑，与假山、置石、花木相组合，共同组成园景（图 7-5）。

桩基驳岸的桩基材料有木桩、石桩、灰土桩和混凝土桩、竹桩、板桩等。

护坡常见的有块石护坡和园林绿地护坡。块石护坡的石料最好选用石灰岩、砂岩、花岗岩等比重大、吸水率小的顽石。绿地护坡主要有草皮、花坛、石钉等形式。

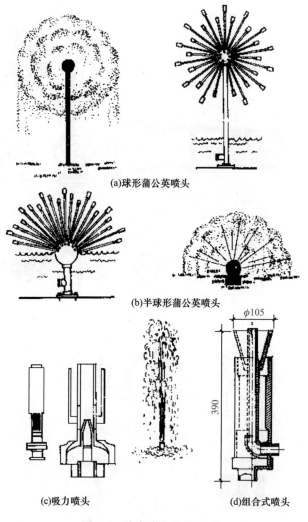

(a)球形蒲公英喷头

(b)半球形蒲公英喷头

(c)吸力喷头

(d)组合式喷头

图7-4　喷泉喷头种类（二）

水景工程施工技术准备实例

1. 驳岸工程施工准备

施工材料准备　图7-5是某驳岸施工横断面图，对照此图准备施工材料。水泥、黄砂、块石和瓜子片是驳岸施工的四大建筑材料。岸顶还要用到花岗岩。水泥由甲方供应，但必须按规定进库贮存，且使用期不超过3个月。黄砂选用中粗砂。块石统一选用苏州产金山石，厚度为20～30cm，无尖锐凸出部分，形状大致方正，宽度为厚度的1～1.5倍，长度为厚度的1.5～3倍。墙身面石必须进行现场再加工，保证无明显的凹凸和裂缝。混凝土、砂浆的配合比须经试验确认，并且得到监理工程师认可（包括所有建筑材料须有检测报告），配合比挂牌于搅拌机旁，砂浆随拌随用，并按规定做试块，进行编号，按期试压，记录归档。

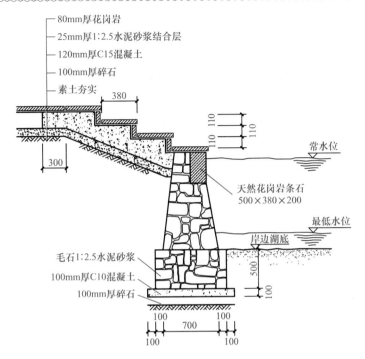

图 7-5　某驳岸施工横断面图

　　机具准备　需 3 种机具,即混凝土砂浆搅拌机、振捣器和检测仪器。混凝土砂浆搅拌机是保证混凝土、砂质量和驳岸连续、快速施工的保证,振捣器是保证墙身砌体密实度的有力工具。根据水体驳岸施工操作要求,在墙身砌筑施工过程中采用小石子混凝土进行灌浆,用小型振捣器进行振捣密实。检测仪器(包括吊锤、水平尺、全站仪、水准仪、经纬仪等)是积累数据,总结、监控质量和提高技术的关键与保证。这三种机具是驳岸施工过程中必不可少的。

　　施工环境准备　按要求对施工现场做好相关技术准备,如现场清理、土方堆放、水体排水等。

2. 喷泉工程施工准备

　　了解与分析水池与喷水造型　以图 7-6 为例。此例中,水池位于大楼和大门之间的小广场上。因视野不够开阔,故喷泉造景宜小中见大。水池设计成直径为 14m 的类似马蹄形,内池直径为 8m,池壁用花岗岩砌筑,后部左右两侧对称点缀两个 L 形花池。

　　在内池的正中间交错布置三排冰塔水柱,最大高度为 2.9m,沿半圆周设有 83 个直流水柱喷向池中心。落入内池的水流沿池壁溢入外池形成壁流。外池沿圆周交替布置了不易溅水的喇叭形和涌泉形水柱。此外,在内池后边、内外池之间增设一矩形小水池,内设涌泉水柱。在水池内设置有三色(红、黄、绿)水下彩灯。

　　熟悉喷泉运行控制方式　本案中,根据水流变换要求和喷头所需的水压要求,将所有喷头分成 6 组,每组设专用管道供水,分别用 6 个电磁阀控制水流。每个电磁阀只有开、关两个工位,利用可编程序控制开关变化。随着水流的变换,水下彩灯也相应出现明灭变化。图 7-7 为本案喷泉工程的管道设备平面布置图。

　　主要工艺设备　根据水景工程的造型设计要求,选用的喷头总数为 113 个,水下彩灯 37 盏,卧式离心泵两台,泵房(地下式)排水用潜污泵 1 台,电磁阀 6 个,见表 7-1。该喷泉工程的循环总流量约300L/s,耗电总功率 62kW。

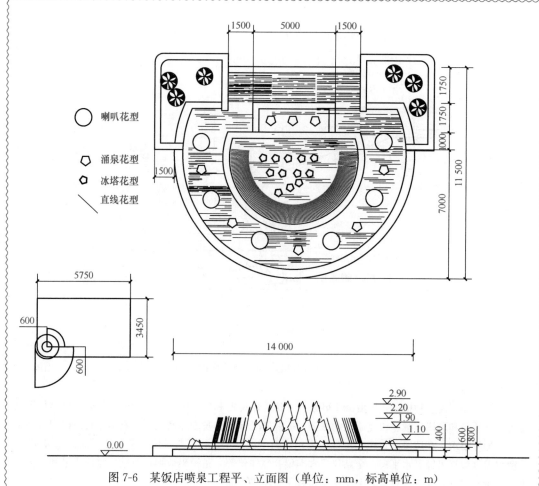

喇叭花型

涌泉花型

冰塔花型

直线花型

图 7-6　某饭店喷泉工程平、立面图（单位：mm，标高单位：m）

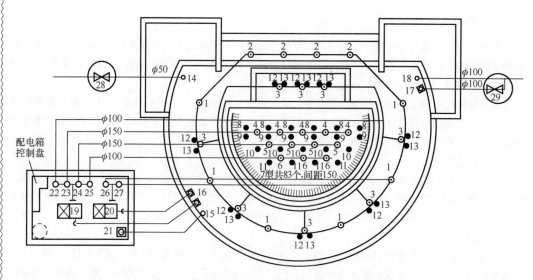

图 7-7　某饭店喷泉工程的管道设备平面布置图

表 7-1　本案喷泉主要工艺设备表

编号	名称	规格	数量	编号	名称	规格	数量
1	喇叭喷头	φ50	6	11	水泵排水口	DN32	1
2	喇叭喷头	φ40	4	12	水泵吸水口	—	2
3	涌泉喷头	φ25	8	13	水泵泄水口	φ100	1
4	冰塔喷头	φ75	5	14	水泵溢水口	φ100	1
5	冰塔喷头	φ50	4	15	水泵	10Sh-19	1
6	冰塔喷头	φ40	3	16	潜污泵	10Sh-19A	2
7	可调直流喷头	φ15	83	17	电磁阀	φ100	2
8	水下彩灯（黄）	200W	19	18	电磁阀	φ150	4
9	水下彩灯（绿）	200W	10	19	闸阀	φ50	1
10	浮球阀	DN50	1	20	闸阀	φ100	1

7.1.2　园林水景工程施工工艺流程

1. 人工刚性结构水池

人工刚性结构水池施工工艺流程如图 7-8 所示。

图 7-8　人工刚性结构水池施工工艺流程

要求如下。

1）砖壁砌筑必须做到横圆竖直，灰浆饱满。不得留踏步式或马牙搓。砖的强度等级不低于 MU7.5，砌筑时要挑选，砂浆配合比要称量准确，搅拌均匀。

2）钢筋混凝土壁板和壁槽灌缝之前，必须将模板内杂物清除干净，用水将模板湿润。

3）池壁模板不论采用无支撑法还是有支撑法，都必须将模板紧固好，防止混凝土浇筑时，模板发生变形。

4）防渗混凝土可掺用素磺酸钙减水剂，掺用减水剂配制的混凝土，耐油、抗渗性好，而且节约水泥。

5）矩形钢筋混凝土水池，由于工艺需要，长度较长，在底板、池壁上没有伸缩缝。施工中必须将止水钢板或止水胶皮正确固定好，并注意浇筑，防止止水钢板、止水胶皮移位。

6）影响水池混凝土强度的因素中，养护是重要的一环。底板浇筑完后，在施工池壁时，应注意养护，保持湿润。池壁混凝土浇筑完后，在气温较高或干燥情况下，过早拆模会引起混凝土收缩产生裂缝。因此，应继续浇水养护，底板、池壁和池壁灌缝的混凝土的养护期应不少于 14d。

2. 人工湖体

人工湖体施工工艺流程如图 7-9 所示。

图 7-9　人工湖体施工工艺流程

要求如下。

1）注意湖体基址情况。主要看基质，如是否有建筑垃圾、堆积土，或是否有漏水洞等。

2）注意选用施工材料。按照施工图给出的资料施工是施工质量的保证，但在施工中因环境差异还得视实际土质来定，不同的施工结构需要的材料不一样，必须分析好。

3）环境准备时，做好测量放线工作，先测设平面控制点、高程控制点、主要建筑物轴线方向桩等控制点。根据控制点建立施工控制网，在控制网点及湖体轴线标志点处设固定桩，桩号与设计采用的桩号一致。

4）填挖、整形要根据各控制点，采用自上而下分层开挖的施工方法，开挖必须符合施工图规定的断面尺寸和高程。

5）湖底防渗工程只能按质施工好，要按"下部支持层施工→防渗层施工→保护层施工"顺序进行，绝不能偷工减料。

6）湖岸立基的土壤必须坚实。在挖湖前必须对湖的基础进行钻探，探明土质情况，再决定是否适合挖湖，或施工时应采取适当的工程措施。湖底做法应因地制宜。湖岸的稳定性对湖体景观有特殊意义，应予以重视。

3. 驳岸护坡

驳岸护坡施工工艺流程如图 7-10 所示。

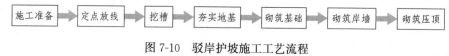

图 7-10　驳岸护坡施工工艺流程

要求如下。

基址要求　园林驳岸是起防护作用的工程构筑物，由基础、墙体、盖顶等组成。驳岸常用条石、块石混凝土、混凝土或钢筋混凝土作基础；用浆砌条石、浆砌块石、钢筋混凝土以及堆砌山石作墙体；用条石、山石、混凝土块料以及植被作盖顶。在盛产竹、木材的地方也可用竹、木、圆条和竹片、木板经防腐处理后作竹木桩驳岸。

修筑时要求坚固和稳定　驳岸多以打桩或柴排沉褥作为加强基础的措施。选坚实的大块石料为砌块，也有采用断面加宽的灰土层作基础，将驳岸筑于其上的。驳岸最好直接建在坚实的土层或岩基上。

如果地基疲软，须作基础处理　近年来中国南方园林构筑驳岸，多用加宽基础的方法以减少或免除地基处理工程。驳岸每隔一定长度要有伸缩缝，其构造和填缝材料的选用应力求经济耐用，施工方便。寒冷地区驳岸背水面需作防冻胀处理。方法有：填充级配砂石、焦渣等多孔隙易滤水的材料；砌筑结构尺寸大的砌体，夯填灰土等坚实、耐压、不透水的材料。

4. 人工瀑布

人工瀑布施工工艺流程如图 7-11 所示。

图 7-11　人工瀑布施工工艺流程

要求：自然式瀑布实际上是山水的直接结合。其工程要素是假山（或塑山塑石）、湖池、溪流等的配合布置，施工方法可参照有关内容。需要指出的是，整个水流线路必须做好防渗漏处理，将石隙封严堵死，以保证结构安全和瀑布的景观效果。此外，无论自然式瀑布还是规则式瀑布，均应采取适当措施控制堰顶蓄水池供水管的水流速度。瀑布中的管线必须是隐蔽的，施工时要对所供管道、管件的质量进行严格检查，并严格按照有关施工操作规程进行施工。

5. 人工小溪

人工小溪施工工艺流程如图 7-12 所示。

图 7-12　人工小溪施工工艺流程

要求：可用石灰粉按照设计图纸放出溪流（溪壁外沿）的轮廓线，作为挖方边界线。挖掘溪槽时，不可挖到底，槽底设计标高以上应预留 20cm，待溪底垫层施工时再挖至设计标高，不得超挖，否则需原土回填并夯实。使用柔性防水材料时，需在柔性防水材料与碎石垫层之间设置一厚约 25～50mm 的砂垫层，对防水层起衬垫保护作用。砌筑溪壁时主要考虑景观的自然效果，砂浆暴露要尽量少。

6. 人工喷泉

喷水工艺基本流程如图 7-13 所示。

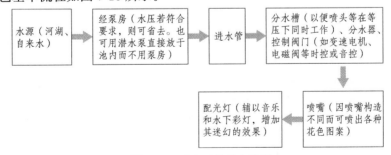

图 7-13　喷水工艺基本流程

一旦池水水位升高溢出，可由设于顶部的溢流口，通过溢水管流入阴井，直接排放至城市下水道中。如若回收循环使用，则通过溢流管回流到泵房，作为补给水回收。日久有泥砂沉淀，可经格栅沉淀室（井）进入泄水管进行清污，污泥由清污管入阴井而排出，以保证池水的清洁，见图 7-14。

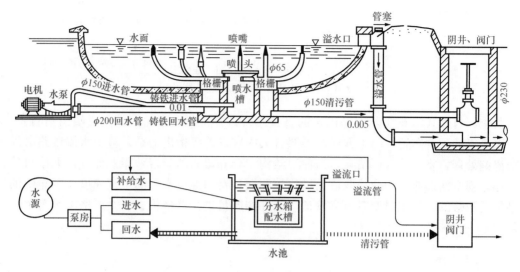

图 7-14　喷泉的施工工艺流程

应用实例　园林水景工程施工流程与工艺要求实例

现以某景观喷水池的施工为例，说明其施工流程及基本要求。

1. 熟悉设计图纸和掌握工地现状

施工前，应首先对喷泉设计图有总体的分析和了解，体会其设计意图，掌握设计手法，在此基础上进行施工现场勘察，对现场施工条件要有总体把握，明确哪些条件可以充分利用，哪些必须清除等。

2. 组织好工程事务工作

根据工程的具体要求，编制施工预算，落实工程承包合同，编制施工计划、绘制施工图表、制定施工规范、安全措施、技术责任制及管理条例等。

3. 精心做好准备工作

1) 布置好各种临时设施，职工生活及办公用房等。仓库按需而设，做到最大限度地降低临时性设施的投入。

2) 组织材料、机具进场，各种施工材料、机具等应有专人负责验收登记，做好施工进度安排，要有购料计划，进出库时要履行手续，认真记录，并保证用料规格质量。

3) 做好劳务调配工作。应视实际的施工方式及进度计划合理组织劳动力，特别采用平行施工或交叉施工时，更应重视劳力调配，避免窝工浪费。

4) 回水槽施工时应注意以下事项。

• 核对永久性水准点，布设临时水准点，核对高程。

• 测设水槽中心桩，管线原地面高程，施放挖槽边线，堆土、堆料界线及临时用地范围。

• 开挖时严格控制槽底高程决不超挖，槽底高程可以比设计高程提高 10cm，做预留部分，最后用人工清挖，以防槽底被扰动而影响工程质量。槽内挖出的土方，堆放在距沟槽边沿 1.0m 以外，土质松软危险地段采用用支撑措施以防沟槽塌方。

4. 槽底素土夯实

按要求（如土质、土含水量、密实度要求）分层夯实。

5. 溢水、进水管线、喷泉管网安装

溢水、进水管线、喷泉管网的安装，应参照设计图纸。

6. 系统调试

1）系统调试前准备。系统调试准备工作包括以下几个方面。

- 清洁水池，并将水池注水至正常水位。
- 清扫机房室内卫生及清洁设备外壳和柜（箱）内杂物。
- 对电气设备进行干燥处理。
- 检查系统流程安装是否完全正确。
- 对电气设备进行单机试运行。

2）系统调试。

- 检查所有阀门：打开所有控制阀门，关闭所有排水通道的阀门。检查所有喷嘴是否安装到位，并查看喷嘴有无堵塞等不良状况。按流程图及管道施工图查看管道安装情况，有无脱裂、变形等有可能导致漏水、压力损失的问题。
- 单机调试：按电气原理图及电控柜二次接线图仔细查看水泵、水下灯、变频器、程控器接线是否准确无误。在确认水泵有工作水源的情况下，单机手动开启调试（在某一台水泵单机调试时，关闭其他所有用电设备的电源，以免引起连锁破坏）。水泵运转后，根据出水状况查看水泵有无反转，有无噪声等不良状况。
- 所有水泵手动开启：在每台水泵都单机调试过后，将所有水泵一并开启（注：此时应关闭控制回路，以防意外）查看喷泉的喷水效果。
- 变频器单台手动调试：根据每台变频器所连水泵电机的参数，对每台变频器进行参数设置，并根据每台变频器工作要求设置好所有参数。参数设置好后，对每组变频器带相应水泵进行单组手动调试。

对所有变频器带相应水泵手动开机，查看喷水效果及各设备运转情况。

整体试机运行：将变频器、水泵等全部打到自动控制，让程控器运行，查看整个喷泉的运转情况。

调整阀门大小及频率高低：根据喷泉的各式喷嘴的喷水高度及效果要求调整阀门及变频器频率大小，使相关水形高低一致，形状大小达到设计要求。

根据设计要求及程序，进行最终效果调试，调整控制相关的时间长短及各喷嘴变换程序穿插，以使水形及整个喷泉效果达到最佳状态。

7. 各种辅助材料的拆除

主要工作，如预制模板拆除；各种管件残留物、过剩堆积物、池壁支撑架等，按进度清理。

8. 水体水面清洁

清扫池底池壁，试水后检测水质，并多次放水清洗水池。

9. 喷水池消毒清洁

水池消毒方法多样，比较简便的方法是采用漂白粉处理，也可采用1%～2%高锰酸钾消毒。

做好上述工作后，施工单位应先进行自检，如排水、供电、彩灯、花样等，一切正常后，开始准备验收资料。

任务 7.2 园林水景工程施工技术操作

7.2.1 各类园林水景工程施工技术

1. 人工湖施工

（1）施工特点

湖的布置应充分利用湖的水景特色。无论天然湖或人工湖，大多依山傍水，岸线曲折有致。湖岸处理要讲究"线"形艺术，有凹有凸，不宜呈对称、圆弧、螺旋线、等波线、直线等形式。园林湖面忌"一览无余"，应采取多种手法组织湖面空间。可通过岛、堤、桥、舫等形成阴阳虚实、湖岛相间的空间分隔，使湖面富于层次变化。同时，岸顶应有高低错落的变化，水位宜高，蓄水丰满，水面应接近岸边，湖水盈盈、碧波荡漾，易于产生亲切之感。还有，开挖人工湖要视基址情况巧作布置，湖的基址宜选择壤土、土质细密、土层厚实之地，不宜选择过于黏质或渗透性大的土质为湖址。如果渗透力大于 0.009m/s，则必须采取工程措施设置防漏层。

（2）施工技术

人工湖底施工 对于基址土壤抗渗性好、有天然水源保障条件的湖体，湖底一般不需做特殊处理，只要充分压实，相对密实度达 90% 以上即可，否则，湖底需做抗渗处理。几种常用的湖底做法如图 7-15 所示。

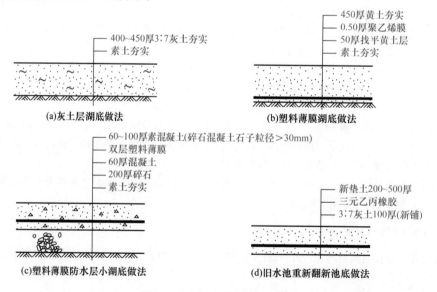

图 7-15 几种常用的湖底做法

开工前根据设计图纸结合现场调查资料（主要是基址土壤情况）确认湖底结构设计的合理性。施工前清除地基上面的杂物。压实基土时如杂填土或含水量过大或过小应采取措施加以处理。

对于灰土层湖底，灰土比例常用 3∶7。土料含水量要适当，并用 16～20mm 筛子过筛。生石灰粉可直接使用，如果是块灰闷制的熟石灰要用 6～10mm 筛子过筛。注意拌和均匀，最少翻拌两次。灰土层厚度大于 200mm 时要分层压实。

对于塑料薄膜湖底，应选用延展性强和抗老化能力高的塑料薄膜。铺贴时注意衔接部位要重叠 0.5m 以上。摊铺上层黄土时动作要轻，切勿损坏薄膜。

图 7-15（c）是当小型湖底土质条件不是太好时所采取的施工方法，此法较塑料薄膜湖底做法增加了 200mm 厚碎石层、60mm 厚混凝土层及 60～100mm 厚碎石混凝土，这有利于湖底加固和防渗，但投入比较大。旧水池翻新，对于发生渗漏的水池，或因为景观改造需要，可用此法进行施工。注意保护已建成设施。对施工过程中损坏的驳岸要进行整修，恢复原状。

湖岸处理   湖岸的稳定性对湖体景观有特殊意义，应予以重视。先根据设计图严格将湖岸线用石灰放出，放线时应保证驳岸（或护坡）的实际宽度，并做好各控制基桩的标注。开挖后要对易崩塌之处用木条、板（竹）等支撑，遇到孔、洞等渗漏性大的地方，要结合施工材料用抛石、填灰土、三合土等方法处理。如岸壁土质良好，做适当修整后可进行后续施工。

人工湖岸墙防渗施工   人工湖防渗一般包括湖底防渗和岸墙防渗两部分。湖底由于不外露，又处于水平面，一般采用在防水材料上覆土或加盖混凝土的方法进行防渗；而湖岸处于立面，又有一部分露出水面，要兼顾美观，因此岸墙防渗比湖底防渗要复杂些，方法也较多样。

工程链接

湖岸岸墙常用防渗方法有以下两种。

方法一   新建重力式浆砌石墙，土工膜绕至墙背后的防渗方法。这种方法的施工要点是将复合土工膜铺入浆砌石墙基槽内并预留好绕至墙背后的部分，然后在其上浇筑垫层混凝土，砌筑浆砌石墙。若土工膜在基槽内的部分有接头，应做好焊接，并检验合格后方可在其上浇筑垫层混凝土。为保护绕至背后的土工膜，应在浆砌石墙背后抹一层砂浆，形成光滑面与土工膜接触，土工膜背后回填土。土工膜应留有余量，不可太紧。

这种防渗方法主要适用于新建的岸墙。它将整个岸墙用防渗膜保护，伸缩缝位置不需经过特殊处理，若土工膜焊接质量好，土工膜在施工过程中得到良好的保护，这种岸墙防渗方法效果相当不错。

方法二   在原浆砌石挡墙内侧再砌浆砌石墙，土工膜绕至新墙与旧墙之间的防渗方法。这种方法适用于旧岸墙防渗加固。这种方法中，新建浆砌石墙背后土工膜与旧浆砌石墙接触，土工膜在新旧浆砌石墙之间，与第一种方法相比，土工膜的施工措施更为严格。施工时应着重采取措施保护土工膜，以免被新旧浆砌石墙破坏。旧浆砌石墙应清理干净，上面抹一层砂浆形成光面，然后把土工膜贴上。新墙应逐层砌筑，每砌一层应及时将新墙与土工膜之间的缝隙填上砂浆，以免石块扎破土工膜。

此方法在湖岸防渗加固中造价要低于混凝土防渗墙，但由于浆砌石墙宽度较混凝土墙大，因此会侵占湖面面积，不适用于面积较小的湖区。

---

2. 水体驳岸护坡施工

（1）砌石类驳岸施工

砌石驳岸   是指在天然地基上直接砌筑的驳岸，特点是埋设深度不大，基址坚实稳固，如块石驳岸中的虎皮石驳岸、条石驳岸、假山石驳岸等。此类驳岸的选择应根据基址条件和水景景观要求而定，既可处理成规则式，也可做成自然式。

图 7-16 是砌石驳岸的常见构造，它由基础、墙身和压顶三部分组成。基础是驳岸承重部分，通过它将上部重量传给地基。因此，驳岸基础要求坚固，埋入湖底深度不得小于 50cm，基础宽度应视土壤情况而定，砂砾土 $0.35H～0.4H$，砂壤土 $0.45H$，湿砂土 $0.5H～$

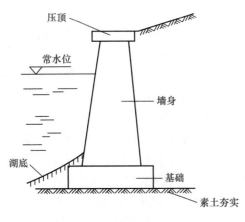

图 7-16　砌石驳岸常见构造

0.6H，饱和水壤土 0.75H（H 为驳岸高度）。墙身是基础与压顶之间的部分，多用混凝土、毛石、砖砌筑。墙身承受压力最大，包括垂直压力、水的水平压力及墙后土壤侧压力，为此，墙身应具有一定的厚度，墙体高度要以最高水位和水面浪高来确定，岸顶应以贴近水面为好，便于游人亲近水面，并显得蓄水丰盈饱满。压顶为驳岸边的最上部分，宽度为 30～50cm，用混凝土或大块石做成。其作用是增强驳岸稳定，美化水岸线，阻止墙后土壤流失。

如果水体水位变化较大，即雨期水位很高，平时水位很低，为了岸线景观起见，可将岸壁迎水面做成台阶状，以适应水位的升降。

砌石类驳岸施工前应进行现场调查，了解岸线地质及有关情况，作为施工时的参考。

放线布点　放线应依据设计图上的常水位线来确定驳岸的平面位置，并在基础两侧各加宽 20cm 放线。

挖槽　一般由人工开挖，工程量较大时也可采用机械开挖。为了保证施工安全，对需要施工坡的地段，应根据规定放坡、加支撑。挖槽不宜在雨期进行。雨期施工宜分段、分片完成，施工期间若基槽内因降雨积水，应在排净后挖除淤泥垫以好土。

夯实地基　开槽后应将地基夯实，遇土层软弱时，需增铺 14～15cm 厚灰土一层进行加固处理。

浇筑基础　驳岸的基础类型中，以块石混凝土最为常见。施工时石块要垒紧，不得仅列置于槽边，然后浇注 M15 或 M20 水泥砂浆，基础厚度为 400～500mm，高度常为驳岸高度的 0.6～0.8 倍。灌浆务必饱满，要渗满石间空隙。北方地区冬期施工时可在砂浆中加 3％～5％的 $CaCl_2$ 或 NaCl 用以防冻。

砌筑岸墙　浆砌块石岸墙墙面应平整、美观，要求砂浆饱满，勾缝严密。隔 25～30m 做伸缩缝，缝宽 3cm，可用板条、沥青、石棉绳、橡胶、止水带或塑料等防水材料填充。填充时应略低于砌石墙面，缝用水泥砂浆勾满。如果驳岸有高差变化，应做沉降缝，确保驳岸稳固，驳岸墙体应于水平方向 2～4m、竖直方向 1～2m 处预留泄水孔，口径为120mm×120mm，便于排除墙后积水，保护墙体。也可于墙后设置暗沟、填置砂石排除积水。

砌筑压顶　可采用预制混凝土板块压顶，也可采用大块方整石压顶。压顶时要保证石与混凝土的结合紧密牢靠，混凝土表面再用 20～30mm 厚1：2水泥砂浆抹缝处理。顶石应向水中至少挑出 5～6cm，并使顶面高出最高水位 50cm 为宜。

（2）桩基类驳岸施工

基驳岸结构　桩基是我国古老的水工基础做法，在水利建设中应用广泛，直至现在仍是常用的水工地基处理手法。当地基表面为松土层且下层为坚实土层或基岩时最宜用桩基。其特点是：基岩或坚实土层位于松土层下，桩尖打下去，通过桩尖将上部荷载传给下面的基岩或坚实土层；若桩打不到基岩，则利用摩擦桩，借木桩侧表面与泥土间的摩擦力将荷载传到周围的土层中，以达到控制沉陷的目的。

图 7-17 是桩基驳岸结构，它由桩基、卡当石、盖桩石、混凝土基础、墙身和压顶等几

部分组成。卡当石是桩间填充的石块，起保持木桩稳定的作用。盖桩石为桩顶浆砌的条石，作用是找平桩项以便浇灌混凝土基础。基础以上部分与砌石类驳岸相同。

桩基的材料有木桩、石桩、灰土桩和混凝土桩、竹桩、板桩等。木桩要求耐腐、耐湿、坚固、无虫蛀，如柏木、松木、橡树、桑树、榆树、杉木等。桩木的规格取决于驳岸的要求和地基的土质情况，一般直径 10～15cm、长 1～2m，弯曲度（d/l）小于 1%，且只允许一次弯曲。桩木的排列一般布置成梅花桩、品字桩、马牙桩。梅花桩、品字桩的桩距约为桩径的 2～3 倍，即每平方米 5 个桩；马牙桩要求桩木排列紧凑，必要时可酌增排数。

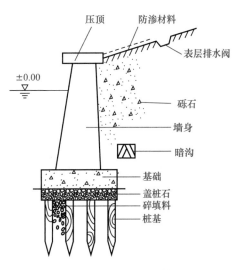

图 7-17　桩基驳岸结构图

灰土桩是先打孔后填灰土的桩基做法，常配合混凝土用，适于岸坡水淹频繁木桩易腐蚀的地方，混凝土桩坚固耐久，但投资较大。

竹桩、板桩驳岸是另一种类型的桩基驳岸。驳岸打桩后，基础上部临水面墙身由竹篱（片）或板片镶嵌而成，适于临时性驳岸。竹篱驳岸造价低廉、取材容易，施工简单，工期短，能使用一定年限，凡盛产竹子，如毛竹、大头竹、勒竹、撑篙竹的地方都可采用。施工时，竹桩、竹篱要涂上一层柏油，目的是防腐。竹桩顶端由竹节处截断以防雨水积聚，竹片镶嵌直顺紧密牢固。

由于竹篱缝很难做得密实，这种驳岸不耐风浪冲击、淘刷和游船撞击，岸土很容易被风浪淘刷，造成岸篱分开，最终失去护岸功能。因此，此类驳岸适用于风浪小、岸壁要求不高、土壤较黏的临时性护岸地段。

桩基驳岸的施工　参阅砌石类驳岸的施工方法。

（3）护坡工程施工

护坡工程施工多涉及人工湖体、人工池或道路边坡，其中水体护坡依托水体坡面情况进行设计与施工，需要熟悉施工设计平面图、施工断面图、施工图上标注等。需注意的事项：一是护坡坡向、坡度及常水位、低水位、高水位情况；二是施工结构情况，采用的护坡方法（如铺石护坡、草坪护坡等）；三是施工材料类型、品质、规格、技术要求等；四是注意基础（垫脚石）条坑施工（铺石护坡用到）、垒石方法、留缝要求等。

在园林中，常见护坡类型主要有两大类：硬质块石类（铺石护坡）和绿地型。

铺石护坡　在岸坡较陡、风浪较大的情况下，或因为造景的需要，在园林中常使用块石护坡（图 7-18）。护坡的石料，最好选用石灰岩、砂岩、花岗岩等比重大、吸水率小的顽石。在寒冷的地区还要考虑石块的抗冻性。石块的比重应不小于 2。如火成岩吸水率超过 1%或水成岩吸水率超过 1.5%（以重量计）则应慎用。铺石护坡的施工步骤如下。

第一步，放线挖槽。按设计放出护坡的上、下边线。若岸坡地面坡度和标高不符合设计要求，则需开挖基槽，经平整后夯实；如果水体土方施工时已整理出设计的坡面，则经简单平整后夯实即可。

第二步，砌坡脚石，铺倒滤层。先砌坡脚石，其基础可用混凝土或碎石。大石块（或

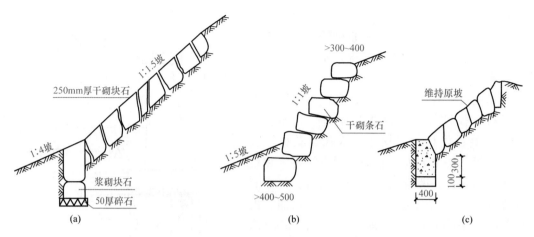

图 7-18　块石护坡

预制混凝土块）坡脚用 M5～M7.5 水泥砂浆砌筑。混凝土也可现浇。无论哪种方式的坡脚，关键是要保证其顶面的标高。铺到滤层时，要注意摊铺厚度，一般下厚上薄，如从 20cm 逐渐过渡为 10cm 等。

　　第三步，铺砌块石。由于是在坡面上施工，倒滤层碎料容易滑移而造成厚薄不均，因此施工前应拉绳网控制，以便随时矫正。从坡脚处起，由下而上铺砌块石。石块要呈品字形排列，彼此贴紧。用铁锤随时打掉过于突出的棱角，石块间用碎石填满、垫平，不得有虚角。

　　第四步，补缝勾缝。一般而言，块石干砌较为自然，石缝内还可长草。为更好地防止冲刷、提高护坡的稳定性，也可用 M7.5 水泥砂浆勾缝（凸缝或凹缝）。

> **工程链接**
>
> 　　铺石护坡（或驳岸）施工属于特殊的砌体工程，应注意护坡（驳岸）施工时必须放干湖水，亦可分段堵截逐一排空。采用灰土基础以在干旱季节为宜，否则会影响灰土的固结。浆砌块石基础在施工时石头要砌得密实，缝穴尽量减少。如有大间隙应以小石填实。灌浆务必饱满，使渗进石间空隙，北方地区冬期施工可在水泥砂浆中加入 3%～5% 的 $CaCl_2$ 或 NaCl，按重量比兑入水中拌匀以防冻，使之正常混凝。倾斜的岸坡可用木制边坡样板校正。浆砌块石缝宽约 2～3cm，勾缝可稍高于石面，也可以与石面平或凹进石面。块石护岸由下往上铺砌石料。石块要彼此贴紧。用铁锤打掉过于突出的棱角并挤压上面的碎石使其密实地压入土内。铺后可以在上面行走，检验一下石块的稳定性。如人在上面行走石头仍不动，说明质量是好的，否则要用碎石嵌垫石间空隙。

　　绿地型护坡　有草皮护坡、花坛式护坡、石钉护坡、预制框格护坡、截水沟护坡、编柳抛石护坡等。

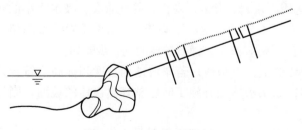

图 7-19　岸边草皮铺法一

　　草皮护坡——当岸壁坡角在自然安息角以内，地形变化在 1：20～1：5 间起伏，这时可以考虑用草皮护坡，即在坡面种植草皮或草丛，利用土中的草根来固土，使土坡能够保持较大的坡度而不滑坡，其做法如图 7-19 和图 7-20 所示。目前也采用直接在岸边播种子并用塑料薄膜覆盖，效果也好。如在草坡上散置数块山石，可以丰富地貌，增加风景的层次，如图 7-21 所示。

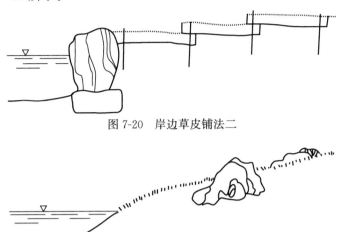

图 7-20 岸边草皮铺法二

图 7-21 岸边置石

花坛式护坡——将园林坡地设计为倾斜的图案、文字类模纹花坛或其他花坛形式，既美化了坡地，又起到了护坡的作用。

石钉护坡——在坡度较大的坡地上，用石钉均匀地钉入坡面，使坡面土壤的密实度增长，抗坍塌的能力也随之增强。

预制框格护坡——是用预制的混凝土框格，覆盖、固定在陡坡坡面，从而固定、保护坡面；坡面上仍可种草种树。当坡面很高、坡度很大时，采用这种护坡方式比较好。因此，这种护坡最适于较高的道路边坡、水坝边坡、河堤边坡等的陡坡。

截水沟护坡——为了防止地表径流直接冲刷坡面，而在坡上端设置一条小水沟，以阻截、汇集地表水，从而保护坡面。注意不要破坏截水沟植被。

编柳抛石护坡——采用新截取的柳条十字交叉编织。编柳空格内抛填厚 200～400mm 的块石，块石下设厚 10～20cm 的砾石层以利于排水和减少土壤流失。柳格平面尺寸为 1m×1m 或 0.3m×0.3m，厚度为 30～50cm。柳条发芽便成为较坚固的护坡设施。

绿地型护坡施工方法如下。

植被护坡的坡面施工——这种护坡的坡面是采用草皮护坡、灌丛护坡或花坛护坡方式所做的坡面，这实际上都是用植被来对坡面进行保护，因此，这三种护坡的坡面构造基本上是一样的。一般而言，植被护坡的坡面构造从上到下的顺序是：植被层、坡面根系表土层和底土层。各层的施工情况如下。

- 第一层：植被层。植被层主要采用草皮护坡方式的，植被层厚 15～45cm；用花坛护坡的，植被层厚 25～60cm；用灌木丛护坡的，则灌木层厚 45～180cm。植被层一般不用乔木做护坡植物，因乔木重心较高，有时可能因树倒而使坡面坍塌。在设计中，最好选用须根系的植物，其护坡固土作用比较好。
- 第二层：根系表土层。用草皮护坡与花坛护坡时，坡面保持斜面即可。若坡度太大，达到 60°以上时，坡面土壤应先整细并稍稍拍实，然后在表面铺上一层护坡网，最后才撒播草种或栽种草丛、花苗。用灌木护坡，坡面则可先整理成小型阶梯状，以方便栽种树木和积蓄雨水（图7-22）。为了避免地表径流直接冲刷陡坡坡面，还应在坡顶部顺着等高线布置一条截水沟，以拦截雨水。

• 第三层：底土层。坡面的底土一般应拍打结实，但也可不做任何处理。

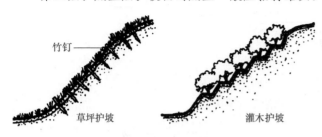

图7-22 植被护坡坡面的两种断面

预制框格护坡的坡面施工——预制框格由混凝土、塑料、铁件、金属网等材料制作的，其每一个框格单元的设计形状和规格大小都可以有许多变化。框格一般是预制生产的，在边坡施工时再装配成各种简单的图形。用锚和矮桩固定后，再往框格中填满肥沃壤土，土要填得高于框格，并稍稍拍实，以免下雨时流水渗入框格下面，冲刷走框底泥土，使框格悬空。图7-23是预制混凝土框格的参考形状及规格尺寸举例。

护坡的截水沟施工——截水沟一般设在坡顶，与等高线平行。沟宽20～45cm，深20～30cm，用砖砌成。沟底、沟内壁用1：2水泥砂浆抹面。为了不破坏坡面的美观，可将截水沟设计为盲沟，即在截水沟内填满砾石，砾石层上面覆土种草。从外表看不出坡顶有截水沟，但雨水流到沟边就会下渗，然后从截水沟的两端排出坡外（图7-24）。

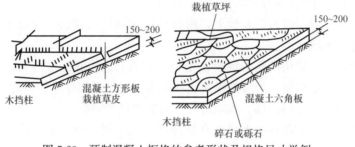

图7-23 预制混凝土框格的参考形状及规格尺寸举例

3. 人工溪涧施工

溪涧施工结构 园林中溪涧的布置讲究师法自然，忌宽求窄、忌直求曲。平面上要求蜿蜒曲折，对比强烈；立面上要求有缓有陡，空间分隔开合有序。整个带状游览空间层次分明、组合合理、富于节奏感。

布置溪流最好选择有一定坡度的基址，依流势而设计，急流处为3%左右，缓流处为0.5%～1%。普通的溪流，其坡势多为0.5%左右，溪流宽度约1～2m，水深为5～10cm，而大型溪流如江户川区的古川亲水公园溪流，长约1km、宽为2～4m，水

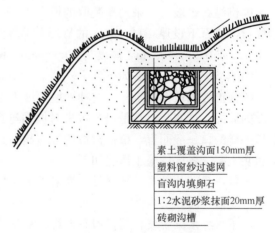

图7-24 截水沟构造图

深30～50cm，河床坡度却为0.05%，相当平缓。其平均流量为0.5m³/s，流速为20cm/s。一般溪流的坡势应根据建设用地的地势及排水条件等决定。

图 7-25～图 7-29 是常见的几种小溪平面、立面、剖面的结构做法图。

施工步骤与方法 如下。

- 施工准备：主要环节是进行现场勘察，熟悉设计图纸，准备施工材料、施工机具、施工人员。对施工现场进行清理平整，接通水电，搭建必要的临时设施等。
- 溪道放线：依据已确定的小溪设计图纸，用石灰、黄砂或绳子等在地面上勾画出小溪的轮廓，同时确定小溪循环用水的出水口和水池间的管线走向。由于溪道宽窄变化多，放线时应加密打桩量，特别是转弯点。各桩要标注清楚相应的设计高程，变坡点（即设计跌水之处）要做特殊标记。

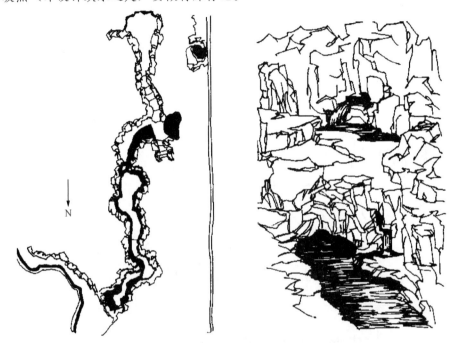

图 7-25 无锡寄畅园八音涧平面图、局部透视图

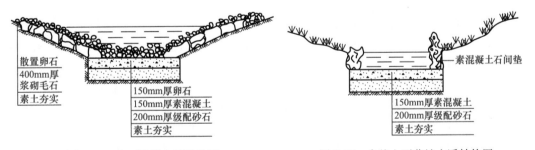

图 7-26 卵石护岸小溪结构图　　　　图 7-27 自然山石草坡小溪结构图

- 溪槽开挖：小溪要按设计要求开挖，最好掘成 U 形坑，因小溪多数较浅，表层土壤较肥沃，要注意将表土堆放好，作为溪涧种植用土。溪道开挖要求有足够的宽度和深度，以便安装散点石。值得注意的是，一般的溪流在落入下一段之前都应至少有 7cm 的水深，故挖溪道时每一段最前面的深度都要深些，以确保小溪呈自然形态。溪道挖好后，必须将溪底基土夯实，溪壁拍实。如果溪底用混凝土结构，先在溪底铺 10～15cm 厚碎石层作为垫层。

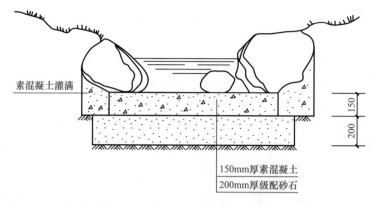

图 7-28　自然山石草坡小溪的结构

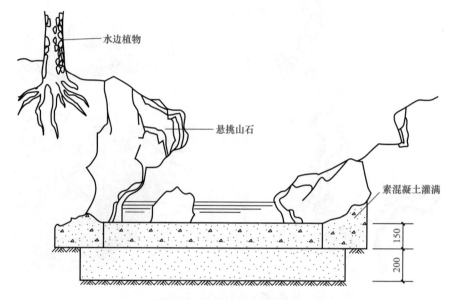

图 7-29　自然山石小溪结构图

- 溪底施工：包含混凝土结构和柔性结构。

  ■混凝土结构。在碎石垫层上铺上砂子（中砂或细砂），垫层厚 2.5～5cm，盖上防水材料（EPDM、油毡卷材等），然后现浇混凝土，厚度 10～15cm（北方地区可适当加厚），其上铺水泥砂浆约 3cm，然后铺素水泥浆 2cm，按设计放入卵石即可。

  ■柔性结构。如果小溪较小，水又浅，溪基土质良好，可直接在夯实的溪道上铺一层 2.5～5cm 厚的砂子，再将衬垫薄膜盖上。衬垫薄膜纵向的搭接长度不得小于 30cm，留于溪岸的宽度不得小于 20cm，并用砖、石等重物压紧。最后用水泥砂浆把石块直接粘在衬垫薄膜上。

- 溪壁施工：溪岸可用大卵石、砾石、瓷砖、石料等铺砌处理。和溪道底一样，溪岸也必须设置防水层，防止溪流渗漏。如果小溪环境开朗，溪面宽、水浅，可将溪岸做成草坪护坡，且坡度尽量平缓。临水处用卵石封边即可。

- 溪道装饰：为使溪流更自然有趣，可用较少的鹅卵石放在溪床上，这会使水面产生轻柔的涟漪。同时按设计要求进行管网安装，最后点缀少量景石，配以水生植物，饰以小桥、汀步等小品。

- 试水：试水前应将溪道全面清洁和检查管路的安装情况，而后打开水源，注意观察水流及岸壁，如达到设计要求，说明溪道施工合格。

4. 人工瀑布施工

（1）瀑布构成要素

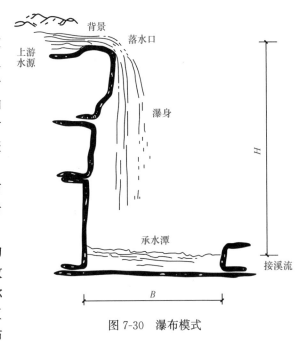

图 7-30　瀑布模式

人工瀑布是以天然瀑布为蓝本，通过工程手段而修建的落水景观，瀑布分为水平瀑布和垂直瀑布两类。瀑布一般由背景、上游水源、落水口、瀑身、承水潭和溪流五部分构成（图 7-30）。人工瀑布常用山体上的山石、树木为背景，上游积聚的水（或水泵提水）流至落水口，落水口也称瀑布口，其形状和光滑度影响到瀑布水态及声响。瀑身是观赏的主体，落水后形成深潭接小溪流出。

瀑布水流经过的地方常由坚硬扁平的岩石构成，瀑布边缘轮廓清晰可见，多数瀑布口为结构紧密的岩石悬挑而出，俗称泻水石，水由泻水石倾泻而下，水力巨大，泥砂、细石及松散物均被冲走，瀑布落水后接承水潭，潭周有被水冲蚀的岩石和散生湿生植物。

（2）瀑布落水的形式

瀑布落水的形式多种多样，常见的有直落、分落、段落、滑落、布落、壁落、线落、离落和连续落等（图 7-31）。

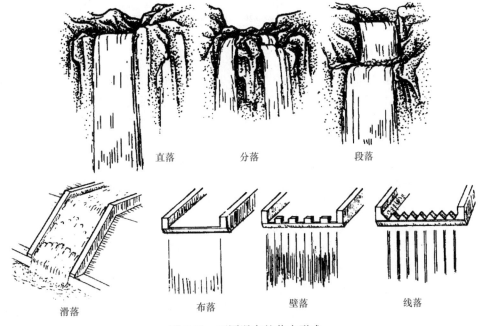

直落　　　　　　　　分落　　　　　　　　段落

滑落　　　　　布落　　　　　壁落　　　　　线落

图 7-31　不同瀑布的落水形式

（3）瀑布施工要点

瀑布水源　多用水泵循环供水（图7-32），需要达到一定的供水量，据经验：高2m的瀑布，每米宽度流量为 0.5m³/min 较适宜。瀑布妙在天然情趣，不宜将瀑布落水做等高、等距或一直线排列，要使流水曲折、分层分段流下，各级落水有高有低，泻水石要向外伸出。各种灰浆修补、石头接缝要隐蔽，不漏痕迹。有时可利用山石、树丛将瀑布泉源遮蔽以求自然之趣。

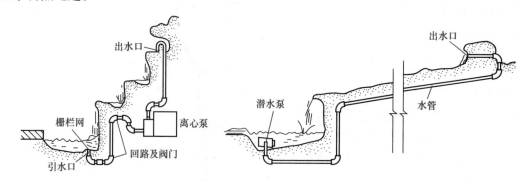

图7-32　水泵循环供水瀑布示意图

顶部蓄水池的施工　蓄水池的容积要根据瀑布的流量来确定，要形成较壮观的景象，就要求其容积大；相反，如果要求瀑布薄如轻纱，就没有必要太深、太大。图7-33为蓄水池结构。

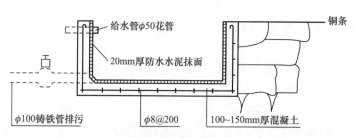

图7-33　蓄水池结构

堰口处理　所谓堰口就是使瀑布的水流改变方向的山石部位，其出水口应模仿自然，并以树木及岩石加以隐蔽或装饰，当瀑布的水膜很薄时，能表现出极其生动的水态。为保证瀑布效果，要求落水口水平光滑。为此，要重视落水口的设计与施工，以下方法能保证落水口有较好的出水效果：落水口边缘采用青铜或不锈钢制作；增加落水口顶蓄水池水深；在出水口处加挡水板，降低流速。流速不超过 0.9～1.2m/s 为宜。

瀑身　瀑布水幕的形态也就是瀑身，是由堰口及堰口以下山石的堆叠形式确定的。例如，堰口处的整形石呈连续的直线，堰口以下的山石在侧面图上的水平长度不超出堰口，则这时形成的水幕整齐、平滑，非常壮丽。堰口处的山石虽然在一个水平面上，但水际线伸出、缩进，可以使瀑布形成的景观有层次感。若堰口以下的山石，在水平方向上堰口突出较多，可形成两重或多重瀑布，这样瀑布就更加活泼而有节奏感（图7-34）。

潭（承水池）　天然瀑布落水口下面多为一个深潭。在做瀑布设计时，也应在落水口下面做一个承水池。为了防止落水时水花四溅，一般的经验是使受水池的宽度不小于瀑身高度的2/3，即

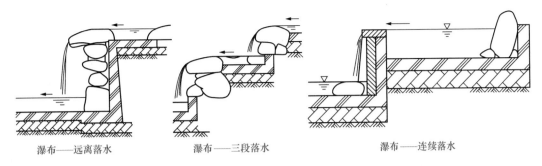

瀑布——远离落水　　　　　瀑布——三段落水　　　　　瀑布——连续落水

图 7-34　瀑布落水形式

$$B \geqslant \frac{2}{3}H$$

式中，B——瀑布的受水池潭的宽度，mm；

　　　　H——瀑身高度，mm。

瀑布承水池的常用结构如图 7-35 所示。

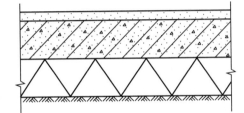

20mm厚防水水泥砂浆抹面

100~150mm厚C10混凝土ϕ4@100钢筋

100~150mm厚碎石

素土夯实

图 7-35　瀑布承水池常用结构

工程链接

　　与瀑布相似的水景称跌水，即水流从高向低呈台阶状逐级跌落的动态水景。跌水人工化明显，其供水管、排水管应蔽而不露。跌水多布置于水源源头，往往与泉结合，水量较瀑布小。跌水的形式多种多样，就其落水的水态分，一般将跌水分为单级式跌水、二级式跌水、多级式跌水、悬臂式跌水和陡坡跌水等。

　　单级式跌水　也称一级跌水。溪流下落时，无阶状落差。单级式跌水由进水口、胸墙、消力池及下游溪流组成。进水口是经供水管引水到水源的出口，应通过某些工程手段使进水口自然化，如配饰山石。胸墙也称跌水墙，它能影响到水态、水声和水韵。胸墙要求坚固、自然。消力池即承水池，其作用是减缓水流冲击力，避免下游受到激烈冲刷，消力池底要有一定厚度，一般认为，当流量为 2m³/s、墙高大于 2m 时，底厚 50cm。消力池长度也有一定要求，其长度应为跌水高度的 1.4 倍。

　　二级式跌水　即溪流下落时，具有两阶落差的跌水。通常上级落差小于下级落差。二级跌水的水流量较单级跌水小，故下级消力池底厚度可适当减小。

　　多级式跌水　即溪流下落时，具有三阶以上落差的跌水。多级跌水一般水流量较小，因而各级均可设置蓄水池（或消力池），水池可为规则式也可为自然式，视环境而定。水池内可点铺卵石，以防水闸海漫功能削弱上一级落水的冲击。有时为了造景需要，渲染环境气氛，可配装彩灯，使整个水景景观盎然有趣。

　　悬臂式跌水　悬臂式跌水的特点是其落水口处理与瀑布落水口泻水石处理极为相似，它是将泻水石突出成悬臂状，使水能泻至池中间，因而落水更具魅力。

5. 景观水池施工

水池在园林中的用途很广泛，可用作广场中心、道路尽端以及和亭、廊、花架等各种建筑小品组合形成富于变化的各种景观效果。常见的喷水池、观鱼池、海兽池及水生植物种植池等都属于这种水体类型。

（1）池底施工

基土处理 池底的设计面，应在霜作用线以下。当基土为排水不良的黏土，或地下水位甚高时，在池底基础下及池壁之后，应放置碎石，并埋 10cm 直径的排水管，管线的倾斜度为 1‰～2‰，池下的碎石层厚 10～20cm，壁厚的碎石层厚 10～15cm。

混凝土池底板施工 依情况不同加以处理。如基土稍湿而松软时，可在其上铺以厚 10cm 的碎石层，并加以夯实，然后浇灌混凝土垫层。

混凝土垫层浇完隔 1～2d（应视施工时的温度而定），在垫层面测量确定底板中心，然后根据设计尺寸进行放线，定出柱基以及底板的边线，画出钢筋布线，依线绑扎钢筋，接着安装柱基和底板外围的模板。

在绑扎钢筋时，应详细检查钢筋的直径、间距、位置、搭接长度、上下层钢筋的间距、保护层及埋件的位置和数量，看其是否符合设计要求。上下层钢筋均应用铁撑（铁马凳）加以固定，使之在浇捣过程中不发生变化。如钢筋过水后发生锈，应进行除锈处理。

底板应一次连续浇完，不留施工缝。施工间歇时间不得超过混凝土的初凝时间。如混凝土在运输过程中产生初凝或离析现象，应在现场进行二次搅拌后方可入模浇捣。底板厚度在 20cm 以内，可采用平板振动器，20cm 以上则采用插入式振动器。

池壁为现浇混凝土时，底板与池壁连接处的施工缝（表 7-2）可留在基础上 20cm 处。施工缝可留成台阶形、凹槽形、加金属止水片或遇水膨胀橡胶带。

表 7-2 各种施工缝的优缺点及做法

施工缝种类	简图	优点	缺点	做法
台阶形		增加接触面积，使渗水路线延长、渗水受阻，施工简单，接缝表面易清理	接触面简单，双面配筋时，不易支模，阻水效果一般	支模时，可在外侧安设木方，混凝土终凝后取出
凹槽形		加大了混凝土的接触面，使渗水受更大阻力，提高了防水质量	在凹槽内易于积水和存留杂物，清理不净时影响接缝严密性	支模时将木方置于池壁中部，混凝土终凝后取出
加金属止水片		适用于池壁较薄的施工缝，防水效果比较可靠	安装困难，且需耗费一定数量的钢材	将金属止水片固定在池壁中部，两侧等距

续表

施工缝种类	简图	优点	缺点	做法
遇水膨胀橡胶止水带	遇水膨胀橡胶止水带　≥200	施工方便，操作简单，橡胶止水带遇水后体积迅速膨胀，将缝隙塞满、挤密		将腻子型橡胶止水带置于已浇注好的施工缝中部即可

（2）池壁施工

人工水池一般采用垂直形池壁。垂直形的优点是池水降落之后，不至于在池壁淤积泥土，从而使低等水生植物无从寄生，同时易于保持水面洁净。垂直形的池壁，可用砖石或水泥砌筑，以瓷砖、罗马砖等饰面，甚至做成图案加以装饰。

混凝土浇筑池壁的施工　水泥池壁施工时，应先做模板以固定之，池壁厚 15～25cm，水泥成分与池底同。目前有无撑支模及有撑支模两种方法，有撑支模为常用方法。当矩形池壁较厚时，内外模可在钢筋绑扎完毕后一次立好。浇捣混凝土时操作人员可进入模内振捣，并应用串筒将混凝土灌入，分层浇捣。矩形池壁拆模后，应将外露的止水螺栓头割去。此类池壁施工要点如下。

水池施工时所用的水泥强度等级不宜低于 42.5 级，水泥品种应优先选用普通硅酸盐水泥，不宜采用火山灰质硅酸盐水泥和粉煤灰硅酸盐水泥，所用石子的最大粒径不宜大于40mm，吸水率不大于 1.5%。

池壁混凝土每立方米水泥用量不少于 320kg，含砂率宜为 35%～40%，灰砂比为（1：2.5）～（1：2），水灰比不大于 0.6。

固定模板用的铁丝和螺栓不宜直接穿过池壁。当螺栓或套管必须穿过池壁时，应采取止水措施。常见的止水措施有：螺栓上加焊止水环，止水环应满焊，环数应根据池壁厚度确定；套管上加焊止水环，在混凝土中预埋套管时，管外侧应加焊止水环，管中穿螺栓，拆模后将螺栓取出，套管内用膨胀水泥砂浆封堵；螺栓加堵头，支模时，在螺栓两边加堵头，拆模后，将螺栓沿平凹坑底割去角，用膨胀水泥砂浆封塞严密。

在池壁混凝土浇筑前，应先将施工缝处的混凝土表面凿毛，清除浮粒和杂物，用水冲洗干净，保持湿润，再铺上一层厚 20～25mm 的水泥砂浆。水泥砂浆所用材料的灰砂比应与混凝土材料的灰砂比相同。

浇筑池壁混凝土时，应连续施工，一次浇筑完毕，不留施工缝。

池壁有密集管群穿过预埋件或钢筋稠密处浇筑混凝土有困难时，可采用相同抗渗等级的细石混凝土浇筑。

池壁上有预埋大管径的套管或面积较大的金属板时，应在其底部开设浇筑振捣孔，以利于排气、浇筑和振捣。

池壁混凝土浇筑完后，应立即进行养护，并充分保持湿润，养护时间不得少于 14 昼夜。拆模时池壁表面温度与周围气温的温差不得超过 15℃。

混凝土砖砌池壁施工技术：用混凝土砖砌造池壁大大简化了混凝土施工的程序，但混凝土砖一般只适用于古典风格或设计规整的池塘。混凝土砖厚 10cm，结实耐用，常用于池塘建造；也有大规格的空心砖，但使用空心砖时，中心必须用混凝土浆填塞。有时也用双层空心砖墙中间填混凝土的方法来增加池壁的强度。用混凝土砖砌池壁的一个好处是，池壁可以在池底浇筑完工后的第二天再砌。一定要趁池底混凝土未干时将边缘处拉毛，池底与池壁相交处的钢筋要向上弯伸入池壁，以加强结合部的强度，钢筋伸到混凝土砌块池壁后或池壁中间。由于混凝土砖是预制的，所以池壁四周必须保持绝对的水平。砌混凝土砖时要特别注意保持砂浆厚度均匀。

池壁抹灰施工技术：抹灰在混凝土及砖结构的池塘施工中是一道十分重要的工序。它使池面平滑，不会伤及池鱼。如果池壁表面粗糙，则易使鱼受伤，发生感染。此外，池面光滑也便于清洁工作。

砖壁抹灰施工　内壁抹灰前2d应将墙面扫清，用水洗刷干净，并用铁皮将所有灰缝刮一下，要求凹进1～1.5cm。

应采用32.5级普通水泥配制水泥砂浆，配合比为1：2，必须称量准确，可掺适量防水粉，搅拌均匀。

在抹第一层底层砂浆时，应用铁板用力将砂浆挤入砖缝内，增加砂浆与砖壁的黏结力。底层灰不宜太厚，一般在5～10mm。第二层将墙面找平，厚度5～12mm。第三层面层进行压光，厚度2～3mm。

砖壁与钢筋混凝土底板结合处，要特别注意操作，加强转角抹灰厚度，使呈圆角，防止渗漏。

外壁抹灰可采用1：3水泥砂浆一般操作法。

钢筋混凝土池壁抹灰施工　抹灰前将池内壁表面凿毛，不平处铲平，并用水冲洗干净。抹灰时可在混凝土墙面上刷一遍薄的纯水泥浆，以增加黏结力。其他做法与砖壁抹灰相同。

压顶施工　规则水池顶上应以砖、石块、石板、大理石或水泥预制板等做压顶。压顶或与地面平，或高出地面。当压顶与地面平时，应注意勿使土壤流入池内，可将池周围地面稍向外倾。有时在适当的位置上，将顶石部分放宽，以便容纳盆钵或其他摆饰。几种常见压顶的形式与做法见图7-36。

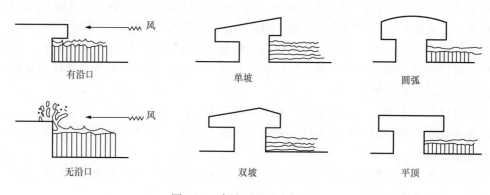

图7-36　水池压顶形式与做法

试水　试水工作应在水池全部施工完成后方可进行。其目的是检验结构安全度，检查施工质量。试水时应先封闭管道孔。由池顶放水入池，一般分几次进水，根据具体情况，控制每次进水高度。从四周上下进行外观检查，做好记录，如无特殊情况，可继续灌水到储水设计标高。同时要做好沉降观察。

灌水到设计标高后，停1d，进行外观检查，并做好水面高度标记，连续观察7d，外表面无渗漏及水位无明显降落方为合格。水池施工中还涉及许多其他工种与分项工程，如假山工程、给排水工程、电气工程、设备安装工程等，可参考其他相关章节或其他相关书籍。

6. 临时性水池施工

在日常生活中，经常会遇到一些临时性水池施工，尤其是在节日、庆典期间。临时水池结构简单，安装方便，使用完毕后能随时拆除，在可能的情况下能重复利用。临时水池的结构形式比较灵活，如果铺设在硬质地面上，一般可以用角钢焊接水池的池壁，其高度一般比设计水池的水深高20～25cm，池底与池壁用塑料布铺设，并应将塑料布反卷包住池壁外侧，以素土或其他重物固定。为了防止地面上的硬物破坏塑料布，可以先在池底部位铺厚20mm的聚苯板。水池的池壁内外可以临时以盆花或其他材料遮挡，并在池底铺设15～25mm厚砂石，这样，一个临时性水池就完成了。另外还可以在水池内根据设计安装小型的喷泉与灯光设备。

地坑式临时水池施工 方法如下。

第一步，定点放线：按照设计的水池外形，在地面上画出水池的边缘线。

第二步，挖掘水坑：按边缘线开挖，由于没有水池池壁结构层，所以一般开挖时边坡限制在自然安息角范围内，挖出的土可以随时运走。挖到预定的深度后应把池底与池壁整平拍实，剔除硬物和草根。在水池顶部边缘还需挖出压顶石的厚度，在水池中如果需要放置盆栽的水生植物，可以根据水生植物的生长需要留有土墩，土墩也要拍实整平。

第三步，铺塑料布：在挖好的水池上覆盖塑料布，然后放水，利用水的重量把塑料布压实在坑壁上，并把水加到预定的深度。塑料布应有一定的强度，在放水前应摆好塑料布的位置，避免放水后塑料布覆盖不满水面。

第四步，压顶：将多余的塑料布裁去，用石块或混凝土预制块将塑料布的边缘压实，并形成一个完整的水池压顶。

第五步，装饰：可以把小型喷泉设备一起放在水池内，并摆上水生植物的花盆。

第六步，清理：清理现场内的杂物杂土，将水池周围的草坪恢复原状，这样一个临时性水池就形成了。

预制模水池施工 预制模水池是国外较为常用的一种小型水池制造方法，通常用高强度塑料制成，易于安装，如高密度聚乙烯塑料（HDP）、ABS工程塑料以及玻璃纤维，预制模最大跨度可达3.66m，但以小型为多，一般只有0.9～1.8m的跨度、0.46m的深度，最小的深度仅有0.3m。

专业安装预制模水池首先要使预制模边缘高出周围地面2.5～5cm，以免地表径流流进池塘污染池水，或造成池水外溢。挖好的池底和地台表面都要铺上一层5cm厚的黄砂。这一点在开挖前就必须确定下来，开挖时便可以把砂层的厚度计算在内，否则预制模池体就会高出地面。如果池沿基础较为牢固，可用一层碎石或石板来加固池沿。池塘周围用挖出的土或新鲜的表土覆盖，以遮住凸起的池沿。

施工程序可参考临时水池的步骤。破土动工之前，要平整土地。修建形状规则的水池时可将预制模倒扣在地面上画线。而修建形状不规则的水池时则可用拉线的方法帮助画线。

整个水池挖好后，用水平仪测量池底和池台的水平面。清除松土、石块和植物根茎。然后在整个池底和池台上铺5cm厚的砂子，夯实后再仔细测量其水平面。准备一条水管，必要时随时在砂子上洒水，因为干砂子很容易从池台上滑落下来，积在池底与池壁的边缘处，给安装预制模造成麻烦。

将预制模放入挖好的水池中，测量池沿的水平面，同时往池中注入2.5～5cm高的水。注水时慢慢地沿池边填入砂子。用水管接水，将砂子慢慢地冲入池边。将池水基本注满，同时用水将填砂冲入，使回填砂与池水基本处于同一水平面。然后，再继续测量池沿的水平面。当回填砂达到挖好的池沿，而且预制模边也处于水平时，便可以加固池边了。加固池边材料可以是现浇混凝土、加水泥的土或一层碎石。

水生植物池与养鱼池施工　水生植物池与养鱼池的生命是水。鱼类排泄物、空中的灰尘、雨中杂质等的沉淀腐烂，会造成池水缺氧，鱼类生病以致窒息死亡，进而成为寄生虫的温床，故要注意池底水的清洁，防止混浊，保持水中丰富的氧气。

> **特别提示**
>
> 池底要设缓和的坡度；在最深部分设区，安装塑胶管吸水；给水口要安装于水面上；下部给水口仅作为预备使用，这样清扫较方便；水宜放流，以夏天一天内能更换池内全部水量的一半为宜，水温在25℃左右最理想；养鱼时池深30～60cm，或能满足最大鱼生长的深度即可。

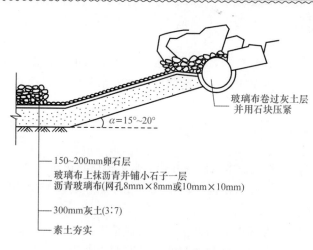

图 7-37　玻璃布沥青席水池

水生植物池与养鱼池多用玻璃布沥青席水池、三元乙丙橡胶（EPDM）薄膜水池、再生橡胶薄膜水池、油毛毡防水层（二毡三油）水池等。

玻璃布沥青席水池（图7-37）

准备好沥青席。方法是以沥青0号：3号＝2：1调配好，按调配好的沥青30%、石灰石矿粉70%的配比，且分别加热至100℃，再将矿粉加入沥青锅拌匀，把准备好的玻璃纤维布（孔目8mm×8mm或10mm×10mm）放入锅内蘸匀后慢慢拉出，确保黏结在布上的沥青层厚度在2～3mm之间，拉出后立即洒滑石粉，并用机械碾压密实，每块席长40m左右。

施工时，先将水池土基夯实，铺300mm厚3：7灰土保护层，再将沥青席铺在灰土层上，搭接长5～100mm，同时用火焰喷灯焊牢，端部用大块石压紧，随即铺小碎石一层，最后在表层散铺150～200mm厚卵石一层即可。

三元乙丙橡胶（EPDM）薄膜水池（图7-38）　建造EPDM薄膜水池，要注意衬垫薄膜与池底之间必须铺设一层保护垫层，材料可以是细砂（厚度＞5cm）、废报纸、旧地毯或合成纤维。薄膜的需要量可视水池面积而定，不过要注意薄膜的宽度必须包括池沿，并保持在 30cm 以上。铺设时，先在池底混凝土基层上均匀地铺一层 5cm 厚的砂子，并洒水使砂子湿润，然后在整个池中铺上保护材料，之后就可铺 EPDM 衬垫薄膜了，注意薄膜四周至少多出池边 15cm。屋顶花园水池或临时性水池，可直接在池底铺砂子和保护层，再铺 EPDM。图 7-39 和图 7-40 为水池其他做法。

图 7-38 三元乙丙橡胶薄膜水池

7.2.2 景观喷泉施工

1. 喷泉的类型

喷泉工程由喷头、管道、水泵、控制系统、喷水池、附属构筑物（如阀门井、泵房等）组成。根据喷水的造型特点，喷泉可分为以下几类。

普通装饰性喷泉 由各种普通的水花图案组成的固定喷水型喷泉。

雕塑喷泉 其喷水型与柱子、雕塑等共同组成景观。

水雕塑 指利用机械或设施塑造出各种大型水柱姿态的喷泉。

自控喷泉 一般用各种电子技术，按预定设计程序控制水、光、音、色，形成具有旋律和节奏变化的综合动态水景。

根据喷水池表面是否用盖板覆盖可分为水池喷泉和旱喷泉两种。

水池喷泉 有明显水池和池壁，喷水跌落于池水中。喷水、池水和池壁共同构成景观。

旱喷泉 水池以盖板（多用花岗岩石材）覆盖，喷水从预留的盖板孔中向上喷出。旱喷泉便于游人近水、戏水，但受气候影响大，气温较低时，常常关闭。

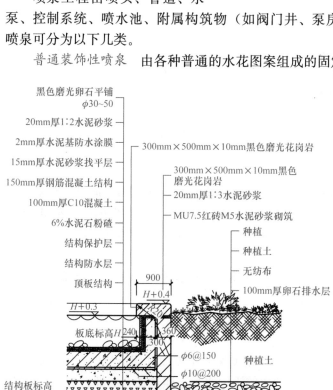

图 7-39 水池做法一

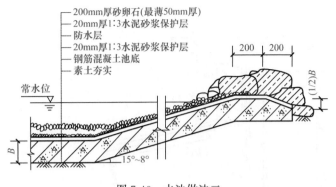

图 7-40　水池做法二

2. 喷泉供水形式

喷泉的供水方式有以下几种（图 7-41）。

自来水直接供水　对于流量小于 2～3L/s 的小型喷泉，可直接利用自来水及其水压，喷出后排入城市雨水管网。

离心泵循环供水　为了确保水具有必要、稳定的压力，同时节约用水，减少开支，对于大型喷泉，一般采用循环供水。循环供水的方式可以设水泵房。

潜水泵循环供水　将潜水泵直接放置于喷水池中较隐蔽处或低处，直接抽取池水向喷水管及喷头循环供水。这种供水方式较为常见，一般多适用于小型喷泉。

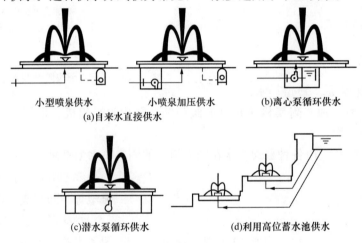

图 7-41　喷泉的供水方式

利用高位蓄水池供水　在有条件的地方，可以利用高位的天然水塘、河渠、水库等作为水源向喷泉供水，水用过后排放掉。为了确保喷水池的卫生，大型喷泉还可设专用水泵，以供喷水池水的循环，使水池的水不断流动；并在循环管线中设过滤器和消毒设备，以消除水中的杂物、藻类和病菌。

喷水池的水应定期更换。在园林或其他公共绿地中，喷水池的废水可以和绿地喷灌或地面洒水等结合使用，作水的二次使用处理。

3. 喷泉水形形式

喷泉水形是由喷头的种类、组合方式及俯仰角度等几个方面共同造成的。喷泉水形的基本构成要素，就是由不同形式喷头喷水所产生的不同水形，即水柱、水带、水线、水幕、水膜、水雾、水花、水泡等。

水形的组合造型也有很多方式，既可以采用水柱、水线的平行直射、斜射、仰射、俯射，也可以使水线交叉喷射、相对喷射、辐状喷射、旋转喷射，还可以用水线穿过水幕、水膜，用水雾掩藏喷头，用水花点击水面等。从喷泉射流的基本形式来分，水形的组合形式有单射流、集射流、散射流和组合射流 4 种。

4. 水泵选型

喷泉用水泵以离心泵、潜水泵最为普遍。单级悬臂式离心泵特点是依靠泵内的叶轮旋转所产生的离心力将水吸入并压出，结构简单，使用方便，扬程选择范围大，使用广泛，常有 IS 型、DB 型。潜水泵使用方便，安装简单，不需要建造泵房，主要型号有 QY 型、QD 型、B 型。

水泵性能：水泵选择要做到"双满足"，即流量满足、扬程满足。为此，先要了解水泵的性能，再结合喷泉水力计算结果，最后确定泵型。通过铭牌能基本了解水泵的规格及主要性能，其中：

水泵型号　按照流量、扬程、尺寸等给水泵编的型号，有新、旧两种型号。

水泵流量　指水泵在单位时间内的出水量。

水泵扬程　指水泵的总扬水高度。

允许吸上真空高度　是防止水泵在运行时产生汽蚀现象，通过试验确定的吸水安全高度，其中已留有 0.3m 的安全距离。该指标表明水泵的吸水能力，是水泵安装高度的依据。

泵型选择　通过流量和扬程两个主要因子选择水泵。如果喷泉需用两个或两个以上水泵提水时（注：水泵并联，流量增加，压力不变；水泵串联，流量不变，压力增大），用总流量除水泵数求出每台水泵流量，再利用水泵性能表选泵。查表时，若遇到两种水泵都适用时，应优先选择功率小、效率高、叶轮小、重量轻的型号。

5. 喷泉构筑物施工

喷水池　喷水池是喷泉工程的重要组成部分。喷水池的选择可根据喷泉要求而定，当水池较小，池水较浅，池壁高度小于 1m，对防水要求不太高时，可以采用砖、石结构，如图 7-42（a）、图 7-42（b）所示。这类水池施工简便、造价低。

当水池较大，或设于室内、屋顶花园及其他防水要求较高的场合时，应当选用钢筋混凝土结构喷水池，如图 7-42（c）所示，其防水性能好、结构稳固、使用期长。

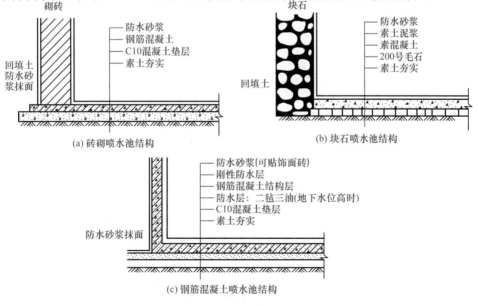

（a）砖砌喷水池结构　　　　（b）块石喷水池结构

（c）钢筋混凝土喷水池结构

图 7-42　喷水池结构

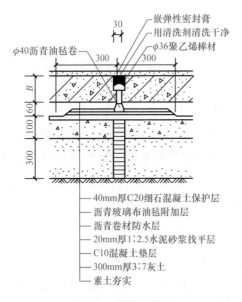

图 7-43 伸缩缝做法

喷水池施工时，如果是小型喷泉，受气候影响小，一般不需做伸缩缝，而室外大型水池则需每隔 25m 设一条伸缩缝，以使水池在胀缩变化和不均匀下沉时能具有良好的防水性。其构造做法示例见图 7-43。

当池壁要穿管时，为了保护水池与管道和防止漏水，必须安装止水环及采取其他措施（图 7-44）。

泵房　泵房是安装水泵等设备的专用构筑物。潜水泵直接布置在水池中，采用清水离心泵循环供水的喷泉，必须把水泵置于泵房中。泵房的形式按照泵房与地面的相对位置可分为地上式泵房、地下式泵房和半地下式泵房 3 种。

地上式泵房多用砖混结构，简单经济、管理方便，但有碍观瞻，可与管理用房结合使用。地下式泵房一般采用砖混结构和钢筋混凝土结构，其优点是不影响景观，但造价较高，有时排水困难，并且需做防水处理。泵房内安装的设备有水泵、电机、供电和电气控制设备、管线系统等。

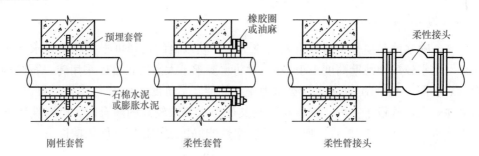

图 7-44　管道穿过池壁做法

6. 喷泉管道系统组成及布设要点

（1）喷泉管道系统组成

喷泉的管道系统一般包括补给水管、循环水管和排水管。喷泉池给排水系统的构成如图 7-45 所示，水池管线布置示意如图 7-46 所示。

补给水管　供给和补充水池用水，维持水池水位稳定。一般与市政供水管网相接。

循环水管　包括供水管、回水管、配水管和分水箱。供水管是喷头与分水箱（或配水管）之间的连接管道；回水管是离心泵泵体与池水之间的连接管道，其管口常置于水池中带过滤搁栅的回水井内；分水箱是布置在供水管路上的调节设施，其作用是使喷头组内各喷头具有同等的水压。

排水管　可分为溢水管和泄水管。溢水管是水池雨水排出的通道，其管口标高与水池设计水位相同，不安装阀门，雨水经雨水管网排出或者用于绿地灌溉及其他用途。泄水管

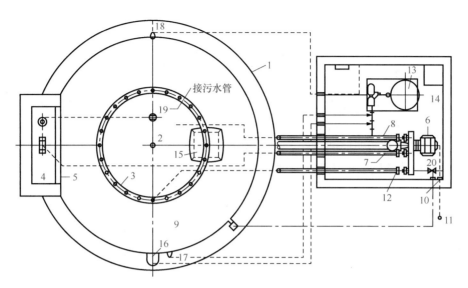

1—喷水池；2—加气喷头；3—装有直射流喷头的环状管；4—高位水池；5—堰；6—水泵；7—吸水滤网；
8—吸水关闭阀；9—低位水池；10—风控制盘；11—风传感计；12—平衡阀；13—过滤器；14—泵房；
15—阻涡流板；16—除污器；17—真空管线；18—可调眼球状进水装置；
19—溢流排水口；20—控制水位的补水阀。

图 7-45 喷泉工程的给排水系统

是用于清空池水的管路，当冰冻季
节来临，喷泉需要停止工作或者水
池清污、池内设备维修时，打开泄
水管路上的阀门即可清空池水。

（2）喷泉管道系统的布设要点

第一，在小型喷泉中，管道可
直接埋于土中。在大型喷泉中如管
道多而复杂时，应将主要管道铺设
在能够通行人的渠道中。非主要管
道可直接铺设在结构物中，或置于
水池内。

第二，为了随时补充池内水量
损失、保持水池的水位并且便于管
理，补给水管上的控制阀门宜采用
浮球阀或液位继电器。

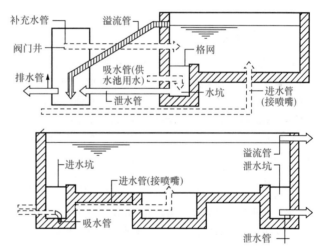

图 7-46 水池管线布置示意图

第三，在寒冷地区，为了防止冬季冰冻破坏，所有管道均应有一定排水坡度。一般不
小于 2‰，以便在冬季将管内的水全部排除。

第四，连接喷头的水管不能有急剧的变化。如有变化，必须使管径逐渐由大变小，并
且在喷头前必须有一段适当长度的直管，一般不小于喷嘴直径的 20～50 倍，以减少紊流对
喷水的影响。

第五，当一工作组内喷头数量不多时，可不设分水箱而将各配水管直接与主管相连，
但应注意连接方式，使水压分配尽量符合要求。如喷头呈环形布置的工作组，可在配水管

与主管之间增设十字形供水管。特别是在利用潜水泵供水、池水深度不大时，这种做法更为普遍。

7. 彩色喷泉的灯光设置

为了能保证喷泉照明取得华丽的艺术效果，又能防止对观众产生眩光，布光是非常重要的。照明灯具的位置，一般是在水面下 5～10cm 处。在喷嘴的附近，以喷水前高度的 1/5～1/4 以上的水柱为照射的目标；或以喷水下落到水面稍上的部位为照射的目标。这时如果喷泉周围的建筑物、树丛等的背景是暗色的，则喷泉水的飞花下落的轮廓就会被照射地清清楚楚。

> ## 应用实例 园林水景工程施工实例
>
> 以某市广场喷泉为例说明施工实践过程。

1. 喷泉环境

广场位于该市中心闹区，为市区内特有的休闲空间，广场四面临街，空间开阔，北边有浓郁的乔木，背景深绿，环境较好。

2. 喷泉布局

喷水池呈矩形，长 30m，宽 8m。采用半地下式泵房，有一半嵌进水池内，门窗则设在水池外侧，以减少泵房占地，同时又使泵房成为景观组成部分，屋顶用作小水池，内设 5 个大型冰塔喷头，溅落的水流经二级跌水落进矩形水池内。在二级水池内安装 5 个涌泉喷头，以增加水量，保证水幕的连续。为增加景观层次，在矩形水池前布置一排半球型喷头 12 个，在池的两侧设计直径 2.5m 水晶绣球喷头 2 个，在水晶绣球后，布置弧形直射喷头一排，最大喷高 6.4m。整个喷泉设计新颖活泼，水姿层次丰富，配光和谐得体，具有很好的造型效果（图 7-47）。

3. 构筑物

本工程最大的特点是采用嵌入水池的半下沉式泵房设计，泵房屋顶用作小型水池，成为构景要素之一。为使各构件紧密连接，避免漏水，整座泵房喷水池均采用防水钢筋混凝土现浇结构，泵房北墙还与水池共壁，构造缝用油麻丝嵌塞。

4. 设备选择

整个喷泉管线布置简洁清楚，水泵进出水管上设有柔性接管，各种管道池壁均使用止水环，以防漏水，所用喷头见表 7-3。

表 7-3　喷头统计表

编号	名称	规格/mm	数量/个	编号	名称	规格/mm	数量/个
1	冰塔喷头	80	5	4	直流喷头	15	90
2	涌泉喷头	P20	5	5	半球喷头	50	12
3	水晶球喷头	100	2		合计		114

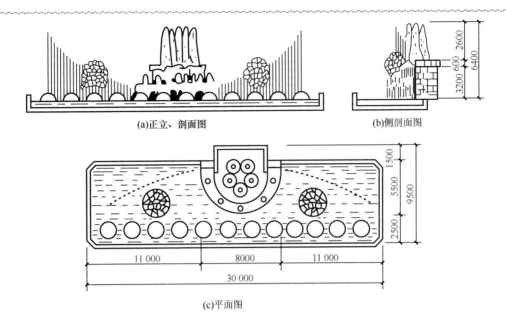

(a)正立、剖面图　　　　　　　(b)侧剖面图

(c)平面图

图 7-47　某市广场喷泉平面图、立面图、剖面图

本工程选用 IS200-150-200A 和 IS200-150-250 水泵各 1 台,循环流量为 730m³/h,耗电总功率为 46kW。管道和设备布置如图 7-48 所示。

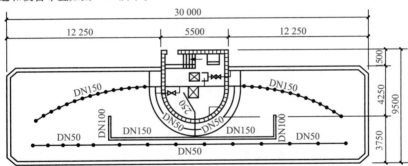

图 7-48　某市广场喷泉管道和设备布置图

5. 施工实践

根据上述所提供的图纸（老师提供施工图）,组织施工实践。

步骤 1　组合作业班组,分配作业区和工作量,按组配备机具。

步骤 2　进行回水槽施工。核对永久性水准点,布设临时水准点,核对高程。

步骤 3　测设水槽中心桩,管线原地面高程,施放挖槽边线,堆土、堆料界线及临时用地范围。

步骤 4　槽开挖时严格控制槽底高程,决不超挖,槽底高程可以比设计高程提高 10cm,做预留部分,最后用人工清挖,以防槽底被扰动而影响工程质量。槽内挖出的土方,堆放在距沟槽边沿 1.0m 以外,土质松软危险地段采用支撑措施以防沟槽塌方。

步骤 5　槽底素土夯实。

步骤 6　池底施工。

步骤 7　池壁施工。程序如下。

- 扫清墙面，用水冲刷干净，并用铁皮将所有灰缝刮一下。
- 配制水泥砂浆。
- 抹第一层底层砂浆。需用力增强砂浆与砖壁的黏结力。
- 抹第二层将墙面找平。
- 抹面层，进行压光。当有螺栓或套管穿过池壁时，要采取止水措施。

步骤8　参照设计图纸，进行溢水、进水管线，喷泉管网的安装。

步骤9　管路及设备安装。流程见图7-49。

图7-49　管路及设备安装

步骤10　灯光安装。流程见图7-50。

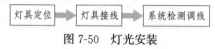

图7-50　灯光安装

步骤11　电缆的铺设及防水连接。流程见图7-51。

图7-51　电缆的铺设及防水连接

步骤12　配电控制设备安装。流程见图7-52。

图7-52　配电控制设备安装

步骤13　系统安装完成后，进行系统调试。

步骤14　各种辅助材料的拆除。

步骤15　水体水面清洁及水岩整洁处理。

步骤16　进行喷水池消毒清洁等。

步骤17　施工单位应先进行自检，如排水、供电、彩灯、花样等。一切正常后，开始准备验收资料。

任务 7.3　园林水景工程施工质量检测

7.3.1　园林水景工程施工质量检测要求

1. 施工前质量检测要求

设计单位向施工单位交底，除结构构造要求外，主要针对其水形、水的动态及声响等图纸难以表达的内容提出技术、艺术的要求。

对于构成水容器的装饰材料，应按设计要求进行搭配组合试排，研究其颜色、纹理、质感是否协调统一，还要了解其吸水率、反光度等性能，以及表面是否容易被污染。

2. 施工过程质量检测要求

(1) 施工过程中的质量检测

以静水为景的水池，重点应放在水池的水位、尺寸是否准确；池体表面材料是否按设计要求选材及施工；给水与排水系统是否完备等方面。

流水水景应注意沟槽大小、坡度、材质等的精确性，并要控制好流量。水池的防水防渗应按照设计要求进行施工，并经验收。施工过程中要注意给、排水管网，供电管线的预埋（留）。

(2) 水景施工质量的预控措施

一般来说，水池的砌筑是水景施工的重点，现以混凝土水池为例进行质量预控。

1) 施工准备工作。复核池底、侧壁的结构受力情况是否安全牢固，有无构造上的缺陷；了解饰面材料的品种、颜色、质地、吸水、防污等性能；检查防水、防渗漏材料，构造是否满足要求。

2) 施工阶段。根据设计要求及现场实际情况，对水池位置、形状及各种管线放线定位。

• 施工时机：浇筑混凝土地前，应先施工完成好各种管线，并进行试压、验收。
• 混凝土水池应按有关施工规程进行支模、配料、浇筑、振捣、养护及取样检查，经验收后，方可进行下道施工工序。
• 防水防漏层施工前，应对水池基面抹灰层进行验收。
• 饰面应纹理一致，色彩与块面布置均匀美观。

3) 池体施工完成后，进行放水试验。检查其安全性，平整度，有无渗漏，水形、光色与环境是否协调统一。

(3) 水景施工过程中的质量检查

• 检查池体结构混凝土配比通知书，材料试验报告，强度、刚度、稳定性是否满足要求。
• 检查防水材料的产品合格证书及种类、制作时间、储存有效期、使用说明等。
• 检查水质检验报告，有无污染。
• 检查水、电管线的测试报告单。
• 检查水的形状、色彩、光泽、流动等与饰面材料是否协调统一等。

> **工程链接**
>
> 以喷泉施工质量检测规范为例，工程检测包括喷泉工程土建工程检测、机电设备系统检测、控制系统检测和水景喷泉工程效果检测。
>
> 土建工程按现行国家标准《建筑工程施工质量验收统一标准》（GB 50300—2013）的规定执行；机电设备工程应按现行国家标准《建筑给水排水及采暖工程施工质量验收规范》（GB 50242—2002）、《电气装置安装工程电气设备交接试验标准》（GB 50150—2016）及《建筑电气工程施工质量验收规范》（GB 50303—2015）的规定执行；喷泉管道系统应按国家标准《给水排水管道工程施工及验收规范》（GB 50268—2008）的规定执行。
>
> 喷泉质量自检时，应着重检查：第一，池底下的水泵是否安装牢固；第二，池底表面的水管是否焊接牢固；第三，所有管子上所用的阀门质量是否过关，喷嘴是否达到合同所签的要求（因为量大，所以要仔细检查）；第四，检查管子是否会漏水，虽然喷泉使用的是循环水，但也要求管子和焊接点不漏水；第五，检查水下彩灯是否安装牢固，彩灯设计如蘑菇形、雨伞形、直流、水柏松或蒲公英等是否达到所想要的效果。

（4）溪道工程试水

试水前应将溪道全面清洁并检查管路的安装情况，而后打开水源，注意观察水流及岸壁，如达到设计要求，说明溪道施工合格。

（5）人工湖工程试水

水池施工所有工序全部完成后，可以进行试水，试水的目的是检验水池结构的安全性及水池的施工质量。

试水时应先封闭排水孔。由池顶放水，一般要分几次进水，每次加水深度视具体情况而定。每次进水都应从水池四周观察记录，无特殊情况可继续灌水直至达到设计水位标高。达到设计水位标高后，要连续观察 7d，做好水面升降记录，外表面无渗漏现象及水位无明显降落说明水池施工合格。

（6）水体驳岸护坡施工质量检验

驳岸与护坡的施工属于特殊的砌体工程，施工时应遵循砌体工程的操作规程与施工验收规范。

7.3.2　常见园林水景工程施工质量检测方法

1. 一般规定

人工水池、人工湖的基础施工和主体施工中的模板工程、钢筋工程、防水层、面层装饰应按具体类型执行国家标准《建筑工程施工质量验收统一标准》（GB 50300—2013）的规定。

水体、人工湖渠工程分部分项工程验收内容见表 7-4。

表 7-4　水体、人工湖渠工程分部分项工程验收内容

序号	分部名称	分项名称
1	基底处理及清挖工程	场地清理、地形开挖
2	地形堆筑及地貌整修工程	地形回填和堆筑主体工程、地貌人工整修
3	护坡挡墙及渗水设施工程	三合土、灰土垫层、护坡挡墙砌筑、渗水管网、盲沟、排水层铺设

2. 分类工程检测

（1）基础工程

1）土方工程。

主控项目　沟槽边坡必须平整、坚实、稳定，严禁贴坡。槽底严禁超挖，如发生超挖，应用灰土或砂、碎石夯垫。

一般项目　沟槽内不得有松散土，槽底应平整，排水应畅通。

检验方法　观察，尺量。

允许偏差项目　沟槽允许偏差应符合表 7-5 的规定。

2）灰土垫层。

主控项目　灰土拌和均匀，色泽调和，石灰中严禁含有未消解颗粒。压实度必须符合设计要求。无设计要求时，按轻型击实标准，压实度必须 ≥98%。

一般项目 灰土中粒径大于 20mm 的土块不得超过 10%，但最大的土块粒径不得大于 50mm；夯实后不得有浮土、脱皮、松散现象。

允许偏差项目 灰土垫层允许偏差项目见表 7-6。

表 7-5 沟槽允许偏差

序号	项目	允许偏差/mm	检验频率		检验方法
			范围/m²	点数	
1	高程	0～30	20	2	用水准仪测量
2	池底边线位置	不小于设计规定	20	2	用尺量，每侧记 1 点
3	边坡	不陡于设计规定	40	每侧 1	用坡度尺量

表 7-6 灰土垫层允许偏差项目

序号	项目	允许偏差/mm	检验频率		检验方法
			范围/m²	点数	
1	厚度	±20	100	2	尺量
2	平整度	15	100	2	靠尺、塞尺
3	高程	±20	100	2	用水准仪测量

3）砂石级配。

主控项目 级配比例符合设计要求。

一般项目 表面应坚实、平整，不得有浮石、粗细料集中等现象。

允许偏差项目 砂石基层允许偏差应符合表 7-7 的规定。

表 7-7 砂石基层允许偏差

序号	项目	允许偏差/mm	检验频率		检验方法
			范围/m²	点数	
1	厚度	±20	100	2	尺量
2	平整度	15	100	2	靠尺、塞尺
3	高程	±20	100	2	用水准仪测量

4）混凝土垫层。

主控项目 混凝土强度必须符合设计要求。

一般项目 混凝土垫层不得有石子外露、脱皮、裂缝、蜂窝麻面等现象。

允许偏差项目 混凝土垫层允许偏差应符合表 7-8 的规定。

表 7-8 混凝土垫层允许偏差

序号	项目	允许偏差/mm	检验频率		检验方法
			范围/m²	点数	
1	厚度	±10	100	2	尺量
2	平整度	10	100	2	靠尺、塞尺
3	高程	±10	100	2	水准仪测量

（2）主体工程

1）混凝土浇筑。

主控项目　混凝土及钢筋混凝土结构池壁面、池底面严禁有裂缝，不得有蜂窝露筋等现象。预制构件安装，必须位置准确、平稳，缝隙必须嵌实，不得有渗漏现象。混凝土底和壁浇筑必须一次连续浇筑完毕，不留施工缝。设计无要求时，壁底结合处的施工缝必须留成凹槽或加止水材料，施工缝高度应在池底上 20cm 处。

混凝土抗压强度必须符合表 7-9 的规定。

表 7-9　混凝土抗压强度

项目	允许偏差/mm	检验频率		检验方法
		范围/m²	点数	
混凝土抗压强度	必须符合设计规定	每台班	1组	必须符合设计规定

一般项目　池壁和拱圈的伸缩缝与池底板的伸缩缝应对正。水池及水渠底部不得有建筑垃圾、砂浆、石子等杂物。固定模板用的铁丝和螺栓不宜直接穿过池壁，否则应采取止水措施。壁底结合的转角处，应抹成八字角。水泥品种应选用普通硅酸盐水泥，不宜选用火山灰质硅酸盐水泥和粉煤灰硅酸盐水泥。石子粒径不宜大于 40cm，吸水率不大于 1.5%。混凝土养护期不得低于 14d。

检验方法　观察、检查产品合格证及检测报告。

混凝土及钢筋混凝土池渠主体允许偏差应符合表 7-10 的规定。

表 7-10　混凝土及钢筋混凝土池渠主体允许偏差

序号	项目	允许偏差/mm	检验频率		检验方法
			范围/m²	点数	
1	池、渠底高程	±10	20	1	用水准仪测量
2	拱圈断面尺寸	不小于设计规定	20	2	用尺量宽、厚各计点
3	盖板断面尺寸	不小于设计规定	20	2	用尺量宽、厚各计 1 点
4	池壁高	±20	20	2	用尺量，每侧计 1 点
5	池、渠底边线每侧宽度	±10	20	2	用尺量，每侧计 1 点
6	池壁垂直度	15	20	2	用垂线检验每侧计 1 点
7	池壁平整度	10	10	2	用 2m 直尺或小线量取最大值，每侧计 1 点
8	池壁厚度	±10	10	2	用尺量，每侧计 1 点

2）石砌结构水池、人工湖工程。

主控项目　池壁面应垂直，砂浆必须饱满，嵌缝密实，勾缝整齐，不得有通缝、裂缝等现象。

石砌结构水池、人工湖工程砂浆抗压强度必须符合表 7-11 的规定。

一般项目　池壁和拱圈的伸缩缝与底板伸缩缝应对应；池、渠底不得有建筑垃圾、砂浆、石块等杂物。浆砌块石缝宽不得大于 3cm。

表 7-11 石砌结构水池、人工湖工程砂浆抗压强度

项目	允许偏差/mm	检验频率		检验方法
		范围/m²	点数	
砂浆抗压强度	必须符合本表规定	100	1组	必须符合本表规定

注：砂浆强度检验必须符合下列规定：每个构筑物或每 500m² 砌体中制作一组试块（6 块），如砂浆配合比变更时，也应制作试块；同强度等级砂浆的各组试块的平均强度不低于设计规定；任意一组试块的强度最低值不得低于设计规定的 85%。

检验方法 观察、尺量检查。

石砌结构水池、人工湖工程允许偏差应符合表 7-12 的规定。

表 7-12 石砌结构水池、人工湖工程允许偏差项目

序号	项目		允许偏差/mm	检验频率		检验方法
				范围/m²	点数	
1	池、渠底高程	混凝土	±10	20	1	用全站仪、水准仪测量
		石	±10			
2	拱圈断面尺寸		不小于设计规定	10	2	用尺量宽、厚各计 1 点
3	池壁高		±20	10	2	用尺量，每侧计 1 点
4	池、渠底边线每侧宽度	料石、混凝土	±10	20	2	用尺量，每侧计 1 点
		块石	±20			
5	池壁垂直度		15	10	2	用垂线检验，每侧计 1 点
6	池、渠壁平整度	料石	20	10	2	用 2m 直尺或小线量取最大值，每侧计 1 点
		块石	30			
7	壁厚		不小于设计厚度	10	2	用尺量，每侧计 1 点

注：水泥混凝土盖板的质量标准见水泥混凝土及钢筋混凝土渠质量检验评定标准。

3）砖砌结构水池、人工湖工程。

主控项目 池渠壁应平整垂直，砂浆必须饱满，抹面压光，不得有空鼓裂缝等现象。

砖砌结构水池、人工湖工程砂浆抗压强度必须符合表 7-13 的规定。

表 7-13 砖砌结构水池、人工湖工程砂浆抗压强度

序号	项目	允许偏差/mm	检验频率		检验方法
			范围/m²	点数	
1	砂浆抗压强度	必须符合设计规定	100、每一配合比	1组	必须符合设计规定

一般项目 砖池渠壁和拱圈的伸缩缝与底板伸缩缝应对正，缝宽应符合设计要求，砖壁不得有通缝。池渠底不得有建筑垃圾、砂浆、砖块等。砖块强度不低于 MU7.5。

检验方法 观察、尺量。检查材料合格证及检测报告。

砖地渠允许偏差见表 7-14。

（3）装修工程

水池压顶按以下方法检测。

主控项目 压顶材料的品种、规格和质量应符合设计要求。

表 7-14　砖池渠允许偏差

序号	项目	允许偏差/mm	检验频率		检验方法
			范围/m²	点数	
1	池、渠底高程	±10	20	1	用水准仪测量
2	拱圈断面尺寸	不小于设计规定	10	2	用尺量宽、厚各计点
3	池壁高	±20	10	2	用尺量，每侧计 1 点
4	池、渠底边线宽度	±10	20	2	用尺量，每侧计 1 点
5	池、渠壁垂直度	15	10	2	用垂线检验，每侧计 1 点
6	池、渠壁平整度	10	10	2	用 2m 直尺或小线量取最大值，每侧计 1 点

检验数量　全数。

检验方法　出厂合格证，现场观察。

一般项目　整形压顶主材料应大小一致，色泽均匀。不得有裂纹、掉角、缺棱；自然形压顶石应色彩和顺，造型自然。压顶材料与池壁结合应牢固、安全。勾缝应大小深浅一致，整形压顶石表面应水平和顺。相邻板块接缝平顺。

检验方法　观察、尺量检查。

水池压顶允许偏差项目见表 7-15。

表 7-15　水池压顶允许偏差项目

序号	项目	允许偏差/mm	检验频率		检验方法
			范围/m²	点数	
1	水平度	4	5	2	水准仪
2	相邻板块高差	1	5	2	尺量观察
3	边线和顺度	1.5	5	2	尺量
4	接缝宽度	1	10	2	尺量

（4）水池附属设施及试水

1）附属设施。

一般规定　本项目适用于水池的给水管、排水管、溢水管、穿线管等与池连接部分的施工验收，检查井项目的验收执行"给水喷灌工程"中的规定。

主控项目　各种附属连接管道的材质符合设计要求。溢水管内接头标高必须与水池设计水位一致。

一般项目　管道与水池的连接应牢固，不渗水。管道与混凝土水池连接时应将管道与水池钢筋焊在一起。金属管道连接段应作防腐处理。水中放置的卵石铺底应干净、无尘土，覆盖底层应完整。

检验方法　观察。

2）试水。水池施工完毕后应进行试水试验。灌水到设计标高后，停 1d，进行外观检查，做好水面高度标记，连续观察 7d，外表应无渗漏及水位无明显降落。

相关链接 ☞

陈科东，李宝昌，2012. 园林工程项目施工管理 [M]. 北京：科学出版社.

陈祺，2008. 山水景观工程图解与施工 [M]. 北京：化学工业出版社.

李欣，2004. 最新园林工程施工技术标准与质量验收规范 [M]. 合肥：安徽音像出版社.

苏晓敬，2014. 园林工程与施工技术 [M]. 北京：机械工业出版社.

土木工程网 http://www.civilcn.com/

土木在线 http://www.co188.com/

思考与训练 ☞

1. 简述人工水池施工程序和施工要点。

2. 喷水池有多种管路，如供水管、溢水管等，这些管网有何特点？安装时有何要求？

3. 常见驳岸及护坡有几类？施工要点如何？

4. 简述人工湖湖底常见做法及施工要点。

5. 简述石砌驳岸的结构形式。

6. 水景的施工质量检验要求有哪些？

7. 喷泉供水形式的种类有哪些？

8. 池壁穿管的做法有哪些？

9. 人工瀑布由哪些部分组成？瀑布的施工要点有哪些？

10. 由老师提供某类水景设计图（初步设计与施工设计），拟出该水景施工主要施工流程，写出各节点施工技术要点，用表格形式制定各施工要素施工技术检测标准。

11. 先行设计一临时水景（最好是小型叠水瀑布），绘出施工简图，完成以下任务：

1）编制施工流程图（含配光）；

2）写出主要施工材料及施工用具（表格形式）；

3）按步骤样式——拟出施工技术方法；

4）预拟该临时水池可能出现的技术问题，提出解决方法。

项目 8

园路铺装工程施工

教学目标 ☞

　　落地目标：能够完成园路铺装工程施工与检验验收工作。
　　基础目标：
　　1. 学会编制园路铺装工程施工流程。
　　2. 学会园路铺装工程施工准备工作。
　　3. 学会园路铺装工程施工操作工艺。
　　4. 学会园路铺装工程施工质量检验工作。

技能要求 ☞

　　1. 能编制整体路面、块料路面、卵石路面工程施工流程。
　　2. 能完成整体路面、块料路面、卵石路面工程施工准备。
　　3. 能熟练运用整体路面、块料路面、卵石路面工程施工操作工艺。
　　4. 能对整体路面、块料路面、卵石路面工程进行施工质量检验。

任务分解 ☞

　　园林道路工程以景观道路为主，不同类型的园路铺装施工方法有一定差异，其施工结构也有不同。园路铺装施工重要的是熟悉施工环境，了解施工程序，掌握施工方法，要对不同路面的园路景观特点及其处理方式十分明了。
　　1. 熟悉园路铺装施工程序和施工准备工作。
　　2. 掌握不同类型园路铺装施工技术方法。
　　3. 领会园路铺装施工质量检测方法和要求。

任务 8.1　园路铺装工程施工技术准备和施工流程

8.1.1　园路铺装工程施工技术准备

园林中组织园景平面空间的主要靠园路，园路划分空间的作用十分明显，同时园路为欣赏园景提供了连续的不同的视点，创建步移景异的效果。另外，园路与山、水、植物、建筑等共同构成优美丰富的园林景观。在实用功能方面，可利用道路路缘或边沟组织排水。所以着力做好园路铺装施工具有重要意义。

1. 熟悉园路常见类型与施工结构

（1）常见园路类型

1）构造形式分类：园路一般有路堑形 ［图 8-1（a）］、路堤形 ［图 8-1（b）、图 8-1（c）］、特殊形 3 种类型（图 8-1）。

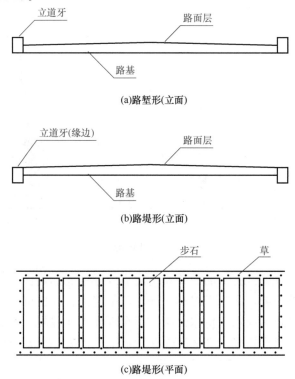

图 8-1　园路的类型

路堑形　道牙位于道路边缘，路面低于两侧地面，利用道路排水。

路堤形　道牙位于道路靠近边缘处，路面高于两侧地面，利用明沟排水。

特殊形　包括步石、汀步、磴道、攀梯等。

2）按面层材料分类：包括整体路面、块料路面、碎料路面等几种。

整体路面　包括现浇水泥混凝土路面和沥青混凝土路面，其特点是平整、耐压、耐磨，适用于通行车辆或人流集中的公园主路和出入口。

　　水泥混凝土路面：用水泥、粗细骨料（碎石、卵石、砂等）、水按一定的配合比拌匀后现场浇筑的路面。整体性好，耐压强度高，养护简单，便于清扫。初凝之前，还可以在表面进行纹样加工。在园林中，多用作主干道。为增加色彩变化也可添加不溶于水的无机矿物颜料。

　　沥青混凝土路面：用热沥青、碎石和砂的拌合物现场铺筑的路面。颜色深，反光小，易于与深色的植被协调，但耐压强度和使用寿命均低于水泥混凝土路面，且夏季沥青有软化现象。在园林中，多用于主干道。

　　块料路面　包括各种天然块石、陶瓷砖及各种预制水泥混凝土块料路面等。块料路面坚固、平稳，图案纹样和色彩丰富，适用于广场、游步道和通行轻型车辆的路段。

　　砖铺地：目前，我国机制标准砖的大小为 240mm×115mm×53mm，有青砖和红砖之分。园林铺地多用青砖，风格朴素淡雅，施工方便，可以拼成各种图案（图 8-2），以席纹和同心圆弧放射式排列为多。砖铺地适用于庭院和古建筑物附近。因其耐磨性差，容易吸水，适用于冰冻不严重和排水良好之处，而坡度较大和阴湿地段不宜采用，因易生青苔而行走不便。目前已有采用彩色水泥仿砖铺地的，效果较好。

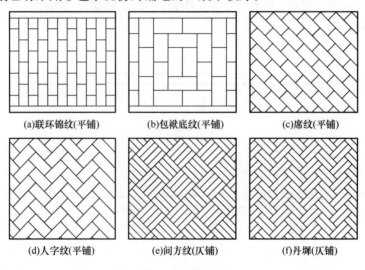

(a)联环锦纹(平铺)　　(b)包袱底纹(平铺)　　(c)席纹(平铺)

(d)人字纹(平铺)　　(e)间方纹(仄铺)　　(f)丹墀(仄铺)

图 8-2　砖铺地

　　冰纹路（图 8-3）：用边缘挺括的石板模仿冰裂纹样铺砌的路面。它的石板间接缝呈不规则折线，用水泥砂浆勾缝，多为平缝和凹缝，以平缝为佳。也可不勾缝，便于草皮长出成冰裂纹嵌草路面。还可做成水泥仿冰纹路，即在现浇水泥混凝土路面初凝时，模印冰裂纹图案，表面拉毛，效果也较好。冰纹路适用于池畔、山谷、草地和林中的游步道。

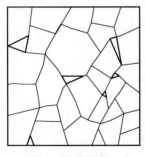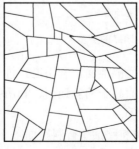

(a)块石冰纹　　　　　(b)水泥仿冰纹

图 8-3　冰纹路

　　乱石路（图 8-4）：用天然块石大小相间铺筑的路面，采用水泥砂浆勾缝，石缝曲折自然，表面粗糙，具粗犷、朴素、自然之感，多勾凹缝。

　　条石路：用经过加工的长方体石料铺筑的路面，平整规则，庄重大方，坚固耐久，多用于广场、殿堂和纪念性建筑物周围。

　　预制水泥混凝土方砖路：用预先成

模制成的水泥混凝土方砖铺砌的路面，形状多变，图案丰富，有各种几何图形、花卉、木纹、仿生图案等。可用添加无机矿物颜料制成彩色混凝土砖，使其色彩艳丽。它的路面平整、坚固、耐久。适用于园林中的广场规则式路段，也可做成半铺装留缝嵌草路面，如图8-5所示。

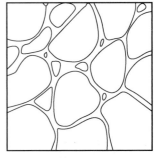

图 8-4 乱石路

步石、汀步：步石是置于陆地上的天然或人工整形块石，多用于草坪、林间、岸边或庭院等处。汀步是设在水中的步石，可自由地布置在溪涧、滩地和浅池中（图8-6）。块石间距离按游人步距放置（一般净距为200～300mm）。

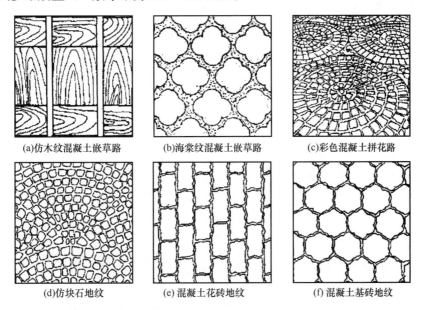

(a)仿木纹混凝土嵌草路　　(b)海棠纹混凝土嵌草路　　(c)彩色混凝土拼花路

(d)仿块石地纹　　(e)混凝土花砖地纹　　(f)混凝土基砖地纹

图 8-5 预制水泥混凝土方砖路

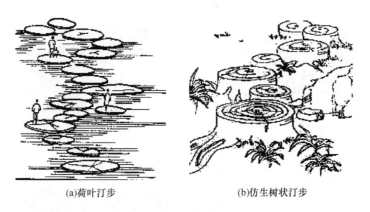

(a)荷叶汀步　　　　　(b)仿生树状汀步

图 8-6 汀步

步石、汀步块料可大可小，形状不同，高低不等，间距也可灵活变化，路线可直可曲，最宜自然弯曲，轻松、活泼、自然，极富野趣。也可用水泥混凝土仿制成树桩或荷叶形状。

台阶与磴道：当道路坡度过大时（一般超过12%时），需设梯道实现不同高程地面的交通联系，即称台阶（或踏步）。室外台阶一般用砖、石、混凝土筑成，形式可规则也可自然，根据环境条件而定。台阶也可用于建筑物的出入口及有高差变化的广场（如下沉式广场）。台阶能增加立面上变化，丰富空间层次，表现出强烈的节奏感。当台阶路段的坡度超过70%（坡角35°，坡值1：1.4）时，台阶两侧需设扶手栏杆，以保证安全。

风景名胜区的爬山游览步道，当路段坡度超过了173%（坡角60°，坡值1：0.58）时，需在山石上开凿坑穴形成台阶，并于两侧加高栏杆铁索，以利于攀登，确保游人安全，这种特殊台阶即称磴道。磴道可错开成左右台级，便于游人相互搀扶。台阶与磴道见图8-7。

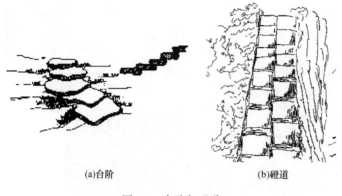

(a)台阶　　　　　　　　　　(b)磴道

图8-7　台阶与磴道

特别提示

中国古典建筑审美文化中对台阶等建（构）筑物十分讲究，如许多建（构）筑物元素均设计为单数，其中就有建筑台阶级数、建筑开间数、景桥桥孔数、塔层数等。因此，园林特殊路面中涉及台阶设计时，在处理这些元素时应注意识别传统审美要求。

碎料路面　用各种石片、砖瓦片、卵石等碎石料拼成的路面，特点是图案精美、表现内容丰富、做工细致，主要用于各种游步小路。

花街铺地：指用碎石、卵石、瓦片、碎瓷等碎料拼成的路面。图案精美丰富，色彩素艳和谐，风格或圆润细腻，或朴素粗犷，做工精细，具有很好的装饰作用和较高的观赏性，有助于强化园林意境，具有浓厚的民族特色和情调，多见于古典园林中（图8-8）。

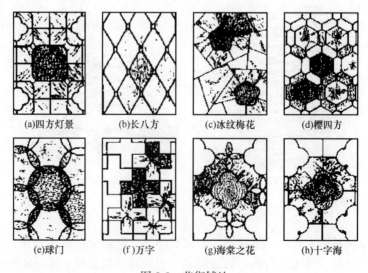

(a)四方灯景　　(b)长八方　　(c)冰纹梅花　　(d)樱四方

(e)球门　　(f)万字　　(g)海棠之花　　(h)十字海

图8-8　花街铺地

卵石铺地：指以各色卵石为主嵌成的铺地。它借助卵石的色彩、大小、形状和排列的变化可以组成各种图案，具有很强的装饰性，能起到增强景区特色、深化意境的作用。这种铺地耐磨性好，防滑，富有铺地的传统特点，但清扫困难，且卵石易脱落。多用于水旁亭榭周围（图8-9）。

雕砖卵石路面：雕砖卵石路面又被誉为"石子画"，是选用精雕的砖、细磨的瓦和经过严格挑选的各色卵石拼凑成的路面。其图案内容丰富，如以寓言、故事、盆景、花鸟虫鱼、传统民间图案等为题材进行铺砌加以表现。多用于古典园林中的道路，如故宫御花园甬路，精雕细刻，精美绝伦，不失为我国传统园林艺术的杰作（图8-10）。

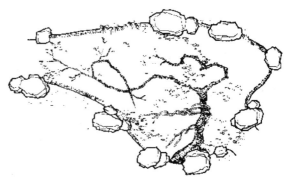

图8-9　卵石铺地（梅影纹）

3）按使用功能划分为以下几种。

主干道　园林主要出入口、园内各功能分区、主要建筑物和重点广场游览的主线路，是全园道路系统的骨架，多呈环形布置。其宽度视公园性质和游人量而定，一般为 3.5～6.0m。

图8-10　雕砖卵石路面（战长沙）

次干道　为主干道的分支，贯穿各功能分区、联系景点和活动场所的道路。宽度一般为 2.0～3.5m。

游步道　景区内连接各个景点、深入各个角落的游览小路。宽度一般为 1～2m，有些游览小路宽度为 0.6～1m。

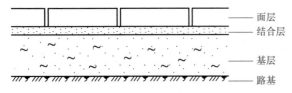

面层
结合层
基层
路基

图8-11　园路的常用结构

（2）园路常用施工结构

园路的结构形式同城市道路一样具有多样性，但由于园林中通行车辆较少，园路的荷载较小，因此其路面结构都比城市道路简单，其常用路面结构见图8-11。

面层　面层是路面的表层，直接承受人流、车辆和大气因素的作用及破坏性影响，并给游人观光，因此，面层要求坚固、平稳、耐磨损、不滑、反光小，具有一定的粗糙度和少尘性，便于清扫且美观。

结合层　采用块料铺筑面层时，在面层与基层之间设有结合层，便于黏结和找平。

基层　位于结合层之下，垫层或路基之上，是路面结构中主要承重部分，可增加面层的抵抗能力。能承上启下，将荷载扩散、传递给路基。

垫层　在路基排水不良或有冻胀、翻浆的路段上，为了排水、隔温、防冻的需要，用道碴、煤渣、石灰土等水稳定性好的材料作为垫层，设于基层之下。园林中也可用加强基层的办法，而不另设此层。

路基　路基即土基，是路面的基础，它不仅为路面提供一个平整的基面，还承受路面传来的荷载，是保证路面强度和稳定性的重要条件。

表 8-1 是园林景观道路中经常见到的施工结构断面。

表 8-1　园路的常见结构断面

序号	园路名称	园路结构	
1	石板嵌草路		100mm 厚石板 50mm 黄砂 素土夯实 30～50mm 缝嵌草
2	卵石嵌草路		70mm 厚预制混凝土嵌卵石 50mm 厚 M2.5 混合砂浆 一步灰土 素土夯实
3	预制混凝土方砖路		500mm×500mm×500mm C15 混凝土方砖 50～500mm 厚粗砂 150～250mm 厚灰土 素土夯实
4	现浇水泥混凝土路		80～150mm 厚 C15 混凝土 80～120mm 厚碎石 素土夯实
5	卵石路		70mm 厚混凝土上栽小卵石 30～50mm 厚 M2.5 混合砂浆 150～250mm 厚碎砖三合土 素土夯实
6	沥青碎石路		10mm 厚二层柏油表面处理 50mm 厚泥结碎石 150mm 厚碎砖或白灰、煤渣 素土夯实
7	羽毛球场铺地		20mm 厚的 1：3 的水泥砂浆 80mm 厚的 1：3：6 的水泥：白灰：碎砖 素土夯实
8	步石		大块毛砖 基石用毛石或 100mm 厚水泥混凝土板 素土夯实

序号	园路名称	园路结构	
9	块石汀步		大块毛石 基石用毛石或 100mm 厚水泥混凝土板 素土夯实
10	荷叶汀步		用钢筋混凝土现浇
11	透气透水性路面		彩色异形砖 石灰砂浆 少砂水泥混凝土 天然级配砂砾 粗砂或中砂 素土夯实

2. 了解园路铺装工程常用施工材料

园路铺装材料不同，人走在上面脚底感觉就会不同，园林铺装材料具体可以分为柔性铺地和刚性铺地，下面根据此分类方法介绍园路常用材料。

（1）柔性铺地

柔性道路为各种材料完全压实在一起而形成。这些材料利用它们天然的弹性在荷载作用下轻微移动，因此在设计中应该考虑限制道路边缘的方法，防止道路结构的松散和变形。

砾石　砾石是一种常用的铺地材料，适合在庭院各处使用，对于规则式和不规则式设计来说都很适用。砾石包括 3 种类型：机械碎石、圆卵石和铺路砾石。

机械碎石是用机械将石头碾碎后，再根据碎石的尺寸进行分级制成的。它凹凸的表面会给行人带来不便，但将它铺装在斜坡上却比圆卵石稳固。圆卵石是一种在河床和海底被水冲击而成的小鹅卵石，不铺好会很容易松动。铺路砾石是一种尺寸为 15～25mm，由碎石和细鹅卵石组成的天然材料，铺在黏土中或嵌入基层中，通常设有具一定坡度的排水系统。

沥青　沥青对于马路和辅助道路是一种理想的铺装材料，对于需求更复杂的大面积铺地会显得非常豪华和昂贵。沥青中性的质感是植物造景理想的背景材料，而且运用好的边缘材料可以将柔性表面和周围环境相结合。铺筑沥青路面时应用机械压实表面，且应注意将地面抬高，这样可以将排水沟隐藏在路面下，不过这项工作最好由专业的施工者来完成。

嵌草混凝土 许多不同类型的嵌草混凝土砖对于草地造景是十分有用的。它们特别适合那些要求完全铺草又是车辆与行人入口的地区。这些地面也可以作为临时的车场，或作为道路的补充物。铺装这样的地面首先应在碎石上铺一层粗砂，然后在水泥块的种植穴中填满泥土和种上草及其他矮生植物。绿叶可以起到软化混凝土层的作用，甚至可以掩盖混凝土层，特别是在地面或斜面上。

砖 用砖铺地，水泥和混凝土只是在做道牙时使用。铺装路面时首先把道牙做好，然后小心地将砖码放在粗砂层上，并且用特别的机械板在砖头上震动。这样做可以将砖头嵌入基础层中并且将与砖头连接的砂压紧。这种铺装方法所用的砖必须十分耐用并且是同一类型的，而砖的尺寸和碎石层的深度就应该根据路面是行人还是行使车辆来决定。为了防止杂草从地底长出，最好在碎石层下铺一层防水布，这样可使整个系统更紧密。

（2）刚性铺地

刚性道路是指现浇混凝土及预制构件所铺成的道路，有着相同的几何路面，通常要混凝土地基上铺一层砂浆，以形成一个坚固的平台，尤其是对那些细长的或易碎的铺地材料。不管是天然石块还是人造石块，松脆材料和几何铺装材料的配置及加固依赖于这个稳固的基础。

人造石及混凝土铺地 水泥可塑造出不同种类的石块，做得好的可以以假乱真。这些人造石可制成用于铺筑装饰性地面的材料。

混凝土铺地在很多情况下还会加入颜料。有些是用模具仿造天然石，有些则利用手工仿造。当混凝土还在模具内时，可刷扫湿的混凝土面，以形成合适的凹栅及不打滑的表面；有的则是用机械压出多种涂饰和纹理。

砖及瓷砖 砖是一种非常流行的铺地材料，能与天然石头或人造材料很好地结合起来，如混凝土或人造石板；能作为植物很好的陪衬，还能够做出各种吸引人的图案。

砖和瓷砖是为表面铺装设计的，所以必须要耐磨和耐冻。即使凹下去的连接处也能提供一个较好的站立点，但砖面仍然要有粗糙的纹理。如果用作人行道的路面，在压实的素土层上加上碎石层、砂浆层和砌砖层就足够了。对行车道则要外加一层混凝土才比较保险，并且要用各种不同厚度的砖砌边作为耐磨线。

瓷砖具有一定的形状和耐磨性，最硬的是用素烧黏土制成的瓷砖，很难切断，所以适合用在场地为正方形的地方。瓷砖也可以像砖那样在砂浆上拼砌。新陶瓷砖虽然最具装饰性，但也最易碎。不是所有的瓷砖都具有抗冻性，所以常常要做一层混凝土基层。

天然石块 不同类别的天然石块有着不同的质感和硬度。它们的使用寿命受切割和铺砌方式的影响。密度相同的硬石通常按一定规格切割，个别有纹理的石头可分割成平板石，以产生一处"劈裂"的表面。不管怎样，潮湿和霜冻都会对石头有影响，使石头一层层地剥落。所以可以用混凝土来铺石块，以防止地面上方的水积聚在勾缝处并流入石块内。

（3）园路垫层、基层和路基材料

垫层在路基排水不良或有冻胀、翻浆的路段上，为了排水、隔温、防冻的需要，用道碴、煤渣、石灰土等水稳定性好的材料作为垫层，设于基层之下。园林中也可用加强基层的办法，而不另设此层。

基层位于结合层之下，垫层或路基之上，是路面结构中的主要承重部分。由于基层不直接承受人车、气候因素的作用，对材料的要求比面层低，通常采用碎（砾）石、灰土或各种工业废渣来做材料。基层材料的选择应视路基土壤的情况、气候特点及路面荷载的大小而定，并应尽量利用当地材料。

在冰冻不严重、基土坚实、排水良好的地区铺筑游步道时，只要把路基稍为平整，就可以铺砖修路了。

灰土基层：由一定比例的白灰和土拌和后压实而成。使用较广，具有一定的强度和稳定性，不易透水，强度接近刚性物质，在一般情况下使用一步灰土（压实后为 15cm），在交通量较大或地下水位较高的地区，可采用压实后为 20～25cm 厚的灰土或二步灰土。

几种隔温材料比较：在季节性冰冻地区，地下水位较高时，为了防止发生道路翻浆，基层应选用隔温性较好的材料。砂石的含水量少，导温率大，故该结构的冰冻深度大，如用砂石做基层，需要做得较厚，不经济；石灰土的冰冻深度与土壤相同，石灰土结构的冻胀量仅次于亚黏土，说明密度不足的石灰土（压实密度小于 85%）不能防止冻胀，压实密度较大时可以防冻；煤渣石灰土或矿渣石灰土做基层，用 7:1:2 的煤渣、石灰、土混合料，隔温性较好，冰冻深度最小，在地下水位较高时，能有效防止冻胀。

路基即土基，是路面的基础，它不仅为路面提供一个平整的基面，还承受路面传来的荷载，是保证路面强度和稳定性的重要条件。对于一般土壤，如黏土和砂性土，开挖后经过夯实，即可作为路基。在严寒地区，严重的过湿冻胀土或湿软土，宜采用 1:9 或 2:8 灰土加固路基，其厚度一般为 15cm。

（4）园路结合层、面层材料

1）结合层材料。结合层材料一般采用 3～5cm 厚粗砂、水泥石灰混合砂浆或石灰砂浆。

白灰干砂　施工时操作简单，遇水后会自动凝结。

净干砂　施工简便，造价低。经常由于流水会使砂子流失，造成结合层不平整。

混合砂浆　由水泥、白灰、砂组成，整体性好，强度高，黏结力强。适用于铺筑块料路面。造价较高。

2）面层材料。由于面层材料及其铺砌形式的不同，形成了不同类型的园路。路面材料的综合要求是：应有一定观赏价值；具有装饰性；应有柔和的光线和色彩以减少反光；与造型、植物、山石配合，注意与环境相协调。根据路面铺装材料、装饰特点和园路使用功能，可以把园路的路面铺装形式分为整体现浇、片材贴面、板材砌块铺装、砌块嵌草和砖石镶嵌铺装五类。

整体现浇铺装　整体现浇铺装的路面适宜在风景区通车干道、公园主园路、次园路或一些附属道路上采用。采用这种铺装的路面材料，主要是沥青混凝土和水泥混凝土。

沥青混凝土路面：沥青混凝土路面，用 60～100mm 厚泥结碎石做基层，以 30～50mm 厚沥青混凝土做面层。根据沥青混凝土的骨料粒径大小，有细粒式、中粒式和粗粒式沥青混凝土可供选用。

水泥混凝土路面：水泥混凝土路面的基层做法，可用 80～120mm 厚碎石层，或用 150～200mm 厚大块石层，在基层上面可用 30～50mm 粗砂做间层。面层则一般采用 120～160mm 厚 C20 混凝土。路面每隔 10m 设伸缩缝一道。对路面的装饰，主要是采取各种表面抹灰处理。

抹灰装饰的方法有以下几种。

1）普通抹灰是用水泥砂浆在路面表层做保护装饰层或磨耗层。水泥砂浆可采用 1∶2 或 1∶2.5 比例，常以粗砂配制。

2）彩色水泥抹灰是在水泥中加各种颜料，配制成彩色水泥，对路面进行抹灰，可做出彩色水泥路面。

3）水磨石饰面。水磨石是一种比较高级的装饰材料，有普通水磨石和彩色水磨石两种做法。水磨石面层的厚度一般为 10～20mm。是用水泥和彩色细石子调制成水泥石子浆，铺好面层后打磨光滑。

4）露骨料饰面。一些园路的边带或作障碍性铺装的路面，常采用混凝土露骨料，做成装饰性边带。这种路面立体感较强，能够和其旁边的平整路面形成鲜明的质感对比。这种路面铺装类型一般用在小游园、庭院、屋顶花园等面积不太大的地方。若铺装面积过大，路面造价将会太高，经济上常不能允许。

片材铺装　片材是指厚度在 5～20mm 之间的装饰性铺地材料，常用的片材主要是花岗石、大理石、釉面墙地砖、陶瓷广场砖和马赛克等。这类铺地一般都是在整体现浇的水泥混凝土路面上采用。用片材贴面装饰的路面，其边缘最好要设置道牙石，以使路边更加整齐和规范。

花岗石铺地：花岗石是一种高级的装饰性地面铺装材料。花岗石可采用红色、青色、灰绿色等多种样式，要先加工成正方形、长方形的薄片状，才可用来铺贴地面。其加工的规格大小可根据设计而定，一般采取 500mm×500mm、700mm×500mm、700mm×700mm、600mm×900mm 等尺寸。大理石铺地与花岗石相同。

石片碎拼铺地：大理石、花岗石的碎片，价格较便宜，既装饰了路面，又可减少铺路经费。形状不规则的石片在地面上铺贴出的纹理，多数是冰裂纹，使路面显得比较别致。

釉面墙地砖铺地：釉面墙地砖有丰富的颜色和表面图案，尺寸规格也很多，在铺地设计中选择余地很大。其商品规格主要有：100mm×200mm、300mm×300mm、400mm×400mm、400mm×500mm、500mm×500mm 等多种。

陶瓷广场砖铺地：广场砖多为陶瓷或琉璃质地，产品基本规格是 100mm×100mm，略呈扇形，可以在路面组合成直线的矩形图案，也可以组合成圆形图案。广场砖比釉面墙地砖厚一些，其铺装路面的强度也大一些，装饰路面的效果比较好。

马赛克铺地：庭院内的局部路面还可用马赛克铺地，如古波斯的伊斯兰式庭院道路，就常见这种铺地。马赛克色彩丰富，容易组合地面图纹，装饰效果较好，但铺在路面较易脱落，不适宜人流较多的道路铺装，所以目前采用马赛克装饰路面的并不多见。

板材砌块铺装　板材砌块铺装是用整形的板材、方砖、预制的混凝土砌块铺在路面上作为道路结构面层的方法。这类铺地适用于一般的散步游览道、草坪路、岸边小路和城市游憩林荫道、街道上的人行道等。

石板：一般被加工成 497mm×497mm×50mm、697mm×497mm×60mm、997mm×697mm×70mm 等规格，其下直接铺 30～50mm 的砂土作为找平的垫层，可不做基层；或者以砂土层作为间层，在其下设置 80～100mm 厚的碎（砾）石层作为基层。石板下用 1∶3 水泥砂浆或 4∶6 石灰砂浆作为结合层，可以保证面层更坚固和稳定。

混凝土方砖：正方形，常见规格有 297mm×297mm×60mm、397mm×397mm×60mm 等，表面经翻模加工为方格纹或其他图纹，用 30mm 厚细砂土作为找平垫层铺砌。

预制混凝土板：其规格尺寸按照具体设计而定，常见有 497mm×497mm、697mm×697mm 等规格，铺砌方法同石板一样。不加钢筋的混凝土板，其厚度不要小于 80mm。加钢筋的混凝土板，最小厚度可仅 60mm，所加钢筋一般直径为 6～8mm，间距为 200～250mm，双向布筋。预制混凝土铺砌板的顶面，常加工成光面、彩色水磨石面或露骨料面。

黏土砖墁地：用于铺地的黏土砖规格很多，有方砖，也有长方砖。方砖及其设计参考尺寸有：尺二方砖，400mm×400mm×60mm；尺四方砖，470mm×470mm×60mm；足尺七方砖，570mm×570mm×60mm；二尺方砖，640mm×640mm×96mm；二尺四方砖，768mm×768mm×144mm。长方砖有：大城砖，480mm×240mm×130mm；二城砖，440mm×220mm×110mm；地趴砖，420mm×210mm×85mm；机制标准青砖，240mm×120mm×60mm。砖墁地时，用 30～50mm 厚细砂土或 3:7 灰土作为找平垫层。

方砖墁地一般采取平铺方式，有错缝平铺和顺缝平铺两种做法。铺地的砖纹，在古代建筑庭院中有多种样式。长方砖铺地则既可平铺，也可仄立铺装，铺地砖纹亦有多种样式。在古代，工艺精良的方砖价格昂贵，用于高等级建筑室内铺地，叫作"金砖墁地"。庭院地面满铺青砖，则叫"海墁地面"。

预制砌块铺地：用凿打整形的石块，或用预制的混凝土砌块铺地，也是作为园路结构面层使用的。混凝土砌块可设计为各种形状、各种颜色和各种规格尺寸，还可以相互组合成路面的不同图纹和不同装饰色块，是目前城市街道人行道及广场铺地的最常见材料之一。

砌块嵌草铺装　是用预制混凝土砌块和草皮共同铺装路面。它能够很好地透水透气；绿色草皮呈点状或线状有规律地分布，在路面形成好看的绿色纹理，美化了路面。采用砌块嵌草铺装的路面，主要用在人流量不太大的公园散步道、小游园道路、草坪道路或庭院内道路等处，一些铺装场地如停车场等，也可采用这种路面。

预制混凝土砌块按照设计可有多种形状，大小规格也有很多种，也可做成各种彩色的砌块，但其厚度都不小于 80mm，一般厚度都设计为 100～150mm。砌块的形状基本可分为实心的和空心的两类。

砖石镶嵌铺装　砖石镶嵌铺装是指用砖、石子、瓦片、碗片等材料，通过镶嵌的方法，将园路的结构面层做成具有美丽图案纹样的路面的方法，这种做法在古代被叫作"花街铺地"。采用花街铺地方法铺装的路面，其装饰性很强，趣味浓郁；但铺装费时费工，造价较高，而且路面也不便行走。因此，只应用在人流不多的庭院道路和一部分园林游览道上。

（5）园路附属工程及材料

道牙　道牙安置在路面两侧，使路面与路肩在高程上起衔接作用，并能保护路面，便于排水。道牙一般用砖、混凝土或花岗岩制成。在园林中也可以用瓦、大卵石等做成。道牙一般分为立道牙和平道牙两种形式（图 8-12）。

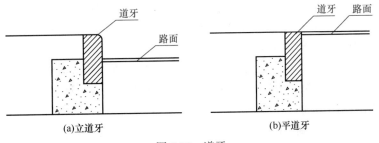

(a)立道牙　　(b)平道牙

图 8-12　道牙

明沟和雨水井　明沟和雨水井是为收集路面雨水而建的构筑物，在园林中常用砖、石砌成。明沟见图 8-13，雨水井在园林排水中已有讲述。

台阶、礓磰、磴道、种植池

- 台阶。每级台阶的高度为 12～17cm，宽度为 30～38cm。一般台阶不宜连续使用，如地形许可，每 10～18 级后应设一段平坦的地段，使游人有恢复体力的机会。为了防止台阶积水、结冰，每级台阶应有 1％～2％ 的向下的坡度，以利排水。根据造景的需要，台阶可以用天然山石、预制混凝土做成本纹板、树桩等各种形式，装饰园景。为了夸张山势，造成高耸的感觉，台阶的高度也可增至 15cm 以上，以增加趣味。

- 礓磰。在坡度较大的地段上，一般纵坡超过 15％ 时，本应设台阶，但为了能通行车辆，将斜面做成锯齿形坡道，称为礓磰。其形式和尺寸如图 8-14 所示。

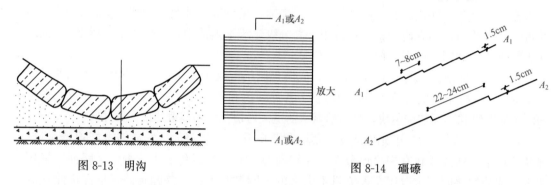

图 8-13　明沟　　　　　　　　　图 8-14　礓磰

- 磴道。在地形陡峭的地段。可结合地形或利用露岩设置磴道。当其纵坡大于 60％ 时，应做防滑处理，并设扶手栏杆等。

- 种植池。在路边或广场上栽种植物，一般应留种植池，在栽种高大乔木的种植池上应设保护栅。

3. 园路铺装工程施工准备工作

现以卵石路面、花街铺装施工为例，说明其施工主要准备工作。

（1）卵石路施工准备

熟悉设计图　根据设计的图纸，准备镶嵌地面用的面层材料，设计有精细图形的，先放好大样，再精心雕刻，做好雕刻花砖，施工中可嵌入铺地图案中。

施工材料准备　按照卵石路施工图和施工流程准备材料，合理安排材料的种类、数量和堆放地点。需要的材料有水泥、碎石、粗砂、鹅卵石、花岗岩和石灰等。

材料堆放　要精心挑选铺地的石子，挑选出的石子按照不同颜色、不同大小分类堆放，便于铺地拼花时使用。一般开工前材料进场应在 70％ 以上。若有运输能力，运输道路畅通，在不影响施工的条件下可随用随运。

园路施工机械及工具　土方机械、压实机械、混凝土机械和起重机械，经调试合格备用。施工工具要准备好，如木桩、皮尺、水平尺、绳子、模板、石夯、铁锹、运输工具等。

（2）花街路面施工准备

根据花街路面施工图制定施工流程和准备施工材料（图 8-15）。

施工材料　卵石、水泥、砂子、碎石。

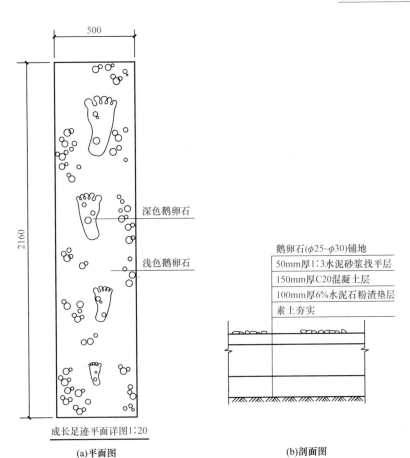

深色鹅卵石

浅色鹅卵石

2160

500

成长足迹平面详图1:20

(a)平面图

鹅卵石(φ25~φ30)铺地
50mm厚1:3水泥砂浆找平层
150mm厚C20混凝土层
100mm厚6%水泥石粉渣垫层
素土夯实

(b)剖面图

图 8-15　花街路面施工图

园路铺装工程施工机械设备　主要有土方机械、压实机械、混凝土机械和起重机械，经调试合格备用。

施工工具准备　木桩、皮尺、绳子、模板、石夯、铁锹、水平尺、运输工具等。

园路铺装工程施工放线　将设计图标示的园路中心线上各编号里程桩，测设落实到相应的地面位置，用长 30~40cm 的小木桩垂直钉入桩位，并写明桩号。钉好的各中心桩之间的连线即为园路的中心线，再以中心桩为准，根据路面宽度钉上边线桩，最后可放出园路的中线和边线。

8.1.2　园路铺装工程施工流程

1. 园路铺装工程施工流程与工艺

园路铺装工程施工工艺流程如图 8-16 所示。

图 8-16　园路铺装工程施工工艺流程

施工前准备　工程必须综合现场施工情况，考虑流水作业，做到有条不紊。否则，在人工操作后造成人力、物力的浪费，甚至造成施工停歇。

施工准备的基本内容，一般包括技术准备、物资准备、施工组织准备、施工现场准备和协调工作准备等，有的必须在开工前完成，有的则可贯穿于施工过程中进行。详见任务 8.1园路工程施工准备。

放线　按园路的中线，在地面上每隔 10～20m 放一中线柱，在弯道的曲线上应在曲头、曲中、曲尾各放一中线桩，并在中线桩上写明桩号，再以中心桩为准，根据园路的宽度和场地的范围定边桩，最后放出路面和场地的平面线。

土路基　按设计铺地的宽度和范围，沿边线每侧放出 25cm 挖槽，槽的深度应等于铺地面的厚度，槽底应有 2‰～3‰ 的横坡度，铺地槽做好后，在槽底上洒水，使其潮湿，然后用蛙式打夯机夯土 2～3 遍，铺地槽平度允许误差不大于 2cm。其中微地形的处理要结合场地现状，适当造型，力争达到一定的艺术效果。

铺筑基层　根据设计要求准备铺筑材料，在铺筑时应注意铺筑厚度。厚度大于 20cm 时采用分层摊铺，并用大于 2.8kW 的大平板振动器振捣密实。

铺筑结合层　一般用 1∶3 的水泥砂浆铺筑，已拌好的砂浆应当日用完，特殊的石材铺地，如整齐石块和条石块，垫层采用水泥砂浆。

放样　每 10m 为一施工段落，根据设计标高，路面宽度、场地范围放边、中桩，打好边线、中线，在垫层上用经纬仪定线，分格的大小根据铺地面料和所铺地形来定，起始应依据边缘测量向中心开展。

面层铺筑　这是铺地施工最关键的地方，直接关系到园路质量的好坏。面层铺筑时应先铺边缘及导向材料，铺砖应轻轻放平，用橡胶锤敲打稳定，不得损伤砖的边角。铺好砖后应沿线检查平整度，发现方砖有移动现象时，应立即整修，最后用灰砂掺入 1∶10 的水泥，拌和均匀将砖缝灌注饱满，并在砖面泼水，使灰砂混合料填实。

> **工程链接**
>
> 园路施工中有时会出现裂缝、凹陷、啃边、翻浆等现象。这些现象都是因为施工中对路基处理不当、施工材料配比不合理、各层施工厚度不够、施工养护时间不足或施工材料有问题等导致的。

道牙边条、槽块　道牙基础宜与地床同时填挖碾压，以保证有整体的均匀密实度，结合层厚 2cm 1∶3 的白砂浆。道牙要安稳，牢固后用 M10 水泥砂浆匀缝，道牙背后应用灰土夯实。边条铺砌的深度相对于地面应尽可能低些，槽块一般紧靠道牙设置，以利于地面排水，路面应稍高于槽块。

成品保护　面层施工后要注意洒水保养，高温天气还需加盖杂物，如稻草、甘蔗叶、麦秆等。

2. 园路铺装工程施工工艺流程举例

以砖铺路面施工为例说明其施工流程（图 8-17）。

1）砖铺路面施工的工艺流程（图 8-18）。

2）砖铺路面施工工艺要求。

砖铺路面施工的工艺要求至面层铺装前与实践操作部分卵石路的施工工艺要求相同，铺砖面层时应轻轻放平，用橡胶锤敲打稳定，不得损伤砖的边角；如发现结合层不平时应拿起铺砖重新用砂浆找平，严禁向砖底填塞砂浆或支垫碎砖块等。采用橡胶带做伸缩缝时，应将橡胶带平正直顺紧靠方砖。铺好砖后应沿线检查平整度，发现方砖有移动现象时，立即修整。

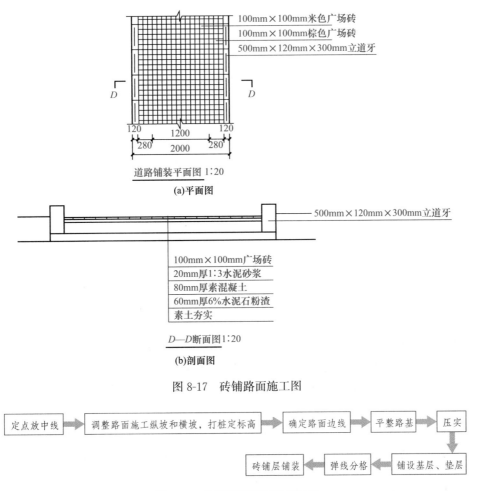

图 8-17　砖铺路面施工图

图 8-18　砖铺路面施工工艺流程

方法是用干砂掺入 1∶10 的水泥，拌和均匀将砖缝灌注饱满，并在砖面泼水，使砂灰混合料下沉填实。铺砖的养护期不得少于 3d，在此期间内应严禁行人、车辆等走动和碰撞。

任务 8.2　园路铺装工程施工技术操作

8.2.1　地基与路面基层施工

地基施工　首先确定路基作业使用的机械及其进入现场的日期，重新确认水准点，调整路基表面高程与其他高程的关系，然后进行路基的填挖、整平、碾压作业。按已定的园路边线，每侧放宽 200mm 开挖路基的基槽；基槽深度应等于路面的厚度。按设计横坡度，进行路基表面整平，再碾压或打夯，压实路槽地面；路槽的平整度允许误差不大于 20mm。对填土路基，要分层填土分层碾压；对于软弱地基，要做好加固处理。施工中注意随时检查横断面坡度和纵断面坡度。其次，要用暗渠、侧沟等排除流入路基的地下水、涌水、雨水等。

垫层施工　运入垫层材料，将灰土、砂石按比例混合，也可在固定地点先将灰土、砂石按比例混合后运入，再进行垫层材料的铺垫，刮平和碾压。如用灰土做垫层，铺垫一层灰土就叫一步灰土，一步灰土的夯实厚度应为150mm；而铺填时的厚度根据土质不同，在210～240mm之间。

路面基层施工　确认路面基层的厚度与设计标高；运入基层材料，分层填筑。基层的每层材料施工碾压厚度是：下层为200mm以下，上层为150mm以下；基层的下层要进行检验性碾压。基层经碾压后，没有到达设计标高的，应该翻起已压实部分，一面摊铺材料，一面重新碾压，直到压实后达到设计标高的高度。两次施工中产生的接缝，应将上次施工完成的末端部分翻起来，与本次施工部分一起滚碾压实，不得将上次末端局部处理就直接滚压下次。

面层施工准备　在完成的路面基层上，重新定点、放线，放出路面的中心线及边线，准备面层铺装。

8.2.2　各种常见路面施工方法

1. 整体路面施工

设置整体现浇路面边线处的施工挡板，确定砌块路面的砌块行列数及拼装方式。面层材料运入场。进行水泥混凝土面层施工，具体过程如下。

核实准备工作　核实、检验和确认路面中心线、边线及各设计标高点的正确无误。

钢筋网的绑扎　若是钢筋混凝土面层，则按设计选定钢筋并编扎成网。钢筋网应在基层表面以上架离，架离高度应距混凝土面层顶面50mm。钢筋网接近顶面设置要比在底部加筋更能保证防止表面开裂，也更便于充分捣实混凝土。

材料的配制、浇筑和捣实　按设计的材料比例，配制、浇筑、捣实混凝土，并用长1m以上的直尺将顶面刮平。顶面稍干一点，再用抹灰砂板抹平至设计标高。施工中要注意做出路面的横坡与纵坡。

养护管理　混凝土面层施工完成后，应即时开始养护。养护期应为7d以上，冬期施工后的养护期还应更长些。可用湿的织物、稻草、锯木粉、湿砂及塑料薄膜等覆盖在路面上进行养护。冬季寒冷，养护期中要经常用热水浇洒，要对路面保温。夏季，要注意雷雨天雨滴对路面的冲溅，应及时设法保护。此外，还要防止人畜踩踏。

路面装饰　路面要进一步进行装饰的，可继续施工。不再做路面装饰的，则待混凝土面层基本硬化后，用锯割机每隔7～9m锯缝一道，作为路面的伸缩缝（伸缩缝也可在浇筑混凝土之前预留）。

水泥路面装饰的方法有很多种，要按照设计的路面铺装方式来选用合适的施工方法。常见的施工方法及其施工技术要领主要有以下几点。

1) 普通抹灰与纹样处理：用普通灰色水泥配制成1:2或1:2.5水泥砂浆，在混凝土面层浇筑后尚未硬化时进行抹面处理，抹面厚度为10～15mm。当抹面层初步收水，表面稍干时，再用下面的方法进行路面纹样处理。

- 滚花：用钢丝网做成的滚筒，或者用模纹橡胶裹在直径为300mm的铁管外做成的滚筒，在经过抹面处理的混凝土面板上滚压出各种细密纹理。滚筒长度在1m以上比较好。
- 压纹：利用一块边缘有许多整齐凸点或凹槽的木板或木条，在混凝土抹面层上一边压一边移动，就可以将路面压出纹样，起到装饰作用。用这种方法时要求抹面层的水泥砂浆含砂量较高，水泥与砂的配合比可为1:3。

- 锯纹：在初浇的混凝土表面，用一根直木条如同锯割一般来回动作，一边锯一边前移，既能够在路面锯出平行的直纹，有利于路面防滑，又有一定的路面装饰作用。
- 刷纹：最好使用弹性钢丝做成刷纹工具。刷子宽 450mm，刷毛钢丝长 100mm 左右，木把长 1.2～1.5m。用这种钢丝刷在未硬的混凝土面层上可以刷出直纹、波浪纹或其他形状的纹理。

2) 彩色水泥抹面装饰：在水泥砂浆中通过添加颜料而调制成彩色水泥砂浆，用这种材料可做出彩色水泥路面。彩色水泥调制中使用的颜料，需选用耐光、耐碱、不溶于水的无机矿物颜料，如红色的氧化铁红、黄色的柠檬铬黄、绿色的氧化铬绿、蓝色的钴蓝和黑色的炭黑等（表 8-2）。

表 8-2 彩色水泥的配制

调制水泥色	水泥及其用量/g	颜料及其用量/g
红色、紫砂色水泥	普通水泥 500	铁红 20～40
咖啡色水泥	普通水泥 500	铁红 15、铬黄 20
橙黄色水泥	白色水泥 500	铁红 25、铬黄 10
黄色水泥	白色水泥 500	铁红 10、铬黄 25
苹果绿色水泥	白色水泥 500	铬绿 150、钴黄 50
	普通水泥 500	铬绿 0.25
青色水泥	白色水泥 500	钴蓝 0.1
灰黑色水泥	普通水泥 500	炭黑适量

3) 彩色水磨石饰面：彩色水磨石饰面是用彩色水泥石子浆罩面，再经过磨光处理而做成的装饰性路面。按照设计，在平整、粗糙、已基本硬化的混凝土路面面层上，弹线分格，用玻璃条、铝合金条（或铜条）做分格条，然后在路面刷上一道素水泥浆，再用 1∶1.25～1∶1.50 彩色水泥细石子浆铺面，厚度为 8～15mm。铺好后拍平，表面用滚筒压实，待出浆后再用抹子抹平。用作水磨石的细石子，如采用方解石，并用普通灰色水泥，做成的就是普通水磨石路面。如果用各种颜色的大理石碎屑，再用不同颜色的彩色水泥配制一起，就可做成不同颜色的彩色水磨石地面。水磨石的开磨时间应以石子不松动为准，磨后将泥浆冲洗干净。待稍干时，用同色水泥浆涂擦一遍，将砂眼和脱落的石子补好。第二遍用 100～150 号金刚石打磨，第三遍用 180～200 号金刚石打磨，方法同前。打磨完成后洗掉泥浆，再用 1∶20 的草酸水溶液清洗，最后用清水冲洗干净，即形成彩色水磨石饰面。

4) 露骨料饰面：采用这种饰面方式的混凝土要用粒径较小的卵石配制。混凝土露骨料主要是采用刷洗的方法，在混凝土浇好后 2～6h 内就应进行处理，最迟不得超过浇好后 16～18h。刷洗工具一般用硬毛刷子和钢丝刷子。刷洗应当从混凝土板块的周边开始，要同时用充足的水把刷掉的泥砂洗去，把每一粒暴露出来的骨料表面都洗干净。刷洗后 3～7d 内，再用 5%～10% 的盐酸水洗一遍，使暴露的石子表面色泽更明净，最后还要用清水把残留盐酸完全冲洗掉。

2. 块料路面施工

块料铺筑时，在面层与道路基层之间所用的结合层做法有两种：一种是用湿性的水泥砂浆、石灰砂浆或混合砂浆做结合材料；另一种是用干性的细砂、石灰粉、灰土（石灰和细土）、水泥粉砂等作为结合材料或垫层材料。

湿性铺筑 用厚度为15～25mm的湿性结合材料，如用1∶2.5或1∶3水泥砂浆、1∶3石灰砂浆、M2.5混合砂浆或1∶2石灰泥浆等黏结，在面层之下做结合层，然后在其上砌筑片状或块状贴面层。砌块之间的结合以及表面抹缝，亦用这些结合材料。用花岗石、釉面砖、陶瓷广场砖、碎拼石片、马赛克等材料铺地时，一般要采用湿法铺砌。用预制混凝土方砖、砌块或黏土砖铺地，也可以用此法。

干法砌筑 以干粉砂状材料，做路面面层砌块的垫层和结合层。如用干砂、细砂土、1∶3，水泥干砂、3∶7细灰土等作结合层。砌筑时，先将粉砂材料在路面基层上平铺一层，其厚度为：干砂、细土为30～50mm，水泥砂、石灰砂、灰土为25～35mm。铺好后找平，然后按照设计的砌块砖块拼装图案，在垫层上拼砌成路面面层。路面每拼装好一段，就用平直木板垫在顶面，以铁锤在多处震击，使所有砌块的顶面都保持在一个平面上，这样可将路面铺装得十分平整。路面铺好后，再用干燥的细砂、水泥粉、细石灰粉等撒在路上并扫入砌块缝隙中，使缝隙填满，最后将多余的灰砂清扫干净。之后，砌块下面的垫层材料将慢慢硬化，使面层砌块和下面的基层紧密地结合成一体。适宜采用这种干法砌筑的路面材料主要有石板、整形石块、预制混凝土方砖和砌块等。传统古建筑庭院中的青砖铺地、金砖墁地等，也常采用干法砌筑。

3. 广场铺装施工

广场的铺装施工程序基本与园路工程相同。但由于广场上还往往存在着花坛、草坪、水池等地面景物，因此比一般道路工程的施工内容更复杂。下面从广场的铺装施工环境准备、场地处理和地面铺装三方面来介绍广场的铺装施工方法。

（1）施工环境要求

场地放线 根据广场设计图绘制施工坐标方格网，将所有坐标点测设到场地上，在各坐标点上打桩定点。然后以坐标桩点为准，根据广场设计图，在场地地面上放出场地的边线、主要地面设施的范围线和挖方区、填方区之间的零点线。

地形复核 对照广场竖向设计图，复核场地地形。各坐标点、控制点的自然地坪标高数据有缺漏的，要在现场测量补上。

场地处理 场地处理主要是挖方与填方施工、场地整平与找坡、确定边缘地带的竖向连接方式。

首先，做好挖方与填方施工。挖、填方工程量较小时，可用人力施工；工程量大时，应该进行机械化施工。预留作草坪、花坛及乔灌木种植地的区域，可暂不开挖。水池区域要同时挖到设计深度。填方区的堆填顺序，应当是先深后浅；先分层填实深处，后填浅处。每填一层就夯实一层，直到设计的标高处。挖方过程中要将挖出的适宜栽培的肥沃土壤，临时堆放在广场外边，以后再填入花坛和草坪、种植地中。

其次，进行场地整平与找坡。挖、填方工程基本完成后，对挖填出的新地面要进行整理。要铲平地面，使地面平整度变化限制在20mm以内。根据各坐标桩标明的该点挖填高度数据和设计的坡度数据，对场地进行找坡，保证场地内各处地面都基本达到设计的坡度。土层松软的局部区域，还要做地基加固处理。

最后，确定边缘地带的竖向连接方式。根据场地周边与建筑、园路、管线等的连接条件，确定边缘地带的竖向连接方式，调整连接点的地面标高，还要确认地面排水口的位置，调整排水沟的底部标高，使广场地面与周围地坪的连接更自然，排水、通道等方面的矛盾降至最低限度。

（2）地面铺装施工

基层的施工 按照设计的路面层次结构与做法进行施工，可参照前面关于园路地基与基层施工的内容，结合广场地坪面积更宽大的特点，在施工中要特别注意基层大面积的稳定性均匀一致，以确保施工质量，尽量避免广场地面发生不均匀沉降的现象。

面层的施工 采用整体现浇面层的区域，可把该区域划分成若干规则的地块，每一地块面积在 7m×9m 至 9m×10m 之间，然后逐个地块施工。地块之间的缝隙做成伸缩缝，用沥青棉纱等材料填塞。采用混凝土预制砌块铺装的，可按照前面有关部分进行施工。

地面装饰 依照设计的图案、纹样、颜色、装饰材料等进行地面装饰性铺装，其铺装方法也请参照前面有关内容。

广场地面还有一些景观设施，如花坛、草坪、树木种植地等，其施工的情况当然和铺装地面不同。如花坛施工，先要按照花坛设计图，将花坛中心点的位置测设到地面相应位点，并打木桩标定；然后以中心点为准，进行花坛的施工放线。在放出的施工花坛边线上，即可砌筑花坛边缘石，最后做成花坛。又如草坪的施工，则是在预留的草坪种植地周围，砌筑道牙或砌筑边缘石，再整平土面，经土壤处理后可铺种草坪。再如水池的施工，要按照设计图找出水池的中心点，并按比例放出水池边线后，挖取土壤形成水池在挖方过程中已挖出水池基本形状，这时主要是根据水池设计图进行池底的铺装、池壁的砌筑和池岸的装饰。

工程链接

目前，在园路施工中出现了一种简易性施工方式，即利用模具对路面进行铺装施工。工序为：先按设计要求购置或制作模具，模具可采用塑料或板材制作，或到市面购得；接着根据面层设计样式（如六角砖式、波纹砖式等）将模具放于面上（路基、结合层已做好），并在模具内壁涂抹浓肥皂水；然后配置彩色水泥砂浆（或直接选用彩色水泥＋砂＋少量白砂）；再将配好的彩色砂浆填抹于模具孔穴中，抹平；最后待模具内砂浆稍干后起模，再次用同色砂浆浅式勾模缝，保养 5～7d（保养期间每天雾式洒水）。

4.特殊园路施工

特殊园路是指改变一般常见园路路面的形式而以不同的方式形成的园路，包括园林梯道、台阶、栈道和汀步等形式形成的园路。

（1）砖石阶梯踏步

园林道路在穿过高差较大的上下层台地，或者穿行在山地、陡坡地时，都要采用踏步梯道的形式。即使在广场、河岸等较平坦的地方，有时为了创造丰富的地面景观，也要设计一些踏步或梯道，使地面的造型更加富于变化。

以砖或整形毛石为材料，M2.5 混合砂浆砌筑的台阶与踏步，砖踏步表面按设计可用 1：2 水泥砂浆抹面，也可做成水磨石踏面，或者用花岗石、防滑釉面地砖做贴面装饰。根据行人在踏步上行走的规律，一步踏的踏面宽度应设计为 28～38cm，再适当加宽一点也可以，但不宜宽于 60cm；二步踏的踏面可以宽 90～100cm，每一级踏步的宽度最好一致，不要忽宽忽窄。每一级踏步的高度也要统一起来，不得高低相间。一级踏步的高度一般情况下应设计为 10～16.5cm，因为低于 10cm 时行走不安全，高于 16.5cm 时行走较吃力。

儿童活动区的梯级道路，其踏步高应为 $10\sim12$cm，踏步宽不超过 46cm。一般情况下，园林中的台阶梯道都要考虑伤残人轮椅车和自行车推行上坡的需要，要在梯道两侧或中带设置斜坡道。梯道太长时，应当分段插入休息缓冲平台；使梯道每一段的梯级数最好控制在 25 级以下；缓冲平台的宽度应在 1.58m 以上，太窄时不能起到缓冲作用。在设置踏步的地段上，踏步的数量至少应为 $2\sim3$ 级，如果只有一级而又没有特殊的标记，则容易被人忽略，使人摔倒。

（2）混凝土踏步

一般将斜坡上素土夯实，坡面用 1∶3∶6 三合土（加碎砖）或 3∶7 灰土（加碎砖石）做垫层并筑实，厚 $6\sim10$cm；其上采用 C10 现浇混凝土做踏步。踏步表面的抹面可按设计进行。每一级踏步的宽度、高度以及休息缓冲平台、轮椅坡道的设置等要求，都与砖石阶梯踏步相同，可参照进行施工。

（3）山石磴道

在园林土山、石假山及其他地方，为了与自然山水园林相协调，梯级道路不采用砖石材料砌筑成整齐的阶梯，而是采用顶面平整的自然山石，依山随势地砌成山石磴道。山石材料可根据各地资源情况选择，砌筑用的结合材料可用石灰砂浆，也可用 1∶3 水泥砂浆，还可以采用砂土垫平塞缝，并用片石刹垫稳当。踏步石踏面的宽窄允许有些不同，可在 $30\sim50$cm 之间变动。踏面高度还是应统一起来，一般采用 $12\sim20$cm。设置山石磴道的地方本身就是供攀登的，所以踏面高度大于砖石阶梯。

（4）攀岩天梯梯道

这种梯道是在山地风景区或园林假山上最陡的崖壁处设置的攀登通道。一般是从下至上在崖壁凿出一道道横槽作为梯步，如同天梯一样。梯道旁必须设置铁链或铁管矮栏并固定于崖壁壁面，作为登攀时的扶手。

（5）普通台阶

台阶要求　台阶是常用的园路变式之一，具有施工容易、应用广泛、可改变地面形式和行进的方向等优点。室外台阶施工设计，如果降低踢板高度，加宽踏板，可提高台阶舒适性。踢板高度（h）与踏板宽度（b）的关系是：$2h+b=60\sim65$cm。例如，假设踏板宽度定为 30cm，则踢板高度为 15cm 左右，若踏板宽度增至 40cm，则踢板高度降到 12cm 左右。通常踢板高度在 13cm 左右，踏板宽度在 35cm 左右的台阶，攀登起来较为容易、舒适。

如果台阶长度超过 3m，或是需要改变攀登方向，为了安全应在中间设置一个休息平台。通常平台的深度为 1.5m 左右。同时要注意踏板应设置 1% 左右的排水坡度，踏面应做防滑饰面，天然石台阶不要做细磨饰面。落差大的台阶，为避免降雨时雨水自台阶上瀑布般跌落，应在台阶两端设置排水沟。

台阶的特殊处理　如踢板高度在 15cm 左右，踏板宽度在 35cm 以上，则台阶宽度应定为 90cm 以上，踢进 3cm 以下，而且踏面特别需要做防滑处理。为方便上、下台阶，在台阶两侧或中间设置扶栏。扶栏的标准高度为 80cm，一般在距台阶的起、终点约 30cm 处做连续设置。台阶附近还应该有照明保证。

（6）栈道

栈道多在可利用山、水界边的陡峭地形上设立，其变化多样，既作为景观又可完成园路的功能。栈道路面宽度的确定与栈道的类别有关。

采用立柱式栈道的，路面设计宽度可为 $1.5\sim2.5$m；斜撑式栈道宽度可为 $1.2\sim2.0$m；

插梁式栈道不能太宽, 0.9~1.8m 比较合适。

立柱与斜撑柱   立柱用石柱或钢筋混凝土柱, 断面尺寸可取 180mm×180mm 至 250mm×250mm, 柱高一般不超过柱径的 15 倍。斜撑柱的断面尺寸比立柱稍小, 可在 150mm×150mm 至 200mm×200mm; 斜撑柱上端应预留筋头与横梁梁头相焊接, 下端应插入陡坡坡面或山壁壁面。立柱和斜撑柱都用 C20 混凝土浇制。

横梁   横梁的长度应是栈道路面宽度的 1.2~1.3 倍, 梁的一端应插入山壁或坡面的石孔并稳实地固定下来。插梁式栈道的横梁插入山壁部分的长度, 应为梁长的 1/4 左右。横梁的截面为矩形, 宽高的尺寸可为 120mm×180mm 至 180mm×250mm。横梁也用 C20 混凝土浇制, 梁一端的下面应有预埋铁件与立柱或斜撑柱焊接。

桥面板   桥面板可用石板或钢筋混凝土板铺设。铺石板时, 要求横梁间距比较小, 一般不大于 1.8m。石板厚度应在 80mm 以上。钢筋混凝土板可用预制空心板或实心板。空心板可按产品规格直接选用。实心钢筋混凝土板常设计为 6cm、8cm 和 10cm 厚, 混凝土强度等级可用 C15~C20。栈道路面可以用 1:2.5 水泥砂浆抹面处理。

护栏   立柱式栈道和部分斜撑式栈道可以在路面外缘设立护栏。护栏最好用直径 25mm 以上的镀锌铁管焊接制作; 也可做成石护栏或钢筋混凝土护栏。做石护栏或钢筋混凝土护栏时, 望柱、栏板的高度可分别为 900mm 和 700mm。望柱截面尺寸可为 120mm×120mm 或 150mm×150mm, 栏板厚度可为 50mm。

(7) 汀步

汀步常见的有板式汀步、荷叶汀步和仿树桩汀步等, 其施工方法因形式不同而异。

板式汀步   板式汀步的铺砌板, 平面形状可为长方形、正方形、圆形、梯形、三角形等。梯形和三角形铺砌板主要是用来相互组合, 组成板面形状有变化的规则式汀步路面。铺砌板宽度和长度可根据设计确定, 其厚度常设计为 80~120mm。板面可以用彩色水磨石来装饰, 不同颜色的彩色水磨石铺路板能够铺装成美观的彩色路面。也有用木板做板式汀步的。

荷叶汀步   步石由圆形面板、支承墩 (柱) 和基础三部分构成。圆形面板应设计 2~4 种尺寸规格, 如直径为 450mm、600mm、750mm、900mm 等。采用 C20 细石混凝土预制面板, 面板顶面可仿荷叶进行抹面装饰。抹面材料用白色水泥加绿色颜料调成浅果绿色, 再加绿色细石子, 按水磨石工艺抹面。抹面前要先用铜条嵌成荷叶叶脉状, 抹面完成后一并磨平。为了防滑, 顶面一定不能磨得很光。荷叶汀步的支柱, 可用混凝土柱, 也可用石柱, 其设计按一般矮柱处理。基础应牢固, 至少要埋深 300mm; 其底面直径不得小于汀步面板直径的 2/3。

仿树桩汀步   其施工要点是用水泥砂浆砌砖石做成树桩的基本形状, 表面再用 1:2.5 或 1:3 有色水泥砂浆抹面并塑造树根与树皮形象。树桩顶面仿锯截状做成平整面, 用仿本色的水泥砂浆抹面; 待抹面层稍硬时, 用刻刀刻画出一圈圈年轮环纹; 清扫干净后, 再调制深褐色水泥浆, 抹进刻纹中; 抹面层完全硬化之后, 打磨平整, 使年轮纹显现出来。

5. 特殊地质及气候条件下的园路施工

(1) 不良土质路基施工

软土路基   先将泥炭、软土全部挖除, 使路堤筑于基底或尽量换填渗水性土, 也可采用抛石挤淤法、砂垫层法等对地基进行加固。

杂填土路基   可选用片石表面挤实法、重锤夯实法、振动压实法等方法使路基达到相应的密实度。

膨胀土路基　膨胀土是一种易产生吸水膨胀、失水收缩两种变形的高液性黏土。对这种路基应先尽量避免在雨期施工，挖方路段也先做好路堑堑顶排水，并保证在施工期内不得沿坡面排水；其次要注意压实质量，最宜用重型压路机在最佳含水量条件下碾压。

湿陷性黄土路基　这是一种含易溶盐类，遇水易冲蚀、崩解、湿陷的特殊性黏土。施工中关键是做好排水工作，对地表水应采取拦截、分散、防冲、防渗、远接远送的原则，将水引离路基，防止黄土受水浸而湿陷；路堤的边坡要整平拍实；基底采用重机碾压、重锤夯实、石灰桩挤密加固或换填土等，以提高路基的承载力和稳定性。

（2）特殊气候条件下的园路施工

雨期施工　重点是要注意路槽、基层及路面施工要领。

路槽施工　先在路基外侧设排水设施（如明沟或辅以水泵抽水）及时排除积水。雨前应选择因雨水易翻浆处或低洼处等不利地段先行施工，雨后要重点检查路拱和边坡的排水情况，路基渗水与路床积水情况，注意及时疏通被阻塞、溢满的排水设施，以防积水倒流。路基因雨水造成翻浆时，要立即挖出或填石灰土、砂石等，刨挖翻浆要彻底干净，不留隐患。所须处理的地段最好在雨前做到"挖完、填完、压完"。

基层施工：当基层材料为石灰土时，降雨对基层施工影响最大。施工时，应先注意天气预报情况，做到"随拌、随铺、随压"；其次注意保护石灰，避免被水浸或成膏状；对于被水浸泡过的石灰土，在找平前应检查含水量，如含水量过大，应翻拌晾晒达到最佳含水量后才能继续施工。

路面施工：对水泥混凝土路面施工应注意水泥的防雨防潮，已铺筑的混凝土严禁雨淋，施工现场应预备轻便易于挪动的工作台雨棚；对被雨淋过的混凝土要及时补救处理。此外要注意排水设施的畅通。如为沥青路面，要特别注意天气情况，尽量缩短施工路段，各工序紧凑衔接，下雨或面层的下层潮湿时均不得摊铺沥青混合料。对未经压实即遭雨淋的沥青混合料必须全部清除，更换新料。

冬期施工　冬期路槽施工应在冰冻之前进行现场放样，做好标记；将路基范围内的树根、杂草等全部清除。如有积雪，在修整路槽时先清除地面积雪、冰块，并根据工程需要与设计要求决定是否刨去冰层。严禁用冰土填筑，且最大松铺厚度不得超过 30cm，压实度不得低于正常施工时的要求，当天填方的土务必当天碾压完毕。

水泥混凝土路面，或以水泥砂浆做结合层的块料路面，在冬期施工时应注意提高混凝土（或砂浆）的拌和温度（可用加热水、加热石料等方法）；并注意采取路面保温措施，如选用合适的保温材料（常用的有麦秸、稻草、塑料薄膜、锯末、石灰等）覆盖路面。此外，应注意减少单位用水量，控制水灰比在 0.5 以下，混料中加入合适的速凝剂；混凝土搅拌站要搭设工棚，最后可延长养护和拆模时间。

应用实例　园路铺装工程施工操作实例

某市在创建园林城市时新建了一公园，该公园道路设计类型丰富，现以公园入口混凝土整体路面施工、公园主路块料路面施工、公园水景区小广场施工及公园人工主景山台阶施工为例，阐述其实际施工技术要点。

1. 公园入口混凝土整体路面施工

混凝土整体路面施工流程（图 8-19）：

材料准备 → 为安装模板 → 安设传力杆 → 混凝土拌和与运输

混凝土养护和填缝 ← 接缝处理 ← 表面修整 ← 混凝土摊铺和振捣

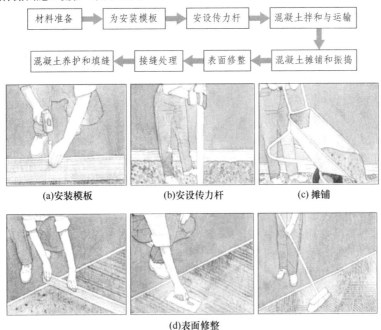

(a)安装模板　　　　(b)安设传力杆　　　　(c)摊铺

(d)表面修整

图 8-19　混凝土整体路面施工流程

施工要点如下。

（1）安装模板

模板宜采用钢模板，弯道等非标准部位以及小型工程也可采用木模板。模板应无损伤，有足够的强度，内侧和顶、底面均应光洁、平整、顺直，局部变形不得大于 3mm，振捣时模板横向最大挠曲应小于 4mm，高度应与混凝土路面板厚度一致，误差不超过±2mm，纵缝模板平缝的拉杆穿孔眼位应准确，企口缝的企口舌部或凹槽的长度误差为钢模板±1mm，木模板±2mm。

（2）安设传力杆

当侧模安装完毕后，即在需要安设传力杆位置上安设传力杆（图 8-20）。

当混凝土板连续浇筑时，可采用钢筋支架法安设传力杆。即在嵌缝板上预留圆孔，以便传力杆穿过，嵌缝板上面设木或铁制压缝板条，按传力杆位置和间距，在接缝模板下部做成倒 U 形槽，使传力杆由此通过，传力杆的两端固定在支架上，支架脚插入基层内。

当混凝土板不连续浇筑时，可采用顶头木模固定法安设传力杆。即在端模板外侧增加一块定位模板，

图 8-20　安设传力杆

板上按照传力杆的间距及杆径、钻孔眼，将传力杆穿过端模板孔眼，并直至外侧定位模板孔眼。两模板之间可用传力杆一半长度的横木固定。继续浇筑邻板混凝土时，拆除挡板、横木及定位模板，设置接缝板、木制压缝板条和传力杆套管。

（3）摊铺和振捣

对于半干硬性现场拌制的混凝土一次摊铺容许达到的混凝土路面板最大板厚度为 22～24cm；塑性的商品混凝土一次摊铺的最大厚度为 26cm。超过一次摊铺的最大厚度时，应分两次摊铺和振捣，两层铺筑的间隔时间不得超过 30min，下层厚度约大于上层，且下层厚度为 3/5。每次混凝土的摊铺、振捣、整平、抹面应连续施工，如需中断，应设施工缝，其位置应在设计规定的接缝位置。振捣时，可用平板式振捣器或插入式振捣器。

（4）接缝施工

纵缝应根据设计文件的规定施工，一般纵缝为纵向施工缝。拉杆在立模后浇筑混凝土之前安设，纵向施工缝的拉杆则穿过模板的拉杆孔安设，纵缝槽宜在混凝土硬化后用锯缝机锯切；也可以在浇筑过程中埋入接缝板，待混凝土初凝后拔出即形成缝槽。

锯缝时，混凝土应达到 5～10MPa 强度后方可进行，也可由现场试锯确定。横缩缝宜在混凝土硬结后锯成，在条件不具备的情况下，也可在新浇混凝土中压缝而成。锯缝必须及时，在夏季施工时，宜每隔 3～4 块板先锯一条，然后补齐；也允许每隔 3～4 块板先压一条缩缝，以防止混凝土板未锯先裂。

横胀缝应与路中心线成 90°，缝壁必须竖直，缝隙宽度一致，缝中不得连浆，缝隙下部设胀缝板，上部灌封缝料。胀缝板应事先预制，常用的有油浸纤维板（或软木板）、海绵橡胶泡沫板等。预制胀缝板嵌入前，应使缝壁洁净干燥，胀缝板与缝壁紧密结合。

（5）表面修整和防滑措施

水泥混凝土路面面层混凝土浇筑后，当混凝土终凝前必须用人工或机械将其表面抹平。当采用人工抹光时，其劳动强度大，还会把水分、水泥和细砂带到混凝土表面，以致表面比下部混凝土或砂浆有较高的干缩性和较低的强度。当采用机械抹光时，其机械上安装圆盘，即可进行粗光；安装细抹叶片，即可进行精光。

为了保证行车安全，混凝土表面应具有粗糙抗滑的表面。抗滑标准，据国际道路会议路面防滑委员会建议，新铺混凝土路面当车速为 45km/h 时，摩擦系数最低值为 0.45；车速为 50km/h 时，摩擦系数最低值为 0.40。其施工时，可用棕刷顺横向在抹平后的表面轻轻刷毛，也可用金属丝梳子梳成深 1～2mm 的横槽；目前，常用在已硬结的路面上，用锯槽机将路面锯成深 5～6mm、宽 2～3mm、间距 20mm 的小横槽。

（6）养护和填缝

混凝土板做面完毕应及时进行养护，使混凝土中拌合料有良好的水化、水解强度发育条件以及防止收缩裂缝的产生。养护时间一般约为 14～21d。混凝土宜达到设计要求，且在养护期间和封缝前，禁止车辆通行，在达到设计强度后，方可允许行人通行。养护方法一般有两种。

湿养生法 最为常用的一种养护方法，即在混凝土抹面 2h 后，表面有一定强度，用湿麻袋或草垫，或者 20～30mm 厚的湿砂覆盖于混凝土表面以及混凝土板边侧。覆盖物还兼有隔温作用，保证混凝土少受剧烈的天气变化影响。在规定的养生期间，每天均匀洒水数次，使其保持潮湿状态。

塑料薄膜养生法 即在混凝土板做面完毕后，均匀喷洒过氯乙烯等成胰液（由过氯乙烯树脂、溶剂油和苯二甲酸二丁酯，按 10%、88% 和 3% 的质量比制成），使形成不透气的薄膜，保持膜内混凝土的水分，保湿养生。但注意过氯乙烯树脂是有毒、易燃品，应妥善防护。

封（填）缝工作宜在混凝土初凝后进行，封缝时，应先清除干净缝隙内泥砂等杂物。如封缝为胀缝时，应在缝壁内涂一薄层冷底子油，封填料要填充实，夏天应与混凝土板表面齐平，冬天宜稍低于板面。常用的封缝料有两大类，即加热施工式封缝料常用的是沥青橡胶封缝料，也可采用聚氯乙烯胶泥和沥青玛瑞脂等。常温施工式封缝料主要有聚氨酯封缝胶、聚硫酯封缝胶以及氯丁橡胶类、乳化沥青橡胶类等常温施工式封缝料。

目前，已广泛使用滑动模板摊铺机来进行混凝土路面施工。这种机械尾部两侧装有模板随机前进，能兼作摊铺、振捣、压入杆件、切缝、整面和刻画防滑小槽等作业，可铺筑不同厚度和宽度的混土路面，对无筋或配筋的混凝土路面均可使用。这种机械工序紧凑、施工质量高，行驶速度一般为 1.2~3.0m/min，每天能铺筑 1600m 双车道路面。

2. 公园主路块料路面施工

(1) 湿法砌筑块料路面施工流程（图 8-21）

图 8-21 湿法砌筑块料路面施工流程

(2) 施工要点

1) 铺设水泥砂浆结合材料。铺干硬性水泥砂浆（一般配合比为 1∶3，以湿润松散、手握成团不泌水为准）找平层，虚铺厚度以 25~30cm 为宜，放上石板块时高出预定完成面约 3~4cm 为宜，用铁抹子（灰匙）拍实抹平。

2) 先将块料背面刷干净，铺贴时保持湿润。根据水平线、中心线（十字线），按预排编号进行块料预铺，并应对准纵横缝，用木锤着力敲击板中部，振实砂浆至铺设高度后，将石板掀起，检查砂浆表面与石板底相吻合后（如有空虚处，应用砂浆填补），在砂浆表面先用喷壶适量洒水，再均匀撒一层水泥粉，把石板块对准铺贴。铺贴时四角要同时着落。再用木锤着力敲击至平正。水泥砂浆应随刷随铺砂浆，不能有风干现象。

3) 铺贴完成 24h 后，经检查块料表面无断裂、空鼓后，用稀水泥（颜色与石板块调和）刷缝填饱满，并随即用干布擦净至无残灰、污迹为止。铺好石板块两天内禁止行人和堆放物品。

3. 公园水景区小广场施工

(1) 广场铺装工艺流程（图 8-22）

图 8-22 广场铺装工艺流程

(2) 施工技术要点

放线定标高　按照广场设计图所绘施工坐标方格网，将所有坐标点测设到场地上并打桩定点。然后以坐标桩点为准，根据广场设计图，在场地地面上放出场地的边线。按照定位标高完成垫层铺设后，用设计厚度的结合材料，垫在混凝土基层或路面基层上面作为结合层。按设计厚度铺砌，可根据设计采用干、湿性结合材料或其他材料，在其上铺贴面层。在铺平的松软垫层上，按照预定的图样开始镶嵌。

基层处理　将基层处理干净，剔除砂浆落地灰，提前一天用清水冲洗干净，并保持湿润。

试拼　正式铺设前，应按图案、颜色、纹理试拼，试拼后按编号排列，堆放整齐。碎拼面层可按设计图形或要求先对板材边角进行切割加工，保证拼缝符合设计要求。

弹线分格　为了检查和控制板块位置，在垫层上弹上十字控制线（适用于矩形铺装）或定出圆心点，并弹线分格，碎拼不用弹线。

拉线　根据垫层上弹好的十字控制线用细尼龙线拉好铺装面层十字控制线或根据圆心拉好半径控制线；根据设计标高拉好水平控制线。

排砖　根据大样图进行横竖排砖，以保证砖缝均匀符合设计图纸要求，如设计无要求时，缝宽不大于 1mm，非整砖行应排在次要部位，但注意对称。

刷水泥素浆及铺砂浆结合层　将基层清干净，用喷壶洒水湿润，刷一层素水泥浆（水灰比为 0.4~0.5，但面积不要刷得过大，应随铺砂浆随刷），再铺设厚干硬性水泥砂浆结合层（砂浆比例符合设计要求，干硬程度以手捏成团，落地即散为宜，面洒素水泥浆），厚度控制在放上板块时，宜高出面层水平线 3~4mm，铺好用大杠压平，再用抹子拍实找平。

　　铺砌板块　板块应先用水浸湿，待擦干表面晾干后方可铺设。根据十字控制线，纵横各铺一行，作为大面积铺砌钢筋用，依据编号图案及试排时的缝隙，在十字控制线交点开始铺砌，向两侧或后退方向顺序铺砌。

　　铺砌时，先试铺，即搬起板块对好控制线，铺落在已铺好的干硬性砂浆结合层上，用橡皮锤敲击垫板，振实砂浆至铺设高度后，将板块掀起检查砂浆表面与板块之间是否相吻合，如发现有空虚处，应用砂浆填补。安放时，四周同时着落，再用橡皮锤用力敲击至平整。

　　灌缝、擦缝　在板块铺砌后 1~2d 后经检查石板块表面无断裂、空鼓后，进行灌浆擦缝，根据设计要求采用清水拼缝（无设计要求的可采用板块颜色，选择相同颜色矿物拌和均匀，调成 1:1 稀水泥浆）用浆壶徐徐灌入板块缝隙中，并用刮板将流出的水泥浆刮向缝隙内，灌满为止，1~2h 后，用棉纱团蘸稀水泥浆擦缝，与板面擦平，同时将板面擦净。

　　养护　铺好石板块，两天内禁止行人和堆放物品，擦缝完后面层加以覆盖，养护时间不应小于 7d。

4. 公园人工主景山台阶施工

本案台阶的施工图见图 8-23。

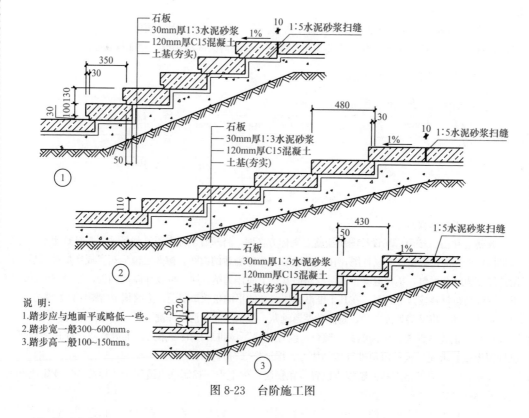

图 8-23　台阶施工图

（1）施工内容

　　台阶施工基本内容包括：模板制作、安装、拆装、码垛、混凝土搅拌、运输、浇捣、养护；基础清理、材料运输、砌浆调制运输、砌筑砖石、抹面压实、赶光、剁斧等。

（2）具体施工操作

　　模板的制作　预制木模板注意要求刨光，配制木模板尺寸时，要考虑模板拼装接合的需要，适当加长或缩短一部分长度，拼制木模板，板边要找平、刨直，接缝严密，使其不漏浆。木料上有节疤、缺口等缺陷的部位，应放在模板反面或者截去。备用的模板要遮盖保护，以免变形。

　　模板的安、拆装　模板的安装和拆装要求最省工，机械使用最低，混凝土质量最好，收到最好的经济效益。拆模后注意模板的集中堆放，不仅利于管理，而且便于后续的运输工作进行。场外运输在模板工程完工后统一进行，以便于节约运费。

　　浇捣、养护　浇筑捣实，将拌和好的混凝土拌合物放在模具中经人工或机械振捣，使其密实、均匀。养护是指在混凝土浇筑后的初期，在凝结硬化过程中进行湿度和温度控制，以利于混凝土达到设计要求的物理力学性能。

　　基础清理　基础清理是清理基层上存在的一些有机杂质和粒径较大的物体，以便进行下一道工序。

　　材料运输　材料运输指将调配好的材料运到施工场地。

　　砌筑砖石　砌筑用砖分为实心砖和承重黏土空心砖两种。根据使用材料和制作方法的不同，实心砖又分为烧结普通砖、蒸压灰砂砖、粉煤灰砖和炉渣砖等。实心砖的规格为 240mm×115mm×53mm，承重黏土空心砖的规格为 190mn×190mm×90mm、240mm×115mm×90mm、240mm×180mm×115mm 三种。砌筑用石分为毛石和料石两类。毛石又分为乱毛石和平毛石。乱毛石指形状不规则的石块；平毛石指形状不规则，但有两个平面大致平行的石块。毛石的中部厚度不小于 150mm。料石按其加工面的平整程度分为细料石、半细料石、粗料石和毛料石四种。

　　抹面　抹面是将水泥浆面层抹平。

　　本公园中其他台阶还有混凝土台阶和砌毛石台阶。前者是用现浇混凝土浇筑的踏步形成台阶；砌毛石台阶是选用合适的毛石、用水泥砂浆砌筑而成的台阶。其施工方法参考砌砖台阶。

园路铺装工程施工质量检测方法

1. 路面铺装工程施工质量检测规范

（1）混凝土路面工程

1）混凝土面层不得有裂缝，并不得有石子外露和浮浆、脱皮、印痕、积水等现象。

2）伸缩缝必须垂直，缝内不得有杂物，伸缩必须全部贯通。

3）切缝直线段线直顺，曲线段应弯顺，不得有夹缝，灌缝不漏缝。

4）混凝土路面工程允许偏差应符合表 8-3 规定。

表 8-3　混凝土路面工程允许偏差

序号	项目	允许偏差/mm	检验频率		检验方法
			范围	点数	
1	厚度	不得小于设计	每块	2	用尺量
2	相邻板高差	3	缝	1	用尺量
3	平整度	5	块	1	用 3m 直尺取最大值
4	横坡	±10 且不大于±0.3%	20m	1	用水准仪测量
5	纵缝直顺	10	100m 缝长	1	拉 20m 小线量取最大值
6	横缝直顺	10	40m	1	沿路宽拉线量取最大值
7	井框与路面高差	3	每座	1	用尺量取最大值

（2）路缘石安装工程

1）缘石应边角齐全、外形完好、表面平整，可视面宜有倒角。除斜面、圆弧面、边削角面构成的角之外，其他所有角宜为直角。缘石面层（料）厚度，包括倒角的表面任何一部位的厚度，应不小于4mm。

2）缘石必须稳固，并应线直、弯顺、无折角，顶面应平整无错牙，缘石不得阻水。

3）背后回填必须密实。

4）缘石安装允许偏差应符合表8-4规定。

表8-4　缘石安装允许偏差

序号	项目	允许偏差/mm		检验频率		检验方法
				范围/m	点数	
1	直顺度	水泥混凝土	10	100	1	拉20m小线量取最大值
		花岗岩	5			
2	相邻块高差	混凝土	2	20	1	用尺量
		石材	1			
3	缝宽	混凝土	±2	20	1	用尺量

2. 块料路面施工质量检测规范

1）各层的坡度、厚度、平整度和密实度等符合设计要求，且上下层结合牢固。变形缝的位置与宽度、填充材料质量及块料间隙大小合乎要求。

2）不同类型面层的结合及图案正确，各层表面与水平面或与设计坡度的偏差不得大于30mm。

3）水泥混凝土、水泥砂浆、水磨石等整体面层和铺在水泥砂浆上的块状层与基层结合良好，不留空鼓。面层不得有裂纹、脱皮、麻面和起砂等现象。

4）各层的厚度与设计厚度的偏差，不宜超过该层厚度的10%。

5）各层的表面平整度应达到检测要求，如水泥混凝土面层允许偏差不宜超过4mm，大理石、花岗石面层允许偏差不超过1mm，用2m直尺检查。铺装的石材不能有断齿的地方，铺装缝隙一致，石材表面颜色一致，石材之间对缝整齐。

3. 嵌草砖铺地工程质量检测

1）所用材料品种、规格、质量必须符合设计要求。

2）用于停车场的嵌草砖单块抗压强度不得小于50MPa，厚度不得小于80mm。检验方法：尺量，检查合格证明文件及检测报告。

3）铺砌必须平整稳定，灌缝应饱满，不得有翘动现象。

4）块料无裂纹、无缺棱、掉角等缺陷，接缝匀称，表面较清洁，块板之间均为种植土，嵌草到位平整。

5）无积水现象。

6）嵌草砖允许偏差应符合表8-5的规定。

表 8-5　嵌草砖允许偏差

序号	项目	允许偏差/mm	检验方法
1	平整度	5	用 2m 靠尺和楔形塞尺检查
2	缝格平直	5	拉 5m 线用钢尺检查
3	相邻块高差	3	用钢尺和楔形塞尺检查
4	缝隙宽度	2	用钢尺检查

注：检查数量：每 20m² 取 2 点。

4．广场铺地施工质量检测规范

1）铺砌必须平整稳定，灌缝应饱满，不得有翘动现象，面层与其他构筑物应接顺，不得有积水现象。

2）大小方砖表面平整，不得有蜂窝、脱皮、裂缝，色彩均匀、棱角整齐。

3）广场砖和大理石板铺装允许偏差应符合表 8-6 的规定。

表 8-6　广场砖和大理石板铺装允许偏差

序号	项目	允许偏差/mm		检验频率	检验方法
1	平整度	贝斯特砖	＜5	每桩号（1 点）	用塞尺量
		大理石板	＜3		
2	相邻块高差	贝斯特砖	±2	40m	
		大理石板	±1		
3	横坡	±0.3%		每桩号（1 点）	
4	纵缝直顺	贝斯特砖	≤10	20m	用尺量
		大理石板	≤5		
5	横缝直顺	贝斯特砖	≤10	20m	
		大理石板	≤2		
6	缝宽	贝斯特砖	≤3	10m	
		大理石板	≤2		
7	井框与路面高差	≤3		每座	

4）广场砖和大理石板外观规格允许偏差应符合表 8-7 规定。

表 8-7　广场砖和大理石板外观规格允许偏差

序号	实测项目	允许偏差/mm		检验频率	检查方法
1	混凝土抗压强度	不小于设计规定		台班	检查试块试压报告
2	对角线	3			用尺量
3	厚度	±3			
4	外露面缺边掉角	贝斯特	＜10 不得多于 1 处	每 100 块抽 10 块	
		大理石	不得有损坏		
5	边长	±3			
6	外露面平整度	1			用水平尺、横塞尺量

5. 特殊园路施工质量检测规范

1）踏步的检测。园路尽量不设置踏步，确需设置踏步时不应少于 2 步并符合以下要求。

- 踏步宽一般为 30～60cm，高度以 10～15cm 为宜，特殊地段高度不得大于 25cm。
- 踏步面应有 1‰～2‰的向下坡度，以防积水和冬季结冰。
- 踏步铺设要求底层塞实、稳固、周边平直，棱角完整，接缝在 5mm 以下，缝隙用石屑扫实。石料的强度、色泽、加工精度，应符合设计要求。
- 踏步的邻接部位，其叠压尺寸应不少于 15mm。

2）自然石及汀步石铺地的检测。

- 所用材料品种、规格、质量必须符合设计要求。
- 面层与下一层应结合牢固、无空鼓。
- 大小搭配均匀，摆放自然，铺同一块地面时，宜选用同一产地或统一质地的石块。
- 表面平整，不滑，不易磨损或断裂。排列应整齐，安放牢固，不得晃动。布局美观。相邻步石中心间距应保持 55～65cm，宽度应为 30～40cm。
- 步石平面放线位置应符合设计要求，自然顺接。
- 允许偏差项目：外露高度宜为 3～6cm，步石厚度应≥6cm。检验方法：观察，尺量。

3）道牙及收水井工程。

- 侧石、缘石安装必须稳固，缘石不得阻水。
- 侧石背后回填必须密实。
- 自然形园林道路的边界线应自然弯顺，侧石、缘石衔接应无折角。
- 园路广场的边界线应直。
- 顶面应平整无错牙，侧石勾缝应严密。
- 允许偏差项目：侧石、缘石允许偏差应符合表 8-8 的规定。

表 8-8　侧石、缘石允许偏差

序号	项目	允许偏差/mm	检验方法
1	直顺度	10	拉 10m 小线量取最大值
2	相邻块高差	3	用尺量
3	缝隙宽度	±3	用尺量
4	侧石顶面高程	±10	用水准仪测量

注：粗料石缝宽的允许偏差为±5m。

应用实例　园路铺装工程施工质量检测操作实例

以上例某公园园路铺装施工为例，该工程中整体路面、块料路面、小广场铺装、特殊路面及健身路面（卵石路面）均需要施工检测操作。

1. 整体路面施工质量检测操作

进行混凝土路面工程质量检测操作，检测项目和操作如下。

1）混凝土面层是否有裂缝，或者有石子外露和浮浆、脱皮、印痕、积水等现象。

2）伸缩缝是否垂直，缝内是否有杂物并全部贯通。

3）切缝直线段线是否直，曲线段是否弯顺，是否有夹缝、漏缝。

4）混凝土路面工程偏差应是否符合表 8-3 的规定。

2. 块料路面施工质量检测操作

1）面层所用板块的品种、质量是否符合设计要求。

2）面层与基层的结合是否牢固，有无空鼓。

3）板块面层的表面质量是否符合以下规定：表面洁净，图案清晰，色泽一致，接缝均匀，周边顺直，板块无裂纹、掉角和缺棱等缺陷。

4）地漏及泛水是否符合以下规定：观察和泼水检查坡向符合设计要求，不倒泛水，无积水，与地漏结合处严密牢固，无渗漏。

5）踢脚线的铺设是否符合以下规定：用小锤轻击和观察检查表面洁净，接缝平整均匀，高度一致；结合牢固，出墙厚度适宜。

6）镶边是否符合以下规定：观察和尺量检查面层邻接处镶边用料及尺寸是否符合设计要求和施工规范规定，要求边角整齐、光滑。

3. 广场铺装工程施工质量检测操作

1）铺砌是否平整稳定，灌缝应饱满，是否有翘动现象，面层与其他构筑物应接顺，是否有积水现象。

2）大小方砖表面是否平整，是否有蜂窝、脱皮、裂缝，色彩均匀、棱角整齐。

3）广场砖和大理石板铺装偏差是否符合表 8-6 的规定。

4）广场砖和大理石板外观规格偏差是否符合表 8-7 的规定。

4. 特殊园路的施工质量检测操作

踏步、台阶的铺贴应符合以下规定。

合格：缝隙宽度基本一致，相邻两步高差不超过 15mm，防滑条顺直。

优良：缝隙宽度一致，相邻两步高差不超过 10mm，防滑条顺直。

检测方法：观察和尺量检查。

5. 卵石路铺装施工质量检测

1）用观察法检查卵石的规格、颜色是否符合设计要求。

2）用观察法检查铺装基层是否牢固并清扫干净。

3）卵石黏结层的水泥砂浆或混凝土强度等级应满足设计要求。

4）卵石镶嵌时大头朝下，埋深不小于 2/3。厚度小于 2cm 的卵石不得平铺，嵌入砂浆深度应大于颗粒的 1/2。

5）卵石顶面应平整一致（用木枋拍平），脚感舒适，不得积水，相邻卵石高差均匀、相邻卵石间露明部分最小间距符合要求；检查方法：观察、尺量。

6）观察镶嵌成形的卵石是否及时用抹布擦干净，保持外露部分的卵石干净、美观、整洁。

7）镶嵌养护后的卵石面层必须牢固。

特别提示

有些园林路面（如卵石路、雨花石路等）因落叶、多雨水等容易结青苔或生霉斑，使路面景观很不雅。处理的方法：用 30％草酸溶液或 5％盐酸溶液清洗路面，会取得较好效果。对于原勾缝比较多的路面，清洗时宜用硬毛刷抹扫。此法同样可用于清洗保养有杂物生苔的景石或水池。

冰纹法铺路，必须要扫缝，方法是将木料锯末（糠）撒于稍干的冰纹面上，再用硬枝扫把扫缝，此法简单，经济实用。

相关链接 ☞

陈科东，2014. 园林工程［M］.2 版 . 北京：高等教育出版社 .

陈祺，杨斌，2008. 景观铺地与园桥工程图解与施工［M］. 北京：化学工业出版社 .

李世华，罗桂莲，2004. 市政工程施工图集 5：园林工程［M］.2 版 . 北京：中国建筑工业出版社 .

苏晓敬，2014. 园林工程与施工技术［M］. 北京：机械工业出版社 .

ABBS 建筑论坛 http：//www. abbs. com. cn/bbs/

思考与训练 ☞

1. 绘图说明园路的基本结构。

2. 如何阅读园路施工图并制定出施工流程？

3. 园路按照面层材料可以分为哪几类？

4. 常用园路施工材料有哪些？各自特点是什么？

5. 如何阅读园路施工图并制定出施工流程？

6. 园路按照面层材料可以分为哪几类？

7. 简述卵石路施工工艺过程、施工要点及施工中的注意事项及解决方法。

8. 嵌草路面铺装一般适用于什么样的设计环境？施工方法如何？

9. 以广场砖路面为例，绘出其施工结构图并标明相应的施工材料。

10. 不良施工条件下园路施工应注意哪些问题？

11. 如何进行园林施工工程的质量检验操作？

12. 先进行某绿地园路设计，要求有平面图、施工断面图、施工放样图及施工说明。然后根据图样草拟出主要园路类型施工流程，撰写出施工准备工作方案（在方案中列出质量检测标准）。

13. 按上例要求选定一施工现场（室外实训场所）进行现场施工操作（可选定冰纹片、卵石、青砖等材料）。要求严格按照施工流程开展施工组织，特别是现场放线、路基挖方、各层施工、路面铺装等施工节点。用表格形式填写施工材料、施工技术要点、施工易产生的问题及解决方法。

项目 **9**

园林假山工程施工

教学目标 ☞

落地目标：能够完成园林假山工程施工与检验验收工作。

基础目标：

1. 学会编制园林假山工程施工流程。
2. 学会完成园林假山工程施工准备工作。
3. 学会园林假山工程施工操作。
4. 学会园林假山工程施工质量检验工作。

技能要求 ☞

1. 能编制园林常见假山、园林塑山工程施工流程。
2. 能完成园林常见假山、园林塑山工程施工准备。
3. 能熟练运用园林常见假山、园林塑山工程施工操作。
4. 能对园林常见假山、园林塑山工程施工进行质量检验。

任务分解 ☞

园林假山工程施工主要包括山石施工和假山施工。前者以独立面景为主，后者有三种常见类型，如传统真石假山、土石结合的假山和现代塑山。假山施工重点突出施工流程、施工方法与施工质量检测，同时要了解假山一些结构做法。

1. 熟悉假山工程施工流程与施工技术准备。
2. 了解园林假山设置石常用石种。
3. 掌握一般小型假山、景石施工技术操作。
4. 会利用验收规范进行施工质量检测。

任务 9.1　园林假山工程准备工作和施工流程

9.1.1　园林假山工程施工准备工作

1. 了解园林假山一般类型

园林假山包括假山和置石两大类。

（1）假山基本类型

假山：以土、石等为材料，以自然山水为蓝本并加以艺术的提炼和夸张，用人工再造的山水景物的通称。不论是土山还是石山，只要是人工堆成的，均可称为假山。作为我国自然山水园林组成部分，假山是一种具有高度艺术性的建设项目之一，对于我国园林民族特色的形成有重要的作用。

一般地说，假山的体量大而集中，可观可游，使人有置身于自然山林之感。假山因材料不同可分为土山、石山和土石相间的山。

1）按材料分类。根据假山使用的土石情况，假山一般分为4种。

土山　以泥土作为基本堆叠材料。在陡坎、陡坡等处可有块石做护坡、挡土墙或做磴道设施，但不用自然山石造景，这种类型的假山占地面积往往比较大，是构成园林基本地形和基本景观背景的重要内容。

带石土山　又称"土包土"，是指土多石少的山。其主要堆砌材料为泥土，或者在山的内部使用建筑垃圾等物而表面覆土，仅在土山的山坡、山脚点缀山石，在陡坎或山顶部分用自然石堆砌成悬崖绝壁之类的石景，或用山石构成云梯磴道等。带石土山可将山体做得比较高，但其占用的地面面积可以较少。所以此种假山一般用于较大的庭院中。

带土石山　又称"石包土"，是表面石多土少的山。山体内部由泥土或建筑垃圾等物堆成，山的表面都用山石置景处理，所以从外观看山体主要由山石组成。这种土石结合而露石不露土的假山，占地面积较小，但山的特征容易形成，方便于构筑奇峰悬崖、深峡峻岭等多种山地景观，是一种简单经济与适宜多样构景的假山。

石山　堆山材料主要是自然山石，多在间隙处设置种植坑或种植带以配种植物。这种假山一般造价高，花费的人工多，但占地面积可较少，故规模也比较小，常用于庭院、水池等空间比较闭合的环境中，或作为瀑布、滴水的山体。

一般来说，假山中如果无石，则很难形成雄伟奇险、秀美多变的景观；但石多土少或全部使用石材的假山，不但造价高、费时费人力，而且容易出现不自然的弊病。

2）按结构分类。假山的山体，按结构可分为4类。

环透式结构　环透式结构是指采用不规则孔洞和孔穴的山石，组砌堆叠成具有曲折环行通道或通透空洞的山体。一般使用太湖石和石灰岩风化后的景石堆叠。

层叠式结构　层叠式结构是指采用片状的山石组砌堆叠有层次感的山体。层叠式结构依层次的走势不同分为水平层叠和斜面层叠两种。

水平层叠的山体，假山主面上的主导线条呈水平，山石向近似水平向伸展，故山石须水平设置组砌。斜面层叠的山体，假山主面上的主导线与水平成一定的夹角，一般为10°～30°，最大不应超过45°，故山石需倾斜组砌成斜卧或斜升状。

竖立式结构　竖立式结构是指采用直立状组砌堆叠山石的山体。这种结构的假山，从立面上看，山体内外的沟槽及山体表面的主导线条，都呈竖向布局，从而整个山势有一种向上伸展的动态。

竖立式山体又可分为直立结构与斜立结构两种。直立结构中的山石，全部呈直立状态组砌，山体表面线条基本平行，并垂直于地平线。斜立结构中的山石，大部分以斜向组砌，其斜向夹角为45°～90°。竖立式结构的山体，一般使用条状或长片状的山石。为了加强山石侧面之间的砌筑砂浆黏结力，石材质地应粗糙或表面小孔密布者为佳。

填充式结构　填充式结构是指内部由泥土、废砖石、碎混凝土块等建筑垃圾填起来的山体。有时为了减少山石的用量或加强山体的整体性，在山体的内部直接浇筑C10、C15的混凝土，就能堆叠起外形奇特或高度较大的山体。

填充式结构的假山，一般造价比较低、体量可以做得比较大。但是，必须注意填入物的沉降不均、地下水被污染等问题。

（2）置石的类型

置石是以山石为材料作独立性造景或作附属性的配置造景布置，表现山石的个体美或组合美，不具备完整的山形。园林中的置石主要以观赏为主，结合一些功能方面的作用，体量较小而分散。置石可分为特置、对置、散置、群置等。

1）特置，指将体量较大、形态奇特，具有较高观赏价值的峰石单独布置成景的一种置石方式，亦称单点、孤置山石（图9-1）。如杭州的绉云峰、苏州留园的三峰（冠云峰、瑞云峰、岫云峰）、上海豫园的玉玲珑、北京颐和园的青芝岫、广州海幢公园的猛虎回头、广州海珠花园的飞鹏展翅、苏州狮子林的嬉狮石等都是特置山石名品。

图 9-1　特置山石

2）对置，即沿建筑中轴线两侧山石处于对称位置的布置形式（图9-2）。

3）散置，是模拟自然山石分布之状，施行点置的一种手法（图9-3），即所谓"攒五聚三""散漫理之"的做法。散置的运用范围甚广，常用于园门两侧、廊间、粉墙前、山坡上、林下、路旁、草坪中、岛上、水池中或与其他景物结合造景，它的布置要点在于有聚有散、有断有续、主次分明、高低曲折、顾盼呼应、疏密有致、层次丰富。北京北海琼华岛南山西路山坡上有用房山石作的散置，处理地比较成功，不仅起到了护坡作用，同时也增添了山势的变化。

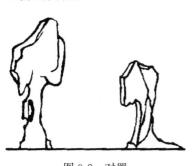

图 9-2　对置

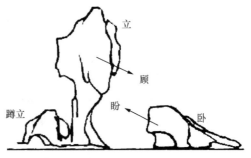

图 9-3　散置

4）群置。山石成群布置，作为一个整体来体现，称为群置，即用数块山石相互搭配点置。群置用石与散置基本相同，不同在于群置所处空间较大，堆数多、石块多。

（3）山石古典做法

1）山石器设。用山石做室内的家具或器设也是我国园林中的传统做法。山石器设宜布置在林间空地或有树庇荫的地方，为游人提供休憩场所；还可随意独立布置，也可结合挡土墙、花台、驳岸等统一安排，但应自然摆放。

2）山石花台，即用自然山石叠砌的挡土墙，其内种花植树。山石花台的作用有三：一是降低底下水位，为植物的生长创造适宜的生态条件，如牡丹、芍药要求排水良好的条件；二是取得合适的观赏高度，免去躬身弯腰之苦，便于观赏；三是通过山石花台的布置组织游览路线，增加层次，丰富园景。

花台的布置讲究平面上的曲折有致和立面上的起伏变化。就花台的个体轮廓而言，应有曲折、进出的变化。要有大弯兼小弯的凹凸面，弯的深浅和间距都要自然多变，在庭院中布置山石花台时，应占边、把角、让心，即采用周边式布置，让出中心，留有余地。山石花台在竖向上应有高低的变化，对比要强烈，效果要显著，切忌把花台做成"一码平"。一般是结合立峰来处理，但要避免体量过大。花台中可少量点缀一些山石，花台外亦可埋置一些山石，似余脉延伸，变化自然。

3）山石踏跺与蹲配。《长物志》（［明］文震亨）中"映阶旁砌以太湖石垒成者曰'涩浪'"所指的山石布置即为此种。山石踏跺和蹲配常用于丰富建筑立面、强调建筑入口。中国建筑多建于台基之上，这样出入口的部位就需要有台阶作为室内上下的衔接。若采用自然山石做成踏跺，不仅具有台阶的功能，而且有助于处理从人工建筑到自然建筑之间的过渡，北京的假山师傅亦将其称为"如意踏跺"。踏跺的石材宜选用扁平状的。踏跺每级的高度和宽度不一，随地形就势灵活多变。台阶上面一级可与台基地面同高，体量稍大些，使人在下台阶前有个准备。石级每一级都向下坡方向有 2% 的坡度以利排水。石级断面不能有"兜脚"现象，即要上挑下收，以免人们上台阶时脚尖碰到石级上沿。用小块山石拼合的石级，拼缝要上下交错，上石压下缝。山石踏跺有石级平列的，也有互相错列的；有径直而入的，也有偏径斜上的。

蹲配是常和如意踏跺配合使用的一种置石方式。从实用功能上来分析，它可兼具垂带和门口对置的石狮、石鼓之类装饰品的作用，但又不像垂带和石鼓那样呆板。它一方面作为石级两端支撑的梯形基座，也可以由踏跺本身层层叠上而用蹲配遮挡两端不易处理的侧面。在保证这些实用功能的前提下，蹲配在空间造型上则可利用山石的形态极尽自然变化。所谓"蹲配"，以体量大而高者为"蹲"，体量小而低者为"配"。实际上除了"蹲"以外，也可"立""卧"，以求组合上的变化。但务必使蹲配在建筑轴线两旁有均衡的构图关系（图 9-4）。

4）抱角与镶隅。建筑的外墙转折多成直角，其内、外墙角都比较单调、平滞，常用作山石来进行装点。对于外墙角，山石成环抱之势紧包基角墙面，称为抱角；内墙角则以山石镶嵌其中，称为镶隅（图 9-5）。山石抱角和镶隅的体量均须与墙体所在的空间取得协调。一般园林建筑体量不大时，无须做过于臃肿的抱角。当然，也可以采用以小衬大的手法，即用小巧的山石衬托宏伟、精致的园林建筑，如颐和园万寿山上的园院廊斋等建筑均采用此法且效果甚佳。山石抱角的选材应考虑如何使山石与墙接触的部位，特别是可见的部位能融合起来。

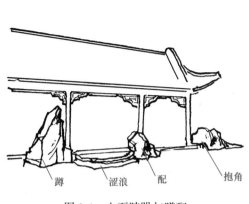

蹲　涩浪　配　　　抱角

图 9-4　山石踏跺与蹲配

图 9-5　镶隅

5）粉壁置石。即以墙作为背景，在面对建筑的墙面、建筑山墙或相当于建筑墙面前基础种植的部位做石景或山景布置，因此也有称"壁山"的（图 9-6）。粉壁置石也是传统的园林手法。在江南园林的庭院中，这种布置随处可见。有的结合花台、特置和各种植物布置，式样多变。苏州网师园南端"琴室"所在的院落中，于粉壁前置石，石的姿态有立、蹲、卧的变化。加以植物和院中台景的层次变化，使整个墙面变成一个丰富多彩的风景画面。苏州留园"鹤所"墙前以山石作基础布置，高低错落，疏密相间，并用小石峰点缀建筑立面，这样一来，白粉墙和暗色的漏窗、门洞的空处都形成衬托山石的背景，竹、石的轮廓非常清晰。粉壁置石在工程上需注意两点：一是石头本身必须直立，不可倚墙；二是注意排水。

图 9-6　粉壁置石

6）廊间山石小品。园林中的廊子为了争取空间的变化或使游人从不同的角度去观赏景物，在平面上往往做成曲折回环的半壁廊。这样便会在廊与墙之间形成一些大小不一、形体各异的小天井空隙地。这是可以发挥用山石小品"补白"的地方，使之在很小的空间里也有层次和深度的变化。同时可以诱导游人按设计的游览序列观光，丰富沿途的景色，使建筑空间小中见大，活泼无拘。上海豫园东园"万花楼"东南角有一处回廊小天井处理得当。自两宜轩东行，有园洞门作为框景猎取此景。自廊中往返路线的视线焦点也集中于次。因此位置和朝向处理应得法。

　　留白，源于中国传统绘画的构图技法，是一种虚实结合的手法。在中国传统民居建筑中，如北京四合院、广东庭院、客家九厅十八井等都有非常经典的"留白"做法，以增加建筑进深、采光透气、前后错落之态势，更突出庭院中进门、庭井、侧房、主屋（正房）间的生态组合。通常，宅门前墙与主屋正房（或主厅）要通过天井，因此前后主屋在高差上有区别，前宅门低主屋高，这样光线就能透过前屋照进正屋（主厅），以保证主屋的透光。

　　7）"尺幅窗"和"无心画"。为了使室内外景色互相渗透，常用漏窗透石景，这种手法是清代李渔首创的。他把内墙上原来挂山水画的位置开成漏窗，然后在窗外布置竹石小品之类，使景入画，这样便以真景入画，较之画幅生动百倍，称为"无心画"。以"尺幅窗"透取"无心画"是从暗处看明处，窗花有剪影的效果，加以石景以粉墙为背景，从早到晚，窗景依时而变。

　　云梯　即以山石掇成的室外楼梯。既可节约使用室内建筑面积，又可以成为自然石景。如果只能在功能上作为楼梯而不能成景则不是上品。最容易出现的问题是山石楼梯暴露无遗，和周围的景物缺乏联系和呼应，而做得好的云梯往往组合丰富，变化自如。桂林七星公园月牙楼的云梯很成功。

　　2. 熟悉园林假山的基本构造

　　假山的基本结构一般分为基础、拉底、中层和结顶四部分，附属结构有假山洞、坡脚等。

　　（1）基础

　　假山如果坐落在天然岩石上，则天然岩石只需修整一下即成天然基础。其他的基地都需要做基础。假山的基础一般分几种类型，如图 9-7 所示。

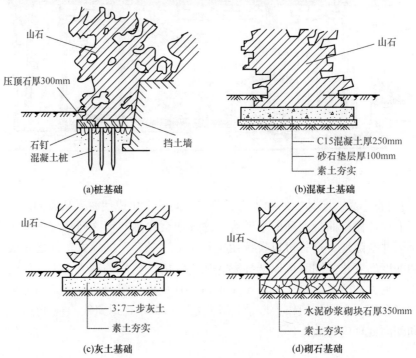

图 9-7　假山基础类型

桩基础　桩基础是一种传统的基础结构形式，实际上是对基地的一种加固措施，一般用于高体量大集中荷载的假山或水中石驳岸的假山。桩身一般使用钢筋混凝土预制桩、杉木或柏木。桩的断面尺寸与长度一般通过计算确定。

灰土基础　灰土基础一般用于北方陆地上的假山中。灰土基础有较好的凝固硬化性能。

砌石基础　现代假山多采用水泥砂浆砌筑的毛石基础。这类基础抗压强度大、耐水性能好、施工简便。

（2）拉底

拉底是指在基础上表面铺设假山最底层的自然山石。假山的空间变化大都立足于拉底，所以拉底是叠山之本。拉底的山石大部分在地面以下，或处于假山的内部，只有小部分露出地面或外露可视。所以，拉底用的石材，不需要形状特别好的山石，但宜选用耐压没有风化的大石，并要求有足够的强度。拉底的平面布局，应与假山山脚的走势相一致。

拉底的构造做法有两种，即满拉底和周边拉底。

满拉底　满拉底就是在假山山脚线的范围内用山石满铺一层。这种拉底的构造方式适宜规模较小、山底面积也较小的假山，或有冻胀会造成破坏的地方的假山。

周边拉底　周边拉底则是先用山石在假山山脚沿线砌一圈垫底石，再用乱石碎砖或泥土将石圈内全部填起来，经压实后成为垫底的假山底层。周边拉底的做法适合于基底面积较大的大型假山。

拉底用的山石，不宜选择比较方整的山石，以免形成呆板的外观形象。

（3）中层

中层即底石以上、顶层以下的中间部分。这部分的体量最大、用料最广泛，是观赏的主要部位，并且往往单元组合复杂、结构变化多端，以营造各种景观形态。当然，中层还是上部收顶部分的载体，起着承受荷载、艺术造型导向的作用。

中层结构方式比较多，以下是常用的构造做法。

安　将一块山石平放在一块或几块山石之上的叠石方法称作"安"，见图 9-8。

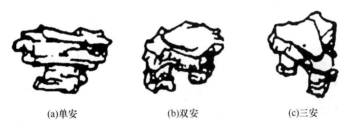

(a)单安　　　　(b)双安　　　　(c)三安

图 9-8　"安"的构造形式

连　山石水平衔接，称为"连"。相连山石的槎口形状和石面皱纹尽量吻合，做到严丝合缝为最理想，见图 9-9。

接　山石上下衔接称为"接"，"接"讲究石纹相通、顺接，见图 9-10。

斗　用分离的两块山石的顶部，共同顶起另一块山石，如同争斗状。"斗"也是环透式假山的常用构造之一，见图 9-11。

挎　立石的肩部挎一块山石，犹如挎包一样。挎石要充分利用槎口咬合，或借上面山石的重力加以稳定，必要时在受力处用钢丝或铁活固定，见图 9-12。

拼　用小石组合成大石的技法称为"拼"，见图 9-13。

悬　在洞顶悬吊一石称为"悬"。悬石一定要将其牢固嵌入洞顶，必要时可用铁活稳固，见图9-14。

图9-9　"连"的构造形式

图9-10　"接"的构造形式

图9-11　"斗"的构造形式

图9-12　"拷"的构造形式

图9-13　"拼"的构造形式

图9-14　"悬"的构造形式

剑　是指用长条形峰石直立在假山上的做法，收顶或山腰、山脚的小山峰的叠石技法。应避免"山"字、"川"字和"小"字造型，见图9-15。

卡　在两块分离的山石上部，用一块小山石插入两石之间的楔口而卡在其上，称为"卡"，见图9-16。

垂　山石从一块大石的顶部侧位倒挂下来，形成下垂的状态，见图9-17。

图9-15　"剑"的构造形式

图9-16　"卡"的构造形式

图9-17　"垂"的构造形式

挑　挑也称出挑或悬挑，见图9-18。

撑　在重心下面用其他山石加以支撑，使山石稳定，并在石下凿成透洞。撑石要与其上山石连接成整体，融入整个山体结构中。

（4）结顶

结顶又称为收顶结构，是假山最顶层的山石，是假山立面上最突出、最集中视线的部位。从结构上考虑，收顶的山石要求体量大，以便紧凑收压做顶。从形体造型上看，顶层具有点景的作用，因此顶层应使用特征显著的山石。

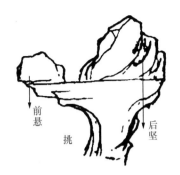

图 9-18　"挑"的构造形式

假山顶层的构造形式一般有以下几种。

峰顶　峰顶又可分为剑立式，上小下大，竖直而立，挺拔高矗；斧立式，上大下小，形如斧头侧立，稳重而又有险意；流云式，峰顶横向挑伸，形如鸯云横空，高低错落；斜立式，势如倾斜山岩，斜插如削，有明星的动势；分峰式，一座山体上用两个以上的峰头收顶；合峰式，峰顶为一主峰，其他次峰、小峰的顶部融合在主峰的边部，成为主峰的肩部等。

峦顶　峦顶可以分为圆丘式峦顶，顶部为不规则的圆丘状隆起，像低山丘陵，此顶由于观赏性差，一般主山和重要客山多不采用，个别小山偶尔可以采用；梯台式峦顶，形状为不规则的梯台状，常用板状大块山石平伏压顶而形成；玲珑式峦顶，山顶由含有许多洞眼的玲珑型山石堆叠而成；灌丛式峦顶，在隆起的山峦上普遍栽植耐旱的灌木丛，山顶轮廓由灌丛顶部构成。

崖顶　山崖是山体陡峭的边缘部分，既可以作为重要的山景部分，又可作为登高望远的观景点。山崖主要可以分为平顶式崖顶、斜坡式崖顶和悬垂式崖顶。平顶式崖顶，崖壁直立，崖顶平伏。斜坡式崖顶，崖壁陡立，崖顶在山体堆砌过程中顺势收结为斜坡；悬垂式崖顶，崖顶石向前悬出并有所下垂，致使崖壁下部向里凹进。

平顶　园林中，为了使假山具有可游、可憩的特点，有时将均顶收成平顶。其主要类型有平台式山顶、亭台式山顶和草坪式山顶。

以上几种顶层的形式，实际上就是使用不同的山石，叠筑不同形状的构造做法，从结构上讲是通过大型山石的重力，压住中层的顶部山石，加强整个山体稳定性，做到造型中的完整性。

（5）假山洞

大中型假山一般设置山洞，以增加山的景观深度。山洞的平面形状，尤其是长度较大的山洞，一般为曲折状布置，有时应设置坡度或踏步台阶，以增加穿行的复杂性和趣味性。

假山洞的洞壁　构造形式有墙体承重和柱体承重两种。墙体承重是指山洞两侧的墙均作承重墙，柱体承重是指洞两侧的墙壁中设置承重柱，柱间嵌砌不受垂直荷载的墙壁。山洞两侧的洞壁，一般都使用山石堆叠砌筑，对于采用钢筋混凝土的柱体，也应包砌自然山石，以形成自然的气息。对于洞壁外侧堆填泥土等填充物的情况，应充分考虑堆填物对洞壁的水平推力，可采用增加壁体的厚度等方法解决。

假山洞的洞顶　一般通过架设石梁、山石的悬挑或拱券堆叠砌筑而成（图 9-19）。洞顶上面若堆叠山石或填土，则应做好相应的防止落石的措施，并考虑洞顶的承载能力。

山洞的侧壁或洞顶，有时特意留设一定的孔隙，以便让光线通过孔隙进入山洞，营造一定的光影效应。

假山洞的地面　表面尽量平整而不光滑，以确保行走游览时的安全，踏步台阶也应如此。地面可以采用石材或混凝土材料铺设。

(a)梁柱式 (b)挑梁式 (c)券拱式

图 9-19　假山洞堆叠构造

（6）坡脚

假山的坡脚也称"山脚"，是山体的起始部分，根据山脚对于山体的构造关系分为起脚类山脚与做脚类山脚两大类。

起脚类山脚　是指山脚直接与山体连接成一体的构造方式，在施工中先在垫层或拉底上直接起脚，再在其上堆叠山体。

根据山脚的造型形式不同，起脚类山脚又可分为点脚形与连脚形两种。

点脚形：指山脚的底部先设置一定距离的点状石材，然后点状石材之间用条状或片状石材盖上，形成局部大小不同的洞穴，显示了假山立面上的深厚感和灵秀感。

连脚形：指山脚的底部用山石堆叠成曲折多变、高低起伏不同的环线。这种形状，后续堆设的山体其稳定性较好。采用这种造型的山脚，其做脚的山石必须呈不规划布设，甚至可以呈现大进大出，以呈现较强的艺术个性。

做脚类山脚　结构部分不与山体直接相连，是在假山的上面主体部分基本完工后，于紧贴起脚石外缘或离开山体一定距离处拼叠砌筑山脚，以弥补起脚造型不足的一种方法。

3. 熟悉园林假山工程施工常用山石材料

（1）假山常用石料

1）按掇山功能分为以下几种。

峰石　一般选用奇峰怪石，多用于建筑物前置石或假山收顶。

叠石　要求质量好，形态特征适宜，主要用于山体外层堆叠，常选用湖石、黄石和青石等。

腹石　主要用于填充山体的山石，石质宜硬，但形态没有特别要求，一般就地取材。

基石　位于假山底部，多选用大型块石，其形态要求不高，但需坚硬、耐压、平坦。

2）按假山石料的产地、质地分为以下几种。

湖石　因原产太湖一带而得此名，在江南园林中运用最为普遍。太湖石即经过熔融的石灰岩，在我国分布很广，除苏州太湖一带盛产外，北京的房山，广东的英德，安徽的宣城、灵璧以及江苏的宜兴、镇江、南京，山东的济南等地均有分布，只不过在色泽、纹理和形态方面有些差别。在湖石这一类山石中又可分为太湖石、房山石、英石、灵璧石、宣石。

黄石　是一种带橙黄颜色的细砂岩，产地很多，以常熟虞山的自然景观为著名。苏州、常州、镇江等地皆有所产。其石形体顽夯，见棱见角，节理面近乎垂直，雄浑沉实。与湖石相比它又别是一番景象，平正大方，立体感强，块钝而棱锐，具有强烈的光影效果。明代所建上海豫园的大假山、苏州耦园的假山和扬州个园的秋山均为黄石掇成的佳品。

青石 即一种青灰色的细砂岩。北京西郊洪山口一带均有所产。青石的节理面不像黄石那样规整，不一定是相互垂直的纹理，也有交叉互织的斜纹。就形体而言多呈片状，故又有"青云片"之称。北京圆明园"武陵春色"的桃花洞、北海的濠濮涧和颐和园后湖某些局部都以这种青石为山。

黄蜡石 黄蜡石色黄，表面油润如蜡，有的浑圆如卵石，有的石纹古拙、形态奇异，多块料而少有长条形。由于其色优美明亮，常以此石作孤景，或散置于草坪、池边和树荫之下。在广东、广西等地广泛运用。与此石相近的还有墨石，多产于华南地区，色泽褐黑，丰润光洁，极具观赏性，多用于卵石小溪边，并配以棕榈科植物。

石笋 即外形修长如竹笋的一类山石的总称。这类山石产地颇广。石皆卧于山土中，采取后直立地上。园林中常作独立小景布置，如扬州个园的春山、北京紫竹院公园的江南竹韵等。常见石笋又可分为白果笋、乌炭笋、慧剑、钟乳石笋几种。

- 白果笋：是在青灰色的细砂岩中沉积了一些卵石，犹如银杏所产的白果嵌在石中，因而得名。北方则称白果笋为"子母石"或"子母剑"。"剑"喻其形，"子"即卵石，"母"是细砂母岩。这种山石在我国各园林中均有所见。有些假山师傅把大而圆、头向上的称为"虎头笋"，而上面尖而小的称"凤头笋"。
- 乌炭笋：顾名思义，是一种乌黑色的石笋，比煤炭的颜色稍浅而少有光泽。如用浅色景物作背景，这种石笋的轮廓就更清新。
- 慧剑：这是北京假山师傅的沿称。所指是一种净面青灰色或灰青色的石笋。北京颐和园前山东腰高达数丈的大石笋就是这种"慧剑"。
- 钟乳石笋：即将石灰岩经熔融形成的钟乳石倒置，或用石笋正放用以点缀景色。北京故宫御花园中有用这种石笋做特置小品的。

其他石品 诸如木化石、松皮石、石珊瑚、石蛋等。木化石古老朴质，常作特置或对置。松皮石是一种暗土红的石质中杂有石灰岩的交织细片，石灰石部分经长期熔融或人工处理以后脱落成空块洞，外观像松树皮突出斑驳一般。石蛋即产于海边、江边或旧河床的大卵石，有砂岩及其他各种质地的。岭南园林中运用比较广泛，如广州市动物园的猴山、广州烈士陵园等均大量采用。

> **特别提示**
>
> 园林石品有两种：一种是室外景石，用于园林单体造景，如特置、对置山石；另一种是石玩，多用于室内，作为镇室之宝。室内石玩多样，各地均有出品，比较理想的石玩石种有贵州青石、菊花石、鸡血石、玉石、黄蜡石、彩淘石、皱纹石、红彩石、吸水石等，小块品质上乘的太湖石、灵璧石、宣石等也可用于室内装饰。凡用于室内之石应配基座，基座要用木质材料制作，如黄花梨、樟树、红椎、楠木、荔枝等。放置于室中，还需对石品进行保养，要用专用石品养护液（石用凡士林）涂抹多遍即可，如要保证石面洁净，选用 70% 酒精抹面。

（2）假山辅助材料

1）胶结材料，是指将山石黏结起来掇石成山的黏结性材料，主要有水泥、石灰、砂和颜料。受潮部分使用水泥砂浆，水泥与砂的配合比为 1:1.5～1:2.5；不受潮部分使用混合砂浆，水泥:石灰:砂的配合比为 1:3:6。水泥砂浆干燥较快，不怕水；混合砂浆干燥较慢，怕水，但强度比水泥砂浆高，价格也便宜。

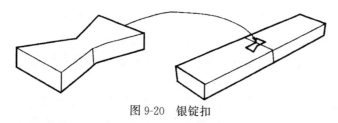

图 9-20 银锭扣

2）山石加固材料，包括以下几种。

银锭扣　为生铁铸成，有大、中、小三种规格。主要用以加固山石间的水平联系。先将石头水平向接缝作为中心线，再按银锭扣大小画线凿槽打下去。古典石作中有"见缝打卡"的说法，其上再接山石就不外露了（图 9-20）。

铁爬钉　或称"铁锔子"。用熟铁制成，用以加固山石水平向及竖向的衔接。铁爬钉尺寸不等，根据需要制作各种规格（图 9-21）。

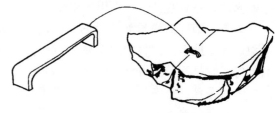

图 9-21 铁爬钉

铁扁担　多用于加固山洞，作为石梁下面的垫梁。铁扁担的两端成直角上翘，翘头略高于所支承石梁两端。铁扁担长度也是根据需要制作，大的可达长 2m、宽 16cm、厚 6cm（图 9-22）。

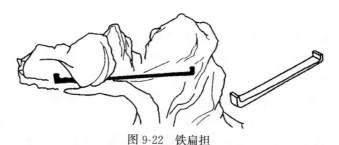

图 9-22 铁扁担

马蹄形吊架和叉形吊架　江南园林假山常用，用于假山洞底。由于用花岗石做石梁只能解决结构问题，外观极不自然，若用这种吊架从条石上挂下来，架上再安放山石便可裹在条石外面，便接近自然山石的外貌（图 9-23）。

捆扎材料　一般是采用 8 号或 10 号钢丝，单根或双根钢丝做成圈，套上山石，抹好砂浆后，收紧钢丝，起到临时固定作用（图 9-24）。

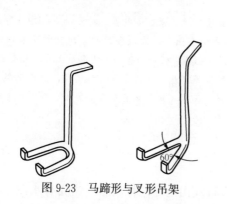

图 9-23 马蹄形与叉形吊架

图 9-24 捆扎与支撑

4. 做好园林假山工程施工准备工作

假山施工前，应根据假山的设计，确定石料，并运抵施工现场，根据山石的尺度、石形、山石皱纹、石态、石质、颜色选择石料，同时准备好水泥、石灰、砂石、钢丝、铁爬钉、银锭扣等辅助材料以及倒链、支架、铁吊架、铁扁担、桅杆、撬棒、卷扬机、起重机、绳索等施工工具，并应注意检查起重用具的安全性能，以确保山石吊运和施工人员安全。

（1）分析施工图纸，熟悉施工环境

1）施工前应由设计单位提供完整的假山叠石工程施工图及必要的文字说明，进行设计交底。

2）施工人员必须熟悉设计，明确要求，必要时应根据需要制作一定比例的假山模型小样，并审定确认。

（2）落实施工机具

根据施工条件备好吊装机具，做好堆料及搬运场地、道路的准备。吊具一般应配有吊车、叉车、吊链、绳索、卡具、大工棒、撬棍、手推车、振捣器、搅拌机、灰浆桶、水桶、铁锹、水管、榔头、大小锤子、錾子、抹子、柳叶抹、鸭嘴抹、笤帚等。

绳索是绑扎石料的工具，也是假山施工中的基本工具。常用黄麻绳和棕绳，因其质地柔软，便于打结与解扣，可使用次数较多，并具有防滑作用。为了解扣方便，绳索必须打成活结，并保证起吊就位后能顺利将绳索抽出，避免被山石卡压。捆绑山石时，应选择石块的重心位置或稍上处，以使起吊平稳。绳索打结必须牢固，以防因滑落造成事故。山石的捆绑常用"元宝扣"式（图 9-25），此法使用方便，结活扣后靠山石自重将绳索压紧，绳的长度可自行调整。

图 9-25 元宝扣

杠棒是抬运石料的原始工具，因其简单灵活，在机械化程度不高的施工现场仍有应用。杠棒材料在南方多用毛竹，在北方可用榆木和柞木，长度为 1.8m 左右。严禁使用腐朽材，以免发生事故。

撬棍是用来撬拨移动山石的手工工具，常用六角钢制作，长为 1.0～1.6m，两端锻打成楔形，便于插入石下。

榔头用于击开大块石料，常用质量为 8.16kg。铁锤用于修劈凿击山石，可取石片用于塞垫，常用质量为 2.27kg。石块间的缝口需要嵌缝时，一般用小抹子将水泥砂浆嵌抹在缝口处，因其小巧灵活，俗称柳叶抹。

对于嵌好的灰缝，在外观上为了使之与山石协调，除了在水泥砂浆中加入颜色外，还可用刷子刷去砂浆的毛渍处。一般用毛刷（油漆用）蘸水，待水泥初凝后进行刷洗。也可用竹刷进行扫除，除去水泥光面，显得柔和自然。

对于大型假山，为了便于施工，一般需搭设脚手架铺设跳板。脚手架的材料一般有毛竹、原条、铸铁管等，分为木竹脚手架和扣件式钢管脚手架。脚手架可根据假山体量做成条凳式或架式，以利于施工为原则。跳板多用毛竹制成，也可直接用木板制作。

（3）清楚施工用石质量要求

1）根据设计构思和造景要求对山石的质地、纹理、石色进行挑选，山石的块径、大小、色泽应符合设计要求和叠山需要。湖石形态宜"透、漏、皱、瘦"，其他种类山石形态宜"平、正、角、皱"。各种山石必须坚实，无损伤、裂痕，表面无剥落。特殊用途的山石可用墨笔编号标记。

2）假山叠石工程常用的自然山石，如太湖石、黄石、英石、斧劈石、石笋石及其他各类山石的块面、大小、色泽应符合设计要求。

3）孤赏石、峰石的造型和姿态，必须达到设计构思和艺术要求。

4）选用的假山石必须坚实、无损伤、无裂痕，表面无剥落。

（4）认真做好山石的开采

山石开采因山石种类和施工条件不同而有不同的采运形式。对半埋在山土中的山石采用掘取的方法，挖掘时要沿四周慢慢掘起，这样可以保持山石的完整性又不致太费工力。济南附近所产的一种灰色湖石和安徽灵璧所产的灵璧石都分别浅埋于土中，有的甚至是天然裸露的单体山石，稍加开掘即可得。但整体的岩系就不可能挖掘取出。有经验的假山师傅只需用手或铁器轻击山石，便可从声音大致判断山石埋置的深浅，以便决定取舍。

对于整体的湖石，特别是形态奇特的山石，最好用凿取的方法开采，把它从整体中分离出来。开凿时力求缩小分离的剖面以减少人工开凿的痕迹。湖石质地清脆，开凿时要避免因过大的震动而损伤非开凿部分的石体。湖石开采以后，对其中玲珑嵌空易于损坏的好材料应用木板或其他材料做保护性的包装，以保证在运输途中不致损坏。

对于黄石、青石一类带棱角的山石材料，采用爆破的方法不仅可以提高工效，还可以得到合乎理想的石形。一般凿眼，上孔直径为 5cm，孔深 25cm。如果下孔直径放大一些使爆孔呈瓶形则爆破效力要增大 0.5～1 倍。一般炸成 500～1000kg 一块，少量可更大一些。炸得太碎则破坏了山石的观赏价值，也给施工带来很多困难。

山石开采后，首先应对开采的山石进行挑选，将可以使用的或观赏价值高的放置一边，然后做安全性保护，用小型起吊机械进行吊装，通常钢丝网或钢丝绳将石料起吊至车中，车厢内可预先铺设一层软质材料，如砂子、泥土、草等，并将观赏面差的一面向下，加以固定，防止晃动碰撞损坏。应特别注意石料运输的各个环节，宁可慢一些，多费一些人力、物力，也要尽力想办法保护好石料。

（5）重视假山石运输

1）假山石在装运过程中，应轻装、轻卸。在运输车中放置黄砂或虚土，高 20cm 左右，而后将峰石仰卧于砂土之上，这样可以保证峰石的安全。

2）特殊用途的假山石，如孤赏石、峰石、斧劈石、石笋等，要轻吊、轻卸；在运输时，应用草包、草绳绑扎，防止损坏。

3）假山石运到施工现场后，应进行检查，凡有损伤或裂缝的假山石不得用于假山外侧主罗石。

（6）注意假山石选石与清洗

施工前，应进行选石，对山石的质地、纹理、石色按同类集中的原则进行清理、挑选、堆放，不宜混用。必须对施工现场的假山石进行清洗，除去山石表面积土、尘埃和杂物。

（7）假山定位与放样

审阅图纸　假山定位放样前要将假山工程设计图的意图看懂摸透，掌握山体形式和基础的结构。为了便于放样，要在平面图上按一定的此例尺寸，依工程大小或平面布置复杂程度，采用 2m×2m、5m×5m 或 10m×10m 的尺寸画出方格网，以其方格与山脚轮廓线的交点作为地面放样的依据。

实地放样　在设计图方格网上，选择一个与地面有参照的可靠固定点，作为放样定位点，然后以此点为基点，按实际尺寸在地面上画出方格网；并对应图纸上的方格和山脚轮廓线的位置，放出地面上的相应的白灰轮廓线。

为了便于基础和土方的施工，应在不影响堆土和施工的范围内，选择便于检查基础尺寸的有关部位，如假山平面的纵横中心线、纵横方向的边端线、主要部位的控制线等位置的两端，设置龙门桩或埋地木桩，以便在挖土或施工时的放样白线被挖掉后，作为测量尺寸或再次放样的基本依据。

9.1.2　园林假山工程施工流程

1. 人工假山施工流程

（1）假山施工一般工序（图 9-26）

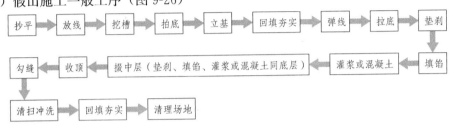

图 9-26　假山施工一般工序

（2）湖石假山施工流程要点

施工放样　根据平面图做出假山水池的平面位置放样图，依放样图进行现场定位和放样。

开挖水池　同时开挖假山基坑，进行池底和假山基础施工，砌筑池壁和假山堆叠。

堆砌假山基础　需先建造牢固的基础，然后依据岩石的自然形状和假山立面图，顺次堆砌。实践中，叠石须先打好坚固基础，若是临水叠石须先打桩，上铺石板一层；一般叠石则先挖槽，铺土夯实，上面铺填石料作基，灌以水泥砂浆。

叠造假山　基础打好后再自下而上逐层叠造。底石应入土一部分，即所谓叠石生根，这样做较牢固。石上叠石，首先要相石，选择造型合意者，而且两石相接处接触面大小凹凸合适，尽量贴切严密，不加支垫即能稳实为最好。然后选大小厚薄合适的石片填入缝中敲打垫实，此法称之为"打刹"。如此再依法叠下去，每叠一块应及时打刹使之稳实。

勾缝　叠完之后再以灰勾缝，以麻刷蘸调制好的干灰面（以水泥、砖面配以各色颜料调和而成，如石色），铺于勾缝泥灰之上，使缝与石浑然一体。

2. 现代塑山施工流程

（1）普通塑山

普通塑山施工流程如图 9-27 所示。

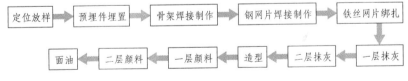

图 9-27　普通塑山施工流程

以一般结构塑山为例，其施工工艺流程要点如下。

基架设置　根据山形、体量和其他条件选择基架结构，如砖石基架、钢筋铁丝网基架、混凝土基架或三者结合基架。坐落在地面的塑山要有相应的地基处理，坐落在室内的塑山要根据楼板的结构和荷载条件进行结构计算，包括地梁和钢梁、柱及支撑设计等。基架多以内接的几何形体为主架，以作为整个山体的支撑体系，并在此基础上进行山体外形的塑造。施工中应在主基架的基础上加密支撑体系的框架密度，使框架的外形尽可能接近设计的山体形状。凡用钢筋混凝土基架的，都应涂防锈漆两遍。

  铺设铁丝网 铁丝网在塑山中主要起成形及挂泥的作用。砖石骨架一般不设铁丝网，但形体宽大者也需铺设，钢骨架必须铺设铁丝网。铁丝网要选择易于挂泥的材料。铺设之前，先做分块钢架附在形体简单的钢骨架上并焊牢，变几何形体为凹凸的自然外形，其上再挂铁丝网。铁丝网根据设计造型用木锤及其他工具成形。

  打底及造型 塑山骨架完成后，若为砖石骨架，一般以 M7.5 混合砂浆打底，并在其上进行山石皴纹造型；若为钢骨架，则应先抹白水泥麻刀灰两遍，再堆抹 C20 豆石混凝土（坍落度为 0～2），然后于其上进行山石皴纹造型。

  抹面及上色 人工塑山能不能仿真，关键在于石面抹面层的材料、颜色和施工工艺水平。要仿真，就要尽可能采用相同的颜色，并通过精心的抹面和石面皴纹、棱角的塑造，使石面具有逼真的质感，才能达到做假如真的效果。因此塑山骨架基本成形后，用 1:2.5 或 1:2 水泥砂浆对山石皴纹找平，再用石色水泥浆进行面层抹灰，最后修饰成形。各种颜色水泥浆的配制方法参见表 9-1。

表 9-1 各种颜色水泥浆的配制方法

颜色	水泥		颜料		107 胶
	类型	用量/g	名称	类型	
红色、紫砂色	普通水泥	500	铁红	20～40	适量
咖啡色	普通水泥	500	铁红 铬黄	15 20	适量
橙黄色	白水泥	500	铁红 铬黄	25 10	适量
黄色	白水泥	500	铁红 铬黄	10 25	适量
苹果绿	白水泥	1000	铬绿 钴蓝	150 50	适量
青色	普通水泥 白水泥	500 1000			适量
灰黑色	普通水泥	500	炭黑	适量	适量
白色	白水泥	500	铬绿 铬蓝	0.25 0.1	适量
通用色	普通水泥 白水泥	350 150			适量

（2）GRC 塑山的工艺过程

1）组件成品的生产流程（图 9-28）。

图 9-28 组件成品生产流程

2）山体的安装流程（图9-29）。

图9-29　山体的安装流程

3）FRP塑山施工程序（图9-30）。

图9-30　FRP塑山施工程序

任务9.2　园林假山工程施工技术操作

9.2.1　园林传统假山工程施工技术

园林工程的施工区别于其他工程的最大特点就是技艺并重，施工的过程也是再创造的过程。假山的施工充分突出了这一特点。

假山的施工过程一般包括：准备石料、放线、挖槽、基础施工、拉底、中层施工、收顶、做脚。

1. 准备石料

石料的选购　根据假山设计意图及设计方案所确定的石材种类。需要到山石的产地进行选购。在产地现场，通常需根据所能提供的石料的石质、大小、形态等，设想出哪些石料可用于假山的哪个部位，并要通盘考虑山石的形状与用量。

石料有新、旧、半新半旧之分。采自山坡的石料，由于暴露于地面，经长期的风吹、日晒、雨淋，自然风化程度深，属旧石，用来叠石造山，易取得古朴、自然的良好效果。而从土中挖出的石料，需经长期风化剥蚀后，才能达到旧石的效果。有的石头一半露于地面，一半埋于地下，则为半新半旧之石。应尽量选购旧石，少用半新半旧之石，避免使用新石。

石料的运输　石料的运输，特别是湖石的运输，最重要的是防止其被损坏。在装卸过程中，宁可多费一些人力、物力，也要尽力保护好石料的自然石面。

峰石在运输过程中更要注意保护。一般在运输车中放置黄砂或虚土，厚约20cm，而后将峰石仰卧于砂土之上，以保证峰石的安全。

石料的分类　石料运到工地后应分块平放在地面上，以供"相石"方便，再将石料分门别类，进行有秩序地排列放置。

2. 放线

按设计图纸确定的位置与形状在地面上放出假山的外形形状，一般基础施工比假山的外形要宽，特别是在假山有较大幅度的外挑时，一定要根据假山的重心位置来确定基础的大小，需要放宽的幅度会更大。

3. 挖槽

北方地区堆叠假山一般是在假山范围内满拉底，基础也要满打。而南方通常是沿假山外轮廓及山洞位置设置基础，内部则多为填石，对基础的承重能力要求相对较低。因此，挖槽的范围与深度要根据设计图纸的要求进行。

4. 基础施工

最理想的假山基础是天然基岩，否则就需人工立基。基础的做法有以下几种。

桩基　这是一种古老的基础做法，至今仍有实用价值，特别是在水中的假山和假山石驳岸施工中。

灰土基础　北方园林中位于陆地上的假山多采用灰土基础。石灰为气硬性胶结材料。灰土凝固后具有不透气性，可有效防止土壤冻胀现象。灰土基础的宽度要比假山底面宽出500mm 左右，即"宽打窄用"。灰土比例常用 3∶7，厚度根据假山高度确定，一般 2m 以下一步灰土，以后每增加 2m 基础增加一步。灰土基础埋置深度一般为 500～600mm。

毛石或混凝土基础　陆地上选用不低于 C10 的混凝土或采用 M10 水泥砂浆砌筑毛石；水中采用不低于 C15 的混凝土或采用 M15 水泥浆砌筑毛石。毛石基础的厚度陆地上为 300mm 左右，水中为 600mm 左右；混凝土基础的厚度陆地上为 200mm 左右，水中为 400～500mm。如遇高大的假山应通过计算加厚基础的厚度，或采用钢筋混凝土基础。如果基础下的基地土层力学性能较差，应采取相应的加固构造措施，例如，采用换土、加铺垫石等。

5. 拉底

拉底即在基础上铺置最底层的自然山石，古代匠师把"拉底"看成叠山之本，因为拉底山石虽大部分在地面或水面以下，但仍有一小部分露出，为山景的一部分，而且假山空间的变化都立足于这一层，如果底层未打破整形的格局，则中层叠石也难于变化。

拉底山石不需形态特别好，但要求耐压、有足够的强度。通常用大块山石拉底，避免使用过度风化的山石。

6. 中层施工

中层即底石以上、顶层以下的部分。由于这部分体量最大、用材广泛、单元组合和结构变化多端，因此是假山造型的主要部分。其变化丰富与上、下层叠石乃至山体结顶的艺术效果关联密切，是决定假山整体造型的关键层段。

叠石造山无论其规模大小，都是由一块块形态、大小不同的山石拼叠起来的。对假山师傅来说，造型技艺就是相石拼叠的技艺。"相石"就是假山师傅对山石材料的目视心记。相石拼叠的过程依次是：相石选石—想象拼叠—实际拼叠—造型相形，而后从造型后的相形再回到上述相石拼叠的过程。每一块山石的拼叠施工过程都是这样，都需要把这一块山石的形态、纹理与整个假山的造型要求和纹理脉络变化联系起来。如此反复循环下去，直到整体的山体完成为止。

7. 收顶

收顶即处理假山最顶层的山石。山顶是显现山的气势和神韵的突出部位，假山收顶是整组假山的魂。观赏假山素有远看山顶、近看山脉的说法，山顶是决定叠山整体重心和造型的最主要部位。收顶用石体量宜大，以便能合凑收压而坚实稳固，同时要使用形态和轮廓均富有特征的山石。假山收顶的方式一般取决于假山的类型：峦顶多用于土山或土多石少的山；平顶适用于石多土少的山；峰顶常用于岩山。峦顶多采用圆丘状或因山岭走势而有些需伸展。

平台则有平台石、亭台式等，可为游人提供赏景、活动的场所，其外围可堆叠山石以形成石峰、石崖等，但需坚固。

峰顶根据造型特征可分为 5 种形式：剑立式（挺拔高耸）、斧立式（稳重而又险峻）、斜劈式（险峻且具有动势）、流云式（形如奇云横空、玲珑秀丽）、悬垂式（以奇制胜）。

8. 做脚

做脚即在掇山基本完成之后，在紧贴拉底石的部位布置山石，以弥补拉底石因结构承重而造成的造型不足问题。做脚又称补脚，它虽然不承担山体的重压，却必须与主山的造型相适应，成为假山余脉的组成部分。

9.2.2　现代塑山塑石施工技术

1. 普通塑石的施工技术要点

建造骨架结构　骨架结构有砖结构、钢架结构以及两者的混合结构等。砖结构简便节省，对于山形变化较大的部位，要用钢架悬挑。山体的飞瀑、流泉和预留的绿化洞穴位置，要对骨架结构做好防水处理。

泥底塑型　用水泥、黄泥、河沙配成可塑性较强的砂浆在已砌好的骨架上塑型。反复加工，使造型、纹理、塑体和表面刻画基本上接近模型。

塑面　在塑体表面细致地刻画石的质感、色泽、纹理和表层特征。质感和色泽根据设计要求，用石粉、色粉按适当比例配白水泥或普通水粉调成砂浆，按粗糙、平滑、拉毛等塑面手法处理。纹理的塑造，一般来说，直纹为主、横纹为辅的山石，较能表现峻峭、挺拔的姿势；横纹为主、直纹为辅的山石，较能表现潇洒、豪放的意象；综合纹样的山石则较能表现深厚、壮丽的风貌。为了增强山石景的自然真实感，除了纹理的刻画外，还要做好山石的自然特征，如缝、孔、洞、烂、裂、断层、位移等的细部处理。一般来说，纹理刻画宜用"意笔"手法，概括简练；自然特征的处理宜用"工笔"手法，精雕细琢。

设色　在塑面水分未干透时进行，基本色调用颜料粉和水泥加水拌匀，逐层洒染。在石缝孔洞或阴角部位略洒稍深的色调，待塑面九成干时，在凹陷处洒上少许绿、黑或白色等大小、疏密不同的斑点，以增强立体感和自然感。

2. 塑山施工技术要点

定位放样　根据图纸、模型及现场情况进行定位放样。

预埋件埋置　现浇板块采用 70×100×6 的预埋件，以间距 1.5～2.5m 埋置；框架柱身采用 70mm×100mm×6mm 的预埋件，间距 2m 埋置。

骨架制作　主材为 50mm×50mm×5mm 角钢，次要处用 30mm×30mm×3mm 角钢，涂刷防锈漆进行防锈处理。先进行塑石方形骨架制作，骨架角钢的间距尺寸一般控制在 1.8～2.5m，连接采用焊接方式；然后根据模型进行左右斜拉，做出假山的大致形状。

钢筋网片　在骨架制作完成后，用 $\phi6$ 圆钢进行钢筋网制作，钢筋网与角钢连接及钢筋与钢筋连接均采用焊接方式，钢筋网方格控制在（18mm×18mm）～（25mm×25mm），根据模型塑造出凹凸起伏的自然外形。

铁丝网片　在钢筋网制作完成后，将规格为 3×1/4（4 目）的铁丝网绑扎在上面。

抹灰　铁丝网片安装完成后，用 1∶1 水泥砂浆进行基层抹灰，厚度为 1～1.5cm；一次完成后，进行二次抹灰，厚度为 1.5cm 左右。在假山外露部分的两层抹灰完成后，及时进行假山内部砂浆的抹制，厚度为 1cm 左右。

造型　根据模型及所造山石的材质，对塑石假山进行造型，塑出石脉和条纹。

上色　根据所塑山石的位置及其作用，选择合适的氧化铁颜料进行调制、上色。

面油　最后进行面油处理。

3. FRP 塑山新工艺技术要点

FRP 塑山材料（玻璃纤维强化树脂，简称 FRP）是用不饱和树脂及玻璃纤维结合而成的一种复合材料。其特点是刚度好、质轻、耐用、价廉、造型逼真，同时还可预制分割，方便运输，特别适用于大型、易地安装的塑山工程。

泥模制作　按设计要求放样制作泥模，一般在一定比例［多用（1∶15）～（1∶20）］的小样基础上进行，泥模制作应在临时搭设的大棚内作业。

翻制石膏　一般采用分割翻制，便于翻模和以后运输。分块的大小和数量根据塑山的体量来确定，其大小以人工能搬动为好。每块按顺序标注记号。

玻璃钢制作　玻璃钢原材料采用 191 号不饱和聚酯及固化体系，1 层纤维表面毡和 5 层玻璃布，以聚乙烯醇水溶液为脱模剂。要求玻璃钢表面硬度大于 34，厚度 4mm，并在玻璃钢背面粘配铝的钢筋，制作时要预埋铁件以便安装固定用。

基础和钢框架制作安装　柱基础采用钢筋混凝土，其厚度不小于 80cm，双层双向 $\phi18$ 配筋，采用 C20 预拌混凝土。框架柱梁可用槽钢焊接，必须确保整个框架的刚度和稳定。框架和基础用高强度螺栓固定。

玻璃钢预制件拼装　根据预制件大小及塑山高度，先绘出分层安装剖面图和分块立面图，要求每升高 1～2m 就要绘一幅分层水平剖面图，并标注每一块预制件 4 个角的坐标位置与编号，对变化特殊之处要增加控制点，然后按顺序由下向上逐层拼装，做好临时固定，全部拼装完毕后，由钢框架伸出的角钢悬挑固定。

打磨、油漆　拼装完毕后，接缝处用同类玻璃钢补缝、修饰、打磨，使其浑然一体。最后用水清洗，罩以土黄色玻璃钢油漆即成。

工程链接

在园林景石施工中，多为单体石品施工。施工中要注意如下几点：①判别吊装景石的重量，一般石品花岗岩、黄石比较重，柳州墨石、灵璧石、太湖石等稍轻，但多数在 2.2～2.9t/m³，由此可差别石重；②选择起重吊车，要根据石重选择承重好的起吊设备（运输车），承重应大于石重 30% 以上，如 30 吊装 t 的石头必须用 40t 以上的吊车，宜用 50t 吊车；如吊装 80t 石头，建议两部吊车同时起吊，每部吊车承重必须大于 60t；③考察运输线路，查看沿线是否有桥、涵洞、陡坡、收费站，查看道路宽、道路结构等；④确认起吊配件，如钢绳、挂钩等是否齐全；⑤查验吊装现场，查看是否高压线、喷灌管网及影响吊装的其他构筑物或大树等；⑥重视吊装安全，指派有经验的师傅到现场吊装指导，并悬挂安全警示标识，增加现场安全导示员；⑦准备好后续支撑材料，如支撑木条、支撑钢管；⑧吊装支撑完成后，连续保养（基础混凝土）7d，再进行种植配置。如果要在石面上刻字，应设置脚手架。景石施工除考虑人员机械安全，还要考虑石品的安全。

应用
实例

园林假山工程施工操作实例

1. 黄石假山施工操作

根据黄石假山施工图完成假山的制作，本案例假山制作要提供平面图、立面图和基础平面图、剖面图。

（1）分析图纸，制作假山模型

在熟悉施工图纸基础上，要根据施工图按比例制作出假山施工模型。模型中最好标出主景面、各层管线埋设走向、配光等。

（2）现场放线，挖基坑

按设计平面图、基础平面图在现场放线，注意假山轮廓。然后按要求挖好假山基坑，进行素土夯实。

（3）基础施工

按基础平面线砌筑 M10 浆砌块石基础。石料强度大于或等于 MU20，尺寸不小于 0.4m，基础宽出假山基石 0.5m。基础厚度为 1.5m。要按计数据进行。

（4）拉底施工

黄石假山拉底施工，假山基石从地面以下 0.3m（按设计）开始砌筑；采用满拉底的形式，外层采用黄石，用其他浆砌块石填筑。

（5）中层施工

中层施工中，假山山体部分采用黄石，1：2 水泥砂浆砌筑，并适当留出凹穴、孔洞，以减轻假山重量和便于假山绿化。其他各处山石的构造视实际情况而定。

（6）收顶施工

根据立面图的设计轮廓，凡是有峰的地方均按设计或根据山石的姿态立峰。

（7）做脚

根据实际情况用山石做脚，使假山有余脉和连绵不绝之感。

（8）勾缝

勾缝采用 1：1 水泥砂浆加适量铁黄粉勾平缝，形成假山自然纹理。

2. 假山石饰面施工操作

假山石饰面工艺是在水泥砂浆基层上涂抹水泥石子浆，待凝结硬化具有一定强度后，用斧子及各种凿子等工具，在面层上剁斩出类似石材经雕琢效果的一种人造石料装饰方法。它具有貌似真石的质感，又具有精工细作的特征。适用于外墙面、勒脚、室外台阶和地坪等建筑装饰工艺。

假山饰面有斩假石和拉假石两种。

（1）专用工具及材料

1）专用工具。

- 斩假石采用斩斧。
- 拉假石采用自制抓耙，抓耙齿片用废锯条制作。

2）所用材料。

- 石米。70％粒径 2mm 的白色石米和 30％石米的粒径 0.15～1.5mm 的白云石屑。
- 面层砂浆配比。水泥石子浆；水泥：石米＝1：（1.25～1.50）。

（2）工艺操作要点（图 9-31）

图 9-31　假山饰面施工工艺操作要点

1）弹线、贴分格条与水刷石操作相同。

2）抹面层水泥石子浆。按中层灰的干燥程度浇水湿润，再扫一道 1：0.45 的水泥净浆，随后抹 13mm 厚水泥石子浆，用木抹子打磨拍实，上下顺势溜直，不得有砂眼、空隙，每分格内一次抹完。

抹完石子浆后，立即用软刷蘸水刷去表面的水泥浆，露出石米至均匀为止，24h 后浇水养护。

3）斩剁或拉假石面层处理。

斩剁面层。2～3d 后即可试剁，以不掉石米、容易剁痕、声响清脆为准。斩剁前应先弹顺线，相距约 10cm，按线操作，以免纹跑斜。

斩剁顺序。一般先上后下，由左到右，先剁转角和四周边缘，后剁中间墙面。转角和四周边缘的剁纹应与其边棱均呈垂直纹，中间剁垂直纹；先轻剁一遍，再盖着前一遍的剁纹剁深痕。剁纹的深度一般按 1/3 石米的粒径为宜。在剁墙角、柱边时，宜用锐利的小斧轻剁，以防掉边缺角。

人造假山常见的有棱点剁斧、花锤剁斧、立纹剁斧等几种效果。

斩剁完后用水冲刷墙面。

拉假石面层。待水泥石子浆面收水后，用靠尺检查其平整度，再用铁抹子压纹、压光。水泥终凝后，用抓耙依着靠尺按同一方向抓刮，露出石米。完成后表面呈条纹状，纹理清晰。

4）起分格条、养护与水刷石操作相同。

任务 9.3　园林假山工程施工质量检测

9.3.1　园林假山工程施工质量检测基本标准

1．一般规定

1）假山一般是指人为地利用自然纹理、自然风化的天然石材，按照一定比例和结构堆砌而成的高于 1.5m 并具有一定仿自然真山造型的石山。

2）假山应在工序中统筹考虑给排水系统、灯光系统、植物种植的需要，提前做好分项工程技术交底。

2．主控项目

1）假山地基基础承载力应大于山石总荷载的 1.5 倍；灰土基础应低于地平面 20cm，其面积应大于假山底面积，外沿宽出 50cm。

2) 假山设在陆地上，应选用 C20 以上混凝土制作基础；假山设在水中，应选用 C25 混凝土或不低于 M7.5 的水泥砂浆砌石块制作基础。根据不同地势、地质，有特殊要求的可做特殊处理。

3) 拉底石材应选用厚度大于 40cm、面积大于 $1m^2$ 的石块；拉底石材应统筹向背、曲折连接、错缝叠压。

4) 假山结构和主峰稳定性应符合抗风、抗震强度要求。

5) 叠山选用的石材质地要求一致，色泽相近，纹理统一。石料应坚实耐压，无裂缝、损伤、剥落现象。

6) 石山主体山石应错缝叠压、纹理统一；每块叠石的刹石不少于 4 个受力点且不外露；跌水、山洞山石长度不小于 1.5m，厚度不小于 40cm；整块大体量山石无倾斜；横向悬挑的山石悬挑部分应小于山石长度的 1/3；山体最外侧的峰石底部灌 1:3 水泥砂浆。

3. 其他规定

1) 勾缝应满足设计要求，做到自然、无遗漏。如设计无说明的，则用 1:3 水泥砂浆进行勾缝，砂浆色泽应与石料色泽相近。

2) 叠山山体轮廓线应自然流畅协调，观赏效果满足设计要求。

9.3.2　园林假山工程施工质量检测具体标准

1. 一般规定

本详细标准适用于假山堆筑、土山点石、塑山塑石项目。

假山置石工程项目划分如表 9-2 所示。

表 9-2　假山置石工程分部、分项工程

序号	分部工程名称	分项工程名称
1	基础工程	土方工程、灰土工程、混凝土工程
2	主体工程	假山底部工程、普通叠石与点石、假山山洞主体工程、孤赏峰石、塑山塑石工程

2. 假山叠石土方及基础工程

（1）土方工程

主控项目　基础开挖必须至老土，基底土层不得有阴沟、基窟等现象。

一般项目　槽底应平整。

假山槽底允许偏差及检验方法应符合表 9-3 规定。

表 9-3　假山槽底允许偏差及检验方法

序号	项目	允许偏差/mm	检验频率		检验方法
			范围/m²	点数	
1	平整度	20	30	2	用 3m 直尺量取最大值
2	槽底尺寸	20	30	2	用 3m 直尺量取最大值

（2）灰土工程

主控项目　严禁使用未消解石灰。

一般项目　灰土应拌和均匀，最大的土块粒径不得大于 50cm。灰土应夯实，密实度应大于 90%。

灰土工程允许偏差及检验方法应符合表 9-4 的规定。

表 9-4　灰土工程允许偏差及检验方法

序号	项目	允许偏差/mm	检验频率		检验方法
			范围/m²	点数	
1	厚度	+20	30	2	用尺量
2	平整度	10	30	2	用尺量
3	宽度	+20	30	2	用尺量

检验方法　尺量，检查材料合格证及复检报告。

（3）混凝土基础工程

主控项目　基础尺寸和混凝土强度必须符合设计要求。

单块高度大于 1.2m 的假山与地坪、墙基黏结处必须用混凝土窝脚，塑山与围墙的基础必须分开。

水中堆砌山石的基础应与水池底面混凝土同时浇筑，形成整体。

一般项目　平地堆砌，基础顶面应低于地平面 20cm 以下。

混凝土基础工程允许偏差及检验方法应符合表 9-5 的规定。

检查方法　尺量，检查材料合格证、复检及强度报告。

表 9-5　混凝土基础工程允许偏差及检验方法

序号	项目	允许偏差/mm	检验频率		检验方法
			范围/m²	点数	
1	厚度	+20，−5	30	2	用尺量
2	宽度	5	30	2	用尺量

3. 假山及置石主体工程

（1）假山底部工程

一般规定　本项目适用于大型假山主体与基础结合部新铺置的最底层自然山石工程。

主控项目　山石强度必须符合设计要求。严禁使用风化石材。

一般项目　底石材料应块大、坚实耐压。

底脚轮廓线应曲折、错落。

底石结构应紧连互咬、接口紧密，重心稳定，整体性强，及时用小石块密实填充石间空隙。

基石应大而水平面向上，保持重心稳定。

底石应铺满基础。

检验方法　观察。

检查数量　全数检查。

（2）普通叠石与点石

一般规定　本项适用于土山点石和假山叠石的一般山石堆筑项目。

主控项目　山石选材应符合设计要求。石料不得有明显的裂缝、损伤、剥落现象。

一般项目　同一山形选用石料应质地、品种一致，色泽基本一致。

不同石块叠接应衔接自然，石形走向及纹理一致。

石块嵌缝应密实、光滑，外观无明显痕迹，缝宽不得超过 2cm。

上下石相接时，下表面应平整。

悬挑部分必须以钢筋或铁件进行勾托，保证稳固。钢筋和铁件作防腐处理。

采用叠石和片石，叠石用料单块大于 200kg 的石头的总重量应大于 80%；单块小于 50kg 的石头的总重量应小于 5%；采用片石、叠石用料大于 100kg 的石头总重量应大于 50%；单块小于 30kg 的石头的总重量应小于 20%。

用于挡土护坡等具有功能要求的景石应满足功能要求。

当堆筑墙前壁下的壁石时，石块与墙体之间应留有空当，山石不得倚墙、欺墙。山石与墙体之间不得有积水现象。

检验方法　观察。

检查数量　全数检查。

（3）假山山洞主体工程

主控项目　主体工程必须符合设计要求，截面符合结构需要。

假山结构必须安全稳固，悬挑石块必须采用钢筋、铁件等进行勾托，确保安全。钢筋和铁件作防腐处理。

一般项目　山洞结构合理安全。黄石、青石等墩状山石宜采用梁柱式结构，湖石宜采用券拱式结构，片石宜采用挑梁式结构。

造型良好、山势起伏有致，山洞曲折蜿蜒。

整体性良好，无明显灰缝。

大型山洞不得出现渗漏现象。

检验方法　观察。

检查数量　全数检查。

（4）孤赏峰石

一般规定　本项目适用于体量较大的特置山石。

主控项目　必须轮廓线突出，姿态多变，造型优美，色彩突出，不同于周围的一般山石。

孤赏峰石必须采用混凝土浇筑或采用石榫头稳固，当采用石榫头稳固时，石榫头必须位于重心线上。

一般项目　峰石体量应与环境相协调。

采用石榫头稳固的峰石，石榫头直径不应过小，周围石边留 3cm 为宜，石榫头长以 15～25cm 为宜，以保证安装稳定。

石榫头与石眼结合应以黏合材料填充密实。

检验方法　观察。

检查数量　全数检查。

（5）塑山塑石工程

一般规定　本项目适用于混凝土、玻璃钢、有机树脂、GRC 假山材料等进行塑筑山石

的工程项目。

主控项目　支架的梁柱支撑等应符合设计要求，保证安全及稳固性；塑筑砂浆强度符合设计要求。

喷涂必须采用非水溶性颜料。

单体山石面积超过 $2m^2$ 的塑石面层结构，必须铺设钢丝网。

一般项目　支撑体系的框架密度应适当，使框架外形符合设计要求的山石的形状。

钢丝网与基架应绑扎牢固。

塑筑砂浆当设计无要求时，应在水泥砂浆中加入纤维性附加料，防止裂缝。

塑筑山石形体应符合设计要求。

山石面层应质感良好、纹理清晰逼真、色泽自然，符合自然山石的规律。

检验方法　观察。

检查数量　全数检查。

应用实例　园林假山工程施工质量检测实例

根据某公园景石施工进行施工质量检测实践操作。

1. 施工环境

某公园处于市主干道一侧，主景石被安置在入口右侧，景石高约 3.8m。

2. 施工过程描述（图 9-32）

图 9-32　某公园景石施工过程描述

现场准备　场地清理是保证施工运输的重要条件，还应落实施工机具及施工人力等。

石种选择　广西龙胜黄蜡石。

景石吊运　运输距离约 180km，车上先填土，黄蜡石不清洗，用黄茅草、甘蔗叶等填充保护。

基础施工　按黄蜡石垂直投影面宽的 1.5 倍放基础开挖线，基础挖深 0.6m。先在基坑底铺 150mm 厚水泥砂浆。

景石吊装　在施工负责人指挥下，按设计主景面进行吊装施工。吊车将石吊至基坑后，定稳（吊车挂钩不得离开景石），其他人将大块石填充进坑内，离地面约 15cm 时，用水泥砂浆灌注满石间空隙，再在其上铺 150mm 厚水泥砂浆。

支撑保护　吊装基础灌满浆后，用竹子（毛竹）或杉树条以双支或三支式支撑保护，并在景石周边设置安全警示标志。

3. 质量检测

1）按"9.3.1　园林假山工程施工质量检测基本标准"逐一进行检测，记录于事先准备好的检测表格中。注意各项分值。

2）对照各检测标准，一一比对。

3）写出质量检测报告。

特别提示

小型假山常与水池一同施工，吊装好山石后，需保证接石稳定，保证主体石的承重支撑，可用砖砌，也可用同质石料砌。如石面上要刻字，需调整山石确保有一面较平。承水池必须强化防水，增加受力，预埋的管线在做池壁池底时就要做好。如池内养锦鲤，水池要设置滤清池，以保证水质。

相关链接 ☞

本书编委会，2007. 园林工程施工一本通［M］. 北京：地震出版社.

毛培琳，朱志红，2004. 中国园林假山［M］. 北京：中国建筑工业出版社.

吴卓珈，2009. 园林工程（二）［M］. 北京：中国建筑工业出版社.

徐辉，潘福荣，2008. 园林工程设计［M］. 北京：机械工业出版社.

岳威，吉锦，2017. 园林工程施工技术［M］. 南京：东南大学出版社.

天工网 https://www.tgnet.com/

园林吧 https://www.yuanlin8.com/

思考与训练 ☞

1. 按结构假山分为哪几类？各有什么特点？

2. 假山的基本构造组成有哪几部分？各部分的构造形式有哪些？

3. 举例说明假山工程施工流程和操作工艺。

4. 假山施工的固定设施有哪些？如何使用？

5. 举例说明塑山工程施工流程和操作工艺。

6. 以临时水池中叠山为施工实训蓝本，先进行水体及小型假山设计，绘出平面图、立面图、线路走向图。然后用表格形式填写所需施工材料（假山部分），写出施工流程示意图，编制施工准备工作计划。

7. 按上述临时水景叠山案例，选择室外实训地进行施工实践。要求放线准确（方格网法），挖方规范（如在硬质空间上施工，则不用挖方，但必须堆填方），山石堆垒比较到位，符合施工流程要求，配光线路埋设不影响主观视觉效果，试水符合设计要求。

本题要求写出施工技术要点，质量检测标准。

8. 现代塑石施工实践。按要求先进行景石设计（图纸部分），再用塑料泡沫依照设计进行整形（不同石种整形技法不同），进行挂泥修形，接着调色上色。本例要写出施工程序，列出施工材料，拟定施工简要方法等。

9. 以某园林工程施工为例，详细说出景石吊装的基本流程及施工要点。

项目 **10**

园林种植工程施工

教学目标 ☞

落地目标：能够完成园林种植工程施工与检验验收工作。

基础目标：

1. 学会编制园林种植工程施工流程和工艺要求。
2. 学会园林种植工程施工准备工作。
3. 学会园林种植工程施工操作。
4. 学会园林种植工程施工质量检验工作。

技能要求 ☞

1. 能编制乔灌等各类植物景观种植施工流程和工艺要求。
2. 能完成乔灌等各类植物景观种植施工准备。
3. 能熟练运用乔灌等各类植物景观种植施工操作技术。
4. 能对乔灌等各类植物景观种植工程进行施工质量检测。

任务分解 ☞

园林种植工程是园林施工建设的重要环节，是进行植物造景的施工工序。园林种植工程涉及施工准备、挖种植穴、换种植土、苗木起掘、运输、种植、养护、质量验收等工作内容。

1. 熟悉园林植物种植施工流程与施工准备工作。
2. 掌握一般灌木、大树、草坪等植物景观种植施工方法。
3. 了解植物种植施工质量检测技术要求。

园林种植工程施工技术准备和施工流程

10.1.1　园林种植工程施工技术准备

1. 熟悉种植施工类型与内容

（1）园林种植工程施工类型

常见的园林种植工程施工类型包括：乔木的种植施工、灌木的种植施工、花坛的种植施工、花境的种植施工、绿带的种植施工、屋顶绿化施工、大树移植施工、草坪的铺设施工、水体绿化施工、垂直绿化施工、绿篱种植施工等。在施工过程中，要合理安排施工顺序，针对不同苗木不同的生长习性在正确的时间、按照不同的工艺要求对苗木进行移植，确保施工质量以及苗木的成活率。

（2）园林种植工程施工的内容

园林种植工程施工就是按照设计要求，植树、栽花、铺（种）草坪，使其成活，尽早达到表现效果。根据工程施工过程，可将种植工程施工分为种植和养护管理两大部分。种植属短期施工工程，养护管理则属于长期周期性施工工程。种植施工包括一般树木花卉的栽植、大树移植、草坪的铺设及播种草坪等内容。

2. 组织好种植工程施工准备工作

（1）一般规定

1）园林栽植土壤必须具有满足园林栽植植物生长所需要的水、肥、气、热的能力。严禁建筑垃圾和有危害物质混入。

2）盐碱土必须进行改良，达到脱盐土标准即含盐量小于 1kg/kg，方能栽植植物。

3）黏土、砂土等应根据栽植土质量要求进行改良后方可栽植。

4）栽植喜酸性植物的土壤，pH 必须控制在 5.0～6.5，无石灰反应。

（2）栽植用土理化性状要求

草坪土的主要理化性状见表 10-1。

表 10-1　草坪土的主要理化性状

项目指标类别	pH	EC 值/(ms/cm)	有机质/(g/kg)	容量/(mg/m³)	通气孔隙度/%	有效土层/cm	石灰反应/(g/kg)	备注
一级草花地	6.5～7.5	0.35～0.75	≥20	≤1.30	≥8	≥25	≥1	直播时土粒直径<2cm 且不允许有石砾
二级草花地	6.5～7.5	0.50～1.50	≥30	≤1.30	≥10	≥25	≥1	

保护地栽植土的主要理化性状见表 10-2。

表 10-2　保护地栽植土的主要理化性状

项目指标类别	pH	EC 值/(ms/cm)	有机质/(g/kg)	容量/(mg/m³)	通气孔隙度/%	石灰反应/(g/kg)	石砾含量/%
通用	6.5～7.5	0.50～1.50	≥25	≤1.20	≥30	<10	0

容器栽植土的主要理化性状见表 10-3。

表 10-3　容器栽植土的主要理化性状

项目指标类别	pH	EC 值/(ms/cm)	有机质/(g/kg)	容量/(mg/m³)	通气孔隙度/%	石灰反应/(g/kg)	石砾含量/%
通用	6.5～7.5	0.50～2.00	≥20	≤1.00	≥15	<10	0
喜酸性	5.0～7.5	0.35～1.50	≥50	≤1.00	≥15	0	0

花坛土、花境土的主要理化性状应符合表 10-4 的规定。

表 10-4　花坛土、花境土的主要理化性状

项目指标类别	pH	EC 值/(ms/cm)	有机质/(g/kg)	容量/(mg/m³)	通气孔隙度/%	有效土层/cm	石灰反应/(g/kg)	石砾粒径/cm	含量/%
一级花坛	6.0～7.0	0.50～1.50	≥30	≤1.00	≥15	≥30	<10	≥1	≤5
二级花坛	6.0～7.0	0.50～1.50	≥25	≤1.20	≥10	≥30	<10	≥1	≤5
一级花境	6.5～7.5	0.35～1.20	≥25	≤1.25	≥10	≥50	10～50	≥3	≤10
二级花境	7.1～7.5	0.35～1.20	≥20	≤1.30	≥5	≥50	10～50	≥3	≤10

树坛土的主要理化性状见表 10-5。

表 10-5　树坛土的主要理化性状

项目指标类别	pH	EC 值/(ms/cm)	有机质/(g/kg)	容量/(mg/m³)	通气孔隙度/%	有效土层/cm	石灰反应/(g/kg)	石砾	粒径/cm
乔木	6.0～7.8	0.35～1.20	≥20	≤1.30	≥8	≥100	10～50	≥5	≤10
灌木	6.0～7.5	0.50～1.20	≥25	≤1.25	≥10	≥80	<10	≥5	≤10
行道树	6.5～7.8	0.35～1.20	≥25	≥25	≥8	长宽深≥100	10～50	≥5	≤10

屋顶栽植土的主要理化性状见表 10-6。

表 10-6　屋顶栽植土的主要理化性状

项目指标类别	pH	EC 值/(ms/cm)	有机质/(g/kg)	容量/(mg/m³)	通气孔隙度/%	有效土层/cm	石灰反应/(g/kg)	石砾含量/%
通用	6.5～7.5	0.50～1.50	≥25	≤1.00	≥10	≥60	<10	0

3. 种植苗木准备

（1）技术要求

1）将准备出圃苗木的种类、规格、数量和质量分别调查统计制表。

2）核对出圃苗木的树种或栽培变种（品种）的中文名称与拉丁学名，做到名实相符。

3）出圃苗木应满足生长健壮、树叶繁茂、冠形完整、色泽正常、根系发达、无病虫害、无机械损伤、无冻害等基本质量要求。掘苗的规格见表 10-7～表 10-9。

表 10-7　小苗的掘苗规格

苗木高度/cm	应留根系长度/cm		苗木高度/cm	应留根系长度/cm	
	侧根（幅度）	直根		侧根（幅度）	直根
≤30	12	15	101～150	20	20
31～100	17	20			

表 10-8　大、中苗的掘苗规格

苗木胸径/cm	应留根系长度/cm		苗木胸径/cm	应留根系长度/cm	
	侧根（幅度）	直根		侧根（幅度）	直根
3.1～4.0	35～40	25～30	6.1～8.0	70～80	45～55
4.1～5.0	45～50	35～40	8.1～10.0	85～100	55～65
5.1～6.0	50～60	40～50	10.1～12.0	100～120	65～75

表 10-9　带土球苗的掘苗规格

苗木高度/cm	应留根系长度/cm		苗木高度/cm	应留根系长度/cm	
	侧根（幅度）	直根		侧根（幅度）	直根
≤100	30	20	301～400	70～90	60～80
101～200	40～50	30～40	401～500	90～110	80～90
201～300	50～70	40～60			

（2）各类苗木产品的规格质量标准与要求

1）乔木类常用苗木产品主要规格质量标准见表 10-10。

表 10-10　乔木类常用苗木产品主要规格质量标准

类型	树种	树高/m	干径/cm	苗龄/a	冠径/m	分枝点高/m	移植次数/次
常绿针叶乔木	南洋杉	2.5～3	—	6～7	1.0	—	2
	冷杉	1.5～2	—	7	0.8	—	2
	雪松	2.5～3	—	6～7	1.5	—	2
	柳杉	2.5～3	—	5～6	1.5	—	2
	云杉	1.5～2	—	7	0.8	—	2
	侧柏	2～2.5	—	5～7	1.0	—	2
	罗汉松	2～2.5	—	6～7	1.0	—	2
	油松	1.5～2	—	8	1.0	—	3
	白皮松	1.5～2	—	6～10	1.0	—	2
	湿地松	2～2.5	—	3～4	1.5	—	2
	马尾松	2～2.5	—	4～5	1.5	—	2
	黑松	2～2.5	—	6	1.5	—	2
	华山松	1.5～2	—	7～8	1.5	—	3
	圆柏	2.5～3	—	7	0.8	—	3

类型		树种	树高/m	干径/cm	苗龄/a	冠径/m	分枝点高/m	移植次数/次
常绿针叶乔木		龙柏	2.5～3	—	5～8	0.8	—	2
		铅笔柏	2.5～3	—	6～10	0.6	—	3
		榧树	1.5～2	—	5～8	0.6	—	2
落叶针叶乔木		水松	3.0～3.5	—	4～5	1.0	—	2
		水杉	3.0～3.5	—	4～5	1.0	—	2
		金钱松	3.0～3.5	—	6～8	1.2	—	2
		池杉	3.0～3.5	—	4～5	1.0	—	2
		落羽杉	3.0～3.5	—	4～5	1.0	—	2
常绿阔叶乔木		羊蹄甲	2.5～3	3～4	4～5	1.2	—	2
		榕树	2.5～3	4～6	5～6	1.0	—	2
		黄桷树	3～3.5	5～8	5	1.5	—	2
		女贞	2～2.5	3～4	4～5	1.2	—	1
		广玉兰	3	3～4	4～5	1.5	—	2
		白兰花	3～3.5	5～6	5～7	1.0	—	1
		杧果	3～3.5	5～6	5	1.5	—	2
		香樟	2.5～3	3～4	4～5	1.2	—	2
		蚊母	2	3～4	5	0.5	—	3
		桂花	1.5～2	3～4	4～5	1.5	—	2
		山茶	1.5～2	3～4	5～6	1.5	—	2
		石楠	1.5～2	3～4	5	1.0	—	2
		枇杷	2～2.5	3～4	3～4	5～6	—	2
落叶阔叶乔木	大乔木	银杏	2.5～3	2	15～20	1.5	2.0	3
		绒毛白蜡	4～6	4～5	6～7	0.8	5.0	2
		悬铃木	2～2.5	5～7	4～5	1.5	3.0	2
		毛白杨	6	4～5	4	0.8	2.5	1
		臭椿	2～2.5	3～4	3～4	0.8	2.5	1
		三角枫	2.5	2.5	8	0.8	2.0	2
		元宝枫	2.5	3	5	0.8	2.0	2
		洋槐	6	3～4	6	0.8	2.0	2
		合欢	5	3～4	6	0.8	2.5	2
		栾树	4	5	6	0.8	2.5	2
		七叶树	3	3.5～4	4～5	0.8	2.5	3
		国槐	4	5～6	8	0.8	2.5	2
		无患子	3～3.5	3～4	5～6	1.0	3.0	1
		泡桐	2～2.5	3～4	2～3	0.8	2.5	1
		枫杨	2～2.5	3～4	3～4	0.8	2.5	1

续表

类型		树种	树高/m	干径/cm	苗龄/a	冠径/m	分枝点高/m	移植次数/次
落叶阔叶乔木	大乔木	梧桐	2～2.5	3～4	4～5	0.8	2.0	2
		鹅掌楸	3～4	3～4	4～6	0.8	2.5	2
		木棉	3.5	5～8	5	0.8	2.5	2
		垂柳	2.5～3	4～5	2～3	0.8	2.5	2
		枫香	3～3.5	3～4	4～5	0.8	2.5	2
		榆树	3～4	3～4	3～4	1.5	2	2
		榔榆	3～4	3～4	6	1.5	2	3
		朴树	3～4	3～4	5～6	1.5	2	2
		乌桕	3～4	3～4	6	2	2	2
		楝树	3～4	3～4	4～5	2	2	2
		杜仲	4～5	3～4	6～8	2	2.0	3
		麻栎	3～4	3～4	5～6	2	2	2
		榉树	3～4	3～4	8～10	2	2	3
		重阳木	3～4	3～4	5～6	2	2	2
		梓树	3～4	3～4	5～6	2	2	2
	中小乔木	白玉兰	2～2.5	2～3	4～5	0.8	0.8	1
		紫叶李	1.5～2	1～2	3～4	0.8	0.4	2
		樱花	2～2.5	1～2	3～4	1	0.8	2
		鸡爪槭	1.5	1～2	4	0.8	1.5	2
		西府海棠	3	1～2	4	1.0	0.4	2
		大花紫薇	1.5～2	1～2	3～4	0.8	1.0	1
		石榴	1.5～2	1～2	3～4	0.8	0.4～0.5	2
		碧桃	1.5～2	1～2	3～4	1.0	0.4～0.5	1
		丝棉木	2.5	2	4	1.5	0.8～1	1
		垂枝榆	2.5	4	7	1.5	2.5～3	2
		龙爪槐	2.5	4	10	1.5	2.5～3	3
		毛刺槐	2.5	4	3	1.5	1.5～2	1

工程链接

　　乔木类苗木产品质量要求：具主轴的应有主干枝，主枝应分布均匀，干径在 3.0cm 以上。阔叶乔木类苗木产品质量以干径、树高、苗龄、分枝点高、冠径和移植次数为规定指标；针叶乔木类苗木产品质量规定标准以树高、苗龄、冠径和移植次数为规定指标。行道树用乔木类苗木产品的主要质量规定指标为：阔叶乔木类应具主枝 3～5 个，干径不小于 4cm，分枝点高不小于 2.5m；针叶乔木应具主轴，有主梢。

2）灌木类常用苗木产品的主要规格质量标准见表 10-11。

表 10-11　灌木类常用苗木产品的主要规格质量标准

类型		树种	树高/m	苗龄/a	蓬径/m	主枝数/个	移植次数/次	主条长/m	基径/cm
落叶阔叶灌木	匍匐型	铺地柏	—	4	0.6	3	2	1~1.5	1.5~2
		沙地柏	—	4	0.6	3	2	1~1.5	1.5~2
	丛生型	千头柏	0.8~1.0	5~6	0.5	—	1	—	—
		线柏	0.6~0.8	4~5	0.5	—	1	—	—
常绿阔叶灌木	丛生型	月桂	1~1.2	4~5	0.5	3	1~2	—	—
		海桐	0.8~1.0	4~5	0.8	3~5	1~2	—	—
		夹竹桃	1~1.5	2~3	0.5	3~5	1~2	—	—
		含笑	0.6~0.8	4~5	0.5	3~5	2	—	—
		米仔兰	0.6~0.8	5~6	0.6	3	2	—	—
		大叶黄杨	0.6~0.8	4~5	0.6	3	2	—	—
		锦熟黄杨	0.3~0.5	3~4	0.3	3	1	—	—
		云锦杜鹃	0.3~0.5	3~4	0.3	5~8	1~2	—	—
		十大功劳	0.3~0.5	3	0.3	3~5	1	—	—
		栀子花	0.3~0.5	2~3	0.3	3~5	1	—	—
		黄蝉	0.6~0.8	3~4	0.6	3~5	1	—	—
		南天竹	0.3~0.5	2~3	0.3	3	1	—	—
		九里香	0.6~0.8	4	0.6	3~5	1~2	—	—
		八角金盘	0.5~0.6	3~4	0.5	2	1	—	—
		枸骨	0.6~0.8	5	0.6	3~5	2	—	—
		丝兰	0.3~0.4	3~4	0.5	—	2	—	—
	单干型	高接大叶黄杨	—	—	3	3	2	—	3~4
	丛生型	榆叶梅	1.5	3~5	0.8	5	2	—	—
		珍珠梅	1.5	5	0.8	6	1	—	—
		黄刺梅	1.5~2.0	4~5	0.8~1.0	6~8	—	—	—
		玫瑰	0.8~1.0	4~5	0.5~0.6	5	1	—	—
		贴梗海棠	0.8~1.0	4~5	0.8~1.0	5	1	—	—
		木槿	1~1.5	2~3	0.5~0.6	5	1	—	—
		太平花	1.2~1.5	2~3	0.5~0.8	6	1	—	—
		红叶小檗	0.8~1.0	3~5	0.5	6	1	—	—
		棣棠	1~1.5	6	0.8	6	1	—	—
		紫荆	1~1.2	6~8	0.8~1.0	5	1	—	—
		锦带花	1.2~1.5	2~3	0.5~0.8	6	1	—	—
		蜡梅	1.5~2.0	5~6	1~1.5	8	1	—	—
		溲疏	1.2	3~5	0.6	5	1	—	—
		金银木	1.5	3~5	0.8~1.0	5	1	—	—
		紫薇	1~1.5	3~5	0.8~1.0	5	1	—	—
		紫丁香	1.2~1.5	3	0.6	5	1	—	—
		木本绣球	0.8~1.0	4	0.6	5	1	—	—

续表

类型		树种	树高/m	苗龄/a	蓬径/m	主枝数/个	移植次数/次	主条长/m	基径/cm
常绿阔叶灌木	丛生型	麻叶绣线菊	0.8~1.0	4	0.8~1.0	5	1	—	—
		猬实	0.8~1.0	3	0.8~1.0	7	1	—	—
	单干型	红花紫薇	1.5~2.0	3~5	0.8	5	1	—	3~4
		榆叶梅	1~2	5	0.8	5	1	—	3~4
		白丁香	1.5~2	3~5	1	5	1	—	3~4
		碧桃	1.5~2	4	0.8	5	1	—	3~4
	蔓生型	连翘	0.5~1	1~3	0.8	5	—	1.0~1.5	—
		迎春	0.5~1	1~2	0.5	5	—	0.6~0.8	—

工程链接

　　灌木类苗木产品的主要质量标准以苗龄、蓬径、主枝数、灌高或主条长为规定指标。丛生型灌木类苗木产品的主要质量要求：灌丛丰满，主侧枝分布均匀，主枝数不少于 5 枝，灌高应有 3 枝以上的主枝达到规定的标准要求。匍匐型灌木类苗木产品的主要质量要求：应有 3 枝以上主枝达到规定标准的长度。蔓生型灌木类苗木产品的主要质量要求：分枝均匀，主条数在 5 枝以上，主条径在 1.0cm 以上。单干型灌木苗木产品的主要质量要求：具主干，分枝均匀，基径在 2.0cm 以上。绿篱用灌木类苗木产品主要质量要求：冠丛丰满，分枝均匀，干下部枝叶无光秃，干径同级，树龄在 2 年以上。

　　3）藤木类常用苗木（举例）产品主要规格质量标准。藤木类常用苗木产品主要质量标准以苗龄、分枝数、主蔓径和移植次数为规定指标。小藤木类苗木产品主要质量要求：分枝数不少于 2 个，主蔓径应在 0.3cm 以上。大藤木类苗木产品的主要质量要求：分枝数不少于 3 个，主蔓径在 1.0cm 以上。藤木类常用苗木产品的主要规格质量标准见表 10-12。

表 10-12　藤木类常用苗木产品的主要规格质量标准

类型	树种	苗龄/a	分枝数/支	主蔓径/cm	主蔓长/m	移植次数/次
常绿阔叶藤木	金银花	3~4	3	0.3	1.0	1
	络石	3~4	3	0.3	1.0	1
	常春藤	3	3	0.3	1.0	1
	鸡血藤	3	2~3	1.0	1.5	1
	扶芳藤	3~4	3	1	1.0	1
	三角花	3~4	4~5	1	1~1.5	1
	木香	3	3	0.8	1.2	1
	猕猴桃	3	4~5	0.5	2~3	1
	南蛇藤	3	4~5	0.5	1	1
	紫藤	4	4~5	1	1.5	1
	爬山虎	1~2	3~4	0.5	2~2.5	1
	野蔷薇	1~2	3	1	1.0	1
	凌霄	3	4~5	0.8	1.5	1
	葡萄	3	4~5	1	2~3	1

4）竹类常用苗木产品的主要规格质量标准见表 10-13。

表 10-13　竹类常用苗木产品的主要规格质量标准

类型	竹种	苗龄/a	母竹分枝数/枝	竹鞭长/cm	竹鞭个数/个	竹鞭芽眼数/个
散生竹	紫竹	2～3	2～3	＞0.3	＞2	＞2
	毛竹	2～3	2～3	＞0.3	＞2	＞2
	方竹	2～3	2～3	＞0.3	＞2	＞2
	淡竹	2～3	2～3	＞0.3	＞2	＞2
丛生竹	佛肚竹	2～3	1～2	＞0.3	—	2
	凤凰竹	2～3	1～2	＞0.3	—	2
	粉箪竹	2～3	1～2	＞0.3	—	2
	撑篙竹	2～3	1～2	＞0.3	—	2
混生竹	倭竹	2～3	2～3	＞0.3	—	＞1
	苦竹	2～3	2～3	＞0.3	—	＞1
	阔叶箬竹	2～3	2～3	＞0.3	—	＞1
	倭竹	2～3	2～3	＞0.3	—	＞1

工程链接

竹类苗木产品的主要质量标准以苗龄、竹叶盘数、竹鞭芽眼数和竹竿个数为规定指标。母竹 2～4 年生苗龄，竹鞭芽眼 2 个以上，竹竿截干保留 3～5 盘叶以上。无性繁殖竹苗应具 2～3 年生苗龄；播种竹苗应具 3 年生以上苗龄。散生竹类苗木产品的主要质量要求：大中型竹苗具有竹竿 1～2 枝；小型竹苗具有竹竿 3 枝以上。丛生竹类苗木产品的主质量要求：每丛具有竹竿 3 枝以上。

5）棕榈类等特种苗木产品的主要规格质量标准见表 10-14。

表 10-14　棕榈类等特种苗木产品的主要规格质量标准

类型	树种	树高/m	灌高/m	树龄/a	基径/cm	冠径/m	蓬径/m	移植次数/次
乔木型	棕榈	0.6～0.8	—	7～8	6～8	1	—	2
	椰子	1.5～2	—	4～5	15～20	1	—	2
	王棕	1～2	—	5～6	6～10	1	—	2
	假槟榔	1～1.5	—	4～5	6～10	1	—	2
	长叶刺葵	0.8～1.0	—	4～6	6～8	1	—	2
	油棕	0.8～1.0	—	4～5	6～10	1	—	2
	蒲葵	0.6～0.8	—	8～10	10～12	1	—	2
	鱼尾葵	1.0～1.5	—	4～6	6～8	1	—	2
灌木型	棕竹	—	0.6～0.8	5～6	—	—	0.6	2
	散尾葵	—	0.8～1	4～6	—	—	0.8	2

4. 种植工具及设备准备

（1）除根机

除根机是以拔、推、掘、铣等方式清除伐根的机械。除根这是在园林树木建植地（含园林草坪建植地）清理中很重要的一项作业，也是很繁重的一项工作。

除根机根据动力不同，分为拖拉机悬挂式和小型动力式；根据清除方式不同，分拔根机、铣根机和掘根机。下面介绍拔根机和铣根机。

拔根机　拔根机有杠杆式液压拔根机、钳式和推齿式拔根机多种类型。杠杆式液压拔根机利用杠杆原理将伐根拔出；钳式拔根机是利用夹钳将树根夹紧，然后利用拖拉机的牵引力将树根拔出；推齿式拔根机是利用固结在升降支架上的 4 个推齿，依靠拖拉机的推力将根推出。

铣根机（铣削式除根机）　这种除根机是利用旋转铣刀或切刀，将树根铣碎或切碎，撒于地面或运出，除根效率高。工作部件可有立轴式和横轴式。

在已建园林树木种植地上，由于树木枯死或改变景观设计，需更换树种，使用小型动力式铣根机比较理想。

（2）割灌机

割灌机是割除灌木、杂草的便携式机械。有背负式、侧挂式及手持式。割灌机由动力、离合器、传动系统、工作装置、操纵控制系统及背挂部分组成。

割灌机是可置换多种切割件的便携式割草割灌机械。割灌机的工作装置有尼龙绳，活络刀片，二齿、三齿、四齿刀片，多齿圆锯片等几种形式。割灌机用尼龙索作为切割件时，主要用于庭院、街心花园、行道树之间小块绿地的草坪修剪、切边及细软杂草清除等作业。割灌机用 2～4 齿金属刀片作为切割件时，主要用于浓密粗秆杂草及稀疏灌木的割除作业。割灌机用多齿金属刀片或圆锯片面性作为切割件时，可进行野外路边、堤岸上和山脚坡地浓密灌木的割除以及乔木打枝、整形作业。割灌机是城市园林绿地乔灌木养护作业中不可少的重要机具。

（3）整地机

整地机是按树木种植技术要求进行整地的机械。对于新建大块种植地，应对土壤进行全面的耕翻、整地，可选用农业、林业生产中使用的全面整地机械，如铧式犁、耙、旋耕机等，而在这样的土地上进行平整、挖沟、开槽等作业时，可选用工程施工中使用的平地机、挖掘机、开沟机等通用的工程机械设备；而在新建小块地或已建局部种植地上进行中耕、挖穴等工作时，则大量使用专用园林绿化机械，如园林旋耕机、挖坑机、挖掘机等。由于种植地条件差异很大，因此在选用整地机械时，必须根据种植地的类别、立地条件和整地方式，合理选用整地机械。

挖坑整地机　挖坑整地机是挖掘植树穴或进行穴状松土的机械。挖坑整地机的类型很多，有拖拉机牵引式、悬挂式、自行式和便携手提式等。园林绿化树木种植整地用的挖坑机以悬挂式和便携式挖坑机为最多。悬挂式适用于平地和缓坡丘陵地，便携手提式适用于坡度较大的坡地及零星小块土地。

犁、耙　铧式犁、弹齿犁和圆盘耙一般都是在新建大块园林树木种植地时使用。可选用通用农业、林业机械中用于整地的机械，一般与拖拉机配套。也有些公司专门生产了一批适用园林绿化树木及绿地使用的犁、耙等多品种整地机械设备。常见的有铧式犁、圆盘犁和圆盘耙、弹齿犁等。其中，铧式犁是最简单、常用的一种整地机械。

铧式犁可改善土壤结构，翻盖杂草、绿肥或厩肥，有利于消灭杂草、病虫害和恢复土壤肥力。铧式犁有牵引型、半悬挂犁及双向犁。悬挂犁的耕深根据整地需要可以调节，且可调节位置、力度。一般铧式犁只能单向犁翻，必须回形耕作，耕后地面垄沟多，增加整地工作量，所以可以使用双向犁。双向犁体可以换向，拖拉机可以直作业，土始终翻向一侧，耕后地面平整无垄沟，有利于耕地后的整地作业，这种双向犁适用于梯田、坡地及小块地的整地作业。

（4）植树机

植树机是植树时栽植苗木的机械。在园林绿化中主要用于营造大面积片林和防护林带。城郊片林、防护林带和隔离林带栽植的苗木一般有大苗、灌木、裸根苗和容器苗。因此有大苗植树机、灌木植树机、针叶树裸根苗植树机和容器苗植树机等。根据地形和土壤条件的不同，有平原植树机、沙地植树机、避让石块树根的选择式植树机等，以拖拉机悬挂为主。

苗木的栽植过程包括开沟挖穴、植苗和压实覆土等工序，要求开沟深度一致，栽植的苗木要直立，根系要舒展，并要按规定的株行距和深度进行栽植。根据苗木栽植的要求，植树机的工作装置主要有开沟器、栽植装置和覆土压实装置等。

另外，铁锹、锄头、运输工具、吊车、手锯、浇水工具等也是植物种植中不可缺少的工具与设备。

5. 种植辅助材料准备

种植辅助材料包括水，树干防护的草绳、铅丝以及各类竹桩、木桩、水泥桩等材料。

6. 园林种植工程施工准备范例

现以某公园种植施工为例，说明准备工作基本过程。

（1）施工材料、设备准备

1）施工材料准备，包括植物材料准备和种植材料准备。

植物材料准备　按设计要求选择植物材料种类、规格及形态。

种植材料的准备　包括种植土、肥料、农药及绑扎材料、遮阴材料等辅助材料，根据工程内容确定需用量，确定好货源，签订购买合同，根据进度要求制订进场计划，并组织好运输。

2）设备准备，包括园林机械和车辆准备。

园林机械　起重机、撬棍、推土机、反铲机。

车辆　洒水车、运输车、手推车。

（2）施工工具准备

铁锹、铲子、锄头、木桩、剪枝剪、钢尺、小木桩、花杆、绳子、皮卷尺、石灰、木板、扫把等。

（3）现场条件的准备

园林种植施工现场的准备包括道路、场地平整，种植土置换等，以确保各施工工序的正常、顺利进行。

（4）种植施工放线

1）规则式栽植工程放线步骤如下。

步骤1　准备放线工具和材料。主要工具和材料包括钢尺、轻便卷尺、小木桩、木桩、花杆和绳子。

步骤2　选用具有明显特征、一般不会轻易改变的点和线，如道路交叉点、中心线、建筑外墙的墙角和墙脚线、水池的边线等作为参照点或线。

步骤 3　利用简单的直线丈量方法和三角形角度交会法，将设计的每一行树木栽植点的中心连线和每一棵树的栽植位点，测设到地面上。

步骤 4　用白灰做点，标示出种植穴的中心点，还可用小木桩钉在种植位点上，作为种植桩。

步骤 5　在种植桩上写明树种代号，以免施工中造成树种的混乱。

步骤 6　以种植点为圆心，按照不同树种对种植穴半径大小的要求，用白灰画圆圈，标明种植穴挖掘范围。

2）自然式栽植工程放线（网格法和小平板定点法、平行法）。

网格法主要步骤如下。

步骤 1　准备放线工具和材料。主要工具和材料包括钢尺、轻便卷尺、小木桩、木桩、花杆和绳子。

步骤 2　在设计图上绘出施工坐标方格网。

步骤 3　用测量仪器将设计图上的方格网的每一个坐标点测设到地面。

步骤 4　钉坐标桩。

步骤 5　依据各方格坐标桩，采用直线丈量和角度交会方法，测设出每一棵树的栽植位点。

步骤 6　以栽植点为圆心用石灰粉画圆圈，定下种植穴的挖掘线。

小平板定点法主要步骤如下。

步骤 1　准备放线工具和材料。主要工具和材料包括钢尺、轻便卷尺、小木桩、木桩、花杆和绳子。

步骤 2　定位基点。

步骤 3　将植株位置按设计依次定出。

步骤 4　用白灰粉标记。

平行法主要步骤如下。

步骤 1　准备放线工具和材料。主要工具和材料包括钢尺、轻便卷尺、小木桩、竹签、绳子、细砂、石灰。

步骤 2　调整细绳放线。

步骤 3　定出中线。

步骤 4　垂直中线法将花带边线放出。

步骤 5　石灰定线。

3）花坛栽植工程放线。

步骤 1　准备放线工具和材料。主要工具和材料包括轻便卷尺、小木桩、绳子、细砂。

步骤 2　将花坛表面等分。

步骤 3　用细绳制成纹样，在地面摆好。

步骤 4　用白色细砂，撒在所摆的花纹线上。

特别提示

　　行道树种植采用两点定一线方法，这样便于保证是直线，比如同一侧种好第 1 株和第 10 株，两株拉直线，之后的第 2 株至第 9 株，当每一株都在这根直线上时，说明这排树就种直了。为了保证种植视觉效果，道路两端的选苗要特别仔细，因此需要选择最漂亮的苗木种在路口主视端。

10.1.2 园林种植工程施工技术流程

1. 乔灌木栽植施工流程和工艺要求

（1）乔灌木栽植施工流程

乔灌木栽植施工流程见图 10-1。

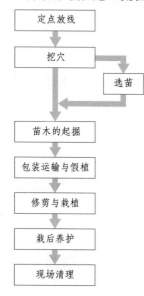

图 10-1 乔灌木栽植施工流程

（2）乔灌木栽植工程施工工艺要求

定点放线 定点和放线是指根据种植设计图样，按比例放线于地面，确定各树木的种植点的程序。定点和放线是保证能够按设计图施工的重要前提，一般由专业技术人员或熟练技工进行。

选苗 栽植树种及苗龄与规格，应根据设计图样和说明书的要求进行选定并加以编号。在具体到实际苗木时，仍要进行一定的选择，以保证施工效果。高质量的园林苗木应具备出苗质量条件。

苗木的起掘 苗木的起掘方法包括裸根起掘和带土球苗木的起掘。

带土球掘苗由于在土球范围内须根未受损伤并带有部分原有适合生长的土壤，移植过程中水分损失少，对恢复生长有利，但操作较复杂，又费工时，耗用包装材料。另外，土球笨重，增加了运输的负担。带土球掘苗一般常用于常绿树、竹类以及生长季节落叶树的移植。苗木土球的挖取规格见表 10-15。

表 10-15 苗木土球的挖取规格

树木种类	树苗规格		土球规格/	打包方式
	胸径/cm	高度/cm	（cm×cm）	
常绿树	—	1.0～1.2	30×20	单股单轴 6 瓣
	—	1.2～1.5	40×30	单股单轴 8 瓣
	—	1.5～2.0	50×40	单股双轴间隔 8cm
	—	2.0～2.5	70×50	单股双轴间隔 8cm
	—	2.5～3.0	80×60	单股双轴间隔 8cm
	—	3.0～3.5	90×70	单股双轴间隔 8cm

工程链接

苗木规格要求中，要求根系发达而完整，主根短直，接近根茎一定范围内有较多侧根和须根，起苗后大根无劈裂；苗干粗壮通直（藤木除外），有一定的适合高度，不徒长；主侧枝分布均匀，能形成完美丰满的树冠；无病虫害，无机械损伤。

苗木的装卸与运输 苗木的装卸与运输，也是影响植树成活的重要环节，试验证明，"随掘、随运、随栽"对植树成活率最有保障。掘起待运苗木质量要求的最低标准见

表 10-16。

表 10-16　掘起待运苗木质量要求的最低标准

苗木种类	质量要求
落叶乔木	树干：主干不得过于弯曲，无蛀干害虫，有明显主轴的树种应有中央领导枝 树冠：树冠茂密，各方向枝条分布均匀，无严重损伤和病虫害 根系：有良好的须根，大根不得有严重损伤，根际无瘤肿及其他病虫害。带土球的苗木，土球必须结实，草绳不松脱
落叶灌木或丛木	灌木有短主干或丛木有主茎 3～6 个，分布均匀。根际有分枝，无病虫害，须根良好，土球结实，草绳不松脱
常绿树	主干不得弯曲，主干上无蛀干害虫。主轴明显的树种必须有领导干。树冠均匀茂密，有新生枝条，不烧膛。土球结实，草绳不松脱

苗木的假植　苗木运到施工现场后，未能栽植或未栽完时，应采取假植措施。苗木的假植施工包括裸根苗木的短期假植施工、裸根苗木的长期假植施工以及带土球苗木的假植施工。

移栽树木的修剪　对于乔木，多在栽前进行修剪。主要分为以下几种方式。

1）以疏枝为主，短截为辅，如白蜡、银杏、山楂等。

2）以疏枝、短截并重，如杨树、槐树、栾树、元宝枫等。

3）以短截为主，如柳树、合欢、悬铃木等。

4）一般不修剪，如楸树、野漆树、梧桐、臭椿等。

对于灌木与丛木，可于栽后进行修剪。主要分为以下几种方式。

1）以疏枝为主，短截为辅，如黄刺梅、山梅花、太平花、珍珠梅、连翘、玫瑰、小叶女贞等。

2）以短截为主，如紫荆、月季、蔷薇、白玉棠、木槿、溲疏、锦带花等。

3）只疏不截，如丁香。

工程链接

施工中，在散苗时要做到：爱护苗木，轻拿轻放，不得损伤树根、树皮、枝干或土球；散苗速度应与栽苗速度相适应。边散边栽，散毕栽完，尽量减少树根暴露时间；假植沟内剩余苗木露出的根系，应随时用土埋严；用作行道树或绿篱的苗木应事先量好高度将苗木进一步分级，然后散苗，以保证邻近苗木规格大体一致；对于常绿树，树形最好的一面，应朝向主要观赏面，在散苗摆放时就应有所考虑；对有特殊要求的苗木，应按规定对号入座，不要搞错。

栽植　苗木的栽植工作主要又分为散苗与栽苗两项工作。

散苗：将树苗按规定（设计图或定点木桩）散放于定植穴（坑）边，称为"散苗"。散苗后，要及时用设计图样详细核对，发现错误立即纠正，以保证植树位置的准确。

栽苗：即栽植带土球苗木。应注意使坑深与土球高度相符，以免来回搬运土球，填土时应充分压实，但不要损坏土球。

2. 花坛栽植工程施工流程和工艺要求

1）花坛栽植工程施工流程见图 10-2。

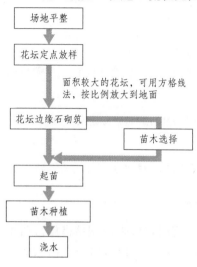

图 10-2　花坛栽植工程施工流程

2）花坛栽植工程施工工艺要求如下。

整地　整地即在砌筑好的花坛内对土壤进行耕翻、整平、施肥和浇水沉实。

定点放线　种植花木之前，需按设计图先在地面上准确地画出花坛内植物种植图案的轮廓线，主要包括图案简单的规则式花坛的定点放线、平面模纹花坛的定点放线、有连续和重复图案的平面花坛定点放线三种类型。放线应考虑先后顺序，避免踩乱已放好的线条。

确定种植距离　植物的种植距离，以植株的高低、分蘖的多少、冠丛的大小、观赏的效果要求而定，以栽后不露地面为原则，即栽植距离一般以相邻两株植物的冠丛半径之和来决定。如果栽植未长成的小苗，则应留出适当的成长空间。

另外，模纹花坛的植株间距应适当小些，以更有利于突出图案与纹样。

规则式的花坛，植株最好错开栽成梅花状（或叫三角形栽植）排列。

栽植深度　植物栽植的深度直接影响植物的生长。过深，植物根系生长不良易腐烂死亡；过浅，则不耐干旱容易倒伏。一般栽植深度以所埋的土刚好与根茎处相齐为最好。

球根类花卉的栽植深度，应更加严格掌握，一般覆土厚度为球高的 1～2 倍。

3. 草坪种植施工流程和工艺要求

草坪种植的常用方法有播种法、铺草皮块法、草坪植生带铺设法等。这里主要阐述播种法的施工流程与工艺。

播种法建坪一般用于结籽量大且种子容易采集的草种，如结缕草、野牛草、草地早熟禾、剪股颖、苔草等都可用种子建植草坪。利用播种繁殖形成草坪，优点是施工投资小，一般比较平整均匀，劳力耗费少。从长远看，实生草坪植物的生命力较其他繁殖方法强；缺点是杂草容易侵入，养护管理要求较高，形成草坪的时间比其他方法要长，我国草坪种植分区参考表 10-17。

表 10-17　我国草坪种植分区参考

分区名称	适宜草种
东北寒冷区（黑龙江、吉林、辽宁）	本特、早熟禾、细羊毛、无芒雀麦、冰草
西北冷干区（内蒙古、新疆）	一年生早熟禾、早熟禾、细羊毛、冰草、无芒雀麦
华北冷暖区（河北、河南、山东、山西）	早熟禾、高羊茅、黑麦草、本特、野牛草、结缕草
华中暖湿区（江苏、浙江、湖北、湖南）	黑麦草、结缕草、狗牙根、冬季补播用黑麦草、高羊茅
华南热湿区（广东、广西、福建）	结缕草（马尼拉草）、狗牙根、冬季补播用黑麦草、高羊茅
西南温湿区（贵州、云南）	黑麦草、高羊茅、早熟禾、本特、结缕草
特殊地带（盐化土地、海涂）	结缕草、高羊茅、早熟禾、多年生早熟禾

（1）草坪播种施工流程

草坪播种施工流程见图 10-3。

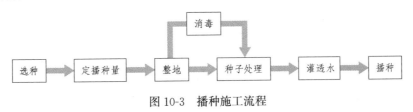

图 10-3　播种施工流程

（2）播种施工工艺要求

选种　播种用的草籽，必须草种正确，规格等级一致，发芽率高，不含杂质，尤其不可含有野草的种子。羊胡子草的草籽，最好用隔年的，结缕草则必须用新种子。

播种量　播种量是决定合理密度的基础，播种前必须做发芽试验和催芽处理，以便确定合理的播种量。草坪种子的播种量应根据种子的质量、纯度（要求种子纯度在 90% 以上）、粒重、发芽率、环境条件、土壤状况、种子的混合组成等因素来确定。发芽率高，场地平整，土质疏松，有喷灌条件的，播种量可适当减少。另外，春播苗易直立生长，应适当提高播种量。播种量过小或过大都会影响草坪建植的质量，播种量过小会延长成坪时间和增加养护管理难度，播种量过大则易感染病害。一般播种量的确定原则是要保证在单位面积上有足够的幼苗，即在每平方米面积有 1000～20 000 株幼苗，其中中、小粒种子为 15～25g/m²，大粒种子为 25～40g/m²。常见草坪种子的播种量见表 10-18。

表 10-18　常见草坪种子的播种量

草种	播种量/(g/m²)	草种	播种量/(g/m²)
苇状羊茅	25～40	小糠草	5～10
紫羊茅	15～20	匍茎剪股颖	5～10
匍匐紫羊茅	15～20	细弱剪股颖	5～10
羊茅	15～25	地毯草	5～12
草地羊茅	15～25	白喜鹊草	10～15
草地早熟禾	10～15	中华结缕草	10～30
加拿大早熟禾	6～10	结缕草	10～30
冰草	15～25	假俭草	10～25
无芒雀草	6～12	白三叶	2～5
黑麦草	20～30	向阳地 （野牛草 75%、羊茅 25%）	10～20
盖氏虎尾草	8～15		
狗牙根	10～15	北阴地 （野牛草 25%、羊茅 75%）	10～20
野牛草	20～30		

种子的处理　草坪播种一般可不进行种子处理，但为了清除草种可能带有的病菌及提高种子的发芽率时可采用。一般色泽正常、干燥的新鲜草种，可直接播种，对一些发芽困难的，如国产结缕草种子，需进行种子催芽处理。

种子消毒主要常采用福尔马林、硫酸铜、高锰酸钾等药水进行浸种。

播种时间　播种时间的选择直接影响到草坪形成期的长短。播种适期主要根据草种的生活习性与当地气候条件来决定。一般只要有适宜种子发芽生长的温度和湿度即可播种。

播种方法　草坪播种常用的方法主要有撒播、条播、点播、纵横式播种或回纹式播种等。

撒播——指将种子均匀地撒在已准备好的坪床上，撒播时如种子过小，为了不被风吹走及便于操作，可将种子与细干土混合后进行播种。

条播——指在整好的坪床上开沟（一般按南北方向开沟），沟深5～10cm，间距15cm左右，开好沟后，将种子和等量的砂拌匀撒入沟内。条播方式有利于播后管理，适合在面小、草种少的情况下使用。

点播——指在坪床上挖坑播种。点播适合在坡大、面积小、水分容易流失及操作不便的场地使用。

纵横式播种或回纹式播种——指用播种机（有手摇式和手推式旋转撒播机两种）播种时采用方法。

出苗前后的管理　为了给种子发芽和幼苗发育提供适宜的环境，避免来自降雨和灌溉水的冲击，保证草坪的均匀度，播种后应立即加盖覆盖物。覆盖可用细土、草席、塑料薄膜、稻草、无纺布等材料。覆盖物不能过厚过密，应保持一定的缝隙，使播后的草坪透光，通气良好，利于幼苗的出土。对于用草席、塑料薄膜、稻草、无纺布等材料覆盖的，在幼苗基本出齐时，要把覆盖物揭开，以利草苗生长。

为使种子同土壤密切结合，有些种子在播种、覆土后要进行滚压，滚压可用人力推动重滚或利用机械进行。为了草籽出苗快而齐，首先要加强播后场地的喷水，要经常保持土壤湿润。

促进出苗整齐的一项经验：在场地平整后，计划播种的前一天，应将场地全面灌水一次，使播种地土壤湿润达10cm以下，灌水第二天及时检查，在地面无积水和地表半干半湿的情况下重新拉松表土，趁土层湿润时将草籽撒下，这样由于水分充足，发芽率与出苗率大幅提高，是一项行之有效的方法。

苗期以内要清除杂草。最好是在撒播草籽之前，先在播种区浇足水分，让土层表面的杂草种子先出苗，然后清除干净再撒播草籽，这样可以大大节约苗期的杂草管理工作。另外，要注意一定的围护看管工作，防止人为践踏损害，影响出苗效果。

种子混播技术　种子混播是指为了使草坪更具有抗病性、观赏性、持久性等所采取的一种播种，即将多种草坪种子混合播种形成草坪。混播建坪应根据草种的特性和草坪功能的需要，按照一定的比例用2～10种草种混合组合，形成不同于单一品种的草坪景观效果。混播技术中的播种方法与单一种子播种技术大致相同。草坪混播应符合下列规定。

种植时间：选择两个以上草种，应具有互为利用、生长良好、增加美观的功能。

混播应根据生态组合、气候条件和设计确定草坪草的种类和草坪比例。

同一行混播，应按确定比例混播在一行内，隔行混播应将主要草种播在一行内，另一种播在另一行内。混合播种应筑播种床育苗。

4. 水生植物栽植施工流程和工艺要求

（1）水生植物栽植施工流程

水生植物栽植施工流程见图10-4。

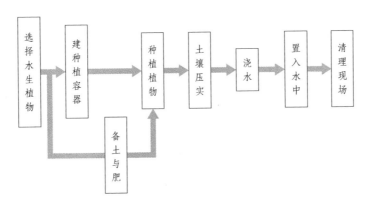

图 10-4 水生植物栽植施工流程

(2) 水生植物栽植施工工艺要求

土壤和堆肥的准备 种植水生植物的土壤肥料, 有其特殊的要求。一方面养分要容易被植株吸收; 另一方面又要保证养分不会过多地滤入水中, 一旦水中养分过多, 将会造成水藻类植物的大量繁衍, 产生绿色水体, 影响水中生态与美观。

对于需定期分株的水生植物, 可以避免其邻近植物根部的纠缠, 使操作变得简单易行。

水生植物的种植深度 用种植容器栽植水生植物时, 要考虑到不同植物对水深要求的不同而将容器放在不同的水深处。可采用两种放置方法: 一是根据植物对水深的要求在水中砌筑一定高度的砖方台, 将容器放在台上即可; 二是用两根耐水的绳索捆住容器, 然后根据所需要的深度将绳索固定在岸边以达到固定容器的目的 (如水位距岸边很近, 驳岸又是用假山石处理的, 在固定时要将绳索隐蔽起来, 以防止水景失去自然之美)。常见园林水生植物种植栽植深度要求见表 10-19。

表 10-19 常见园林水生植物种植栽植深度要求

植物名	科别	特征	水深度
菱	菱科	一年生浮叶水生植物	3～5m
莲	睡莲科	多年生水生草本	0.5～1.5m
睡莲	睡莲科	多年生水生草本	25～35cm
萍蓬	睡莲科	多年生水生草本	浅水
芡实	睡莲科	一年生大型水生草本	1～1.5m
凤眼莲	雨久花科	多年生水生草本	0.3～1m
水浮莲	天南星科	浮水草本	0.6～1.5m
慈姑	泽泻科	宿根水生草本	10～15cm
水芋	天南星科	多年生草本	15cm
席草	灯芯草科	宿根沼泽草本	以水田最宜
蒲草	香蒲科	多年生宿根草本	0.3～1m
水葱	莎草科	多年生挺水草本	沼泽或浅水
荇菜	龙胆科	多年生浮水草本	0.3～1m
莼菜	睡莲科	多年生宿根草本	0.3～1m
水芹	伞形科	多年生沼泽草本	0.3～1m

工程链接

目前，人工水体（湿地水体）净水方法不多，比较快的方法是工程处理，即将不流动的水变成流动水，使水能交流互通，加强净化。另一种方法是采用生物方法，即选用有自净能力的沉水植物、浮水植物进行物理式净化，种植湿生植物如水草、水葱、水生美人蕉等会起一定作用。但建筑围合的水体，很难通过挺水植物自净，还必须增加水体内沉水植物，当前用得最多的是苦草、金鱼藻等。苦草一般不扩散，种多少生长多少，是比较理想的富养性池塘等水体净化植物。

5. 绿带施工流程和工艺要求

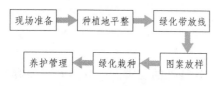

图 10-5　绿带施工流程

（1）绿带施工流程

绿带施工流程见图 10-5。

（2）绿带施工工艺要求

绿带第一年种植时整地要深翻，一般要求达到 40～50cm，若土壤过于贫瘠，要施足基肥；若种植喜酸性植物，需混入泥炭土或腐叶土。然后整平即可放样栽种。

苗木处理：地上部分处理指视苗木种类及种植季节进行截干、修枝、摘叶等。地下部分处理主要是指将苗木受损的根、过长的主根锯去，保证种植时不窝根，以提高苗木成活率。

6. 垂直绿化施工流程和工艺要求

（1）垂直绿化施工流程

垂直绿化施工流程见图 10-6。

（2）垂直绿化施工工艺要求

施工前应实地了解水源、土质、攀缘依附物等情况。若表面光滑，应设牵引铅丝。木本攀缘植物宜栽植三年生以上的苗木，应选择生长健壮、根系丰满的植株。从外地引入的苗木应仔细检疫后再用。草本攀缘植物应备足优良种苗。

栽植前整地。翻地深度不得少于 40cm，石块砖头、瓦片、灰渣过多的土壤，应过筛后再补足种植土。如遇含灰渣量很大的土壤（如建筑垃圾等），筛后不能使用时，要清除 40～50cm 深、50cm 宽的原土，换成好土。在墙、围栏、桥体及其他构筑物或绿

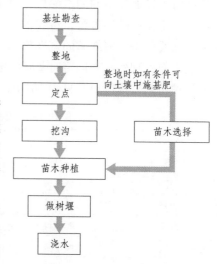

图 10-6　垂直绿化施工流程

地边种植攀缘植物时，种植池宽度不得小于 40cm。当种植池宽度在 40～50cm 时，其中不可再栽植其他植物。如地形起伏时，应分段整平，以利浇水。

在人工叠砌的种植池种植攀缘植物时，种植池的高度不得低于 45cm，内沿宽度应大于 40cm，并应预留排水孔。

应按照种植设计所确定的坑（沟）位，定点、挖坑（沟），坑（沟）穴应四壁垂直，低平、坑径（或沟宽）应大于根径 10～20cm。禁止采用一锹挖一个小窝，将苗木根系外露的栽植方法。

栽植前，在有条件时，可结合整地，向土壤中施基肥。肥料宜选择腐熟的有机肥，每穴应施 0.5～1.0kg。将肥料与土拌匀，施入坑内。

运苗前应先验收苗木，对太小、干枯、根部腐烂等植株不得验收装运。苗木运至施工现场，如不能立即栽植，应有湿土假植，埋严根部。假植超过两天，应浇水管护。对苗木的修剪程度应视栽植时间的早晚来确定。栽植早留蔓宜长，栽植晚留蔓宜短。

栽植时的埋土深度应比原土深 2cm 左右。埋土时间应舒展植株根系，并分层踏实。

栽植后应做树堰。树堰应坚固，用脚踏实土堰，以防跑水。在草坪地栽植攀缘植物时应先起出草坪。

栽植 24h 内必须浇足第一遍水。第二遍水应在 2～3d 后浇灌，第三遍水隔 5～7d 后进行。浇水时如遇跑水、下沉等情况，应随时填土补浇。

> **特别提示**
>
> 在垂直绿化中，要注意植物的生长特性，哪些植物是向上长的，哪些是向下长的，这利于垂直绿墙打造。比如，迎春花、马缨丹、炮仗花、蟛蜞菊等向下生长，宜种于墙体上方；爬山虎、三角梅、葛藤、牵牛花、绿萝等多向上生长。对于通过营养杯安装制作直墙者按照预留构件（钢网或铁格栅）将杯置于预留孔内再行种植。

7. 屋顶花园施工流程和工艺要求

（1）花园式屋顶绿化施工流程

花园式屋顶绿化施工流程见图 10-7。

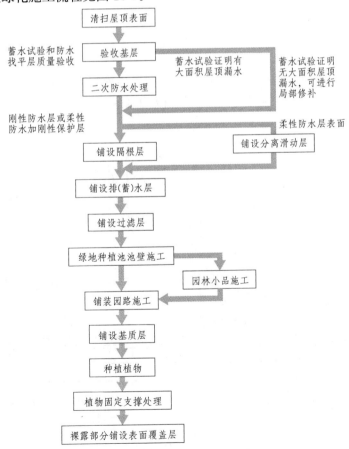

图 10-7 花园式屋顶绿化施工流程

（2）简单式屋顶绿化施工流程

简单式屋顶绿化施工流程见图 10-8。

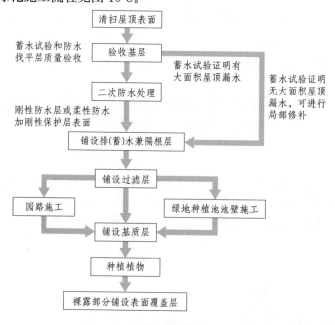

图 10-8　简单式屋顶绿化施工流程

（3）屋顶绿化施工工艺要求

屋顶绿化种植区构造层由上至下分别由植被层、基质层、隔离过滤层、排（蓄）水层、隔根层、分离滑动层等组成。

植被层通过移栽、铺设植生带和播种等形式种植各种植物，包括小型乔木、灌木、草坪、地被植物、攀缘植物等。屋顶绿化植物种植方法工艺要求如图 10-9、图 10-10 所示。

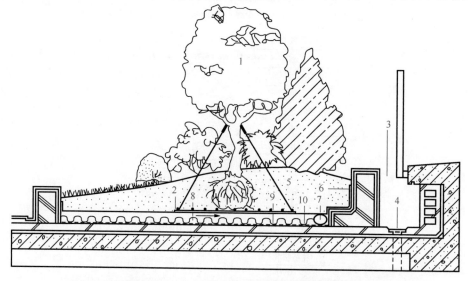

1—乔木；2—地下树木支架；3—与围护墙之间留出适当间隔或围护墙防水层高度
与基质上表面间距不小于 15cm；4—排水口；5—基质层；6—隔离过滤层；
7—渗水管；8—排（蓄）水层；9—隔根层；10—分离滑动层。

图 10-9　屋顶绿化种植区构造层剖面工艺示意

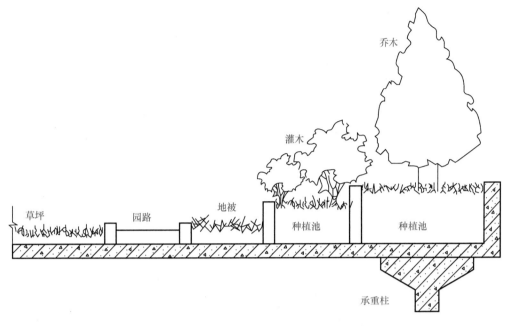

图 10-10　屋顶绿化植物种植池处理工艺示意

基质层是指满足植物生长条件，具有一定的渗透性能、蓄水能力和空间稳定性的轻质材料。

基质理化性状要求见表 10-20。

表 10-20　基质理化性状要求

理化性状	要求	理化性状	要求
湿密度	$450\sim1300kg/m^3$	全氮量	$>1.0g/kg$
非毛管孔隙度	$>10\%$	全磷量	$>0.6g/kg$
pH	$7.0\sim8.5$	全钾量	$>17g/kg$
含盐量	$<0.12\%$		

基质主要包括改良土和超轻量基质两种类型。改良土由田园土、排水材料、轻质骨料和肥料混合而成，超轻量基质由表面覆盖层、栽植育成层和排水保水层三部分组成。目前，常用的改良土与超轻量基质的理化性状如表 10-21 所示。

表 10-21　常用的改良土与超轻量基质的理化性状

理化指标	要求	改良土	超轻量基质
密度	干密度/（kg/m³）	$550\sim900$	$120\sim150$
	湿密度/（kg/m³）	$780\sim1300$	$780\sim650$
	导热系数	0.5	0.35
	内部孔隙度	5%	20%
	总孔隙度	49%	70%
	有效水分	25%	37%
	排水速率/(mm/h)	42	58

屋顶绿化基质荷重应根据湿密度进行核算，不应超过 1300kg/m³。常用的基质类型和配制比例见表 10-22，可在建筑荷载和基质荷重允许的范围内，根据实际酌情配比。

表 10-22　常用的基质类型和配制比例参考

基质类型	主要配比材料	配制比例	湿密度/(kg/m³)
改良土	田园土，轻质骨料	1:1	1200
	腐叶土，蛭石，砂土	7:2:1	780～1000
	田园土，草炭（蛭石和肥）	4:3:1	1100～1300
	田园土，草炭，松针土，珍珠岩	1:1:1:1	780～1100
	田园土，草炭，松针土	3:4:1	780～950
	轻砂壤土，腐殖土，珍珠岩，蛭石	25:5:2:0.5	1100
	轻砂壤土，腐殖土，蛭石	5:3:2	1100～1300
超轻量基质	无机介质	—	450～650

注：基质湿密度一般为干密度的 1.2～1.5 倍。

屋顶绿化防水做法应符合设计要求，达到二级建筑防水标准。绿化施工前应进行检测并及时补漏，必要时做二次防水标准。宜优先选择耐植物根系穿刺的防水材料。铺设防水材料应向建筑侧墙面延伸，应高于基质表面 15cm 以上。

工程链接

屋顶绿化排（蓄）水板铺设方法示意见图 10-11。

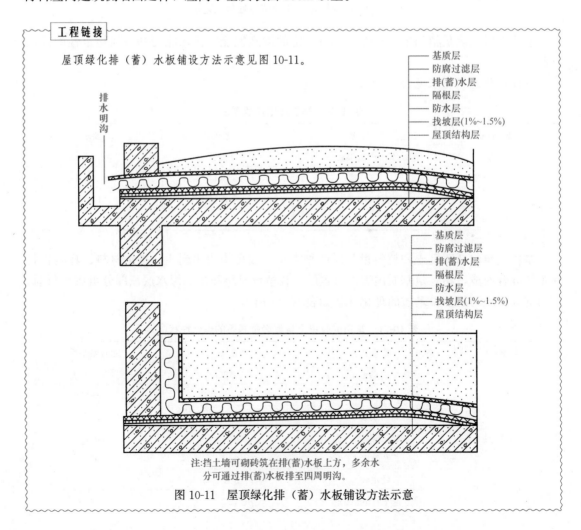

图 10-11　屋顶绿化排（蓄）水板铺设方法示意

隔离过滤层，一般采用既能透水又能过滤的聚酯纤维无纺布等材料，用于阻止基质进入排水层。隔离过滤层铺设在基质层下，搭接缝的有效宽度应达到10～20cm，并可向建筑侧墙面延伸至基质表层下方5cm处。

排（蓄）水层，一般包括排（蓄）水板、陶粒（荷载允许时使用）和排水管（屋顶排水坡度较大时使用）等不同的排（蓄）水形式，用于改善基质的通气状况，迅速排出多余水分，有效缓解瞬时压力，并可蓄存少量水分。排（蓄）水层铺设在过滤层下。应向建筑侧墙面延伸至基质表层下方5cm处。铺设方法如图10-11所示，施工时应根据排水口设置排水观察井，并定期检查屋顶排水系统的通畅情况。及时清理枯枝落叶，防止排水口堵塞造成壅水倒流。

隔根层，一般有合金、橡胶、PE（聚乙烯）和HDPE（高密度聚乙烯）等材料类型，用于防止植物根系穿透防水层。隔根层铺设在排（蓄）水层下，搭接宽度不小于100cm，并向建筑侧墙面延伸15～20cm。

分离滑动层，一般采用玻纤布或无纺布等材料，用于防止隔根层与防水层材料之间产生粘连现象。柔性防水层表面应设置分离滑动层；刚性防水层或有刚性保护层的柔性防水层表面，分离滑动层可省略不铺。分离滑动层铺设在隔根层下。搭接缝的有效宽度应达到10～20cm，并向建筑侧墙面延伸15～20cm。

8. 大树移植施工流程和工艺要求

（1）大树移植施工流程
大树移植施工流程见图10-12。
（2）大树移植施工工艺要求
大树生长地不同于苗圃培育的大规格苗木，土质、地形、周边环境比较复杂，根系发育无规律，按常规确定土球有时不够科学。大树的根系发育范围是野生的未经过移植断过根的苗木，主根多，侧根少，总根量少，靠近树干分布少。有条件的应施用缩根法刺激树干处增加根量。大树树冠庞大，根系被削弱后，地上下水分供求严重失调，必须加大修剪量。

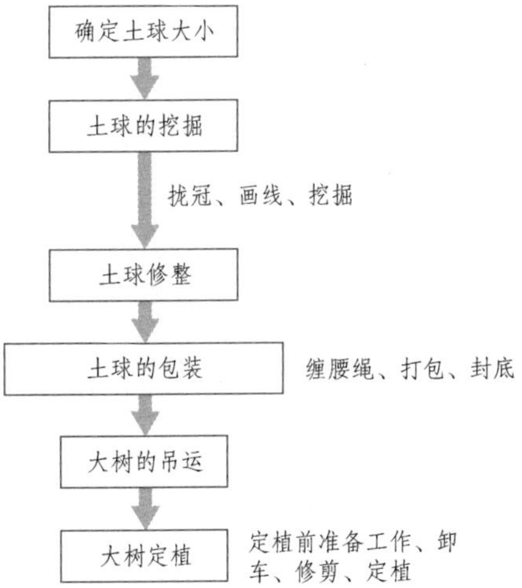

大树移植时机选择 属于规划中的大树移植，应提前2～3年进行缩根处理。按常规，开春移植可靠性会增强，乡土大树也可在秋季移植。大树最忌非正常季节移植。

（3）大树移植前的修剪和拢冠
大树移植前修剪要求 根据现场和树势情况可选择在掘苗前或落地后进行修剪。对落叶树原则上采取重短截直至抹头。适用于容易萌芽抽枝的树种，如悬铃木、槐树、柳树、元宝枫等。在分枝点上部留3～5个主枝，每个主枝留50～60cm长，并立即用截口封闭剂或愈伤涂膜剂刷截口，也可在涂刷愈伤涂膜剂后采用塑料薄膜扎好锯口，以减少水分蒸发和雨水侵蚀伤口，其余的侧枝、小枝一律在齐萌芽处锯掉。银杏大树以疏枝为主，短截为

图 10-12 大树移植施工流程

大树断根处理方法：按允许年限，沿移植树木土球（或箱板土台）的直径范围内缩约20cm处挖沟断根，断断续续挖掘的圆弧长度为土球外圆周长的1/3～1/2。第二年和第三年再挖剩余的1/3～1/2。

挖掘断根沟的宽度为30～40cm，深度为60～80cm，沟内填入营养细土。在开挖过程中，细根及须根可直接剪断。遇到粗根不能切断，要采用环状剥皮处理，宽度一般为5～10cm。注意剥皮时不要伤及粗根的木质部。

断根操作完成后，要及时在沟内覆土。覆土前，可在断根和剥除韧皮部及土壤剖面喷浓度0.1%的生根剂，以刺生根。覆土踏实，浇透水。由于部分根系被切断，树木的水分和营养供应将减少，为了保持树木根、冠部分的生长平衡，必须对地上部分的枝叶进行适度修剪。修剪原则同移栽苗木。此外，局部断根后削弱了树木的抗风能力，因此要及时立好支撑。

断根后的大树，要有专人进行松土、除虫、浇水、排涝等养护管理工作，促进断根大树早发新根，健康生长。经过1～2年的分段断根处理，树势较为稳定后，可进行移植作业，移前修剪可作简单整理。

辅，不要伤害主尖。修剪时注意不要造成枝干劈裂。

拢冠作业 江南常用的常绿树木如广玉兰、乐昌含笑、桂花、雪松等，树冠较大，为便于吊装，防止枝干受损，起掘前要对树冠进行束冠处理。根据现场和树势情况可选择在掘苗前或落地后进行。操作时首先将绳一端扎在大树主干上，再横向卷绕，将外伸的枝干收紧，再将绳尾在主干上扎紧。用另一根绳纵向卷绕固定，使树冠不致散开。

（4）大树裸根苗的挖掘

挖掘 下锹范围比土球要大一个规格。尽可能多地保留侧根和须根。掏底时采用单侧深挖，以便于推倒树木。根据土质情况决定去土多少，尽可能多留护心土。去除散落的土时注意不要伤根。

根部套浆 为提高裸根大树的移植成活率，可在掘苗现场挖泥浆池，将过筛的原土加水搅拌成泥浆，将掘起的树苗根部浸入，或把泥浆涂刷在已起掘的苗木根系；为促进根系的生长，还可以在泥浆中加入萘乙酸、2，4-二氯苯酚代乙酸、吲哚乙酸等生根剂。

吊装 裸根大树，不准捆干提拉，容易伤干皮。应多点位捆绑吊装，严禁使用钢丝绳，应用黄麻绳或专用吊带吊装。

运输 途中至栽植，应对根系采取喷水措施，为裸根保湿。安排紧凑，提前准备好种植坑，即到即栽，一次到位不要假植。

如栽植土和原生态土壤差异较大，应从原生地区取土作为移栽回填土，或进行土壤改良。栽前对裸根进行生根素处理。

栽植 较高大的树木裸根栽植后，根基相当不稳，必须及时设立牢固的支撑，以防大风、台风。

大树带土球移植时，若大树胸径都在15～20cm以上，土球直径要求1.5m以上，如果土质不好很容易散坨。带土球移植大树常用于土质较硬或现场无法用箱板实施移植的情况。

大树吊运时应注意：首先，确定大树及土球重量，匹配相当吨位的起重机械、机具、吊绳。其次，大树移植掘苗、吊装及卸苗栽植场地的环境条件应能保证吊装运输机械车辆的安全操作和运行，遵守起重作业的各项安全规定。最后，吊装大树土球应采取保护措施，为了防止钢索嵌入土球，在起吊前用厚度在 3cm 以上的木板插入起吊索具和泥球之间，或选用软质的白棕绳或专用柔性环形吊带。

在起吊高度超过 8m 的大树或在狭窄的区域进行起吊时，必须在全树高度的上 1/3 处系上 3 根揽风绳，系绳部位要用麻布或橡皮包裹，防止揽风绳伤及树皮。大树落地时，要在三个方向予以调直，以防大树倾覆伤人；如暂时无法入坑定植，则必须对土球苗木做临时固定或假植，并做好临时支撑。

土球规格：按规范要求，土球直径可按树干胸径的 8～10 倍为标准，如果拟移大树属于珍贵品种、古树名木或无法在适宜种植季节移栽，土球直径应该视实际需要放大一个规格。

9. 反季节绿化施工流程和工艺要求

（1）反季节绿化施工流程
反季节绿化施工流程见图 10-13。

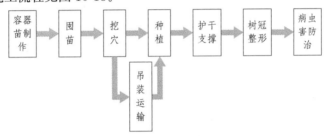

图 10-13 反季节绿化施工流程

（2）反季节绿化施工工艺要求

保护根系的工艺要求 为保护移栽苗的根系完整，使移栽后的植株在短期内迅速恢复根系吸收水分和营养的功能，在非正常季节进行树木移植，移栽苗木必须采用带土球移植或箱板移植。在正常季节移植的规范基础上，再放大一个规格。原则上根系保留得越多越好。

抑制蒸发量的工艺要求 抑制树木地上部分蒸发量的主要手段有以下几种。

非正常季节的苗木移植前应加大修剪量，以抑制叶面的呼吸和蒸腾作用。落叶树可以对侧枝进行截干处理，留部分营养枝和萌生力强的枝条，修剪量可达树冠生物量的 1/2 以上。常绿阔叶树可采取收缩树冠的方法，截去外围枝条，适当疏剪树冠内部不必要的弱枝和交叉枝，多留强壮的萌生枝，修剪量可达 1/3 以上。针叶树以疏枝为主，如松类可对轮生枝进行疏除，但必须尽量保持树形。柏类最好不用修剪。

江南地区对移栽成活率较低的香樟、榉树、杨梅、木荷、青冈栎、楠树等阔叶常绿树和一些落叶树种，修剪以短截为主，以大幅降低成本树冠的水分蒸发量。短截应以尽量保持树冠的基本形状为原则，非不得已，不应采取截干措施。

对易挥发芳香油和树脂的针叶树、香樟等，应在移植前一周进行修剪，10cm 以上的大伤口应光滑平整，经消毒，并涂刷保护剂。

珍贵树种的树冠宜作少量疏剪。

带土球灌木或湿润地区带宿土裸根苗木、上年花芽分化的开花灌木不宜作修剪，可仅将枯枝、伤残枝和病虫枝剪除；对嫁接灌木，应将接口以下砧木萌生枝条剪除；当年花芽分化的灌木，应顺其树势适当强剪，可促生新枝，更新老枝。

苗木修剪的质量要求　剪口应平滑，不得劈裂；留芽位置规范；剪（锯）口必须削平并涂刷消毒防腐剂。

注意措施选择

摘叶——对于枝条再生萌发能力较弱的阔叶树种及针叶类树种，不宜采用大幅度修枝的操作。为减少叶面水分蒸腾量，应在修剪病枝、枯枝、伤枝及徒长枝的同时，采取摘除部分（针叶树）或大部分（阔叶树）叶子的方法来抑制水分的蒸发。摘叶可采用摘全叶和剪去叶的一部分两种做法。摘全叶时应留下叶柄，保护腋芽。

喷洒——药剂用稀释 $500\sim600$ 倍的抑制蒸发剂对移栽树木的叶面实施喷雾，可有效抑制移栽植物在运输途中和移栽初期叶面水分的过度蒸发，提高植物移栽成活率。抑制蒸腾剂分两类：一类是属物理性质的有机高分子膜，相当于一层不透气的布，保持叶片水分。高分子膜容易破损，$3\sim5$ 天喷一次，下雨后补喷一次。另一类是生物化学性质的，可促使气孔关闭，达到抑制水分蒸腾的目的。

控制蒸腾作用的另一措施是采取喷淋方式，增加树冠局部湿度。根据空气湿度情况掌握喷雾频率。喷淋可采用高压水枪或手动或机动喷雾器，为避免造成根际积水烂根，要求雾化程度要高，或在移植树冠下临时以薄膜覆盖。

遮阴——搭棚遮阴可降低叶表温度，可有效地抑制蒸腾强度。在搭设的井字架上盖上遮阴度为 $60\%\sim70\%$ 遮阳网，在夕阳（西北）方向应置立向遮阳网。荫棚遮阳网应与树冠有 50cm 以上的距离空间，以利于棚内的空气流通。一般的花灌木，则可以按一定间距打小木桩，在其上覆盖遮阳网。

树干保湿——对移栽树木的树干进行保护也是必要的，常用的树干保湿方法有两种。

- 绑膜保湿：用草绳将树干包扎好，将草绳喷湿，然后用塑料薄膜包于草绳之外捆扎在树干上。树干下部靠近地面，让薄膜铺展开，薄膜周边用土压好，此做法对树干和土壤保墒都有好处。为防止夏季薄膜内温度和湿度过高引起树皮霉变受损，可在薄膜上适当扎些小孔透气；也可采用麻布代替塑料薄膜包扎，但其保水性能稍差，必须适当增加树干的喷湿数。

- 封泥保湿：对于非开放性绿化工程，可以在草绳外部抹上 $2\sim3cm$ 厚的泥糊，由于草绳的拉结作用，土层不会脱落。当土层干燥时，喷雾保湿。用封泥的方法投资很少，既可保湿，又能透气，是一种比较经济实惠的保湿手段。

特殊措施应用　非正常季节的苗木移植气候环境恶劣，首要任务是保证成活，在此基础上则要促使树势尽快恢复，尽早形成绿化景观效果。促使移植苗木恢复树势的工艺措施如下。

1）注意苗木的选择。在绿化种植施工中，苗木基础条件的优劣对于移栽苗后期的生长发育至关重要。为了使非正常季节种植的苗木能正常生长，必须挑选长势旺盛、植株健壮、根系发达、无病虫害且经过两年以上断根处理的苗木，灌木则选用容器苗。

2）重视土壤的预处理。非正常季节移植的苗木根系遭到机械破坏，急需恢复生机。此时根系周围土壤理化性状是否有利于促生发根至关重要。要求种植土湿润、疏松、透气性和排水性良好。采取相应客土改良等措施。

3）利用生长素刺激生根。移植苗在挖掘时根系受损，为促使萌生新根可利用生长素，具体措施可采用在种植后的苗木土球周围打洞灌药的方法。洞深为土球的 1/3，施浓度 0.1% 的生根粉 APT3 号或浓度 0.05% 的 NAA（萘乙酸），生根粉用少量酒精将其溶解，然后加清水配成额定浓度进行浇灌。另一个方法是在移植苗栽植前剥除包装，在土球立面喷浓度 0.1% 的生根粉，使其渗入土球中。

4）加强后期管理。俗话说"三分种七分养"，在苗木成活后，必须加强后期养护管理，有时进行根外施肥、抹芽、支撑加固、病虫害防治及地表松土等一系列复壮养护措施，促进新根和新枝的萌发。后期养护应包括进入冬季防寒措施，使移栽苗木安全过冬。常用方法有风障、护干、铺地膜等。

| 应用 实例 | 园林种植工程施工流程与工艺要求实例 |

根据公园绿地种植施工图及绿地施工放线图，制定出该公园乔灌木栽植施工流程与工艺要求。施工流程的安排要科学、合理，可操作性强；工艺要求要符合工序与实际操作要求。

1. 场地平整

（1）施工流程（图 10-14）

图 10-14 场地平整施工流程

（2）工艺要求
- 在施工现场，凡对施工有碍的一切障碍物如堆放的杂物、违章建筑等都要清除干净。原有树木尽可能保留。
- 整理工作一般在栽植前三个月以上进行。
- 对低湿地区，应先挖排水沟降低地下水位防止返碱。
- 对新堆土山的整地，应经过一个雨季使其自然沉降，再进行整地植树。

2. 定点放线

（1）施工流程
规则式栽植放线施工流程如图 10-15 所示。

图 10-15 规则式栽植放线施工流程

自然式栽植放线流程如图 10-16 所示。

图 10-16 自然式栽植放线流程

（2）工艺要求
规则式栽植定点放线应注意以下几点。
- 选具有明显特征的点和线，如园路交叉点、中心线、建筑外墙的墙角和墙角线、规则形广场和水池的边线等。

- 依据特征点、线，利用直线丈量法和距离交会法将园林植物的栽点位测设到绿化地面上，并钉上木桩，桩上标植物名称。
- 以栽植点位为中心，用石灰按要求标出种植穴挖掘范围。

自然式栽植定点放线（采用坐标方格网法）应注意以下几点。
- 用测量仪器将坐标方格网测设到施工现场，并钉上坐标桩。
- 依据坐标桩，采用直线丈量法测设出每棵树木的栽植点位，并钉上木桩，桩上标明植物名称。
- 以栽植点位为中心，用石灰按要求定出种植穴的挖掘线。

3. 挖穴

挖穴的质量好坏对植株以后的生长有很大影响。

（1）施工流程（图 10-17）

图 10-17　挖穴施工流程

（2）工艺要求
- 栽苗前应根据放线的灰点进行圆柱形（上下口径一致）挖穴，种植穴大小依土球规格及根系情况而定，带土球的穴径应比土球大 20cm，裸根苗的穴径应保证根系充分舒展。而穴的深度应比土球或原出圃地略深 5～20cm，但怕涝的或根系为肉质根的应浅栽。
- 挖出的表土与底土应分别堆放，待填土时将表土填入下部，底土填入上部和作围堰用。
- 绿篱等株距较小者，可将栽植穴挖成沟槽。
- 当土质不良时，应加大穴径，并将杂物清走。

4. 起苗

（1）施工流程（图 10-18）

图 10-18　起苗施工流程

（2）工艺要求

起苗的方法有裸根法和带土球法。裸根法起苗时应尽量保留根系，留些宿土。带土球法起苗时，土球直径应为苗木直径的 7～10 倍，为灌木苗高的 1/3，土球高度应为土球直径的 2/3。

起苗时应注意以下问题。

选苗　乔木类的苗木，要求杆形通直，分叉均匀；树冠完整，茎体粗壮；无折断，树皮无损伤。

把握起苗时间　原则上起苗要在苗木的休眠期。落叶树种从秋季开始落叶到翌年春季树液开始流动以前都可进行起苗；常绿树种除上述时间外，也可在雨季起苗。春季起苗宜早，要在苗木开始萌动之前起苗，若在芽苞开放后起苗，会大幅降低苗木的成活率；秋季起苗在苗木枝叶停止生长后进行，这时根系在继续生长，起苗后若能及时栽植，翌春能较早开始生长。要保证栽植时间与起苗时间紧密配合，做到随起随栽。

掌握出圃方法　起苗时应尽量减少伤根，远起远挖，苗木主侧根长度至少保持 20cm，注意防止损伤苗木皮层和芽眼。由于冬春干旱圃地土壤容易板结，起苗比较困难。因此，起苗前 4～5 天，圃地要浇水，这样既便于起苗，又能保证苗木根系完整，不伤根，还可使苗木充分吸水，提高苗体的含水量，从而增强苗木抗御干旱的能力。对于过长的主根和侧根，不便掘起可以切断，切忌拔苗，避免撕裂苗皮，影响成活。

挖取苗木时应带土球 起苗时，根部要带土球，土球直径为根径的6~12倍，避免根部暴露在空气中，失去水分。裸根苗要随起随假植，珍贵树种或大树还可用草绳缠裹，以防土球散落，影响成活率；需长途运输的苗木，苗根要蘸泥浆，并用塑料布或湿草袋套好后再运输。

进行苗木消毒 一是杀菌消毒法。即用3~5倍波美度石硫合剂浸苗10~20min，或用1：2：100波尔多液浸苗10~20min，再用清水冲洗。二是用500倍液50%甲基1605浸苗20min，将所带害虫毒死。

起好苗木要分级 为保证林相整齐，生长均衡，起苗后应立即在背风的地方进行分级。合格苗木必须满足以下条件：品种纯正、砧木类型一致，地上部分枝条充实，芽体饱满，具有一定的高度和粗度，根系发达、须根多、断根少，无严重病虫害及机械损伤。在选出合格苗木后，要根据根径和苗高标准、根系长度对它进行分级，针叶树种还要考虑顶芽发育状况。

5. 包装

(1) 施工流程（图10-19）

图 10-19　包装施工流程

(2) 工艺要求

1) 土球包装方法有井字包、五角包、橘子包。

2) 蘸根时用泥浆或水凝胶等吸水保水物质，以减少根系失水。泥浆一般是用黏度比较大的土壤，加水调成糊状。水凝胶是由吸水极强的高分子树脂加水稀释而成的。

3) 包装要在背阴处进行，有条件可在室内、棚内进行。包装材料可用麻袋、蒲包、稻草包、塑料薄膜、牛皮纸袋、塑料薄膜纸袋等。

4) 包裹后要将封口扎紧，减少水分蒸发，防止包装材料脱落。

5) 将同一品种相同等级的存放在一起，挂上标签，便于管理。

6. 苗木运输

苗木运输环节也是影响树木成活率的因素。实践证明，"随起、随运、随栽"是保障成活率的有力措施。因此，应该争取在最短的时间内将苗木运输到施工现场。条件允许时应尽量做到傍晚起苗，夜间运苗，早晨栽植。

(1) 施工流程（图10-20）

（装车　运输　卸车）

图 10-20　苗木运输施工流程

(2) 工艺要求

1) 城市交通情况复杂，而树苗往往超高、超长、超宽，应事先办好必要的手续。运输途中押运人员要和司机配合好，尽量保证行车平稳，运苗途中提倡迅速及时，短途运苗中不应停车休息，要一直运至施工现场。长途运苗应经常给树根部洒水，中途停车应停于有遮阴的场所，遇到刹车绳松散，苫布不严，树梢拖地等情况应及时停车处理。

2) 裸根苗的装车方法及要求：装车不宜过高过重，压得不宜太紧，以免压伤树枝和树根；树梢不准拖地，必要时用绳子围拦吊拢起来，绳子与树身接触部分，要用蒲包垫好，以防伤损干皮。卡车后厢板上应铺垫草袋、蒲包等物，以免擦伤树皮，碰坏树根，装裸根乔木应树根朝前，树梢向后，顺序排码。长途运苗最好用苫布将树根盖严，捆好，这样可以减少树根失水。

3) 带土球苗装车方法与要求：2m以下（树高）的苗木，可以直立装车，2m高以上的树苗，则应斜放，或完全放倒土球朝前，树梢向后，并立支架将树冠支稳，以免行车时树冠晃摇，造成散坨。土球规格较大，直径超过60cm的苗木只能码1层；小土球则可码放2~3层，土球之间要码紧，还须用木块、砖头支垫，以防止土球晃动。土球上不准站人或压放重物，以防压伤土球。

4）运输时注意：如果是短距离运输，苗木可散在筐篓中，在筐底放上一层湿润物，筐装满最后在苗木上面再盖上一层湿润物即可，以苗根不失水为原则，如果长距离运输，则裸根苗苗根一定要蘸泥浆，带土球的苗要在枝叶上喷水。再用湿苫布将苗木盖上。无论是长距离还是短距离运输，要经常检查包内的湿度和温度，以免湿度和温度不符合植物运输。如包内温度高，要将包打开，适当通风，并要换湿润物以免发热，若发现湿度不够，要适当加水。

7. 苗木假植

苗木运送到施工现场，如果很快栽完则可不用假植，如果两天内栽不完，应该进行假植。

（1）裸根苗施工流程

覆盖法施工流程如图 10-21 所示。

图 10-21　覆盖法施工流程

沟槽法施工流程如图 10-22 所示。

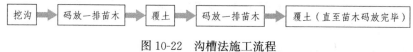

图 10-22　沟槽法施工流程

带土球苗施工流程如图 10-23 所示。

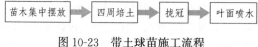

图 10-23　带土球苗施工流程

（2）工艺要求

假植沟的位置　应选在背风处以防抽条，在背阴处防止春季栽植前发芽，影响成活，选地势高、排水良好的地方，以防冬季降水时沟内积水。

根系的覆土厚度　一般覆土厚度在 20cm 左右，太厚费工且容易受热，使根发霉腐烂，太薄则起不到保水、保温的作用。

沟内的土壤湿度　以其最大持水量的 60％为宜，即手握成团，松开即散。

覆土中不能有夹杂物　覆盖根系的土壤中不能夹杂草、落叶等易发热的物质，以免根系受热发霉，影响苗木的生活力。

边起苗边假植，减少根系在空气中的裸露时间　最大限度地保持根系中的水分，提高苗木栽植的成活率。

8. 苗木栽植

（1）施工流程

裸根苗施工流程如图 10-24 所示。

图 10-24　裸根苗施工流程

带土球苗施工流程如图 10-25 所示。

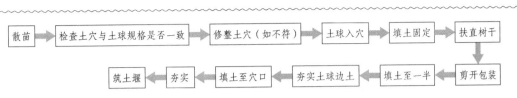

图 10-25　带土球苗施工流程

（2）工艺要求

1）栽植深度对成活率影响很大，一般裸根乔木苗，应比根茎土痕深 5～10cm；灌木应与原土痕平齐；带土球苗木比土球顶部深 2～3cm。

2）行列式栽植，应先在两端或四角栽上标准株，然后瞄准栽植中间各株，左右错位最多不超过树干的一半。

3）对于树干弯曲的苗木，其弯向应与当地主导风向一致，如为行植时，应弯向行内并与前后对齐。

4）水要浇足浇透。

5）所有苗木特别是矮小灌木一定要深栽，树穴封坑后要踩实，防止冬季西北风刮过后裂缝失水。

6）矮小灌木栽植后应及时按设计要求修剪到位，不做防寒的一定要短截，枝条适当留长，避免冬季或春寒抽条。

7）耐寒品种宜秋季栽植。

9. 养护

（1）施工流程（图 10-26）

（2）工艺要求

立支柱　→　浇水　→　扶正、中耕和封堰　→　其他养护管理

图 10-26　养护施工流程

1）较大苗木为防止被风吹倒，应立支柱支撑。沿海多台风地区，一般埋设水泥柱固定高大乔木。支柱一般采用木杆或竹竿，长度以能支撑树高的 1/3～1/2 处即可。支柱下端打入土中 20～30cm，立支柱的方式有单支式、双支式和三支式 3 种，支法有斜支和立支。支柱的方位应与当地主导风向相适应。支柱与树干间应垫以草绳，并将两者捆紧。

2）栽植后 24h 内须浇水一遍，应连续浇 3 遍水，以后视情况而定。

3）在浇完第一遍水后的次日，检查苗木是否歪斜，若发现歪斜，应及时扶正，并用细土将堰内缝隙填严，将苗木固定好。

4）在浇前 3 遍水之间，待水分渗透后，用小锄或铁耙等工具将土堰内的表土锄松，以利保墒。

5）即细土填入堰内，形成稍高于地面的土堆。封堰一般在浇完 3 遍水后进行。封堰有利于保墒，并能保护树根，防止风吹摇动。

任务 10.2　园林种植工程施工操作技术

10.2.1　各种类型绿化种植施工技术要求

1. 乔灌木栽植施工技术要求

1）每填一层土要将土压实，并使土面能够盖住树木的根茎部位。

2）围堰直径应略大于种植穴的直径。堰土要压紧，不能松散。

3）绿篱成块种植或群植时，应由中心向外顺序种植。坡式种植时应由上向下种植。大型块植或不同彩色丛植时，宜分区分块。

4）假山或岩缝间种植，应在种植土中掺入苔藓、泥炭等保湿透气材料。

5）落叶乔木在非种植季节种植时，应根据情况分别采取以下技术措施。

- 苗木必须提前采取疏枝、环状断根或在适宜季节起苗、用容器假植等。
- 苗木应进行强修剪，剪除部分侧枝，保留的侧枝也应疏剪或短截，并应保留原树冠的 1/3，同时必须加大土球体积。
- 可摘叶的应摘去部分叶片，但不得伤害幼芽。
- 夏季可搭棚遮阴，进行树冠喷雾、树干保湿，保持空气湿润；冬季应防风防寒。
- 干旱地区或干旱季节，种植裸根树木应采取根部喷布生根激素、增加浇水次数等措施。
- 对排水不良的种植穴，可在穴底铺 10～15cm；灌木应与原土痕齐；带土球苗比土球顶部深 2～3cm。

6）种植时应注意以下事项。

- 树身上、下应垂直。如果树干有弯曲，其弯向应朝当地风方向。行列式栽植必须保持横平竖直，左右相差最多不超过树干的一半。
- 栽植深度，裸根乔木苗，应较原根茎土痕深 5～10cm；灌木应与原土痕齐；带土球苗木比土球顶部深 2～3cm。
- 行列式植树，应事先栽好"标杆树"。方法是：每隔 20 株左右，用皮尺量好位置，先栽好一株，然后以这些标杆树为瞄准依据，全面开展栽植工作。
- 灌水堰筑完后，将捆拢树冠的草绳解开取下，使枝条舒展。

2. 花坛栽植工程施工技术要求

1）同种花苗的大小、高矮应尽量保持一致，过于弱小或过于高大的都不要选用。

2）花卉栽植时间，春、秋、冬三季基本没有限制，但夏季的栽种时间最好在上午 11 时之前和下午 4 时以后，要避开太阳暴晒。

3）花苗应做到即到即种。

4）宿根花卉与一二年生花卉混植时，应先种植宿根花卉，后种植一二年生花卉，大型花坛，宜分区、分块种植。

5）在单面观赏花坛中栽种时，则要从后边栽起，逐步栽到前边。若是模纹花坛和标题式花坛，则应先栽模纹、图线、字形，后栽底面的植物。在栽植同一模纹的花卉，植株稍有高矮不齐，应以矮植株为准，对较高的植株则栽得深一些，以保持顶面整齐。立体花坛制作模型后，按上述方法栽植。

6）花苗的株行距应随植株大小高低而确定，以成苗后不露出地面为宜。植株小的，株行距可为 15cm×15cm；植株中等大小的，可为 20cm×20cm 至 40cm×40cm；对较大的植株，则可采用 50cm×50cm 的株行距。

7）栽植深度，对花苗的生长发育有很大的影响。栽植过深，花苗的根系生长不良，甚至会腐烂死亡；栽植过浅，则不耐干旱，而且容易倒伏；一般栽植深度，以所埋之土刚好与根茎处相齐为最好。球根类花卉的栽植深度，应更加严格掌握，一般覆土厚度为球根高度的 1～2 倍。

8）栽植完成后，要立即浇一次透水，使花苗根系与土壤密切接合，并应保持植株清洁。

9）盆育花苗栽植时最好将盆退去，但应保证盆土不散。也可以边盆栽边入花坛。

3. 草坪与地被种植施工技术要求

1）选择杂草少、生长健壮的草坪作草源地。草源地的土壤如过于干燥，应在掘草前灌水，水涌入深度最好达 10cm 以上。

2）羊胡子草一般 1m² 草源可栽草坪 2m²；结缕草一般 1m² 草源，可以栽种草坪 5～8m²，根据需种植的面积确定两种草的需掘草量。

3）羊胡子草起掘时应尽量保持根系完整，不可掘得太浅而伤根。掘前可将草叶剪短，掘下后去掉草根上的土，将杂草挑净，装入湿蒲包或湿麻袋中及时运走，如不能立即栽植，应铺散存放于阴凉处，随时喷水养护。

4）起掘匍匐性草根的结缕草，其根部最好多带些宿土，掘后及时装车运走。草根堆放要薄，并放于阴凉处，必要时搭棚存放。

选择草种正确，规格等级一致，纯净度高，不含野草，颗粒大而饱满、无病虫害、发芽率高的早熟禾种子。

5）用播种方法应注意以下事项。

- 播种前必须做发芽试验和催芽处理，以确定合理的播种量。草地早熟禾播种量一般为每平方米 10～15g。
- 清理场地土壤中的生活垃圾、碎石、建筑水泥、石灰尘或油污染物等。平整土地，对土壤进行翻、耕、耙、平等操作，要求细致平坦。平整土地的同时施入基肥，使土壤疏松、肥沃。
- 在场地平整后，计划播种的前一天，应将场地全面灌透水一次，使播种地土壤湿润达 10～15cm 以下，灌水第二天及时检查，在地面无积水和地表半干半湿的情况下重新拉松表土，并将表层土耙细耙平。
- 长江以北的地区播种，要求覆土后用重工业 200～300kg 的碾米子碾压一遍，黏土可以不必碾压。
- 如小面积播种时，可以不用细齿耙，播种后立即覆土 0.5～1cm 或播后覆盖基质，厚度以盖没种子为度，再进行滚压即可。
- 微喷时，一只手拿着水管口的后端，另一只手拿着水管出水口处。大拇指按住水管口，留出一点缝隙。水从缝隙流出时，出现雾状，喷洒在苗床上。水管口不能和草种很近或碰在一起，应该保持一定的距离，沿着种子上方喷水雾。每次喷水，应以喷湿表土层为度，要求做到连续喷水。第 1～2 次喷水量不宜太大，喷水后应检查，如有草籽冲出，应及时覆土埋平，要经常保持土壤湿润。

4. 水生植物栽植施工技术要求

1）在植物篮中种水生植物施工技术要求。

- 如果植物篮边上的网眼太大，应该在里面衬上一层麻布以防止土壤从网眼中漏出。
- 修整叶片时，可根据植物篮大小与种植间距确定种植株数。
- 在土壤表面放砾石，一可以防止水土流失，二可以防止鱼儿翻掘土壤。

2）用土壤卷或麻布片栽种水生植物施工技术要求。

- 用土壤卷种植水生植物施工：对于有些生命力很强，富有侵略性的水生植物如香蒲等，更要限制其位置，以免猛长影响景观与生态。

- 用麻布片栽种水生植物：用水浸泡植物包主要是为了去除气泡。

- 分墩种植水生植物：分墩时要选择生命力最强，体态较大的，带有小芽冠和根的芽苗，没有芽冠和根难以成株。

3）睡莲、荷花种植注意事项。

- 在仲夏之前移植睡莲，当年就可以观赏到花朵。需注意，睡莲需定期拔起分墩后重新移植。当位于中间部分的叶子开始彼此攀缘而上，露出水面时，表明过分拥挤应考虑重新移植。

- 在水位60cm以下的浅水塘种藕，须提前将池水抽干，深翻池土，施足基肥并耙平，并在种藕前泼入少量水，使其成糊状。池水较深的则不放出池水，而将水底泥堆成直径15cm的圆土墩，以利于种藕。

- 母藕最好在栽种前掘取，选取带有顶芽和保留尾节的藕段作为种藕，也可用整枝主藕作为种藕。选择的种藕藕身要粗壮整齐，节细，带有完整的两节子藕。

- 种植荷花的水位管理：一般初种1～2d后灌水20～30cm。随浮叶和立叶的生长逐渐提高水位；夏季高温期水深50～80cm；生藕期水宜浅不宜深；秋冬北方地区可灌水1m以上，以利越冬。

- 土壤瘠薄的池塘种植荷花，可于栽后一个月即有立叶。出水时施用厩肥一次，不宜过浓。新藕鞭地下茎开始分枝时再施追肥一次。

- 池栽荷花，通常每2～3年翻种一次，以防地芭蕾过密影响开花，不需年年翻种。

- 用盆、缸种植荷花，缸的规格不宜过大，口径通常为65cm，深35cm，最好在缸边开1.5cm大的小孔4～6个，以便插入支柱防风。缸、盆放置在地面平坦、阳光充足的场地。

- 用盆、缸种植荷花，水位管理：浮叶未放前，水深5cm；浮叶出现后，水深12cm；终止叶出现时，逐渐浅灌，夏天每日需加水。

- 用盆缸种植荷花的浮叶处理：浮叶过多时，应将部分老浮叶塞入泥中，待小立叶伸出水面，除选留几片外，其余浮叶应全塞入泥中，大立叶伸出水面时，小浮叶及小立叶全塞入泥中，大立叶往往伴生花枝，应减少触碰。

5. 垂直绿化施工技术要求

垂直绿化施工利用植物材料沿建筑物立面或其他构筑物表面攀附、固定、贴植、垂吊形成垂直面的绿化。一般用于裸露山体，立交桥，各类护坡、挡墙、围墙，高于6m的各类用于公共服务和经营的建筑物及其构筑物的外立面必须进行垂直绿化。

1）整地时，含石块、砖头、瓦片等杂物过多的土壤，应更换栽植土，栽植池在墙、围栏、桥体及其他构筑物或绿地边栽植攀缘植物时，栽植池宽度不少于40cm。

2）栽植前，结合整地，向土壤中施基肥。肥料应选择腐熟的有机肥，每穴应施0.5～1.0kg。将肥料与土拌匀，施入坑内。

3）运苗前应先验收苗木，规格不足、损伤严重、干枯、有病虫害等植株不得验收装运。苗运至施工现场，不能立即栽植时应及时假植，假植不能超过两天。

4）绿篱栽植带规格应视现场条件而定，一般情况下，以宽度不小于50cm，土层厚度不浅于50cm，根系距墙基15cm为宜。

5）攀缘植物栽植以每米3～5株为宜，土层厚度不浅于30cm，穴径应大于根径

10～20cm。

6）栽植地段环境差，无栽植条件时，应设置栽植槽。栽植槽高度应不小于60cm，宽度不小于50cm。底部应设排水孔。

7）裸露山体的垂直绿化以在山体下面和上面栽植攀缘植物为主，有条件的可结合喷播、挂网、格栅等技术措施实施。

8）桥体绿化应加设植物所需的滴灌和排水系统。

9）护坡绿化应根据护坡的性质、质地、坡度的大小采用金属护网、空心砖等措施固定栽植植物。

10）建筑物及构筑物的外立面垂直绿化应架设载体进行牵引和固定。

6. 屋顶花园施工技术要求

屋顶绿化种植必须在建筑物屋顶荷载允许范围内进行，并应符合下列规定。

1）有良好的排灌系统，不得导致建筑物漏水或渗水。

2）采用轻质栽培基质，冬季应有防冻设施。

3）种植植物的容器宜选用轻型塑料制品。

4）种植土选择容重轻，土质疏松不板结、保水保肥的土壤。

屋顶花园往往比较高，所以风力也比较大，另外，屋顶土层薄、光照时间长、昼夜温差大、湿度小、水分少，所以绿化种植应选择适应性强、耐旱、耐寒、耐热、耐贫瘠、喜光、抗风、不易倒伏的园林植物。一般选择姿态优美、矮小、浅根花灌木和球根花卉。尽量少使用高大有主根的乔木，若要使用高大的乔木，种植位置应设计在承重柱和主墙所在的位置上，不要在屋顶面板上。由于屋顶较高，高大乔木的抗风能力明显弱于地面上的同类植物，因此，要采取加固措施以利于植物的正常生长。

10.2.2　大树移植施工技术

1. 软材包装移植法

（1）土球大小的确定

一般来说，土球直径为树木胸径的7～10倍，土球高度为土球直径的2/3左右。土球过大，容易散球且会增加运输难度；土球过小，又会伤害过多的根系，影响成活。土球的大小见表10-23。

表 10-23　土球的大小

树木胸径/cm	土球规格		
		土球直径/cm	土球直径/cm
10～12	胸径的8～10倍	60～70	土球直径的1/3
13～15	胸径的7～10倍	70～80	

（2）土球的挖掘

拢冠　遇有分枝点低的树木，为了操作方便，于挖掘前用草绳将树冠围拢，其松紧以不损伤树枝为准。

画线　以树干为中心，按规定土球直径画圆并撒白灰，作为挖掘的界限。

挖掘　顺着圆圈向外挖沟，沟宽 60～80cm，沟深为土球的高度。

（3）土球的修剪

修整土球要用锋利的铁锹，遇到较粗的树根时，应以手锯锯断，不得用铁锹硬铲而造成散坨。当将土球修整到 1/2 深度时，可逐步向里收底，直到缩小到土球直径的 1/3 为止，然后将土球表面修整平滑，下部修一小平底，土球就算挖好了。

（4）土球的包装

缠腰绳　修好后的土球应及时用草绳将土球腰部系紧，称为"缠腰绳"，如图 10-27 所示。

打包　用蒲包、草袋片、塑料布、草绳等材料，将土球包装起来，称为"打包"。

封底　打完包之后，轻轻将树推倒，用蒲包将底堵严，用草绳捆好，土球的包装就完成了，如图 10-28 所示。

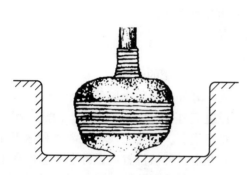

图 10-27　打好腰箍的土球　　　　　图 10-28　包装好的土球

在我国南方，土质一般较黏重，故在包装土球时，往往省去蒲包或蒲包片，而直接用草绳包装，常用的有橘子包（图 10-29）、井字包（图 10-30）、五角包（图 10-31）。

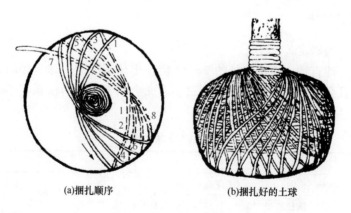

(a)捆扎顺序　　　　　　　(b)捆扎好的土球

图 10-29　橘子包包装法

（5）大树的吊运

吊运前，用粗绳捆在土球腰下部（约 2/5 处），并垫以木板，再挂脖绳控制树干。先试吊一下，检查有无问题，再正式吊装（图 10-32）。装车时应使土球朝前，树梢向后，顺卧在车厢内。运输过程中，应有专人负责，以防树木损伤。

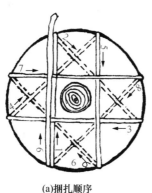

(a)捆扎顺序

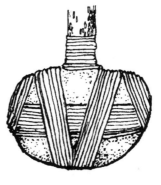

(b)捆扎好的土球

图 10-30　井字包包装法

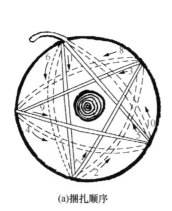

(a)捆扎顺序

(b)捆扎好的土球

图 10-31　五角包包装法

（6）大树的定植

定植前有挖穴和施底肥两项准备工作。

挖穴　树坑的尺寸应大于土球的尺寸，一般坑径大于土球直径 40cm，坑深大于土球高度 20cm。遇土质不好时，应加大树坑尺寸并换土。

施底肥　将腐熟的有机肥与土拌匀，施入坑底。

卸车也应使用吊车，一般都卸放在定植坑旁。

修剪　去病枯枝、徒长枝、交叉枝、过密枝、干扰枝，使冠型匀称。摘去部分树叶，减少蒸腾。

入穴　入穴时，应按原生长时的南北向就位。树木应保持直立，土球顶面应与地面平齐。

支撑　树木直立平稳后，立即进行支撑。为了保护树干不

图 10-32　大树的吊运

受磨损，应预先在支撑部位用草绳将树干缠绕一层，防止支柱与树干直接接触，并用草绳将支柱与树干捆绑牢固，严防松动。

拆包　将包装草绳剪断，尽量取出包装物，实在不好取时可将包装材料压入坑底。

填土　应分层填土、分层夯实（每层厚 20cm），操作时不得损伤土球。

筑土堰　在坑外缘取细土筑一圈高 30cm 的灌水堰，用铁锹拍实，以备灌水。

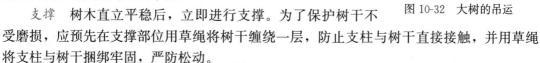

灌水 大树栽后应及时灌水，第一次灌水量不宜过大，主要起沉实土壤的作用，第二次水量要足，第三次灌水后即可封堰。

为降低树木的蒸发量，在夏季太热的时候可在树冠周围搭遮阴棚或挂草帘。

2. 木箱包装移植法

（1）确定土台规格

根据树木的大小决定挖掘土台的规格，土台的上边长一般为树木胸径的 7～10 倍（表 10-24）。

表 10-24　土台规格

树木胸径/cm	15～18	19～24	25～27	28～30
土台规格/cm（上边长×高）	1.5×0.60	1.8×0.70	2.0×0.70	2.2×0.80

（2）挖土台

画线 清表土，露表根，以树干为中心，用白灰画出比规定尺寸大 5cm 的正方形土台范围。同时，做出南北方向的标记。

挖沟 沿正方形外线挖沟，沟宽应满足操作要求，一般为 0.6～0.8m，一直挖到沟深与规定的土台厚度尺寸一样为止。

修整土台 挖掘到规定深度后，用铁锹修平土台四壁，并使四面中间部位略为凸出。如遇粗根可用手锯锯断，并使锯口稍陷入土台表面，不可外凸。修平后的土台尺寸应稍大于边坡规格，以便上完箱板后，箱板能紧贴土台。土台应呈上宽下窄的倒梯形，与箱板形状一致（图 10-33）。

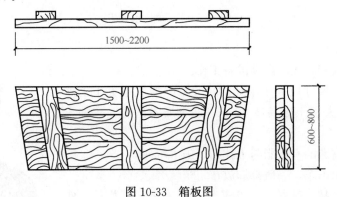

图 10-33　箱板图

（3）装箱

立边板 土台修好后，立即上箱板，以免土台坍塌。先将边坡沿土台四壁放好，使每块箱板中心对准树干中心，并使箱板上边低于土台顶面 1～2cm，作为吊装时土台下沉的余量。两块箱板的端头在土台的角上要相互错开，露出土台的一部分，再用蒲包片将土台四角包严，两头压在箱板下（图 10-34），然后在木箱的上下套两道钢丝

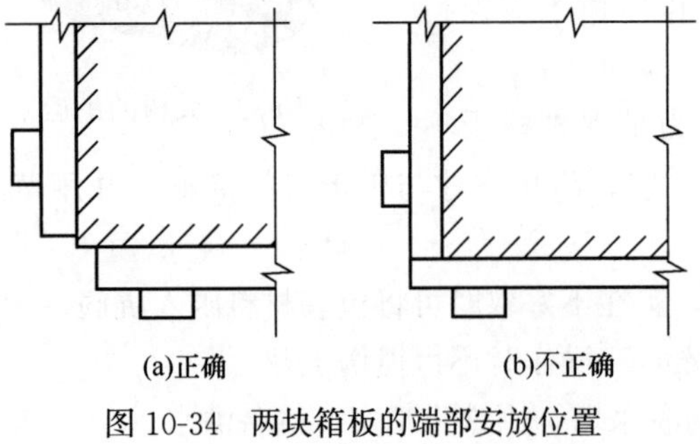

(a)正确　　　(b)不正确

图 10-34　两块箱板的端部安放位置

绳，钢丝绳置于距上下沿 18cm 处，每根钢丝绳的两头装好紧线器，两个紧线器在两个相反方向（东西或南北）的箱板中央带上，以便收紧时受力均匀。同步紧缩两根钢丝绳，紧至用木棍敲打钢丝绳时发出金属弦音时为止（图 10-35）。

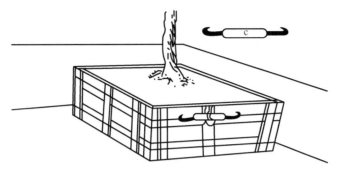

图 10-35　紧线器的安装位置

钉箱　箱板收紧后，即可在四角钉上铁皮（铁腰子）8～10 道（图 10-36）。

支树干　用 3～4 根支柱将树支稳，支柱呈三角形或正方形。

掏底与上底板：将土台四周边沟下挖 30～40cm 深后，从相对两侧同时向土台内进行掏底，掏底宽度相当于安装单板的宽度，掏底时留土略高于箱板下沿 1～2cm（图 10-37）。

上盖板　于木箱上口钉木板拉结，称为"上盖板"。上完盖板后，木板箱就算包装好了（图 10-38）。

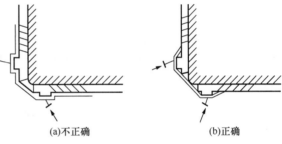

(a)不正确　　　　(b)正确

图 10-36　铁皮的钉牢

图 10-37　从两边掏底

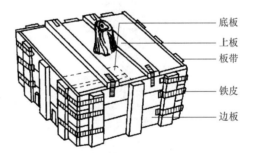

图 10-38　木板箱整体包装示意图

（4）吊装运输

必须使用起重机吊装，生产中常用汽车吊装（图 10-39）。派专人押运，保护树木不受损伤。运输装车法如图 10-40 所示。

（5）卸车栽植

用吊车卸车，木箱吊起后，应使其呈倾斜状，落地前在地面上横放一根 40cm×40cm 的大方木，作为木箱落地时的枕木。再用两根方木（10cm×10cm×2cm）垫在木箱下，间距 0.8m×1.0m，以便栽吊时穿绳（图 10-41）。

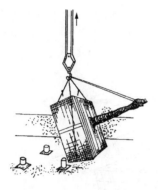

图 10-39　木箱的吊装

图 10-40　运输装车法

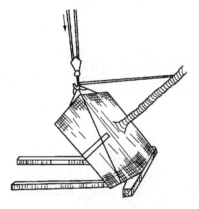

图 10-41　卸车垫木方法

栽植坑应挖成方形，栽植前去枝摘叶，减少蒸腾，大树入坑采用两根钢丝绳兜底起吊，注意吊钩不要擦伤树木枝、干（图 10-42）。树木就位前，按原标记的南北方向找正，满足树木生长需要。同时，要严格掌握栽植深度，应使树干地痕与地面平齐，不可过深或过浅。树木落稳后，用 3 根木杆或竹竿支撑树干分枝点以上部位。拆除木箱的上板及覆盖物。填表土至坑深的 1/3 时，方可拆除四周箱板，以防塌坨。以后每层填土 0.2～0.3m 厚即夯实一遍，确保栽植牢固，并注意保护土台不受破坏。栽植后至少需灌水 3 次，第一次必须在 24h 内浇透水，以后视情况而定。同时要适时中耕松土，以利保墒。

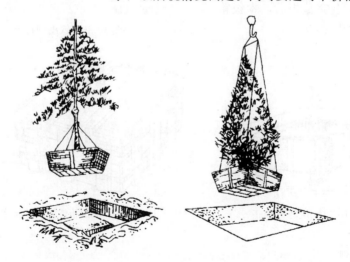

图 10-42　大树入坑法

10.2.3　反季节绿化施工技术

3 月中旬至 5 月初或者是 10 月中旬至 11 月下旬是正常施工季节。其他时间，如夏季生长旺盛期、冬季的极端低温期，根系休眠缺乏再生能力等时期，都造成移植成活比较困难。而在某些特殊情况下，为了赶工期和尽快见到绿化效果，就要求必须突破季节的限制进行施工，称为仅季节绿化施工。主要是夏冬两季，必须保证苗木栽植的成活率。

1. 种植材料的选择

尽可能挑选长势旺盛、植株健壮的苗。种植材料应根系发达，生长苗壮，无病虫害，规格及形态应符合设计要求；大苗应做好断根、移栽措施；水生植物，根、茎发育应良好，植株健壮，无病虫害；草块土层厚度宜为 3～5cm，草卷土层厚度宜为 1～3cm；植生带，厚度不宜超过 1mm，种子分布应均匀，种子饱满，发芽率应大于 95%。

露地栽培花卉应符合下列规定。

一二年生花卉　株高应为 10～40cm，冠径应为 15～35cm，分枝不应少于 3～4 个，叶簇健壮，色泽明亮。

宿根花卉　根系必须完整，无腐烂变质。

球根花卉　根茎应苗壮、无损伤，幼芽饱满。

观叶植物　叶色应鲜艳，叶簇丰满。

2. 种植前土壤处理

仅季节绿化施工要求苗木种植土必须保证足够的厚度，保证土质肥沃疏松，透气性和排水性好。种植或播种前应对该地区的土壤理化性质进行化验分析，采取相应的消毒、施肥和客土等措施。

3. 苗木的运输和假植

大苗在非正常季节种植中，假植是很重要的。这里推荐一种经济适用的假植方法：夏季施工硬容器苗法。此法的提前是创造条件在休眠期断根，种植在容器中养护，如木箱、柳竹筐、花盆。在生长季节，也就是施工时，根据容器情况，不脱离或脱容器栽植下地。其特点是：可靠性大，管理简单，可操作性强。

大木箱囤苗法　针对大规格落叶乔木，按照施工计划及场地条件，在发芽前进苗。按施工规范要求规格打木箱，木箱规格根据土球直径放大 40cm，按此规格制作矩形木箱，然后将苗木植于箱中。选择场地开阔、无其他施工、交通方便的场地，按两列排行，预留巷道。及时灌水，疏枝 1/4～1/5。

柳筐囤苗　针对 7～8cm 的落叶乔木，植于直径 60cm 的柳筐中，填土踩实，按三行排列，及时灌水疏枝。待柳筐苗正常展叶、抽枝后，带筐栽植，种植后去柳筐上部 1/2。

盆栽苗木　将苗木植于 30cm 花盆中，按 5～6 列排行，预留巷道。盆中基质用原床土加入适量肥料，进行正常的肥、水养护。条件具备时，去掉花盆，苗木土球不散，花盆可再利用。

除了做好假植工作以外，苗木的运输也要合乎规范，在运输方面，做到苗木运输量应根据种植量确定。苗木在装车前，应先用草绳、麻布或草包将树干、树枝包好，同时对树根进行喷水，保持草绳、草包的湿润，这样可以减少在运输途中苗木自身水分的蒸腾量。苗木运到现场后应及时栽植。苗木在装卸车时应轻吊轻放，不得损伤苗木和造成散球。起吊带土球（台）小型苗木时应用绳网兜土球再将其吊起，不得用绳索缚捆根茎起吊。重量超过 1t 的大型土台应在土台外部套钢丝缆起吊。土球苗木装车时，应按车辆行驶方向，将土球向前，树冠向后码放整齐。裸根乔木长途运输时，应覆盖并保持根系湿润。装车时应顺序码放整齐；装车后应将树干捆牢，并应加垫层防止磨损树干。

花灌木运输时可直立装车。装运竹类时，不得损伤竹竿与竹鞭之间的着生点和鞭芽。

裸根苗木必须当天种植。裸树苗木自起苗开始暴露时间不宜超过 8h。当天不能种植的苗木应进行假植。带土球小型花灌木运至施工现场后，应紧密排码整齐，当天不能种植时，应喷水保持土球湿润。

4. 种植穴和土球直径

在非正常季节种植苗木时，土球大小以及种植穴尺寸必须要达到并尽可能超过标准的要求。

对含有建筑垃圾、有害物质的均必须放大树穴，清除废土换上种植土，并及时填好回填土。在土层干燥地区应于种植前浸穴。挖穴、槽后，应施入腐熟的有机肥作为基肥。

5. 种植前修剪

非正常季节的苗木种植前修剪应加大修剪量，减少叶面呼吸和蒸腾作用。修剪方法及修剪量如下。

1）苗木根系修剪，宜将劈裂根、病虫根、过长根剪除，并对树冠进行修剪，保持地上地下平衡。

2）落叶树可抽稀后进行强截，多留生长枝和萌生的强枝，修剪量可达 9/10～6/10。常绿阔叶树，采取收缩树冠的方法，截去外围的枝条，适当疏稀树冠内部不必要的弱枝，多留强的萌生枝，修剪量可达 3/5～1/3。针叶树以疏枝为主，修剪量可达 2/5～1/5。

3）对易挥发芳香油和树脂的针叶树、香樟等应在移植前一周进行修剪，凡 10cm 以上的大伤口应光滑平整，经消毒，并涂保护剂。

4）珍贵树种的树冠宜作少量疏剪。

5）灌木及藤蔓类修剪应做到以下几点。

带土球或湿润地区带宿土裸根苗木及上年花芽分化的开花灌木不宜作修剪，当有枯枝、病虫枝时应予剪除。

对嫁接灌木，应将接口以下砧木萌生枝条剪除。

分枝明显、新枝着生花芽的小灌木，应顺其树势适当强剪，促生新枝，更新老枝。

另外，对于苗木修剪的质量也应做到剪口应平滑，不得劈裂。枝条短截时应留外芽，剪口应距留芽位置以上 1cm。修剪直径 2cm 以上大枝及粗根时，截口必须削平并涂防腐剂。

6. 苗木种植

苗木种植要把苗立正，分三次填土，每次均要踏实填土，然后做好围堰。作堰后应及时浇透水，待水渗完后复土，第二天再作堰浇水，封土，浇透三次水后可视泥土干燥情况及时补水。对排水不良的种植穴，可在穴底铺 10～15cm 砂砾或铺设渗水管、盲沟，以利排水。

树木种植后应定期对苗木进行浇水、支撑固定等工作。

对新发芽放叶的树冠喷雾，宜在上午 10 时前和下午 15 时后进行。对人员集散较多的广场、人行道，树木种植后，种植池应铺设透气护栅。

大树的支撑宜用扁担桩"十"字架和三角撑，低矮树可用扁担桩，高大树木可用三角撑，也可用井字塔桁架来支撑。扁担桩的竖桩不得小于 2.3m，桩位应在根系和土球范围外，水平桩离地 1m 以上，两水平桩"十"字交叉位置应在树干的上风方向，扎缚处应垫软物。

三角撑宜在树干高 2/3 处结扎，用毛竹或钢丝绳固定，三角撑的一根撑干（绳）必须在主风向上位，其他两根可均匀分布。发现土面下沉时，必须及时升高扎缚部位，以免吊桩。

特别提示

　　有些树种栽植时，成活率不是很高，如罗汉松、竹柏及一些地苗。移植时可加大种植坑，稳固土球，先在坑内放些沙子，8～10cm厚，再种植。植后淋定根水时，喷少量生长素。最后支撑必须牢固。

应用实例　**园林乔灌木栽植施工技术实例**

　　现以某市一公园绿地（乔灌木）种植施工为实例，草拟出其施工技术要点。

　　1. 定点放线

　　用测量仪器将坐标方格网测设到施工现场，并钉上坐标桩。在设计图上分别量出树林到方格纵、横坐标的距离，再到现场相应的方格中按比例量出实际的距离，即可定出植株的位置，以白灰点表示。以栽植点位为中心，用石灰按设计要求定出种植穴的挖掘线，色带放线时可将色带边界的特征点测设到施工现场，也可以小区建筑物的两个固定位置为依据，根据设计图上树木与该两点的距离交会点，定出植株位置。

　　2. 起苗

　　起苗前应根据施工图上植物的名称、规格和数量到苗木场确定所要购买的植物。为提高绿化成活率，起苗采用带土球法，土球直径为苗木地径的7～10倍，为灌木苗高的1/3，土球高度为土球直径的2/3。

　　（1）起掘准备

　　检查树木苗号标记。将挖掘工具准备好，摆放于施工现场。用竹竿支撑在树木分枝点，将苗木支撑牢固，确保操作人员的安全。

　　（2）确定土球直径的尺寸

　　量出树干胸径直径，计算出土球直径尺寸为苗木胸径的10倍左右，即确定为80cm。

　　（3）确定挖掘范围

　　开始挖掘时，以树干为中心，以直径为80cm用白灰尘画一个正圆圈，标明土球直径的尺寸。为保证起出的土球符合规定大小，以圈线为掘苗依据，沿外缘稍放大范围进行挖掘。

　　（4）去表土（俗称起宝盖）

　　画定圆圈后先将圆内的表土（俗称宝盖土）挖去一层，深度以不伤表层的苗根为度。

　　（5）掘苗

　　1）挖去表土后，沿所画圆圈外缘向下垂直挖掘。用锄头把沟内的土掘松，铁铲把土铲出，铲出的土堆放在沟的四周。

　　2）所挖沟宽以便于操作为度，宽为50～80cm，操作沟上下宽度要基本一致，随挖随修整土球表面，操作中千万不可踩撞土球边沿，以免损伤土球。如此一直挖掘到规定的土球直径深度。

　　3）在挖掘过程中，遇到直径在3cm以上的粗根宜用锯锯断，或用剪刀剪断，土中的小根则可用锋利的铲刀将其切断，所有刀口要求平滑，否则难于愈合。

　　4）泥球成形后，将周围面土加以修削，用铁锹将土球表面修整成规整的球形。

5）土球修到下部时，就要逐步向内缩小，直到规定的土球高度，土球高度一般是土球直径的2/3～1/2，土球底部直径一般应略小于土球上部直径。最后，土球的理想形状是上大下小，肩部圆滑，呈苹果形。

3. 苗木运输

（1）一般要求

1）高度为 2m 以下的苗木可以立装，2m 以上的苗木应斜放或平放。土球朝前，树梢向后；挤严捆牢，不得晃动。车后厢板应以草袋片、蒲包等物铺垫，防止磨损树皮。

2）土球直径大于 20cm 的苗木只装一层，小土球可以码放 2～3 层。

3）苗木在运输途中用苫布盖严，防止根部风吹日晒，并喷水一次。

4）途中押运人员要和司机配合好，经常检查苫布是否掀起。中途不要休息。

5）卸车时要爱护苗木，轻拿轻放。裸根苗要顺序拿放，不准乱抽，更不能整车推下。

6）带土球苗卸车时，不得提拉树干，而应双手抱土球轻轻放下。较大的土球卸车时，可用一块结实的长木板，从车厢上斜放至地上，将土球推倒在木板上，顺势慢慢滑下，决不可滚动土球。

（2）特殊要求

1）对难成活或珍贵树种，要尽量减少运输时间。

2）对于运输不能修剪（建设方要求不能修剪）的树木，装车时树木不能相互挤压，冠形大的树木要单独运输。

4. 苗木假植

苗木运到施工现场后，未能及时栽植或未栽完时，应集中放好，四周培土，树冠用绳拢好。如假植时间较长，土球与坑壁间隙也应填土。假植时，对常绿苗木应进行叶面喷水。

5. 挖穴

以定点木桩为中心，按确定的穴径垂直向下一直挖到规定的深度，然后将穴底挖松、整平。不得挖成上大下小的圆锥形或锅底形，以免根系不能舒展或填土不实。

6. 栽植

（1）修剪

修剪量依树种不同而异。对于常绿针叶树以及用植篱的灌木，只剪去病枯枝、受伤枝即可；对较大的落叶乔木，树冠可剪去 1/2 以上；对于花灌木及生长较缓慢的树木可进行疏枝，去除病枯枝、过密枝，对于过长的枝条可剪至 1/3～1/2。灌木可保留 3～5 个分枝，并注意保持自然树形。栽植前还应对根系进行适当修剪，主要是将断根、劈裂根、病虫根和过长的根剪去。

（2）栽植

1）栽植带土球苗木。应注意使坑深与土球高度相符，以免来回搬运土球，填土时应充分压实，但不要损坏土球。

2）栽植深度。灌木的栽植深度与灌木原土痕平齐，带土球苗木的栽植深度应高出土球顶部 2～3cm。

3）注意树冠的朝向，大苗要按其原来的阴阳面栽植。尽可能将树冠丰满完整的一面朝向主要观赏方向。

4）夏季可搭棚遮阴，对树冠进行喷雾，为树干保湿，保持空气湿润；冬季应防风、防寒。

5）将包装材料剪开，并尽量取出（易腐烂的包装物可以不取）。

6) 一人将穴内苗木扶直,另一人用穴边的种植土填入穴内边缘,向土球四周培土。填入好的表土至坑的一半时用木棍为苗木四周夯实,再继续用土填满种植穴并分层夯实,注意夯实时不要砸碎土球。完成后土球固定,注意使树干直立。

7. 养护

立支撑 较大苗木应立支撑,用木杆采用三角撑。木杆长度以能支撑树高的 1/3~1/2 处即可。支撑下端打入土中 20~30cm,支撑与树干间垫以草绳,并将两者捆紧。

浇水 苗木栽好后,在穴缘处筑起高 10~15cm 的土堰,拍牢或踩实,以防漏水。

扶正 在浇完第一遍水后的次日,检查苗木是否歪斜,若发现苗木歪斜,应及时扶正,并用细土将堰内缝隙填严,将苗木固定好。

中耕 在浇 3 遍水之间,待水分渗透后,用小锄或铁耙等工具将土堰内的表土锄松,以利保墒。

封堰 在浇完 3 遍水后用细土填入堰内,形成稍高于地面的土堆。

任务 10.3 园林种植工程施工质量检测

10.3.1 乔灌木栽植施工质量检测规范

本节适用于乔灌木栽植工程的质量检验和评定,但不适用于行道树栽植、大树移植工程的质量检测。

1. 乔灌木栽植施工质量检测内容

1) 主控项目。树木栽植的成活率应按乔木、大灌木和小灌木分别列出,成活率均须≥95%方能进行竣工验收。死亡苗木应按设计要求适时补种,确保成活,或者与建设单位协商解决。

2) 一般项目。乔灌木栽植工程检测基本项目与质量标准应符合表 10-25 的规定。

表 10-25 乔灌木栽植工程检测基本项目与质量标准

项次	项目	质量标准
1	种植土	厚度:乔木 100~150cm;灌木 45~90cm; 质量:pH 值为 6.0~7.5;EC 为 0.50~1.00ms/cm;有机质含量≥2.5%;容重≤1.30g/cm³
2	放样定位	符合设计要求
3	树穴	穴径应符合要求;翻松底土;树穴上下基本垂直
4	定向及排列	树木的主要观赏朝向应丰满完整、生长好、姿态美;孤植树木冠幅应基本完整;群植树木的林缘线、林冠线符合设计要求
5	栽植深度	栽植深度符合生长要求,根茎与土壤沉降后的地表面等高或略高
6	土球包装物、培土、浇水	清除土球包装物,分层捣实,培土高度恰当;及时浇足水且不积水
7	垂直度、支撑和卷干	树干或树干重心与地面基本垂直;支撑设施应因树因地设桩或拉绳,树木绑扎处应夹衬软垫,不伤树木,稳定牢固;树木卷干或扎缚紧密牢固

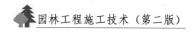

续表

项次	项目	质量标准
8	修剪（剥芽）	应修除损伤的断枝、枯枝、严重病虫枝等；规则式种植、绿篱、球类的修剪应基本整齐，线条分明；造型树的造型基本正确；修剪部位恰当，不留短桩，切口基本平整，留枝、留梢、留叶正确，树形匀称；景观效果好。大的切口处要做防腐处理

树木栽植穴规格质量标准见表10-26。

表10-26　树木栽植穴规格质量标准

分类		规格/cm	树穴直径标准/cm	树穴深度标准/cm	备注
乔木	胸径	3～4	50～60	40～50	乔木按胸径（胸径以离地1.3m计），亚乔木按地径
		4～5	60～70	50～60	
		5～6	70～80	60～70	
		6～8	80～100	70～80	
		8～10	100～120	80～90	
灌木	冠径	20～40	15～30	30～40	乔木按胸径（胸径以离地1.3m计），亚乔木按地径
		40～60	30～50	40～50	
		60～80	50～70	50～55	
		80～100	70～90	55～60	
		100～120	90～110	60以上	

2. 检测数量

检测数量应按乔灌木栽植数量随机抽查10%，每株为一个点，总检验数量不得少于5点，但数量少于10株时应全数检查。

3. 检测方法

观察法或尺量检查法，栽植树木数按抽样点清点的数量与设计要求核对。

10.3.2　花坛、地被栽植工程施工质量检测

本节适用于花苗、地被栽植工程的质量检测。

1. 花坛、地被栽植施工检测内容

花坛、地被栽植施工检测内容见表10-27。

2. 检查数量

按数量抽查10%，以10株为一点，总检数不少于5点，总数不多于50株时应全数检查。

3. 检测方法

检查土壤的检测报告及观察检查。
观察和尺量检查检测方法。

表 10-27　花坛、地被栽植工程检测基本项目与质量标准

项次	项目	质量标准
1	花坛	应按设计要求放样，定好株行距。初种时的覆盖率，不宜低于 80%；栽植穴稍大，使根系伸展舒畅；栽植深度应保持花苗原栽植深度，严禁栽植过深。栽后填土应充分压实，使穴面与地面相平略凹；栽后应用细眼喷头浇足水分，待水沉后再浇一次。结合浇水可施以腐熟的稀薄有机肥料，施后叶面要用清水喷淋。一二年生草花第二天再一次浇透水，一周内加强水分管理。球根和木本花卉一般不需要再浇水，待土壤干时再浇；大株的宿根花卉和木本花卉栽植时，应进行根部修剪，去除伤根、烂根、枯根
2	地被	栽植前应按设计要求放样，定好株行距，做好分株、切根等准备；栽植坑应稍大，使根系舒展，填土压实，土面平整；栽植后应立即浇足水分，可结合浇水喷施腐熟的有机肥，施后用清水喷淋茎叶，栽后一周内注意土壤湿度，发现表土干裂，应及时浇水

10.3.3　草坪种植施工质量检测

1. 一般型草坪类型

本节适用于草坪栽植工程的质量检测，但不适用于足球、棒垒球等运动型草坪工程的质量检测。

（1）一般型草坪类型栽植施工应注意的质量问题

覆盖度　达到 95% 所需时间，籽播、茎播、植生带铺设在 2～3 个月内，满铺草坪成活时间，生长季节应在一个月内，非生长季节不超过三个月。

草坪纯净度　单纯性草坪纯净度保持大于 95%。混合草坪应达到没有影响景观的双子叶植物和与草坪不协调的木本植物的要求。

播种期　根据草种生物学特性适时播种。冷季型草种原则上除冰冻期和 30℃ 以上高温期外均可播种，但以 9 月初至 11 月底最宜。在 10℃ 以下播种时应覆盖塑料薄膜保温，以利发芽。暖季型草种宜在 2 月下旬至 5 月中旬完成播种。

播种量　可按下式计算，再根据播种土壤条件、平整度等增加 20%～30% 损耗。

$$播种量(g/m^2) = \frac{计划播种面积(m^2) \times 千粒重(g) \times 10}{发芽率}$$

草坪栽植工程的土壤质量　必须符合植物生长要求，栽植品种应符合设计要求，死亡草坪应适时补种。

（2）草坪栽植工程质量检测内容

草坪栽植工程质量检测基本项目与质量标准见表 10-28。

播种草坪苗期管理和草坪铺植后的管理质量检测项目与质量标准分别见表 10-29、表 10-30。

检查数量：采用重点抽查和随机抽查相结合，每一片（块、段）草坪均抽查 10%，以 4m² 为一点，总检数不得少于 5 点，不多于 30m² 时应全数检查。

检测方法：检查土壤的检测报告及观察检查。观察或尺量检查。

表 10-28　草坪栽植工程检测基本项目与质量标准

项次	项目		质量标准
1	栽植放样		符合设计要求
2	草坪	籽播或植生带	播种时应先浇水浸地，保持土壤湿润，稍干后将表层土耙细、耙平，进行撒播，均匀覆土 0.3～0.5cm 后轻压，并及时喷水，水点应细密均匀，浸透土层 8～10cm，也可用草帘覆盖保持湿度，至发芽时撤除。植生带铺设后覆土 2～3cm，滚压后及时浇透水。出苗应均匀，疏密恰当，空秃面积不应超过 5%，一处空秃不应超过 40cm²，生长势基本良好，修剪基本恰当
		草块移植	密铺草坪留缝间隙应为 1～2cm，冷季型不留缝；间铺和点铺草坪，草块大小基本一致，间隙基本均匀，铺草面积应超过 30%；草块的间隙应用疏松土填平，草块与土壤滚压密结；草坪基本平整；生长势良好，修剪恰当
		茎铺（散铺）	将草茎剪为 2～3cm 小段均匀撒铺于种植地上，表层均匀覆盖 1～2cm 的良质疏松土；草茎疏密基本恰当；草茎与土壤滚压密结；草坪基本平整；生长势良好，修剪基本恰当
3	切草边		草坪与树坛、花坛、地被的边缘应切草边，草边的边坡角呈 45°，深度应为 10～15cm，线条平顺自然

表 10-29　播种草坪苗期管理基本项目与质量标准

检验项目	质量标准（撒播）	质量标准（植生带）
喷水	小苗初期每天喷灌 1～2 次，视天气情况可逐日减喷次数	幼苗期每天喷水早晚各一次
除杂草	除早、除小、除净，可用适当的除草剂除草	除早、除小、除净
除去覆盖物	小苗出土 50% 左右时，可除去覆盖物，及时拣除草坪内的垃圾	及时清除垃圾等杂物
其他管理	需要间苗的，应在幼苗分蘖时一次完成	幼苗发芽时，再覆 2～3cm 土层，促匍匐茎生根

表 10-30　草坪铺植后管理基本项目与质量标准

管理项目	质量标准（密植、间植）	质量标准（茎铺）
浇水	每周浇水一次，浇透、浇匀	保持土壤湿润，表土干即浇
除草	草皮成活后及时清除杂草	发现新苗后及时清除杂草
病虫害防治	以防为主，及时防治病虫害	及时防治病虫害
其他管理	铺植后 2～3 天滚压一次，以后每周至少一次，直至成活，若有明显隆突现象，应适时重铺	铺后检查，有茎裸露应及时覆土压平

2. 运动型草坪工程

本节适用于各类新建、改建的足球、棒垒球等运动型籽播及草块移植草坪工程的质量检验。

1）检查数量：地下排水系统按隐蔽工程全面检查，地表草坪全数检查。

2）检测内容：草坪表面不起灰尘、不泥泞、平坦，草皮坚韧、有弹性、耐践踏。

草坪的地下排水系统、坪床栽植土层（或介质层）、草种必须符合设计要求；排水系统产品必须符合有关标准，栽植表土（或介质）的质量必须符合要求。

检测方法：观察检查，检查地下排水系统铺设、栽植土（或介质）成分、深度等隐蔽项目签证，产品出厂合格证，栽植土（或介质）检测报告。

坪床平整度、软硬度、排水坡度应符合下列规定。

坪床栽植土层（或介质层）平整，土块直径应小于 1cm；软硬适中；排水坡度应符合设计要求，且不得大于 5‰，无明显的低洼和积水处。

检测方法：检查坪床排水坡度的测量报告，观察和测量检查。

草坪草栽播、生长应符合下列规定。

草坪草密度均匀、疏密恰当，一处空秃不应超过 25cm²，10m² 内的空秃面积不应超过 1‰（100cm²），脚感平整，生长势较好、草色均一，修剪平整度一致，无病虫害，无杂草。

检测方法：观察和尺量检查。

运动型草坪工程的尺寸要求、允许偏差和检测方法应符合表 10-31 的规定。

表 10-31　运动型草坪工程的尺寸要求、允许偏差和检测方法

项次	项目	尺寸要求/cm	允许偏差/cm	检查方法
1	栽植土层（或介质层）深度	40cm 或按设计要求	−0	用环刀取样（或挖样洞）尺量
2	草坪修剪高度	4	±1	尺量检查

10.3.4　行道树施工质量检测

本节适用于行道树栽植工程的质量检测。

1. 检查数量

按数量随机抽查 10%，每株为一个点，总检数不得少于 5 点，但少于 10 株时应全数检查。

2. 检测内容与方法

1）道路绿地应根据需要配备灌溉设施；道路绿地的坡向、坡度应符合排水要求并与城市排水系统结合，防止绿地内积水和水土流失；行道树定植株距，应以其树种壮年期冠幅为准，最小种植株距应为 4m。行道树树干中心至路缘石外侧最小距离宜为 0.75m。种植行道树其苗木的胸径：快长树不得小于 6cm，慢长树不宜小于 8cm。

落叶乔木应在春季萌芽前或秋季落叶后土壤冰冻前栽植。常绿乔木应在春季发芽前、秋季新梢停止生长后降霜前栽植。栽植行道树的各工序应紧密衔接，做到随挖、随运、随种、随浇。综合工程中行道树的栽植，应在主体工程全面竣工后进行。

树木在挖掘前可适当进行修剪，以减少蒸发量。树木运到栽植地要进行定形修剪，修剪应注意树形均衡。应剪除有病虫和损伤的枝、根，剪口截面直径大于 8cm 时应采取防腐处理。为了减少常绿树蒸发量，种植前结合定形修剪，可摘除部分树叶，但应防止碰伤叶芽。

树木栽植后，应及时浇透"定根"水，并注意缓浇慢浇，隔日再复水一次。遇到大气干燥，需适时浇水。常绿树还需向树冠喷水，以减少水分蒸发。

挖穴后，空穴过夜，必须设置警戒标志或采取其他安全措施。

同一条道路或路段宜栽植同一品种、规格的树木。

树穴内挖出的栽植土及废土（包括砖石瓦砾），分别堆置于穴外侧，废土杂物应集中清运。穴内土质符合要求的，亦应将土球根部以下的土壤翻松 10～20cm（此土不必取出）。

栽植裸根苗应将树根舒展在树穴内，均匀加入细土至根被覆盖时，树木略向上抖动，

提到栽植位置，扶直后再边培土边分层压实。带土球树木栽植时，在树穴内应先将土球放妥后去包扎物并将其取出，然后从树穴边缘向土球四周培土，分层捣实，不伤土球。树穴周围应设保护树穴的侧石，主要道路及行人频繁的道路应铺设架空树穴盖板，盖板的铺设应保持土壤疏松，不移土。

检测方法：检查土壤的检测报告及观察检查。

2）行道树的品种、规格必须符合设计图纸的要求。必须选择树干直、生长健壮、无病虫害的优质树木，栽植在城市道路两侧的行道树分枝点应高于 3.5m，栽植在小区道路两侧的行道树分枝点应高于 2.5m。

检测方法：尺量检查。

3）树穴规格尺寸，长×宽×深不得小于 1m×1m×1m，穴底的尺寸不得小于上口。树穴周围及穴底能自然渗水，否则必须采取措施达到渗水要求。

检测方法：观察检查和尺量检查。

4）主干略有弯曲的树木，栽植时其弯曲面应与道路走向平行，最大弯曲面朝向护树单柱桩，且宜选择自然分枝三级以上的全冠树木。

检测方法：观察检查。

5）树木土球或根系规格，应符合表 10-32 要求。

表 10-32　树木土球或根系规格

| 树种 | 胸径/cm | 土球或根系规格 | | 检查方法 |
		土球直径/cm	根系深度/cm	
乔木	6～7	55～60	35～40	尺量检查
	7～8	60～70	40～45	
	8～10	70～80	45～50	
	10～12	80～90	50～60	
	12～14	90～100	60～65	

6）树木栽植后的覆土高度应与地表持平。待土下沉，加土持平后，用地被植物覆盖，做到种植土不外露。

检测方法：观察检查。

7）行道树栽植后宜进行支撑，护树桩的穴位应与行道树的走向平行、整齐、统一。

检测方法：观察检查。

10.3.5　屋顶花园施工质量检测

本节适用于屋顶绿化工程的质量检测。

屋顶绿化必须根据屋顶的结构和荷载能力，在建筑物整体荷载允许范围内进行；新设计需进行绿化的建筑物屋顶应能满足绿化对荷载、防水、抗冻胀、防腐等功能的要求。

屋面坡度在 10°以下的宜做复层绿化，屋面坡度在 10°～30°的宜做地被式绿化，屋面坡度大于 30°的不宜绿化。

1. 检测数量

屋顶绿化基本项目按总量抽查 10%。

2. 检测内容与方法

1）屋顶绿化必须有良好的防水、排灌系统。

检测方法：排水系统按隐蔽工程全面检查其铺设和产品出厂合格证等。

2）屋面边缘应设置 30～50cm 的隔离带。

检测方法：观察检查。

3）屋顶绿化的构造层通常包括防水层、隔根层、排水层、过滤层、栽植土壤层、植被层。

检测方法：观察检查。

4）在屋面防水层以上，应设找平层，必要时做二次防水处理，屋面防水层侧面应高出屋面种植层 10～15cm；且应选择防水性能良好、轻质强韧的防水材料。卷材防水应搭接完整，接缝均匀一致，黏结牢靠、密封性好。

检测方法：观察检查，检查材料合格证。

5）防水层上设置隔根层，隔根层选用轻质、耐腐材料，接缝处塔接宽度为 8cm。

检测方法：观察检查。

6）排水层设置在隔根层上，厚度不宜小于 5cm，蓄排水材料粒径宜在 4～16mm；屋面排水口一般设置两个，有条件的可增设溢水口；排水口应定期做好清洁和疏通工作，严禁覆盖，周围不应种植植物。

检测方法：观察检查和尺量检查。

7）蓄排水层上设置过滤层。过滤层的总孔隙度不宜小于 65％，过滤材料、接缝搭接不宜小于 20cm。

检测方法：观察检查，查阅相关资料。

8）屋顶绿化宜采用轻质、吸水性和通透性好、养分适度、清洁无毒的栽植土。栽植土的厚度应依据屋顶的承载力和种植植物的种类而变化，最低不宜小于 30cm。栽植土的最小厚度应符合表 10-33 的要求。

检测方法：检查栽植土检测报告，尺量检查。

表 10-33 栽植土的最小厚度标准

植物类型	栽植土厚度/cm	植物类型	栽植土厚度/cm
草坪、小灌木	30	浅根乔木	60
大灌木	45		

9）屋顶绿化应以植物造景为主，绿化种植材料应选择适应性强、耐旱、耐贫瘠、喜阳、抗风、不易倒伏的园林植物。不宜栽植高大的乔木。

检测方法：观察检查。

10）乔木主干距屋面女儿墙的距离应大于乔木本身的高度。

检验方法：观察检查。

11）大灌木和乔木应加设固定设施。

检测方法：观察检查。

10.3.6 大树移植施工质量检测

本节适用于各类林地、绿地及人行道范围内的大树（胸径 20cm 以上的落叶乔木和胸径

15cm 以上的常绿乔木）移植工程的质量检验，古树、名木不列入此范围。

1. 检查数量

全数检查。

2. 检测内容与方法

1）移植时对树木应标明主要观赏面和树木阴、阳面，且必须按树木胸径的 6～8 倍挖掘土球或方形土台装箱。

大树移植前，应按规定进行截根和移植处理。

检测方法：检查截根或移植的资料及观察检查。

2）树穴必须符合下列规定。

树穴的直径（正方树穴的边长）必须通过土球或裸根树根系直径的大小而定，每边必须放宽 40cm 以上，但树穴的直径（正方形树穴的边长）必须大于 150cm，深度必须大于 100cm，严禁在树穴下有不透水层，上下口径一致。对有建筑垃圾、有害物质的树穴，树穴的规格必须放大至不影响大树的正常生长。

检测方法：尺量、观察及测量记录检查。

3）树穴栽植土壤的质量必须符合要求。应根据各树种的生物学特性，选择适宜其生长的优良土壤。严禁使用建筑垃圾土、盐碱土、重黏土及含有其他有害成分的土壤。

检测方法：检测栽植土的检验报告及观察检查。

4）大树的树种必须符合设计要求，严禁带有严重的病、虫、草害。

检测方法：根据大树种植布置图进行对照检查，检查大树移植记录表和苗木检疫证（跨省运输或来自疫区的苗木应提供植物检疫证）。

5）大树移植工程检测基本项目与质量标准应符合表 10-34 的规定。

检测方法：观察和尺量检查。

表 10-34　大树移植工程检验基本项目与质量标准

项次	项目	质量标准
1	栽植土	土壤疏松不板结，土块易捣碎，pH 适当；栽植土平整不积水；栽植土整洁，无大于 5cm 粒径的石砾等杂物，且小于 5cm 的石砾含量小于 10%
2	姿态和生长势	树木主杆基本挺直（特殊姿态要求除外），树形完整；生长健壮
3	土球	土球规格符合要求；土球完整，包扎牢固；主根无劈裂，根系完整、无损伤、切口平整
4	病虫害	无病虫害
5	放样定位、定向及排列	放样应符合设计要求；丛植树的主要观赏面应丰满完整、姿态优美、排列恰当；孤植树树形应完整不偏冠（特殊要求树形除外），列植树的排列应整齐划一
6	栽植	栽植深度应保证在土壤下沉后，根茎和地表面等高或略高，清除土球包装物，分层捣实，培土高度恰当；及时浇足水且不积水
7	垂直度、支撑和裹杆	树干或树干重心应与地面基本垂直；支撑设施应因树因地设桩或拉绳，树木绑扎处应夹衬软垫，不伤树木，稳定牢固；规则式（行道树等）种植的支撑设施、方向、高度及位置应正确恰当；大树裹杆紧密牢固，高度不得低于 2.5m
8	修剪（剥芽）	应修除损伤的断枝、枯枝、病虫枝等；修剪部位恰当；不留短桩，切口平整并应涂保护物，留枝、留梢、留叶基本正确，树形匀称

应用实例　**园林种植工程施工质量检测实例**

现以某市公园绿化（乔灌木）种植施工为实例，进行该绿地种植施工检测。检测结果见表 10-35～表 10-39。

表 10-35　地形整理质量验收记录　　　　　　　　　编号：001

工程名称			某市公园景观绿化工程		
分部工程名称			某公园绿化种植施工	验收部位	公园主绿地
施工单位				项目经理	
施工执行标准名称及编号			Ⅰ：《城市绿化工程施工及验收规范》（CJJ 82—2012） Ⅱ：《城市园林绿化工程施工及验收规范》（DB11/T 212—2017）		
施工质量验收规范的规定			施工单位检查评定记录		监理（建设） 单位验收记录
主控项目	1	土质	Ⅱ第6.1条	合格	合格
	2	地形	Ⅱ第6.2条、第6.3条	合格	
	3	种植土厚度	Ⅰ第6.5条	合格	
一般项目	1	平整度	≤30mm	合格	合格
	2	地形沉降	不明显	合格	
	3	地形高度	Ⅱ≤100mm	合格	
施工单位检查评定结果		专业工长 （施工员）		施工班长	
		该公园绿地地形整理质量合格 项目专业质量检查员： 　　　　　　　　　　　　　　　　　　　　年　月　日			
监理（建设） 单位验收结论		该公园绿地地形整理质量合格 专业监理工程师： 　　　　　　　　　　　　　　　　　　　　年　月　日			

表 10-36　苗木种植穴、槽质量验收记录　　　　　　　编号：002

工程名称		某市公园景观绿化工程		
分部工程名称		某公园绿化种植施工	验收部位	公园主绿地
施工单位			项目经理	
施工执行标准名称及编号		Ⅰ：《城市绿化工程施工及验收规范》（CJJ 82—2012） Ⅱ：《城市园林绿化工程施工及验收规范》（DB11/T 212—2017）		

续表

施工质量验收规范的规定			施工单位检查评定记录		监理（建设）单位验收记录
主控项目	1	穴、槽的位置	Ⅱ第7.2.1条	合格	合格
	2	穴、槽规格	Ⅱ第7.3条	合格	
	3	树坑内客土	Ⅰ第6.1条	合格	
一般项目	1	标明树种	Ⅱ第7.2.3条	合格	合格
	2	好土、弃土置放分明	Ⅱ第7.4条	合格	
	3				
施工单位检查评定结果		专业工长（施工员）		施工班长	
		该公园绿地地形整理质量合格 项目专业质量检查员： 　　　　　　　　　　　年　月　日			
监理（建设）单位验收结论		该公园绿地地形整理质量合格 专业监理工程师： 　　　　　　　　　　　年　月　日			

表 10-37　种植土和肥料质量验收记录　　　　编号：002

工程名称		某市公园景观绿化工程			
分部工程名称		某公园绿化种植施工		验收部位	公园主绿地
施工单位				项目经理	
施工执行标准名称及编号		Ⅰ：《城市绿化工程施工及验收规范》（CJJ/T 82—2012） Ⅱ：《城市园林绿化工程施工及验收规范》（DB11/T 212—2017）			
施工质量验收规范的规定			施工单位检查评定记录		监理（建设）单位验收记录
主控项目	1	种植土	Ⅱ第6.1条		合格
	2	肥料	有机肥		
一般项目	1	土壤肥力	Ⅱ第6.1.5条		合格
	2				
	3				
施工单位检查评定结果		专业工长（施工员）		施工班长	
		该公园绿地地形整理质量合格 项目专业质量检查员： 　　　　　　　　　　　年　月　日			

续表

监理（建设） 单位验收结论	该公园绿地地形整理质量合格 专业监理工程师： 　　　　　　　　　　　　　　　年　月　日

表 10-38　苗木进场检测记录　　　　　　　　编号：004

工程名称			安心街景观改造工程		检测日期			
序号	类别	树种名称	来源	规格	根系树型及土球	检疫	单位	进场数量
1	常绿乔木	黑松	哈尔滨三苗圃	$D=12\mathrm{cm}$	合格	合格	株	5
2	落叶乔木	柞树	哈尔滨三苗圃	$D=12\mathrm{cm}$	合格	合格	株	2
3	落叶乔木	紫椴	哈尔滨三苗圃	$D=6\mathrm{cm}$	合格	合格	株	10
4	落叶乔木	色木	哈尔滨三苗圃	$D=6\mathrm{cm}$	合格	合格	株	1
5	落叶乔木	茶条械	哈尔滨三苗圃	$H=1.8\mathrm{cm}$	合格	合格	株	6
6	落叶乔木	花楸	哈尔滨三苗圃	$H=1.8\mathrm{m}$	合格	合格	株	1
7	落叶灌木	暴马丁香	哈尔滨三苗圃	$H=1.4\mathrm{m}$	合格	合格	株	3
8	落叶灌木	木绣球	哈尔滨三苗圃	$H=1.0\mathrm{m}$	合格	合格	株	6
9	落叶灌木	偃伏莱木	哈尔滨三苗圃	$H=1.8\mathrm{m}$	合格	合格	株	5
10	常绿灌木	云杉剪形	哈尔滨三苗圃	$H=0.8\sim1.8\mathrm{m}$	合格	合格	株	60
11	灌木	水蜡球	哈尔滨三苗圃	$H=1.8\mathrm{m}$	合格	合格	株	12
12	绿篱	水蜡剪形	哈尔滨三苗圃	$H=1.8\mathrm{m}$	合格	合格	株	100

检验结论：安心街街心绿地苗木进场检验，苗木质量完全合格

签字栏	施工单位：		监理单位：	
	检查员		专业监理 工程师	
	质检员			

注：1）本表由施工单位填写，施工单位、监理单位各保存一份。
　　2）类别划分：①常绿乔木；②常绿灌木；③绿篱；④落叶乔木；⑤落叶灌木；⑥色块（带）；⑦花卉；
　　　　⑧藤本植物；⑨水生植物；⑩竹子；⑪草坪地被。

表 10-39　苗木种植质量验收记录　　　　　　　　编号：005

工程名称	某市公园景观绿化工程		
分部工程名称	某公园绿化种植施工	验收部位	公园主绿地
施工单位		项目经理	
施工执行标准名称及编号	Ⅰ：《城市绿化工程施工及验收规范》（CJJ/T 82—2012） Ⅱ：《城市园林绿化工程施工及验收规范》（DB11/T 212—2017）		

续表

施工质量验收规范的规定			施工单位检查评定记录		监理（建设）单位验收记录
主控项目	1	规格品种	Ⅱ第10.2.1条	合格	合格
	2	种植	Ⅱ第10.2条、第10.4条	合格	
	3				
一般项目	1	观赏面	Ⅱ第11.3.9条	合格	合格
	2	分层夯实	Ⅱ第11.3.14条	合格	
施工单位检查评定结果	专业工长（施工员）			施工班长	
	该公园绿地地形整理质量合格 项目专业质量检查员： 年 月 日				
监理（建设）单位验收结论	该公园绿地地形整理质量合格 专业监理工程师： 年 月 日				

相关链接 ☞

陈科东，2014. 园林工程 [M] . 2版. 北京：高等教育出版社.

李永兴，2008. 园林工程技术 [M] . 北京：中国劳动社会保障出版社.

苏晓敬，2014. 园林工程与施工技术 [M] . 北京：中国建筑工业出版社.

吴立威，2008. 园林工程施工组织与管理 [M] . 北京：机械工业出版社.

岳永铭，等，2007. 园林工程施工现场管理 [M] . 北京：地震出版社.

张东林，王泽民，2007. 园林绿化工程施工技术 [M] . 北京：中国建筑工业出版社.

郑瑾，2005. 绿化工（中级）[M] . 北京：中国劳动社会保障出版社.

景观网 http://www.cila.cn/

园林吧 https://www.yuanlin8.com/

思考与训练 ☞

1. 园林种植施工有哪些内容？分别写出它们的施工流程与工艺要求。

2. 园林种植工程施工材料与工具设备有哪些？

3. 写出水生植物栽植施工工艺与工艺要求。

4. 乔灌木栽植施工质量检验怎样操作？

5. 影响大树移植成活的因素主要有哪些？采取什么样的工程技术措施可提高其成活率？

6. 草坪施工的流程是什么样的？以高速公路护坡草坪施工为例说说草坪施工技术方法。

7. 屋顶花园施工时应注意哪些技术问题?

8. 以某绿地植物种植设计图为依据,草拟出主要植物类型施工流程,写出各节点施工技术方法,制订种植施工准备计划。

9. 以学校某一功能区(如校门区、体育活动区、教学区、学生宿舍区、教工宿舍区等)植物绿化种植施工为例,以表格形式列出主要施工材料(含苗木)、施工机械及劳动力资源。同时根据施工现场、种植要求,结合种植规范制定本种植工程施工质量检测标准。

参 考 文 献

本书编委会，2007. 园林工程施工一本通 [M]. 北京：地震出版社.

陈科东，2010. 园林工程施工与管理（园林专业）[M]. 北京：高等教育出版社.

陈科东，2014. 园林工程 [M]. 2版. 北京：高等教育出版社.

陈祺，2008. 山水景观工程图解与施工 [M]. 北京：化学工业出版社.

陈祺，杨斌，2008. 景观铺地与园桥工程图解与施工 [M]. 北京：化学工业出版社.

陈绍宽，唐晓棠，2021. 园林工程施工技术 [M]. 北京：中国林业出版社.

邓宝忠，2008. 园林工程（一）[M]. 北京：中国建筑工业出版社.

窦奕，2003. 园林小品及园林小建筑 [M]. 合肥：安徽科学技术出版社.

付军，2010. 园林工程施工组织管理 [M]. 北京：化学工业出版社.

李本鑫，史春凤，沈珍，2017. 园林工程施工技术 [M]. 重庆：重庆大学出版社.

李世华，罗桂莲，2015. 市政工程施工图集. 5园林工程 [M]. 2版. 北京：中国建筑工业出版社.

李欣，2004. 最新园林工程施工技术标准与质量验收规范 [M]. 合肥：安徽音像出版社.

李永红，2015. 园林工程项目管理 [M]. 3版. 北京：高等教育出版社.

李永兴，2008. 园林工程技术 [M]. 北京：中国劳动社会保障出版社.

梁伊任，2000. 园林建设工程 [M]. 北京：中国城市出版社.

毛培琳，朱志红，2004. 中国园林假山 [M]. 北京：中国建筑工业出版社.

孟兆祯，毛培琳，黄庆喜，等，1996. 园林工程 [M]. 北京：中国林业出版社.

潘雷，2010. 景观施工图CAD资料集1（综合分册）[M]. 北京：中国电力出版社.

荣先林，姚中华，2006. 园林绿化工程 [M]. 2版. 北京：机械工业出版社.

苏晓敬，2014. 园林工程与施工技术 [M]. 北京：机械工业出版社.

天津市市容和园林管理委员会，2013. 园林绿化工程施工及验收规范：CJJA3－82－2012 [M]. 北京：中国建筑工业出
    版社.

田会杰，2008. 建筑给水排水采暖安装工程实用手册 [M]. 北京：金盾出版社.

王庭熙，周淑秀，1988. 园林建筑设计图选 [M]. 南京：江苏科学技术出版社.

吴立威，2008. 园林工程施工组织与管理 [M]. 北京：机械工业出版社.

吴卓珈，2009. 园林工程（二）[M]. 北京：中国建筑工业出版社.

徐辉，潘福荣，2008. 园林工程设计 [M]. 北京：机械工业出版社.

易军，2009. 园林工程材料识别与应用 [M]. 北京：机械工业出版社.

岳威，吉锦，2017. 园林工程施工技术 [M]. 南京：东南大学出版社.

张东林，王泽民，2007. 园林绿化工程施工技术 [M]. 北京：中国建筑工业出版社.

郑瑾，2005. 绿化工（中级）[M]. 北京：中国劳动社会保障出版社.

中国建筑标准设计研究院，2007. 环境景观：室外工程细部构造 [M]. 北京：中国计划出版社.

附录 **1**

园林工程施工技术实践经验宝典

工程问题 1：园林竖向设计的实质内涵是什么？

匠心博引：竖向设计也称地形设计，其核心问题是解决地形高差问题，因此实质上就是为后续设计要素提供合理的垂直高程。设计中可用地形图上标注的海拔高程，也可以根据熟悉地物的高程选择同一平面的相对高程。

工程问题 2：高程处理中如何解决原地形标高、施工标高及设计标高的关系？

匠心博引：原地形标高一般指地形图上标注的高程；施工标高即进行工程施工时施工要素物应实现的标高；设计标高为设计时园林要素需满足的标高。三者之关系为：施工标高＝原地形标高－设计标高。计算值为"＋"时则为挖方；计算值为"－"时则为填方；计算值为"0"时，此时的基面一般可称为基准面。

工程问题 3：地形图在园林设计中应用必须重视吗？

匠心博引：地形图在景观规划设计中应用广泛，缺之不可。地形图上标注的符号比较多，其中较为重要的是：文字标注的方向为"北方"，等高线越稀疏用地越平缓，反之，等高线越密坡越陡。还应注意溪道、水田、果园、塌方、荒地、灌林、池塘、村落、道路、构筑物、高压线、山谷线、山脊线、汇水线、特殊地物等符号。

工程问题 4：工程矢量图与地形图、航拍图、卫星图如何实现相互校正？

匠心博引：无人机技术在景观设计中的应用很是有效，通过空中外拍取得技术资料，结合卫星图能校对用地实际情况，如果有最新版矢量图，可通过矢量图和地形图对接，并能很快将航拍图与矢量图转绘于地形图上，实现地物的勾绘及面积的计算。

工程问题 5：无人机实拍规划设计用地能否直接判读出地面上的地物？

匠心博引：要分情况判别。这需要在不同季节拍照的数据，如在春季，因树木叶色的变化，是比较容易判读的，但如果是阔叶林、混交林、杂木林或果林，要区别树种及群落构成就比较困难，需要到实地调查校证。在南方，凡竹林、松林、杉林、桉树林、茶园等很容易识读，但树木胸径、树高、树龄等指标还需实际考证。

工程问题 6：工程施工中土方计算是否重要？

匠心博引：应熟悉，不是特别的重要。用地中只要计算出面积，设计好标高，利用水平断面法等就可求得，还可用土方或概预算编制类软件。

工程问题 7：地形设计中要考虑哪些其他要素？

匠心博引：其他要素从景观规划设计层面来讲主要是坡度、坡向、坡面、排水、水岸线等问题。坡度、坡向、坡面在大地景观中不用过多考虑，只有在人工地形中加以注意，这是环境地理学的问题。有些设计方案在考虑外在地形景观时要综合建筑、道路、朝向、地基等要素识判。

工程问题8：地形设计中如何表现对水的处理？

匠心博引：山水互动，山为实，水为虚，座山迎水，弯水环抱，是对水的综合审美。因此，对水应以静以动为重要，静水看面，动水观态。而造水景还需有势，宜静则静。面水有岸有堤有埂，流水有坡有悬有陡，皆因水有景，因地出彩。

工程问题9：在园林景观设计中一般涉及哪些大水景？

匠心博引：现代园林包括的地标内容非常丰富，现实中碰到的大水景主要有生态湿地、城市生态廊道、地质公园、高山湖、森林公园、大型农业观光园、景观湖库等。特别要注意生态湿地、生态廊道等自然保护地，一般都是大水际大水线，需要进行景观布局。

工程问题10：地形设计中遇到特殊土质，如膨胀土、橡皮土等，应如何处理？

匠心博引：土质不好需要进行客土改造，目前用得较多的方法是埋填钢渣或煤渣、直接填充块石、灰土处理（黄泥土＋生石灰的混合填充料）。在园林工程中，最需要客土改造的是绿化种植地或大树种植坑穴。

工程问题11：在园林地形处理中若制作地形模型，比较难控制造型，为什么？

匠心博引：地形模型能立体反映设计效果，比较常用，但要制作出理想效果较难，原因是：不熟悉等高线、比例尺度感不好、制作材料规格不一致。因此若水面做不好，山体高程不规范，整个效果就会出现如马铃薯，水面如鞋印，孤山如馒头。只有多练、多做才能制作出好的效果。

工程问题12：地形处理中如需大面积客土改造，有何技术方法？

匠心博引：大面积客土改造一般出现在高尔夫球场、足球场、大面积休闲草坪、高速公路整体性护坡等场合，客土就是先要去除原用地不良土（如石砾土、重沙土），再外运土质好的壤土铺地，工程中大面积铺新土厚度不应太大，一般15～30cm。机械施工方便、节约时间，这一问题已得到解决。只是铺地后新土有时需要消毒，一般可用1％的高锰酸钾溶液或5％的多菌灵溶液喷洒即可，喷洒后48h方可植草、播种或种植。

工程问题13：要做好地形设计，其核心要素是什么？

匠心博引：这是综合问题，地形设计核心是要解决后续设计要素组织与布局，以良好的地形外观给其他要素提供基面搭建合理高程。因此，地形设计应为大地景观设计，解决地理景观问题。中国传说中的龙，其肉为土、骨为石、毛为树、嘴为穴，因此地形处理就是要综合表现传说中的"龙"，处理好了，才知道何处安亭、何处设桥、何处置水、何处造廊、何处为塔……

工程问题14：以某个设计环境为例说明如何表现地形问题。

匠心博引：如果以湿地公园规划设计为例，至少会涉及池岸、湖岛、溪水、塘埂、岸坡、草地、树丛地、林地、农用旱地、荷塘、鸟栖地、水生植物廊道等地物。因此，地形处理变得复杂，标高多样，需要重视空间划分及空间层次处理。由此才能综合打造鸟类栖息、游客休闲、生态科普、种源保护等湿地功能。地形处理重点应是湖中岛、芦苇岸、鸟栖园、水溪道、湖池桥等的处理，处理完这些，突出空间围合，序列景异，才有湿地特色。

工程问题15：施工前准备工作需要认真调研现场，一般是如何确认管线的？

匠心博引：施工现场管线系统常有架空或地埋高压线、军事管线、煤气管、供电电缆、给排水管线等多种，认识这些管线的办法：一是查看城乡规划文件；二是实地调研查证；三是通过政府、行业、企业、社会多方咨询；四是看标志符号。现场考查记录特别重要，需有地形图或者相关图面资料，同时要当场摄影或录像取证，以便为后续作业及各施工流程准备。

工程问题 16： 在园林排水设计时有许多方法，实际项目中哪类比较实用？

匠心博引： 由于施工环境条件的差异，排水设计除考虑汇水外，应多分析排水类型、排水出口、排水后续处理及应用等问题。园林排水设计要注意排水口，如道路侧方排水多用长方形留口，平面排水多用圆形或方形口，各用铸铁网或钢筋网护口。如果是大型园林景观项目，排水设计是系统问题，关联到化粪池、沉淀池、滤清池、消毒池等多种物理排放问题，应根据实际情况设计。

工程问题 17： 水景设计中提水问题采用哪种方法比较经济实用？

匠心博引： 水景工程是园林常见施工工程，如瀑布、跌水、溪涧、喷泉、喷灌等。大型水景工程需要配套提水项目，如泵房、控制设备、计算机系统等。一般小型人工水景项目，就不需考虑太多，选择小型提水设施即可，需设计水原点（池）、安装市场移动式泵（潜水泵）及小管径 PVC 或镀锌管。提水设施中涉水的电缆应是防水性的，水下接头要用接线盒。

工程问题 18： 供电线路埋设有何要求，一般在哪种技术资料中出现？

匠心博引： 供电线路一般有架空式和地埋式两种。园林中架空式架空高度一般需要大于 4.5m，地埋式采用地较多，如配光线路，一般需埋深 30cm 以上。电线电缆先放入 PVC 管中，再将 PVC 埋于地下，注意留出灯柱安装口。这类技术资料应在投标文件技术标中、施工组织设计、施工作业设计、竣工报告等材料中。

工程问题 19： 以屋顶花园为例，简易喷淋设施常有哪些组件？

匠心博引： 现代城市常在屋顶设置小型花园，从组件看，准备有小型潜水泵、软塑料管、小型控制箱、常规喷头。屋顶花园小水池宜浅且适合布局，出现斑点后可用 5% 的盐酸或 30% 草酸溶液清洁，效果很好。如花园使用率较高，应用浓度 70% 的酒精对使用空间喷洒消毒。

工程问题 20： 草坪建植中采用喷淋系统，如何确定喷头景观与效果？

匠心博引： 喷灌系统用到的喷头类型比较多，如固定式喷头、地埋式喷头、伸缩型喷头、手持式喷头等。如果是不可进入景观草坪，选择固定式喷头比较理想；如是可进入草坪，应选择地埋式喷头。

工程问题 21： 很多办公楼前广场都设计有壁瀑式流水，其技术要点有哪些？

匠心博引： 壁瀑式流水需配套比例适宜的水池、高度合适的壁墙、配套合理的花池以及相应得体的配色。通常，落水墙高与长的比例为 2∶3，符合黄金分割率；水池采用流线设计，水深稍浅；整体色彩应以庄重、大方、稳重的深色系列为宜；用材要好，需用到切割石材、大理石、文化砖。落水墙主景观可设计些参差不齐的青石片，以制造落水水姿和声响。这类型景物的配光需以红光、绿光为宜，配件为沉水灯、池壁灯或发光二极管。

工程问题 22： 园林工程护坡应用广泛，如何把握护坡技术？

匠心博引： 在进行园林工程护坡时应掌握这几个要素：项目现场考查（望）——记录立地条件、水位情况等；体会风向风速，听流水声、拍岸声（闻）；了解施工条件及施工材料（问）；查看分析坡面结构、坡度及坡形及配套环境（道路性质、水体情况、排水沟、挡土墙、后续种植）。如为高速公路护坡，还要分析景观效果，尤其是坡面护土筋与查检爬梯等结构模式；如果是湖体护坡，坡度坡形与水位是重要元素，了解后才能选择是采用草坪护坡还是铺石护坡等。

工程问题 23：如何做湿地湖岸堤坝护坡？

匠心博引：生态湿地越来越多，湿地的风貌就是分布有许多池泽、塘沼，有常水位水系也有季节性水面。部分湿地还融入农业生态养殖。但不论如何营造，湿地生态特征是核心，如果是鸟类栖息环境，其堤坝护坡应自然干扰性少，坡坝上或沿岸种植芦苇、水草、水生美人蕉等效果较好；如果是湿地中供游人漫步的休闲区域，护坡可采用草石营建，石为散置，游道种植草、芦花等效果较好。如果护坡面积大、坡长，可种植蟛蜞菊、地花生、野生葛藤等护坡植物。

工程问题 24：园林挡土墙工程较多，如何进行立面效果营造？

匠心博引：此问题在本书中涉及不多，但实际工程经常用到。挡土墙多为直墙，大块石垒砌，高度不一。以 2m 高墙体为例，处理的方法有：①立体种植——选择植物如爬山虎、蟛蜞菊、马缨丹、炮仗花等；②壁画壁雕——文化提升，墙面采用文化雕塑或绘画技术处理；③协调手法——沿墙体种植竹子（刚竹、青竹、挂绿竹）；④花池处理——挡土墙上方设置花池，再种植花木或修剪成树球。

工程问题 25：人工小型水池容易漏水，如何防止这一现象？

匠心博引：水池漏水常见为池壁高于基面上的水池，下沉式水池只要按常规施工可减少这一问题的发生。水池由基础、池底、池壁、压顶及管孔构成，漏水的地方多在池壁及管孔处。因此，管孔穿池壁时要加防水环或止水带，并追加防水玻璃胶；池壁除必要的厚度及结构材料外，应增加防水材料，池壁两侧均采用防水灰浆，池底与池壁交接处要交错相连，也应加防水材料。水池施工要讲究天气，有雨或回南天不适合施工。

工程问题 26：小型人工瀑布施工，在工序方面如何衔接？

匠心博引：人工瀑布应用环境多，其构成为背景、瀑口、瀑身、承水潭及连接小溪等几部分，供水方式多用潜水泵循环供水。人工瀑布建造，应先做出模型，再进行承水潭施工，然后垒石并安装管线，最后植物点缀。瀑布质量取决于落水口及垒石品质。落水口可用文化石、青石片等制作，瀑身垒石要按设计要求推进，最好有垒石匠师指导。瀑布垒石要特注意安全。

工程问题 27：园林小溪设计中经常出现什么问题？如何避免？

匠心博引：针对人工小溪设计，本书中进行了讲述，依实际工程经验，多出现以下问题：溪道溪形与自然界小溪差距较大；溪道面宽控制不好；溪底深度没有产生错落；溪道两侧溪岸处理得不好；溪道水源头落水点隐性不足以及后段池潭自然性不够。由此，就要多观察自然清溪的构成与流态；做好溪道自然流畅岸线设计；源头叠石要保证自然幽谧；溪道中点缀些涟漪石、分水石、营声石等；另外还要控制好溪道宽，保证宽窄变化、配好汀石细桥。

工程问题 28：乡村生态环境营建中常用到荷花，这种荷塘野趣之景施工中应注意哪些问题？

匠心博引：国家实施乡村振兴战略，在乡村中推进多类型景观营建，如美丽乡村、示范村屯、田园综合体、生态特色小镇、生态观光园、特色种植园、生态果园、民族古村落等，其中荷塘营造较为普遍。乡村环境用荷塘为景，能突出乡村风貌、提升平面空间色彩。荷塘布景施工中，除认真识读图纸外，还要结合乡村具体环境和条件，规范池塘深度，保证塘岸堤坝流畅。施工时，要进行适宜的护坡及绿化，如为驳岸还需考虑荷花高度与直墙高度之关系。乡村荷塘建设有两种模式：一是片状种植，保证满塘荷花；二是限制性种植，为休闲游船等留出水线空间。限制性材料多用预制混凝土条（筋）、种植缸（池）等。

工程问题 29：景观水池亲水设计很受欢迎，设计中应注意什么？

匠心博引：亲水设计的目的是让游人多亲近水际，与水为乐。但水有两面性：亲水性、伤人性。所以在设计时要注意这几方面：①凡水深超过 0.70m 者，护栏应高 1.05m 以上；亲水面水深 0.50m 以下的，可适当降低栏杆高度；②亲水台、亲水码头、亲水廊道临水边不能长距离无护栏，可采用分段设计，留出亲水段；③亲水设计要重视标识设计，尤其是安全标识。

工程问题 30：在临时水池施工时用卵石铺池底经常出现不牢固情况，有何防治措施？

匠心博引：临时水池多用于各类展厅或技能竞赛，用到的材料比较常见的有卵石、塑料薄膜、纺织布、砂浆、方砖、条石等。其中当池底铺上沙垫层后即可铺薄膜，薄膜加固好后其上铺卵石。牢固与否取决于卵石种的深度、砂浆比、水泥质量及保养时间。常规卵石种深为石径 2/3～1/2；砂浆比为 1：3；水泥为新购（通常普通水泥每半年强度等级也相应减少）；保养时间多为 48h。

工程问题 31：用卵石或片石铺装的园路很容易发霉生青苔，如何防治？

匠心博引：这是日常养护问题，出现这种情况是由于此路路段行人少及季节变化所致。可用 5% 盐酸或 30% 草酸直接清洗。如果是高档石料，如雨花石，可用石玩清洗液清洁，洗后用石玩专用保洁剂涂抹效果更佳。

工程问题 32：冰纹片及片石铺地需要勾缝，哪种拼缝更美观？

匠心博引：园林铺地艺术属于文化审美问题也是匠心问题。就冰纹片（花岗岩碎片）铺地而言，应铺成平整面，所以要勾平缝，即石片间的缝由砂浆填平；而片石石面比较粗，为了表现效果及快速排水，一般勾成凹缝，凹进石面约 0.5cm。勾凹缝时，常用直径 0.8cm 的铁条沿铺后石缝勾划，边勾划边用棉纱抹去砂浆，所勾的缝应围合有致、流畅美观。

工程问题 33：有些路面需要整体扫缝，应如何操作？

匠心博引：需提前准备 2m 长、10cm 宽、1cm 厚的比直木条，棉纱或抹布，棕扫，细沙＋石粉＋水泥（1：1：0.3）。以广场砖铺路为例，基础、结合层铺好后在上面铺胶结层（1：2砂浆层），抹平拉线找直，由一端起按照拉线位置用木条打铺装痕，打痕后铺广场砖（规格：10cm×10cm×1cm），如此连铺 8～10 行，待稍干后（一般 3 连铺后时间），用棉纱将面层留浆抹掉。整条路铺完（或计划铺装段结束），可把细沙＋石粉＋水泥混合加少量水成粉状（不结块即可）铺于广场砖面上，人工铺平再用棕扫扫面，稍用力。将多余的杂物清理掉后保养，24h 雾式洒水，成品保养 5～7d。另外，路面宽大于 2.5m 时，可增加变形缝，缝宽 1.5～2.0cm，用"立德粉＋石膏粉＋沥青"混合制作成糊状，搓成1cm粗条填充于留缝中即可。

工程问题 34：园林中采用模具铺路常应用于何种环境？

匠心博引：这里说的模具铺路指文化式铺装，如六角彩色铺、花艺铺、生肖铺或故事铺等。模具有自制的也有预制的，如六角砖式铺模具为塑料模具，嵌花铺多为木制模具，花式铺多为组合式模具。铺装时将模具印于应铺路砂浆面上留有印痕后，再按照留痕铺地（如多色卵石）。一些彩色铺地，则是将模具直接放置于砂浆上，再在模具内填充彩色水泥，待砂浆饱满后将模具取下，面上会留有所需彩色样式铺地效果。

工程问题 35：目前，城市中海绵式铺地一直在推进，结合园路设计怎么彰显合适？

匠心博引：海绵式铺地既可保水蓄水，也利于造景，在园路设计中也常用。通常做法是：路侧结合绿化设计与路面协调后，通过边沟与水流方向设计成各种各样的海绵式集水设施。如利用碎石、粗砂、石砾、卵石、瓦片、预制地漏、筛网、格栅等分段分点设置，其下多为暗沟或透水层，上层铺完材料后不得填充水泥砂浆，而是沿边种植观赏草种、花木或芦草等。质量好的海绵式道路自然流畅、干净明快、匠心独运、章法熟练。

工程问题 36： 园路路面文化设计一般考虑哪些符号？

匠心博引： 中国古典文化元素应用于园林中较多，"福禄寿吉、梅兰茶桃、龙虎雀龟、日月乾坤"等都可用于文化铺地中。常见有"福禄寿百字铺""生肖铺""五行八卦铺""九宫铺""成语铺""经典传说铺""纪念铺""宗教经文铺""百家姓铺""某地八景铺"等。有些还用特殊文化形式表现，如"高山流水""知音""彩云追月"等铺地。

工程问题 37： 从园林视角看，哪些山石在设计中比较常用？

匠心博引： 这涉及景石类型问题，中国区域大、石种丰富，许多石料均能用于园林造景之中，本书中列出了十多种。从实际工程发现，名贵珍品山石价位高、种源少，已很少使用。目前，南方地区多用灵璧石、黄石、黄蜡石、墨石（喀斯特石灰石）、积水石、贵州青石、贵州彩石、水冲石等进行园林景观造景。从质量用度看，太湖石、灵璧石、黄石、黄蜡石较好；从感观上看，贵州青石、贵州彩石、灵璧石较好；从外观颜色上看，宣石、贵州青石、彩陶石、大化石、广东黑英较好；从质地看，都安石、马安石、重庆石、南流江石、吸水石等有变化。景石指标按吨及平方米计算，如 1t 卵石或片石，可铺面积 7～8m^2；一个中等大小石掇瀑布需石材 30t 左右（通常为 2.8～3.1t/m^3）。

工程问题 38： 园林景石与家居石玩有何差异，为什么有"石缘"之说？

匠心博引： 园林景石多指室外造景石，而室内多用石玩，属于石玩品类。园林景石体量大，稳重或灵巧，占用空间大；家居玩石小巧玲珑，占用空间少，一般有木制石座配套。在玩家中常听到"石缘"，是指工程或生活中需要选择石头时，要有"人缘"，石与人只有"缘"才能交融，才能选到满意的山石。

工程问题 39： 怎样进行园林景石鉴赏？

匠心博引： 书中提到赏石八要素"透、瘦、漏、皱、青、顽、奇、丑"，这是中国古典园林的精髓。广西柳州地区还有品石四重因，即"石质、石色、石理、石座"，石质指手点摸上去的感觉；石色为石面色彩；石理也称石纹，即石面上分布可见的纹理，分垂纹和横纹，垂纹有瀑布感，横纹有白云感；石座即基地座，多用樟树、桃花心、楠木、椎栎类等实木做成，名石还可用黄花梨等红木制作。

工程问题 40： 园林景石有原色与后色之分，尤其是石灰岩景石，怎样进行变色？

匠心博引： 原色即石头原有的天然色泽，后色则是为提升石色人为改变石面的色彩。因石头材质的特殊性，原色一般不变的，但如石灰岩景石，原色为灰白色，若是用 5％盐酸洗石面，石色会改变成黑色，这就是后色。这种色变最多保留一年。

工程问题 41： 若景石从外观看上比较平淡没有质感及透亮性，应如何处理改变？

匠心博引： 在石玩界，"石养石"流程很讲究，有"三许三不许"之说。"三许"指原石许报价、许清洗、许品赏，"三不许"指石品不许触摸（外人）、不许碰撞、不许脚踩。由原石至石玩至少经过"清洗除杂→上蜡保护→加封密护→上保护液→配基座→命名"等环节。原石先清除留土及杂物，水洗即可；阴凉干燥后涂抹石用凡士林（此时要手摸石面数遍）；再用塑料薄膜密封全石，至少 7d；开封后再上保护蜡，要用专用石护蜡或液态的蜡（棉纱涂抹）；自然阴凉并根据石基配石座、命名等。若是参加相关比赛，则要用厚松木板条制作木箱装石，加固后运输。

工程问题 42：景石要提升文化底蕴一般要刻字，石面刻字流程是怎样的？

匠心博引：当前的处理石面刻字技术已很先进，有机械刻字，也有人工刻字。石面与字的比例、刻字深度及色彩控制等是关键。流程：支架或固定景石→预先制作方案稿（手书或计算机制作）→文字印于石面上（喷涂式）→勾出文字痕线（浅线）→清水喷洒石面（至少 5 次）→石面刻字（由上至下，由右至左）→清理痕迹物找平→上色。刻字深度控制在 0.5cm 以内，石质差者边刻字边喷水。

工程问题 43：山石吊装施工，从技术上应注意哪些问题？

匠心博引：山石吊装会涉及施工人员安全、石品自身安全、运输线路安全、吊装机械设备安全等。山石吊装流程为原石点起石→山石运输→山石安装点吊装→山石安装保护。吊装机械吨位应大于石种重量的 2/3，如吊 30t 石头宜选用 50t 的吊车。运输中要注意观察线路上是否有桥梁（承重量）、高压线电缆线（界定高度）、坡段路面（坡度及转变）；安装点吊装，基础坑吊装前要准备好，宽度应为石基础加大 15%；吊装时，主景面对齐，吊石离地面不要太高，宜 1m 以下为最好；山石吊装后到指定点加固支撑（三支式）；然后才能将钢绳与吊件脱离。景石吊装讲究时段，必须在算好的时段内吊装完毕。

工程问题 44：人工塑石在园林工程中常用，对小型塑石结构上有何要求？

匠心博引：塑石材料多样，书中已列出。实际工作中遇到庭院、屋顶、小水景等需要塑石或塑凳，其施工过程为：制作框架结构（砖砌或粗铁条焊接）→挂钢丝网（铁条焊接成形后）→底层抹灰（水泥砂浆）→二重整形（继续抹灰）→后续造型及上色（彩色水泥或自己配色）。若是塑凳，多用砖砌基础，适当造型后抹灰（多抹几遍），外形制作上色后桌面划线（如年轮、射线）。

工程问题 45：总结假山造景施工的关键技术。

匠心博引：古典园林中精品假山很多，但现代园林集精品假山较少，这主要是由于施工人员的技术水平有限。据经验，假山堆得好不好，不是设计问题，而是施工问题。石料品种、块料大小、接桩水平、留空处理、错落深进、对景借景、韵律节奏、水景融合、命名水平等均影响假山艺术质量。这不是基础、拉底、中层、收顶几个概念的理解问题。假山工程有句流行语"跟个好假山师傅胜读一世书"。

工程问题 46：从园林建筑小品设计层面，应关注哪些基础数理问题？

匠心博引：建筑小品在园林中应用比较规范，比如需要选用单数者就有景桥桥孔、塔数、台阶数、桥曲数、漏窗数、建筑开间等。因此，设计时必须体现建筑文化，遵循规则。教学实践中发现此类问题多出现于设计效果图或结构设计中。

工程问题 47：乡村民居建筑以园林景致角度分析，如何维护及修复？

匠心博引：古民居建筑具有特别的文化价值，不同的民族民居建筑风格不一样。以侗族、苗族等民族的吊脚楼、客家民居的三开间、五开间或九宫十八井等为例分析，都有特定的建筑布局模式。在生态乡村建设与乡村振兴发展中，部分民居风貌得到改善与修缮，目前常用的技法是：一是改变强化屋顶脊线，通过石灰浆与白水泥胶合后对脊线上色，使屋顶面更加纯净明洁；二是改变下层加固基础，将原来的木结构支撑基础改造成砖混结构，既能增加防火等级，又能提升使用功能；三是对墙体破损处进行修缮，一般采用画线成格框以增加立面感，另外也用贴文化小灰砖方式提高仿古质感，还有一种就是对墙面整体抹灰后拉线画出青砖砌式格线，格线宽 0.8cm 左右，再用白水泥对格线统一勾缝即可。

工程问题 48：木结构建筑使用过程中应注意哪些问题？

匠心博引：木结构建筑容易出现白蚁危害、柱基腐朽、屋面漏水、墙面光泽失色等。其白蚁需要通过其他技术解决。柱基，施工埋柱前应做防腐处理，方法是埋土部分柱用柏油涂几遍或用物理方法火烧木柱表面至黑色。屋面漏水问题在于木结构屋顶是选用木板条，如果交合不紧密，防水层处理不当，就可能漏水。因此，板条间交接要采用隼卯接，不能用平接。通常，屋面施工完毕后要对整个屋顶面涂抹光油 3～4 遍。墙面光泽失色问题，可采用抹涂光油增色的方法解决。

工程问题 49：怎样使用模具进行一些较大型动物景观雕塑的现场制作？

匠心博引：园林中常见到动物艺术雕塑原型，如公牛、雄鹰、奔马、寿龟、狮子、麒麟、凤凰等。这类大型雕塑施工较难，基本流程为：设计作图（出立面效果及细部结构图、安装节点编号图等）；结构泥模制作（在棚内按设计比例用泥制作构件模形，必须按设计动物效果原型 1∶1 比例制作）；硬质结构制作（通常用粗铁线或钢筋网条焊接成形，即在泥模外面按照框架焊接钢网结构，同时按东西南北等方向标注连接点）；石膏制模（在整个动物框架钢丝网上涂石膏泥，可将石膏＋立德粉混合使用，也可以直接采用腻子粉，不过最好加点石膏粉，石膏泥厚度为 1.2～2.0cm）；石膏层模型编号（对石膏泥具按一定方向全面分块画线编号，分块的原则是容易包装和运输，每块大小自定）；模型石膏层切割（按已分块的画线机器切割石膏层，每切块用稻草或麻袋等软包装物包装捆绑，注意每块必须有编号）；基础施工（在安装点挖好基础坑，并进行必要的基础结构支撑准备，如钢筋接头、脚手架准备等，这一环节与模具制作平行施工）；钢网结构制作（按原模比例及动物雕塑效果焊接制作结构框架，并多加一层丝网保证挂泥稳定性，框架完成后应能看出动物仿真模样）；拼接石膏模具块（将原切割并编号的石膏块一一按编号搭接在钢丝网上，超大型动物雕塑可先在钢丝网上涂抹一层灰浆，再将石膏模块拼接）；灌筑素混凝土（向石膏模具内注入混凝土砂浆，注意灌浆要饱满，且保证灌浆速度）；碎模整形（灌浆后保养 7d 以上，注意每天洒水喷淋，待干燥稳定后将石膏模块处理，表面清理完成后进入整形阶段，即修补雕塑表面孔洞及不平点，需再抹浅灰一层）；上色保养（整形完毕后，按设计要求上色，并继续保养 5d 以上可以去除脚手架）。

工程问题 50：如何制作景区等场所需临时装饰小品？

匠心博引：这里只介绍制作锥形装饰花器：确定三角锥规格大小，购置方木条和铁丝筛网（网孔越密越好），按三角锥制作花器（木条连接钉扎加固），花器上挂铁丝筛网，稳固后挂种植泥（新鲜黄心土＋塘泥＋少量复合肥混合后成种植泥浆），淋水种植（三锥面微洒水后，保持泥浆状，将花材植入即可）。这种方法建成的花器小品可持续 1 个多月。

工程问题 51：对于大型游憩空间的建筑小品，哪类景观建筑比较常用？

匠心博引：湿地休闲、森林康养、农业观光、科普体验等功能实现需大型景观空间，就建筑景观来说，园林中的亭、桥、塔、楼、阁、厅、轩、廊、坊、室、树等均可使用，特别是一些深受游人喜爱的时代建筑如铁索桥、景观索道、玻璃桥、吊桥、人力索拉船、棚架式长廊、烧烤回廊、体验科普馆、智慧观光台、慢速滑道、5D 虚拟空间等，也应充分考虑。

工程问题 52：以亭子基础施工为例，在风速大的位点建亭子应注意什么？

匠心博引：亭基础施工分独立基础及连接基础，后者有人称为"地龙基础"。在风速较大的区域建亭，建议用"地龙"基础，即挖基础时沿四周开挖，并沿四周加埋钢筋，即为

"钢筋地龙"。重点在于四个角起基础柱（柱基钢筋相互焊接），这样抗风能力大幅增加。亭柱的做法多用现浇柱，圆柱采用与亭柱直径相同的 PVC 管（180°均半切割）或采用双层油毛毡卷成圆筒至于柱基上（此时配筋已做好），每隔 20cm 用铁丝加固，然后向圆筒内浇筑素混凝土。如果是方柱，可以用模板按照设计规格钉成方框架，再向框内浇筑素混凝土。值得注意的是柱顶应留出钢筋焊接口（伸出柱面的钢筋段），以保证与上层亭顶的连接。

工程问题 53： 人工塑桌凳时如何保证上色稳定且长久不褪色？

匠心博引： 园林传统保色技术中有许多经典做法，如为保证墙体色泽，古人将绿色菟丝子浸泡后，其水液加上石灰来处理墙面，效果较好。还有一种方法专门用于风景水彩画保色，将桃胶原块（桃树枝上的固体流胶）用桶加水后增温至 80°，桃块液化成水溶液后过滤后待用。水彩画成型后用准备好的桃胶液抹涂 3～4 遍（每遍间隔 10min 左右），晾干后即可装裱。人工塑桌凳同样需要保色，但方法有差异，上色材料（抹灰整形时）准备好并加入抹灰材料（彩色水泥或混色材料），而不是将色料直接涂于塑凳面上。注意上色色料中要适当添加人工稳固剂（如糯米＋桐油配制液，或市面上出售的固色剂）。

工程问题 54： 园林建筑与山石怎样相结合，能出好的效果？

匠心博引： 山石与园林建筑的协同主要出现在这几类：云梯、蹲配、抱角、镶隅、粉壁理石、无心画等，在山石采用上以吸水石、太湖石、灵璧石、墨石为主。建筑一角于外侧掇石为抱角，于室内一角垒石称镶隅；建筑台阶两边加石头，一大一小（或一高一矮），高大者为蹲，小者为配；章法上多以石为基饰（装饰效果）、墙为面（画墙意境）、窗为景（深幽无心画）。

工程问题 55： 竖向绿化已深入人心，哪些植物适用于垂直绿面造景？

匠心博引： 竖向绿化环境重点在各类挡土墙、高速公路护坡、建筑保护栏杆、建筑墙体、石山崩塌坡面等。从植物选择看，大叶爬山虎、野生葛藤、蟛蜞菊、野生毛豆、粉黛乱子草、双夹槐、马缨丹、迎春花、炮仗花、三角梅、类芦、黄花菜、野草莓等较为适合。其中，爬山虎、蟛蜞菊等向上攀爬生长，而马缨丹、炮仗花、迎春花等则向下生长。

工程问题 56： 高速公路采用草坪护坡，其技术流程是什么？

匠心博引： 草坪建植方法有多种，如满铺法、植生带法、播种法等，播种法中又分人工点播及喷浆法播种，播种法需要草种与沙子混合，才能撒播于基面上；喷浆法属于机械植草，种子与泥浆混合通过专用喷枪将混合种浆喷于坡面上。满铺法技术简单，铺后适当夯实即可；植生带法留空带与植草带相隔，能减少草种用量。传统做法采用人工播种，每平方米需草种 35～39g，种砂比 1：20 左右，一般发芽率在 65％上下，露白时间 7d，成坪时间 45d。

工程问题 57： 生态种植在施工时要注意哪些技术问题？

匠心博引： 生态种植就是复层式有机组合种植，通常分铺地层、灌花层及乔木层。施工时，必须认真放线，校对种植穴（需要客土改造的应先改造整形后再放线）；种植施工时，先种大树，后种灌花，最后植草或地被物。如果绿地内还需安装景石，则先吊装好山石才种植绿化。种植时，凡有包装袋者应先去除包装袋再种植，凡有树干包装草绳者应保留树干草绳。为保证成活率，建议选择土球苗施工。

工程问题 58： 一些片状地被种植在不同的环境中会有较好的效果，如何建植？

匠心博引： 除草坪外，适合片状种植的植物很多，比较常见有蜘蛛兰、合果芋、黄素梅、福建茶、肾蕨、红背桂、满天星、冷雪花、紫苏、春芋等。种植前，先堆置新黄泥土，整平基面，按设计图形放种植线后可进行栽种。一般袋苗黄素梅、福建茶每平方米 35 株就可，其他如合果芋（22～25 株/m²）、蜘蛛兰（17 株/m²）、肾蕨（30～36 株/m²）、春芋（10～15 株/m²）、花叶姜（12～15 株/m²）、毛杜鹃（15～18 株/m²）。

工程问题 59：有些野生植物移至人工景园后观赏效果不好，是何原因？

匠心博引：在农业观光园、中草药园、生态农家院、生态小镇等环境中通过挖移野生植物到园内造景，虽不提倡，但也有不少园区在做。桃金娘、杜鹃（映山红）、苦竹、方竹、野黄皮、板蓝根、山野扁豆等从野外移种园区后，都有不同程度的萎蔫，原因多样，土质等立地条件应是首因，另外远距离移植会伤根伤芽失水等。所以，这些植物进园宜讲究栽植季节，实施快速栽种，定根水要足。

工程问题 60：移植珍贵树种在施工技术上有何注意事项？

匠心博引：首先要熟悉何为珍贵树种，珍贵树种从树龄层级看，应有袋苗、常规树苗、大树之分，袋苗至普通苗木（实生苗及营养苗）移植成活率比较高（这要看树种生物学特性）。对于如红豆杉、桫椤、金丝李、枧木、格木、黄花梨等只要注意季节，成活率较高；但如罗汉松、南洋杉、竹柏、红椎、青冈栎、黄连木、榔榆等种植成活率较低。这些难成活的树种植后还需观察 1～2 年，方能确定是否栽培成功。为此，对珍贵树种移栽要非常小心，可先假植，再根据情况选择适宜季节种植。

工程问题 61：在大树移植中为什么有些树种特别难移植、成活率低？

匠心博引：这是客观存在的，不是所有树种都容易移植并成活。实际工程中，如榕树类、柳树类移植很容易成功；桂花类、木棉类、银杏等只要季节合适，技术到位也比较容易；但某些树种如罗汉松、竹柏、扁桃、南洋杉、红豆杉等移植比较难；而松类更加困难。为此，在绿化工程建设中，要认真分析树种生物学特性，了解树种生长特点及对环境的适应性，不能违背自然客观规律。如果确需对这些树种进行移植施工，要制定技术方案，选择合适方法及移植季节，采用特殊有效的后续养护技法，从树顶（顶部喷淋、遮盖）、树干（包干、吊生长素或营养素）、树根（淋水保墒、埋透气管等）等多部位下功夫，能提高移植成功率。

工程问题 62：举例说明大树移植技术在园林景观营建中的应用？

匠心博引：以铁冬青大树移植为例，大树苗运至工地后，先要解开土球绑带和黑网，修剪折断的枝条、涂愈合剂保护皮伤口、检查土球及冠形情况等。一般大于 2cm 的伤口都必须处理，以减少水分蒸发，并向土球喷 600 倍生根剂，按坑起吊定，植后覆土要踩紧踩实，土球下方及周边不能有镂空现象，覆土要求盖过原土球 3cm 为宜，种植深度要比树坑面低 5cm。覆土前种植坑左右两侧需安装 PVC 透气管，通过透气管能看出苗木土球是否湿润。种植后树坑修复和支撑宜同步进行。新种植的大苗由于根系不稳，需采取支撑保护措施，目前最常使用的方法就是设立三角支撑，通过三角支撑固定促进苗木稳定性提升。接着淋定根水并喷洒枝叶保湿。淋定根水应注意水量，新种铁冬青，定根水只需淋一半即可，经过一个晚上的渗透，第二天再继续浇水，直至整个土球湿透。铁冬青大树种植后，为确保营养可通过打吊瓶输营养液来有效补充养分。方法是：在树干距离地面 2m 左右的地方挂一吊瓶，瓶内装上激素和营养液，距地面 50cm 的树干上打孔，深度不宜触及形成层，然后将滴液的流速调整好。20cm 胸径的铁冬青一次应挂 1 瓶即可，通常 1～3d 滴完，根据苗木的吸收情况，一个生长季输 3～4 瓶营养液即可。

在铁冬青大苗种植的第一个月内，根据天气情况浇水，第 8 或第 9 天停 1d，如果第 10

天土面有轻微的干燥，便可配 800 倍生根剂进行灌根，灌根后的第 2 天暂停浇水，稍后正常保持喷灌，保持土壤和树干湿润即可。第二次施水灌根是在 10d 后，再重复一次上述方法。根据苗生长发芽情况，长势差的可以继续做一次灌根，长势良好便可进入普通养护期，2～3 月后可追加氮肥；5～6 月花期可以追施复合肥，提供开花需要的养分；8～9 月施钾肥，以增加果实的饱满及促进色泽鲜艳。

工程问题 63：卵石套装铺地时平路牙是怎样施工的？

匠心博引：卵石套装铺地经常用到，具有排水功能的园路道牙石多高于路面，但如果园路采用卵石与冰纹片或片石铺地，就会出现平道牙。石材路牙石有两种，一种是直角式，另一种是创边式。直角式路牙石线形更直，没有缓边；创边式的有一边有缓边，没有棱角，安全性更好。因此，一般接草坪或排水要求不高之处多采用平道牙，景观更加自然。铺设时，应将直角一边与草地相连，创边一侧接卵石，这样才能体现路的特点。由于先铺冰纹片再铺卵石，所以在冰纹片稍干后再切割冰纹，使边线平滑，后种卵石。点种卵石后30min，应用平木板块轻拍卵石面，确保平整。

工程问题 64：青瓦片用于小品造景十分常见，此类小品施工时应注意什么问题？

匠心博引：装饰性青瓦片规格多种，主要用作景窗、柴门、景墙等材料，因其仿古，有青灰及曲弯，施工时需要认真细致，否则容易损坏。施工时，应根据墙框或漏窗尺度预先在底部铺一层，看是否符合规格。再根据设计图案（如品字叠铺）一层一层向上叠。垒叠时校对好竖向直线，确保在同一竖面上。方法是在叠瓦一边插上一根直木条，以木条为基准向上垒就行。

工程问题 65：乡村小河道坡面保护施工有什么好方法？

匠心博引：小河道一般水量不是太大，但雨季或洪水季其水流还是会对岸坡造成损坏。这类坡面应先看结构，观察是否有塌方现象，还要看工程造价、施工材料等情况。一般的方法有：坡面不陡，可沿坡面直接铺草，特别是本地草种；坡面较陡时，可先将坡面施工成台阶状，再沿台阶铺石（片石、卵石均可）；坡特陡时可适当建设挡土驳岸，用砌块石方法就行；还有一种方法就是先将大块河石置于网格内（如铁丝网），再将这些网格沿坡面砌筑，通过铁卯钉加固，此法也很好。有些季节性水冲坡面（坡度 10% 以下），可先在坡面铺块石，再用素混凝土打缝，后用铁丝网加盖固牢。

附录 2

园林工程施工技术实训项目指导

一、园林工程实训项目筛选与组织

(一) 筛选依据

园林工程的特点是以工程技术为手段，塑造园林艺术的形象，园林工程实训项目的筛选与组织是充分考虑职业技能实训层次化与链式化，从内涵上突出职业教育的特点。

1) 根据园林行业企业岗位工作特点，按照"专业与产业对接、课程内容与职业标准对接、教学过程与生产过程对接"的基本要求。

2) 按照"理实兼容、工学对接、学做一体"的实践条件构建理念，围绕专业培养目标中对学生实践能力的要求。

3) 依据园林工程最新的施工技术、施工方法、施工材料与施工规范。

4) 园林工程实训作品具有展示、陈列、交流的功能。

(二) 筛选原则

1) 突出职业氛围，基于园林行业职业能力培养的原则。

2) 体现园林工程项目的特征和构成，分部分项工程的单工种实训与综合技能训练相结合。

3) 符合园林企业岗位工作特点，按照施工工序和施工组织进行实训项目的安排和实训方法的设计。

4) 遵循项目的可操作性原则，着重考虑在仿真环境下可实施的技能训练。

(三) 实训项目

根据园林工程常见施工项目，筛选出 10 个重点实训项目（附表 2-1）。每个实训项目所需工时数各校可根据实际自行制定。

附表 2-1　10 个重点实训项目

任务项目名称	实训项目名称	备注
项目一　园林工程施工图识读	园林工程施工图识读实训	
项目二　园林土方工程施工	园林地形景观沙盘制作实训	

续表

任务项目名称	实训项目名称	备注
项目三　园林给水工程施工	园林给水管线安装实训	
项目四　园林排水工程施工	园林排水工程施工方案编写实训	
项目五　园林供电照明工程施工	草坪灯安装实训	
项目六　园林建筑小品工程施工	园林建筑砌体工程施工实训	
	小型园林景观木平台施工实训	
项目七　园林水景工程施工	小型园林跌（叠）水施工实训	
项目八　园林铺装工程施工	园林游步道透水砖铺装施工实训	
项目九　园林假山工程施工	小型园林塑山（塑石）施工实训	
项目十　园林种植工程施工	某种大树移植施工实训	

二、园林工程实训项目实训组织方法

（一）园林工程施工图识读实训项目

（1）实训项目名称

园林工程施工图识读实训。

（2）实训场地要求

绘图教室，配备课座椅。

（3）实训工具与设备

直尺、三棱比例尺、量角器、分规、记录表格、计算器、笔记本、园林工程施工图集。

（4）实训组织方式

在规定时间内，独立完成施工图识图作业。

（5）实训流程

识图准备→施工图识图→完成作业。

（6）实训方法

1）识图准备：准备好园林工程施工图集，绘图工具，记录纸、笔等。

2）识图程序：封面→目录→设计说明→设计图纸。

3）完成作业：按照要求完成施工图识读作业，装订成册。

（7）实训（作品）可视成果

学生园林工程施工图识读作业集。

（8）实训成果评价标准（附表 2-2）

附表 2-2　园林工程施工图识读整体评价表

序号	图纸组成内容		识读内容	评价标准
1	封面		工程项目名称、设计单位名称、设计时间、设计编号、设计资质证号、施工单位名称	严格对照图纸的元素、参数，读取正确、记录完整、书写规范
2	目录		施工图纸的组成与内容	
3	设计说明		设计依据、设计范围、图纸内容、设计要点、施工注意事项	
4	设计图纸	总平面图	工程的规模、组成要素、基本规格	
		竖向布置图	排水方向、控制标高、设计标高	
		平面分区图	分区区号、分区索引、定位	
		种植设计图	植物种类、规格与基本数量、种植详图	
		详图识读	建筑、园林小品、道路等详细的施工图纸	
		专业图纸	园林工程给排水、供电与结构图纸	

（二）园林土方工程施工实训项目

（1）实训项目名称

园林地形景观沙盘制作实训。

（2）实训场地要求

园林工程模型制作实训室、操作台。

（3）实训工具与设备

1 号图板、泡沫塑料板、丁字尺、裁纸刀、橡皮泥、笔、胶水等。

（4）实训组织方式

分组完成，每组 3～5 人，完成一个地形景观沙盘、模型制作。

（5）实训流程

准备工作→基座制作→确定比例尺，放线→等高线测放→地貌制作（整形）→作品修饰。

（6）实训方法

1）准备工作：材料准备、图纸准备、人员分工。

2）基座制作：用 1 号图板为基座。

3）确定比例尺，放线：确定水平比例尺和垂直比例尺，用方格网法在图板基座上放线。

4）等高线测放，裁剪：注意用不同颜色区分首曲线和计曲线。

5）安放：将裁剪好的等高线用橡皮泥粘接，注意垂直比例尺的运用。

6）作品修饰：标明沙盘名称，设置指北针、比例尺。

（7）实训（作品）可视成果

园林地形景观沙盘模型作品。

（8）实训成果评价标准（附表 2-3）

附表 2-3　园林地形景观沙盘制作质量整体评价表

序号	评价内容	评价标准	备注
1	准备工作	材料齐备、人员分工合理、有计划	
2	基座制作	平整、稳固、造型较好	
3	确定比例尺、放线	确定合适的水平、垂直比例尺，依图放线	
4	等高线测放	按比例缩放，平面位置、标高正确，层叠理想	
5	地貌制作	正确显示地貌起伏状态，高程合理、整体效果佳	
6	作品修饰	沙盘要素齐全，满足设计要求	

（三）园林给水工程施工实训项目

（1）实训项目名称

园林给水管线安装实训。

（2）实训场地要求

场地平整，每组有 $10m^2$ 操作空间。

（3）实训工具与设备

PVC 管材、管件（直通、弯通、阀门、水龙头）、PVC 专用胶水、钢卷尺、钢锯、双飞粉等。

（4）实训组织方式

分组完成，每组 3～5 人，每组依图完成一组 PVC 给水管线安装。

（5）实训流程

准备工作→依图放线→布管→切割管线→接管→试水。

（6）实训方法

1）准备工作：给水管线安装施工图识读，材料、工具准备，人员分工。

2）依图放线：按照图纸正确放线。

3）布管：依放线图将管线、管件进行布设。

4）切割管线：用钢锯切割 PVC 管，长度正确。

5）接管：管线和管件用 PVC 专用胶水粘连。

6）试水：6h 后试水。

（7）实训（作品）可视成果

给水管线安装成品。

（8）实训成果评价标准（附表 2-4）

附表 2-4　园林给水管线安装整体质量评价表

序号	评价内容	评价标准	备注
1	准备工作	材料齐备，人员分工合理	
2	依图放线	正确放线、无遗漏、容易识别	
3	布管	管线、管件布置符合设计要求	
4	切割管线	切割管线尺寸正确、切口平整、人员安全	
5	接管	用 PVC 胶将接口涂抹均匀，然后旋转接入	

序号	评价内容	评价标准	备注
6	试水	出水正常，无漏水、渗水现象	
7	现场	现场保洁性好，杂物清理到位	

（四）园林排水工程施工实训项目

（1）实训项目名称

园林排水工程施工方案编写实训。

（2）实训场地要求

园林设计室、园林工程实训室。

（3）实训工具与设备

园林排水工程施工方案范本以及所需其他材料。

（4）实训组织方式

学生独立完成园林排水工程施工方案编写。

（5）实训流程

编写流程：工程概况→编制依据→施工准备与安装→保护措施→进度和计划管理→质量管理和控制→安全和施工管理→工程验收及移交。

（6）实训方法

1）工程概况：说明工程名称、地点、内容、特点、工期要求、质量标准。

2）编制依据：说明排水工程施工方案编制依据，如施工图、合同书、设计规范、施工及验收规范。

3）施工准备与安装：说明施工准备、施工部署、施工技术要求。

4）保护措施：说明原材料、半成品、成品的保护措施，强调材料的采购、检验、临时储存、领用发放等方面的管理。

5）进度和计划管理：说明施工进度计划及保障措施。

6）质量管理和控制：说明质量控制程序、主要控制点及说明、保障措施等。

7）安全和文明施工管理：说明安全文明施工的组织机构和责任、管理措施。

8）工程验收及移交：说明竣工清理的内容、检查验收的形式。

（7）实训（作品）可视成果

园林排水工程施工方案文本。

（8）实训成果评价标准

1）整体文件：施工方案编制规范严谨、针对性强，技术标准有效分析内容完整，满足施工操作和施工管理需求，对施工有指导作用，书写规范、排版美观、条理清晰。

2）内容撰写：技术方法选用科学，施工进度安排合理，技术保证措施有效。

3）文件框架：符合施工方案编制要求，装订规范。

（五）园林供电照明工程施工实训项目

（1）实训项目名称

草坪灯安装实训。

（2）实训场地要求

场地平整，设计成草坪建植地。

（3）实训工具与设备

柱状草坪灯、电源线、电工刀、绝缘胶、模板、铁锤、铁钉、PVC穿线管、钢卷尺、灰浆桶、抹灰板、水泥、粗砂等。

（4）实训组织方式

分组完成，每组 3～5 人，完成一台草坪灯安装。

（5）实训流程

准备工作→基础浇筑→管内穿线→灯具接线→灯具安装→试灯。

（6）实训方法

1）准备工作：草坪灯安装施工图识读，材料、工具准备，人员分工。

2）基础浇筑：钉好模板、浇筑水泥砂浆、预留管线接入口。

3）管内穿线：将电源线穿过穿线管，注意管件的使用。

4）灯具接线：接好电源线，注意电源线接口的绝缘处理。

5）灯具安装：安装牢固，位置正确，整齐美观。

（7）实训（作品）可视成果

按技术要求安装完成的草坪灯。

（8）实训成果评价标准（附表 2-5）

附表 2-5 园林草坪灯安装整体质量评价表

序号	评价内容	评价标准	备注
1	准备工作	材料齐备、人员分工合理	
2	基础浇筑	基础完成面水平	
3	管内穿线	穿线的管路和导线的规格、型号符合设计要求，穿线前后应核查导线的绝缘	
4	灯具接线	灯内配线严禁外露，灯具配件齐全	
5	灯具安装	灯具安装牢固，位置正确，整齐美观	可安装多个彩灯
6	试灯	草坪灯正常发亮	
7	现场	安全操作，现场保洁好	

（六）园林建筑小品工程施工实训项目

（1）园林建筑小品工程施工实训项目（一）

1）实训项目名称。

园林建筑砌体工程施工实训。

2）实训场地要求。

场地平整，每组有 6m² 操作空间，操作工位之间有 2m 通道，并能保证材料输送。

3）实训工具与设备。

手推车、铁锹、灰浆桶、红外水平仪、手持式石材切割机、手持搅拌机、砖刀、塑料托板、钢卷尺、水平尺、抹子、墨斗、线团、记号笔、手套、32.5级水泥、标准砖、细砂等。

4）实训组织方式。

分组完成，每组 3～5 人，每组完成一项砌体工程施工（规格按设计图）。

5）实训流程。

准备工作→放线→基础夯实→基础砌筑→墙体砌筑→墙体勾缝→清理。

6）实训方法。

① 准备工作：砌体工程施工图识读，材料、工具准备，人员分工。

② 放线：依设计图放线，并认真校对。

③ 基础夯实：用木夯进行人工夯实。

④ 基础砌筑：排好砖后再行砌筑。

⑤ 墙体砌筑：组砖合理，错缝搭砌，灰缝横平竖直，砂浆饱满。

⑥ 墙体勾缝：用小抹子勾凹缝。

⑦ 清理：清理墙面水泥砂浆及落地砂浆。

7）实训（作品）可视成果。

标准砖砌体成品。

8）实训成果评价标准（附表 2-6）。

附表 2-6　园林建筑砌体工程施工整体质量评价表

序号	评价内容	评价标准	备注
1	准备工作	材料齐备，人员分工合理	标准砖提前浇水
2	基础夯实	分层夯实，达到设计标高	误差±4mm
3	基础砌筑	完成面水平	误差±4mm
4	墙体砌筑	完成面水平，达到设计标高	误差±4mm
5	墙体勾缝	勾缝均匀，横平竖直。深度一般为 3～5mm	
6	现场清理	清理墙面水泥砂浆及落地砂浆，后续能清洁	施工保证安全

（2）园林建筑小品工程施工实训项目（二）

1）实训项目名称。

小型园林景观木平台施工实训。

2）实训场地要求。

场地平整，每组有 8m² 操作空间，操作工位之间有 2m 通道，有材料堆放地。

3）实训工具与设备。

拉杆式木工斜切锯（配架子）、手持木工切割机、手持无线充电钻、防腐木板方材、红外水平仪、钢卷尺、直角尺、水平尺、线团、记号笔、防护眼镜、隔声耳塞、口罩、手套、220V 用电接口、光油、抹刷等。

4）实训组织方式。

分组完成，每组 3～5 人，每组完成一个景观木平台施工。

5）实训流程。

准备工作→备料→画切割线→切割→安装→打磨→护色→清理。

6）实训方法。

① 准备工作：景观木平台施工图识读，材料、工具准备，人员分工。

② 备料：选择通直、平整、无破损的木料。

③ 画切割线：用直角尺画好切割线。

④ 切割：使用拉杆式木工斜切锯时，要求左手戴手套，右手不戴手套，戴护目镜、隔声耳塞、口罩。

⑤ 安装：按照画好的连接位置进行安装。

⑥ 打磨：打磨切割面。

⑦ 护色：光油涂抹保护，2～3 遍。

⑧ 清理：场地清理。

7）实训（作品）可视成果。

小型景观木平台成品。

8）实训成果评价标准（附表 2-7）。

附表 2-7　小型园林景观木平台施工整体质量评价表

序号	评价内容	评价标准	备注
1	平台长度	距离正确，尺寸准确	误差±4mm
2	平台宽度	距离正确，尺寸准确	误差±4mm
3	平台平整度	完成面水平，符合要求	水平尺气泡居中
4	木平台标高	高度正确	误差±4mm
5	龙骨上的螺钉均位于一条直线上	整齐且在一条线上，主视美观	
6	面板的缝隙	木板间缝隙都均匀一致	符合设计要求
7	切口是否打磨	切口光滑整齐	
8	现场情况	做到施工安全，场地堆料规范	后续能清理现场

（七）园林水景工程施工实训项目

（1）实训项目名称

小型园林跌（叠）水施工实训。

（2）实训场地要求

场地平整，每组有 6～8m² 操作空间。

（3）实训工具与设备

红外水平仪、木桩、线团、双飞粉、锄头、铁锹、碎石、水泥、细砂、标准砖、三元乙丙橡胶防水卷材、潜水泵、供水管线、电源线、电工刀、防水绝缘胶及其他相关材料等。

（4）实训组织方式

分组完成，每组 3～5 人，每组完成一个二级跌（叠）水施工。

（5）实训流程

准备工作→测量放线→土方开挖→素土夯实→承水池底施工→垫层施工→砌体施工（池壁施工）→防水层施工→潜水泵安装→成品保护。

（6）实训方法

1）准备工作：跌水施工图识读，材料、工具准备、人员分工。

2）测量放线：用双飞粉放出跌水平面图，标定立面标高。

3）土方开挖：人工开挖。

4）素土夯实：人工夯实，达到密实度要求。

5）垫层施工：用三七灰土做垫层、人工夯实。

6）砌体施工：灰缝横平竖直，灰浆饱满。

7）防水层施工：在跌水梯面铺砂后，铺三元乙丙橡胶防水卷材。

8）潜水泵安装：预留管线，潜水泵放在水中，配上铠装塑料软管、塑料供水管。

9）场地清洁：清理施工现场，试水。

10）成品保护：2周的养护期。

（7）实训（作品）可视成果

跌水水景施工成品。

（8）实训成果评价标准（附表2-8）

附表2-8　小型园林跌（叠）水施工整体质量评价表

序号	评价内容	评价标准	备注
1	准备工作	材料、工具准备齐全，人员分工合理，有作业计划	
2	测量放线	平面放线、跌水步级位置、标高位置正确	
3	土方开挖	按照测量放线位置开挖，没有超挖现象	
4	素土夯实	达到人工夯实密实度要求	
5	垫层施工	垫层选料合理，铺设达到设计要求	
6	砌体施工	灰缝横平竖直，灰浆饱满，整体性好	
7	防水层施工	不损坏防水卷材，接口和压边处理正确	
8	潜水泵安装	安全接电，正常运转	
9	试水验收	试水能正常落水，符合设计效果	
10	成品保护	确保14d的养护期	
11	施工场地	做到施工安全，试水保养后场地清洁到位	

（八）园路铺装工程施工实训项目

（1）实训项目名称

园林游步道透水砖铺装施工实训。

（2）实训场地要求

场地平整，每组有8m² 操作空间，场地开挖难度较小。

（3）实训工具与设备

手推车、红外水平仪、水平尺、钢卷尺、锄头、铁锹、木夯、灰浆桶、砖刀、橡胶锤、双飞粉、棉线、木桩、透水砖、碎石、粗砂、细砂等。

（4）实训组织方式

分组完成，每组3～5人，每组按图完成游步道冰纹片施工。

（5）实训流程

准备工作→依图放线→挖路槽→素土夯实→垫层施工→结合层施工→放中线、边线→铺面层（透水砖）→道牙施工→扫缝、成品保养。

（6）实训方法

1）准备工作：游步道施工图识读，材料、工具准备，人员分工。

2）依图放线：按设计路面宽度，两侧加放 200mm 开挖路槽。

3）挖路槽：路槽槽底平整度不得大于 20mm。

4）素土夯实：夯实至设计标高。

5）垫层施工：碎石垫层，夯至设计标高。

6）结合层施工：粗砂结合层。

7）放中线、边线：先放中线、再放边线，注意和放坡一起进行。

8）铺面层：用橡胶锤敲击透水砖面层，注意检查平整度及标高。

9）道牙施工：注意道牙平整度及标高

10）扫缝、成品保养：细砂扫缝，路面清扫。

（7）实训（作品）可视成果

游步道透水砖铺装成品。

（8）实训成果评价标准（附表 2-9）

附表 2-9　园林游步道透水砖铺装施工整体质量评价表

序号	评价内容	评价标准	备注
1	准备工作	材料齐备，人员分工合理，有施工计划	
2	路槽施工	放线规范，挖路槽符合设计要求，堆土规范	
3	基础夯实	分层夯实，不破坏路沿壁	
4	游步道长度	达到设计要求	误差±4mm
5	游步道宽度	达到设计要求	误差±4mm
6	铺砖效果	铺砖平整，砖缝规范，上人踩踏不松动	
7	游步道标高	完成面水平，达到设计标高，纵横坡度准确	误差±4mm
8	游步道平整度	平整、顺直	目测及直尺检测
9	道牙施工	道牙施工牢固，沿路壁（肩）成直角	
10	施工场地	堆料规范，场地清理到位	

（九）园林假山工程施工实训项目

（1）实训项目名称

小型园林塑山（塑石）施工实训。

（2）实训场地要求

场地平整，每组有 6～8m² 操作空间，宜在棚架空间实训。

（3）实训工具与设备

粗铁线、钢丝网、硅酸盐水泥、白水泥、细砂、铁粉、橡胶锤、砖刀、小抹子、上色材料、抹刷、标准砖等。

（4）实训组织方式

分组完成，每组 2～3 人，完成一座小型塑山（或塑石）施工操作。

（5）施工流程

准备工作→基架设置→铺设钢丝网→挂水泥砂浆→修形上色→成品保养。

（6）实训方法

1）准备工作：塑山（或塑石）施工图识读，材料、工具准备，人员分工。

2）基架设置：制作钢架结构（粗铁线或小直径钢筋），也可用砖结构操作。

3）铺设钢丝网：用优质低碳钢铁丝网铺设，以便挂水泥砂浆，同时塑型。

4）挂水泥砂浆：形成石脉与皱纹。

5）修形上色：用白水泥＋氧化铁进行山色调制，上色颜色比设计的颜色稍深一些。

6）成品保养：一天淋三次水，用纱布蘸蜡（凡士林、油蜡、光蜡）擦拭。

（7）实训（作品）可视成果

塑山（或塑石）施工成品。

（8）实训成果评价标准（附表 2-10）

附表 2-10　小型园林塑山（塑石）整体质量评价表

序号	评价内容	评价标准	备注
1	基架设置	稳定且满足强度要求	如需焊接，焊接牢固
2	铺设钢丝网	钢丝网与基架绑扎牢固。钢丝网根据设计用橡胶锤和其他工具加工成型，使之成为最终的造型形状	
3	挂水泥砂浆以成石脉与皱纹	每个局部充分显示石质感	石质石形石态较理想
4	石面上色	上色比设计的颜色稍深一些	因塑成山、石后其色度会变淡
5	成品保养	水养＋油养（凡士林、油蜡）	或专用石蜡
6	现场保养	能保持现场清洁，后续杂物清理	

（十）园林种植工程施工实训项目

（1）实训项目名称

某种大树移植施工实训。

（2）实训场地要求

无积水现场，每组有 4～6m² 操作空间。

（3）实训工具与设备

胸径 10cm 左右的乔木、斗车、草绳、锄头、铁锹、手锯、枝剪、愈伤涂膜剂、大树移植吊袋营养液、支撑柱（竹子、原木等）、150～200mm 的 PVC 管、遮阳网、喷灌设备等。

（4）实训组织方式

分组完成，每组 5～7 人，每组完成 1 株大树移植施工任务。

（5）实训流程

准备工作→修剪→剪口涂抹→起苗→土球包扎→挖种植穴→运苗→挖种植穴→定植→吊生长液→支撑保护。

（6）实训方法

1）准备工作：大树移植施工图识读，材料、工具准备，人员分工，熟悉施工流程。

2）修剪：起苗前修剪、种植前修剪、种植后修剪。

3）剪口处理：用愈伤涂膜剂涂抹剪口。

4）起苗：土球直径为乔木胸径的 7～10 倍，土球高度取土球直径的 2/3，注意保留主根。

5）土球包扎：用草绳呈橘瓣式包扎。

6）挖种植穴：种植穴宽度比土球直径大 30cm，深度大于 40cm，种植穴上下大小一致，注意堆土。

7）运苗：用草绳绑住乔木尾部，注意土球的保护。

8）定植：先放表土，分层捣实，浇透定根水。

9）支撑：用支撑柱支撑树干，支撑柱株基部埋入土中 30～50cm。

10）保活措施：吊生长液、淋生根液、安透气管、立遮阳篷、装喷灌设施。

（7）实训（作品）可视成果

按技术方法完成的移植大树。

（8）实训成果评价标准（附表 2-11）

附表 2-11　某种大树移植整体质量评价表

序号	评价内容	评价标准	备注
1	准备工作	工具、材料准备齐全，人员分工合理	
2	修剪	修剪刀口平整，无特别损伤	剪口呈斜角、避免积水
3	剪口处理	涂抹均匀愈伤涂膜剂	
4	起苗	土球大小符合要求	
5	土球包扎	土球完整、草绳紧实、土球包装规范	包扎前湿润草绳
6	挖种植穴	种植穴符合尺寸要求、堆土规范	
7	运苗	土球完整，树身无损坏	
8	定植	树身稳定，无偏移，种植流程科学	
9	支撑	支撑构件牢固，支撑整体效果好	
10	保活措施	措施完备，安装正确、吊瓶放置适宜，针孔进深符合要求	应到韧皮部
11	施工安全	做到大树吊装种植安全	
12	现场保洁	清理现场，保证环境整洁	

三、园林工程实训项目评价指标

按照学生掌握园林工程技能熟练程度、解决实际问题的能力，对实训项目的完成设置等级评分。

1）优秀：能熟练掌握园林工程各个环节的技能，具有较强的解决问题的能力，具有较好的技术交流和协作能力。

2）良好：能独立掌握园林工程大部分环节的各项技能，具有一定的解决问题的能力。

3）中等：能独立掌握园林工程部分环节的各项技能，有解决部分问题的能力。

4）合格：能基本掌握园林工程部分各项技能。

5）不合格：基本不能掌握园林工程各项技能。

四、园林工程实训项目材料与设备

（一）按项目列出相关施工配料（附表 2-12）

附表 2-12　按项目列出的相关施工配料表

项目名称	实训项目名称	材料	规格	备注
项目一 园林工程 施工图识读	园林工程 施工图识读	直尺、三棱比例尺、量角器、分规、记录表格、计算器、笔记本、园林工程施工图集		
项目二 园林土方 工程施工	园林地形景观 沙盘制作实训	1 号图板、泡沫塑料板、丁字尺、裁纸刀、橡皮泥、笔		
项目三 园林给水 工程施工	园林给水管线 安装实训	PVC 管材，管件（直通、弯通、阀门、水龙头），PVC 专用胶水，钢卷尺，钢锯，双飞粉		
项目四 园林排水 工程施工	园林排水工程 施工方案 编写实训	园林排水工程施工方案范本		
项目五 园林供电照明 工程施工	草坪灯安装实训	柱状草坪灯、电源线、电工刀、绝缘胶、模板、铁锤、铁钉、PVC 穿线管、钢卷尺、灰浆桶、抹灰板、水泥、粗砂		
项目六 园林建筑小品 工程施工	园林建筑砌体 工程实施实训	手推车、铁锹、灰浆桶、红外水平仪、手持式石材切割机、手持搅拌机、砖刀、塑料托板、钢卷尺、水平尺、抹子、墨斗、线团、记号笔、手套、32.5 级水泥、标准砖、细砂		
	小型园林景观 木平台施工实训	拉杆式木工斜切锯（配架子）、手持木工切割机、手持无线充电钻、防腐木、红外水平仪、钢卷尺、直角尺、水平尺、线团、记号笔、防护眼镜、隔声耳塞、口罩、手套		
项目七 园林水景 工程施工	小型园林跌（叠） 水施工实训	红外水平仪、木桩、线团、双飞粉、锄头、铁锹、碎石、水泥、细砂、标准砖、三元乙丙橡胶防水卷材、潜水泵、电源线、电工刀、防水绝缘胶		
项目八 园林铺装 工程施工	园林游步道透水 砖铺装施工实训	手推车、红外水平仪、水平尺、钢卷尺、锄头、铁锹、木夯、灰浆桶、砖刀、橡胶锤、双飞粉、棉线、木桩、透水砖、碎石、粗砂、细砂		
项目九 园林假山 工程施工	小型园林塑山（塑 石）施工实训	钢丝网、硅酸盐水泥、细砂、铁粉、橡胶锤、砖刀、小抹子		
项目十 园林种植 工程施工	某种大树移植 施工实训	胸径 10cm 左右的乔木、斗车、草绳、锄头、铁锹、手锯、枝剪、愈伤涂膜剂、大树移植吊袋营养液、支撑柱、150～200mm 的 PVC 管、遮阳网、喷灌设备		

将筛选出的实训项目采用同一张表列出，表中所需的特殊材料应说明其规格或材质、色彩等。

（二）按项目列出相关施工工具、设备或机械（附表 2-13）

附表 2-13　按项目列出的相关施工工具、设备或机械表

项目名称	实训项目名称	工具、设备	规格	备注
项目一 园林工程施工图识读	园林工程施工图识读	工程图纸、绘图工具、尺子等	A1、A2 图	
项目二 园林土方工程施工	园林地形景观沙盘制作实训	垫板、橡皮泥、吹塑纸、苔藓等	任选	
项目三 园林给水工程施工	园林给水管线安装实训	PVC 管件、连通构件、试水设备		
项目四 园林排水工程施工	园林排水工程施工方案编写实训	项目方案		
项目五 园林供电照明工程施工	草坪灯安装实训	柱状草坪灯	36W LED 灯	
项目六 园林建筑小品工程施工	园林建筑砌体工程施工实训	红外水平仪	等级：classⅡ，精度：±0.3mm/m，安平范围：±3°	
项目六 园林建筑小品工程施工	园林建筑砌体工程施工实训	手持式石材切割机	东成 Z1E－FF02－110，13000r/min，1240W，锯深 30mm	
项目六 园林建筑小品工程施工	园林建筑砌体工程施工实训	手持搅拌机	850W，650r/min	
项目六 园林建筑小品工程施工	小型园林景观木平台施工实训	拉杆式木工斜切锯（配架子）	得伟（DEWALT）DWS780，得伟原装支架 DWX726，1675W，锯片转速 1900～3000r/min，锯片孔径 30mm，锯片直径 305mm	
项目六 园林建筑小品工程施工	小型园林景观木平台施工实训	手持木工切割机	东成 Z1E－FF02－111，13000r/min，1240W，锯深 30mm	
项目六 园林建筑小品工程施工	小型园林景观木平台施工实训	手持无线充电钻	米霍克 0～1200r/min	
项目六 园林建筑小品工程施工	小型园林景观木平台施工实训	红外水平仪	等级：classⅡ，精度：±0.3mm/m，安平范围：±3°	
项目七 园林水景工程施工	小型园林跌（叠）水施工实训	手持搅拌机	850W，650r/min	
项目七 园林水景工程施工	小型园林跌（叠）水施工实训	红外水平仪	等级：classⅡ，精度：±0.3mm/m，安平范围：±3°	
项目八 园林铺装工程施工	园林游步道砖铺装施工实训	手持式石材切割机	东成 Z1E－FF02－110，13000r/min，1240W，锯深 30mm	
项目八 园林铺装工程施工	园林游步道砖铺装施工实训	红外水平仪	等级：classⅡ，精度：±0.3mm/m，安平范围：±3°	

续表

项目名称	实训项目名称	工具、设备	规格	备注
项目九 园林假山 工程施工	小型园林塑山 （塑石）施工实训	泡沫、水泥、铁丝、上色材料等		
项目十 园林种植 工程施工	某种大树移植 施工实训	大苗、手推车、挖穴工具、支撑木条、修剪器具、麻绳等		